中国国家标准汇编

429

GB 23934～24062

（2009 年制定）

中国标准出版社　编

中国标准出版社

北京

图书在版编目（CIP）数据

中国国家标准汇编：2009年制定.429：GB 23934～24062/中国标准出版社编.—北京：中国标准出版社，2010

ISBN 978-7-5066-6000-6

Ⅰ.①中…　Ⅱ.①中…　Ⅲ.①国家标准-汇编-中国-2009　Ⅳ.①T-652.1

中国版本图书馆CIP数据核字（2010）第166144号

中国标准出版社出版发行
北京复兴门外三里河北街16号
邮政编码:100045

网址 www.spc.net.cn
电话:68523946　68517548
中国标准出版社秦皇岛印刷厂印刷
各地新华书店经销

*

开本 880×1230 1/16　印张 39　字数 1 126 千字
2010年10月第一版　2010年10月第一次印刷

*

定价 220.00 元

ISBN 978-7-5066-6000-6

出 版 说 明

1.《中国国家标准汇编》是一部大型综合性国家标准全集。自1983年起，按国家标准顺序号以精装本、平装本两种装帧形式陆续分册汇编出版。它在一定程度上反映了我国建国以来标准化事业发展的基本情况和主要成就，是各级标准化管理机构，工矿企事业单位，农林牧副渔系统，科研、设计、教学等部门必不可少的工具书。

2.《中国国家标准汇编》收入我国每年正式发布的全部国家标准，分为"制定"卷和"修订"卷两种编辑版本。

"制定"卷收入上一年度我国发布的、新制定的国家标准，顺延前年度标准编号分成若干分册，封面和书脊上注明"20××年制定"字样及分册号，分册号一直连续。各分册中的标准是按照标准编号顺序连续排列的，如有标准顺序号缺号的，除特殊情况注明外，暂为空号。

"修订"卷收入上一年度我国发布的、修订的国家标准，视篇幅分设若干分册，但与"制定"卷分册号无关联，仅在封面和书脊上注明"20××年修订-1,-2,-3,……"字样。"修订"卷各分册中的标准，仍按标准编号顺序排列(但不连续)；如有遗漏的，均在当年最后一分册中补齐。需提请读者注意的是，个别非顺延前年度标准编号的新制定的国家标准没有收入在"制定"卷中，而是收入在"修订"卷中。

读者配套购买《中国国家标准汇编》"制定"卷和"修订"卷则可收齐上一年度我国制定和修订的全部国家标准。

3. 由于读者需求的变化，自1996年起，《中国国家标准汇编》仅出版精装本。

4. 2009年我国制修订国家标准共3 158项。本分册为"2009年制定"卷第429分册，收入国家标准GB 23934～24062的最新版本。

中国标准出版社

2010年8月

目　录

ICS 21.160
J 26

中华人民共和国国家标准

GB/T 23934—2009
代替 GB/T 1239.4—1989

热卷圆柱螺旋压缩弹簧 技术条件

Hot coiled helical compression springs—Technical specifications

2009-03-16 发布 2009-11-01 实施

中华人民共和国国家质量监督检验检疫总局
中国国家标准化管理委员会 发布

前　言

本标准是对 GB/T 1239.4—1989《热卷圆柱螺旋弹簧　技术条件》的修订。修订时仍保留 GB/T 1239.4—1989《热卷圆柱螺旋弹簧　技术条件》中有效的部分，对已不适应的内容进行重新修订。本标准与被修订标准的主要技术差异如下：

——对标准名称和适用范围进行重新界定；

——对尺寸、特性等极限偏差进行了分级，包括：弹簧内外径、自由高度、垂直度、指定高度下的负荷和指定负荷下的高度等；

——对原标准中表面质量、节距均匀度和永久变形的测量作了必要的修改，增加了压并高度的测量方法；

——对原标准中弹簧热处理后的硬度作了必要的修改，将硬度分成了表面硬度和芯部硬度，并扩大了表面硬度的范围；

——对原标准中脱碳的规定作了必要的修改；

——增加了对晶粒度的要求；

——按 GB/T 1805—2001《弹簧术语》，对原标准涉及负荷、刚度、变形量等符号进行修订；

——对引用的材料标准进行了全面查新，使用已修订过的最新版本代替原标准所引用的老版本；

——对章节顺序进行调整，使 GB/T 1239.1～1239.3 标准的章节顺序保持一致。

本标准由中国机械工业联合会提出。

本标准由全国弹簧标准化技术委员会(SAC/TC 235)归口。

本标准负责起草单位：扬州弹簧有限公司、大连弹簧有限公司。

本标准参加起草单位：杭州弹簧有限公司、中机生产力促进中心、常州市铭锦弹簧有限公司、浙江美力弹簧有限公司、浙江金昌弹簧有限公司、杭州兴发弹簧有限公司、杭州钱江弹簧有限公司。

本标准主要起草人：吴明、孙希发、姜晓炜、姜膺、屠世润、赵春伟、王卫、邵承玉、张涌森、陈修定、赵志鹏。

本标准所代替标准的历次版本发布情况为：

——GB 1239—1976，GB 1239.4—1989。

热卷圆柱螺旋压缩弹簧　技术条件

1　范围

本标准规定了热卷圆截面圆柱螺旋压缩弹簧的技术要求、试验方法、检验规则及包装、标志、运输、贮存要求等。

本标准适用于热卷圆截面圆柱螺旋压缩弹簧(以下简称弹簧)。

本标准不适用于特殊要求的弹簧。

2　规范性引用文件

下列文件中的条款通过本标准的引用而成为本标准的条款。凡是注日期的引用文件，其随后所有的修改单(不包括勘误的内容)或修订版均不适用于本标准，然而，鼓励根据本标准达成协议的各方研究是否可使用这些文件的最新版本。凡是不注日期的引用文件，其最新版本适用于本标准。

GB/T 224　钢的脱碳层深度测定法(GB/T 224—2008,ISO 3887:2003,MOD)

GB/T 230.1　金属洛氏硬度试验　第1部分:试验方法(A、B、C、D、E、F、G、H、K、N、T标尺)(GB/T 230.1—2004,ISO 6508-1:1999,MOD)

GB/T 231.1　金属布氏硬度试验　第1部分:试验方法(GB/T 231.1—2002,eqv ISO 6506-1:1999)

GB/T 1222　弹簧钢

GB/T 1805　弹簧术语

GB/T 6394　金属平均晶粒度测定方法

GB/T 16947　螺旋弹簧疲劳试验规范

JB/T 7367　圆柱螺旋压缩弹簧磁粉探伤方法

JB/T 7944　圆柱螺旋弹簧抽样检查

JB/T 10802　弹簧喷丸强化　技术规范

3　术语和定义

GB/T 1805确立的术语和定义适于用本标准。

4　结构型式

弹簧端部结构型式见表1。

表1

代　号	简　图	端部结构型式
RYⅠ	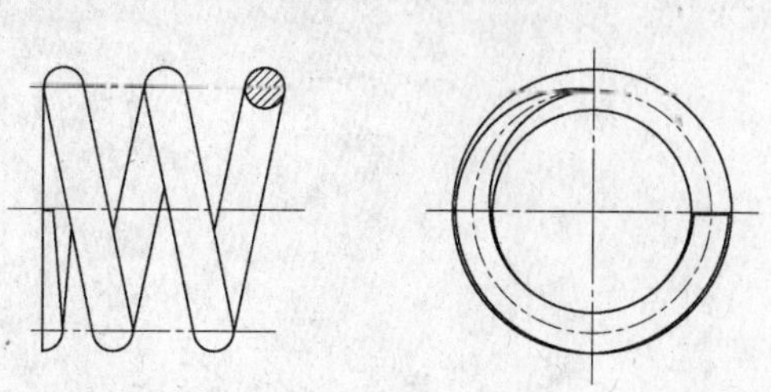	两端圈并紧磨平

表 1（续）

代　　号	简　　图	端部结构型式
RYⅡ	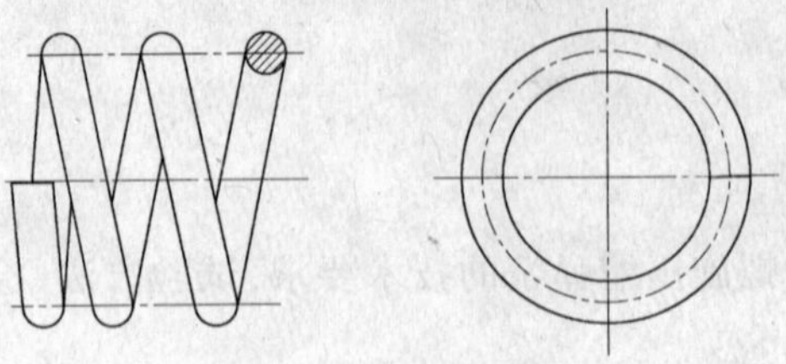	两端圈并紧不磨
RYⅢ	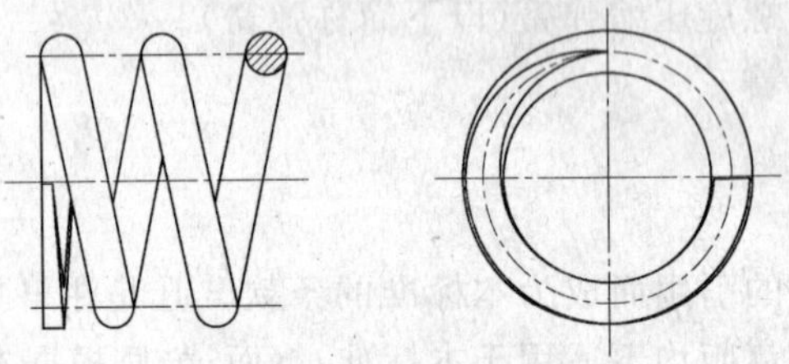	两端圈制扁、并紧磨平
RYⅣ	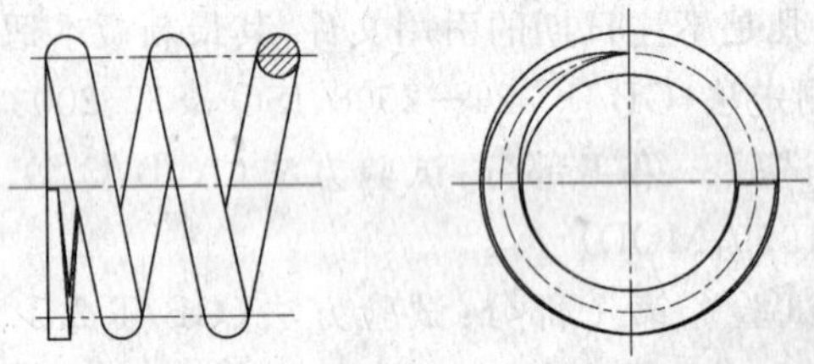	两端圈制扁、并紧不磨

5　技术要求

产品应按经规定程序批准的产品图样及技术文件制造。

5.1　材料

5.1.1　弹簧材料一般采用 GB/T 1222 中规定的 60Si2Mn、60Si2MnA、50CrVA、55SiCrA、55CrMnA、60CrMnA、60CrMnBA、60Si2CrA 以及 60Si2CrVA 等。若需用其他材料时，由供需双方商定。

5.1.2　弹簧材料的质量应符合材料标准的有关规定，必须备有材料供应商的质量证明书，并经复验合格后方可使用。

5.2　极限偏差等级

弹簧特性和尺寸的极限偏差分为 T、1、2、3 四个等级，一般情况下选用 1、2、3 级，特殊情况下选用 T 级，各项目的等级应根据使用需要，分别独立选定。

5.3　极限偏差的适用条件

本标准给出的弹簧特性和尺寸的极限偏差适用条件如下，不符合下列条件的弹簧特性和尺寸的极限偏差由供需双方商定。

a)　自由高度：≤1 000 mm；

b)　旋绕比：3～16；

c)　高径比：0.8～4；

d)　有效圈：≥3；

e)　节距：≤0.5D。

5.4　尺寸参数及极限偏差

5.4.1　内径或外径

弹簧内径或外径的极限偏差按表 2 的规定。

表 2

单位为毫米

自由高度 H_0	精度等级			
	T	1	2	3
≤250	±0.008D， 最小±0.8	±0.01D， 最小±1.0	±0.015D， 最小±1.5	±0.02D， 最小±2.0
>250～500	±0.008D， 最小±1.0	±0.01D， 最小±1.5	±0.015D， 最小±2.0	±0.02D， 最小±2.5
>500	±0.008D， 最小±1.5	±0.01D， 最小±2.0	±0.015D， 最小±2.5	±0.02D， 最小±3.0

5.4.2　**自由高度**

弹簧自由高度的极限偏差按表 3 的规定。当弹簧有特性要求时，自由高度作为参考。

表 3

单位为毫米

精度等级	T	1	2	3
极限偏差	±0.01H_0， 最小±1.5	±0.015H_0， 最小±2.0	±0.02H_0， 最小±3.0	±0.03H_0， 最小±4.0

5.4.3　**总圈数**

当未规定弹簧特性要求时，总圈数的极限偏差为±1/4 圈。当规定弹簧有特性要求时，不规定总圈数的极限偏差。

5.4.4　**垂直度**

对端部结构型式为 RYⅠ和 RYⅢ的弹簧，在自由状态下，弹簧轴心线对两端面的垂直度按表 4 的规定。

表 4

单位为毫米

自由高度 H_0	精度等级			
	T	1	2	3
≤500	0.017H_0	0.026H_0	0.035H_0	0.050H_0
>500	0.026H_0	0.035H_0	0.050H_0	0.070H_0

对端部结构型式为 RYⅡ和 RYⅣ的弹簧，在自由状态下，弹簧轴心线对两端面的垂直度由供需双方商定。

5.4.5　**直线度**

弹簧的直线度应不超过其垂直度之半。

5.4.6　**节距均匀度**

等节距的弹簧压缩到全变形量的 80%时，其有效圈之间不得相互接触。弹簧压缩到全变形量的 80%的负荷应不大于试验负荷。

5.4.7　**压并高度**

弹簧的压并高度原则上不作规定。要求规定压并高度时，根据弹簧端部型式，压并高度应不超过下列数值：

a)　对端部结构型式为 RYⅠ和 RYⅢ的弹簧：

$$H_b \leqslant (n_1 - 0.3) \cdot d_{max} \qquad (1)$$

b) 对端部结构型式为RYⅡ的弹簧：

$$H_b \leqslant (n_1 + 1.1) \cdot d_{max} \quad \cdots\cdots\cdots\cdots (2)$$

c) 对端部结构型式为RYⅣ的弹簧，其压并高度由供需双方商定。

式中：

H_b——压并高度，单位为毫米(mm)；

n_1——总圈数，单位为圈；

d_{max}——材料最大直径(材料直径＋极限偏差的最大值)，单位为毫米(mm)。

5.5 弹簧特性及极限偏差

弹簧特性的极限偏差根据供需双方协议，允许不对称使用，其公差值不变。

5.5.1 弹簧特性

弹簧特性应符合5.5.1.1或5.5.1.2规定。特殊需要时，还应符合5.5.1.3的规定。

指定负荷应不超过试验负荷的80%，试验负荷见6.2。

5.5.1.1 指定一点负荷下的高度，其对应的变形量应在全变形量的20%～80%之间。如果指定两点以上负荷下的高度，则由供需双方协议。

5.5.1.2 指定一点高度下的负荷，此时的变形量应在全变形量的20%～80%之间。如果指定两点以上高度下的负荷，则由供需双方协议。

5.5.1.3 弹簧刚度，弹簧刚度是按全变形量30%～70%之间的两负荷点的负荷差与变形量差之比来确定。

5.5.2 极限偏差

5.5.2.1 指定负荷下的高度的极限偏差按表5的规定：

表5

单位为毫米

精度等级	T	1	2	3
极限偏差	±0.03f， 最小±1.5	±0.05f， 最小±2.5	±0.10f， 最小±5.0	±0.15f， 最小±7.5

5.5.2.2 指定高度下的负荷的极限偏差按表6的规定：

表6

单位为牛

精度等级	T	1	2	3
极限偏差	±0.03F 最小±1.5(mm)× F'(N/mm)	±0.05F 最小±2.5(mm)× F'(N/mm)	±0.10F 最小±5.0(mm)× F'(N/mm)	±0.15F 最小±7.5(mm)× F'(N/mm)

5.5.2.3 弹簧刚度的极限偏差为±10%，使用上对精度有特殊要求的弹簧可选±5%。当规定了弹簧刚度的极限偏差时，一般不再规定指定负荷下的高度的极限偏差或指定高度下的负荷的极限偏差。

5.6 永久变形

弹簧成品的永久变形不得大于自由高度的0.5%。

5.7 端圈加工

弹簧支承面部分进行制扁或磨削加工时，制扁部分或磨削部分的长度约为3/4圈，端头厚度约为材料直径的1/4。

5.8 热处理

弹簧成形后，应进行热处理，即淬火、退火处理。

5.9 硬度

5.9.1 表面硬度

除非另有规定，弹簧退火后的表面硬度，一般情况在392HBW～535HBW(或42HRC～52HRC)范围内选取，同一批产品的硬度范围应不超过50个HBW单位(或5个HRC单位)。

5.9.2 芯部硬度

一般不作规定，需要时由供需双方协商。

5.10 脱碳

对采用热轧圆钢的弹簧，淬火、退火后其单边脱碳层(全脱碳＋部分脱碳)的深度，允许为原材料标准规定的脱碳深度再增加材料直径的0.5%。

对采用银亮钢的弹簧，淬火、退火后不允许有全脱碳，部分脱碳的深度应小于0.1 mm＋0.5%d，并且脱碳的最大深度应不大于0.3 mm。

5.11 晶粒度

弹簧的晶粒度应不低于5级。

5.12 喷丸强化

当图样有规定时，应按JB/T 10802标准规定进行喷丸强化处理。

5.13 表面质量

弹簧表面不允许存在对使用有害的伤痕、裂纹等缺陷。

5.14 表面处理

弹簧表面处理应在产品图样中注明，其处理的介质、方法应符合相应的环境保护法规，但弹簧应尽量避免采用可能导致氢脆的表面处理方法。

5.15 其他要求

根据需要，可在图样中对弹簧规定下列要求：

a) 立定处理、强压处理、加温立定处理和加温强压处理；

b) 磁粉探伤；

c) 疲劳寿命。

弹簧有特殊技术要求时，由供需双方协商规定。

6 试验方法

6.1 永久变形

将弹簧用试验负荷压缩三次，测量第二次和第三次压缩后自由高度的变化值。当试验负荷高于压并负荷时，则该压并负荷就被视为试验负荷。

6.2 弹簧特性

弹簧特性的测定应在精度不低于±1%的弹簧试验机上进行。

弹簧特性的测定，是将弹簧压缩一次到试验负荷后进行。试验负荷按表7规定的试验应力计算。

表7

单位为兆帕

材料	60Si2Mn、60Si2MnA、50CrVA、60CrMnA、60CrMnBA、60Si2CrA、60Si2CrVA
试验应力	710～890
注：硬度范围为下限，试验应力则取下限；硬度范围为上限，试验应力则取上限。	

试验负荷按式(3)计算：

$$F_s = \frac{\pi d^3}{8D}\tau_s \qquad \cdots\cdots(3)$$

式中：

F_s——试验负荷，单位为牛(N)；

τ_s——试验应力，单位为兆帕(MPa)；

d——材料直径，单位为毫米(mm)；

D——弹簧中径，单位为毫米(mm)。

6.3 硬度

弹簧硬度按 GB/T 230.1 或 GB/T 231.1 的规定检验。

表面硬度的测定通常在弹簧表面上不影响使用寿命的区域去除脱碳后进行。

芯部硬度的测定可在随炉试棒上进行，在弹簧上进行芯部硬度的测定时由供需双方商定。

注：随炉试棒应与用来制作弹簧的材料相同，其长度不小于材料直径的 5 倍，并且其热处理制度与弹簧热处理相同。

6.4 脱碳

弹簧脱碳深度按 GB/T 224 的规定检验。

脱碳深度的测定可在随炉试棒上进行，在弹簧上进行脱碳深度的测定时由供需双方商定。

6.5 晶粒度

弹簧晶粒度按 GB/T 6394 的规定检验。

晶粒度的测定可在随炉试棒上进行，在弹簧上进行晶粒度的测定时由供需双方商定。

6.6 内径或外径

用分度值小于或等于 0.02 mm 的通用量具或专用量具测量。图样上注明内径的测量内径，并以内径的最小值为准；标明外径或中径的测量外径，并以外径最大值为准。

6.7 自由高度

自由高度用精度适宜的通用量具或专用量具测量，以其最大值为准。当自重影响自由高度测量时，应将弹簧水平放置测量。

6.8 垂直度

对端部型式为 RYⅠ 和 RYⅢ 的弹簧，按图 1 所示方法，用 2 级精度平板、3 级精度直角尺和专用量具测量。在无负荷状态下将弹簧竖直放在平板上如图 1 所示，将弹簧转动一周后检查另一端(端头至 1/2 圈处考核相邻的第二圈)外圆素线与直角尺之间的最大距离 Δ，即为垂直度偏差。对端部型式为 RYⅡ 和 RYⅣ 的弹簧，其垂直度的检验由供需双方商定。

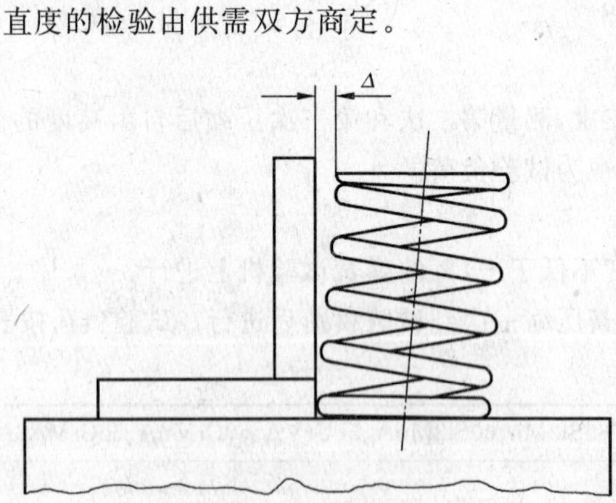

图 1

6.9 直线度

如图 2 所示方法，将弹簧水平放置在 2 级精度平板上，将弹簧转动一周，用适宜的量具测量弹簧外圆素线与平板之间的最大间隙值 Δ'。

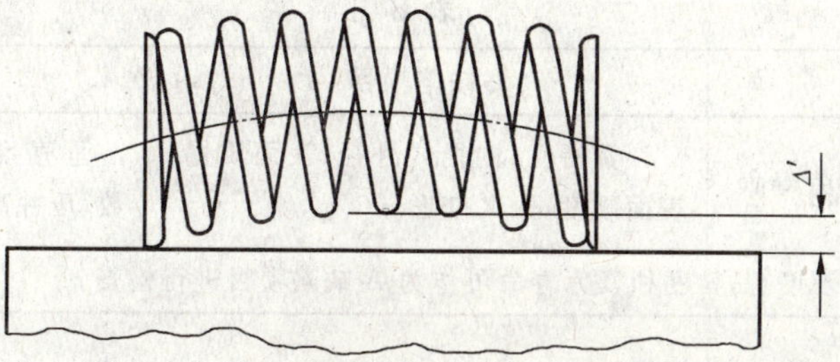

图 2

6.10 **压并高度**

测定压并高度所施加的负荷小于等于1.5倍理论压并负荷，用适宜精度的量具测量弹簧高度，施加负荷的方法应由供需双方商定。

6.11 **喷丸强化**

按JB/T 10802规定的方法检查喷丸强度和表面覆盖率。

6.12 **表面质量**

一般采用目测或用5倍放大镜检查。

6.13 **表面处理**

弹簧表面处理按有关技术标准或协议规定进行。

6.14 **其他要求**

弹簧磁粉探伤按JB/T 7367的规定执行。

弹簧疲劳试验按GB/T 16947的规定执行。

弹簧的立定处理、加温立定处理、强压处理和加温强压处理等按产品图样、相关标准执行。

7 检验规则

7.1 产品的验收抽样检查按JB/T 7944的规定，也可按供需双方商定。

7.2 产品的检验项目

a) 永久变形；
b) 弹簧特性；
c) 内径或外径；
d) 自由高度；
e) 垂直度；
f) 直线度；
g) 总圈数；
h) 节距均匀度；
i) 表面硬度；
j) 表面质量；
k) 表面处理；
l) 芯部硬度；
m) 脱碳；
n) 晶粒度；
o) 疲劳寿命。

7.3 弹簧检查项目分类

弹簧检验项目分类见表8。

表 8

A缺陷项目	B缺陷项目	C缺陷项目
脱碳、芯部硬度、晶粒度、疲劳寿命	弹簧特性、内径或外径、表面质量、表面硬度、永久变形	垂直度、直线度、自由高度、总圈数、压并高度、节距均匀度、表面处理
注：图样有要求时，芯部硬度、晶粒度和疲劳寿命可作为A缺陷项目进行检查。		

8 标志、包装、运输、贮存

8.1 包装

a) 产品在包装前应清洁，用适宜的包装材料进行包装；

b) 包装应保证在正常运输中不致使弹簧损伤。

8.2 合格证

包装内应附有产品合格证，合格证应包括下列内容：

a) 制造商名称；

b) 产品名称、型号或零件号；

c) 制造日期或生产批号；

d) 质量检验部门签章。

8.3 标志

包装外部应标明：

a) 发往地址及收货单位名称；

b) 产品名称、型号或零件号；

c) 制造商名称、商标、地址；

d) "轻放"、"防潮"等字样或符号；

e) 出厂日期。

8.4 贮存

产品应存放在通风和干燥的仓库内。在正常保管情况下，自出厂之日起，制造商应保证在12个月内不致锈蚀。

8.5 其他

对标志、包装、运输与贮存有特殊要求的，由供需双方商定。

ICS 21.160
J 26

中华人民共和国国家标准

GB/T 23935—2009
代替 GB/T 1239.6—1992

圆柱螺旋弹簧设计计算

Design of cylindrical helical springs

2009-03-16 发布　　　　2009-11-01 实施

中华人民共和国国家质量监督检验检疫总局
中国国家标准化管理委员会　发布

前　言

本标准是对 GB/T 1239.6—1992《圆柱螺旋弹簧设计计算》的修订。修订时仍保留 GB/T 1239.6—1992《圆柱螺旋弹簧设计计算》中有效的部分，对已不适应的内容进行重新修订。本标准与被修订标准的主要技术差异如下：

——对原标准按 GB/T 1.1 进行了编辑性修改；

——对引用的材料标准进行了全面查新，使用已修订过的最新版本代替原标准所引用的旧版本；

——按 GB/T 1805—2001《弹簧术语》，对原标准涉及的扭矩、刚度、变形量等符号进行修订；

——对章节顺序进行调整，从弹簧的结构、尺寸、特性、强度等方面进行规整；

——在设计举例中增加了圆柱螺旋压缩弹簧、拉伸弹簧、扭转弹簧动负荷时的疲劳强度验算，并在扭转弹簧设计时考虑扭臂影响的验算；

——在试验负荷及许用应力的选取上，通过计算、图表参数选择，强调了应力幅对于疲劳寿命的影响；

——引入了静负荷与动负荷及有限、无限寿命的概念。

本标准的附录 A～附录 F 均为资料性附录。

本标准由中国机械工业联合会提出。

本标准由全国弹簧标准化技术委员会(SAC/TC 235)归口。

本标准负责起草单位：广州华德弹簧有限公司、常州铭锦弹簧有限公司。

本标准参加起草单位：无锡泽根弹簧有限公司、解放军 1001 强力弹簧研究所、杭州弹簧有限公司、中机生产力促进中心、常州弹簧厂有限公司、扬州弹簧有限公司、杭州钱江弹簧有限公司、浙江金昌弹簧有限公司、浙江美力弹簧有限公司、立洲控股集团公司、北京市弹簧厂、杭州兴发弹簧有限公司。

本标准主要起草人：杨伟明、舒荣福、曹辉荣、张朝芳、姜晓炜、姜膺、吴刚、张桂军、王卫、赵春伟、屠世润、梁泉、贺永义、陆培根、刘辉航、张英会。

本标准所代替标准的历次版本发布情况为：

——GB/T 1239.6—1992。

圆柱螺旋弹簧设计计算

1 范围

本标准规定了圆截面材料圆柱螺旋弹簧的设计计算。

本标准适用于圆截面材料圆柱螺旋压缩弹簧、拉伸弹簧和扭转弹簧(以下简称弹簧)。

本标准不适用于非圆截面材料弹簧、特殊材料和特殊性能的弹簧。

2 规范性引用文件

下列文件中的条款通过本标准的引用而成为本标准的条款。凡是注日期的引用文件,其随后所有的修改单(不包括勘误的内容)或修订版均不适用于本标准,然而,鼓励根据本标准达成协议的各方研究是否可使用这些文件的最新版本。凡是不注日期的引用文件,其最新版本适用于本标准。

GB/T 1222 弹簧钢

GB/T 1239.1 冷卷圆柱螺旋弹簧技术条件 第1部分:拉伸弹簧

GB/T 1239.2 冷卷圆柱螺旋弹簧技术条件 第2部分:压缩弹簧

GB/T 1239.3 冷卷圆柱螺旋弹簧技术条件 第3部分:扭转弹簧

GB/T 1358 圆柱螺旋弹簧尺寸系列

GB/T 1805 弹簧术语

GB/T 4357—1989 碳素弹簧钢丝(neq JIS G 3521:1984)

GB/T 18983 油淬火-回火弹簧钢丝(GB/T 18983—2003,ISO/FDIS 8458-3:1992,MOD)

GB/T 21652 铜及铜合金线材

GB/T 23934—2009 热卷圆柱螺旋压缩弹簧 技术条件

YB/T 5311 重要用途碳素弹簧钢丝

YB/T 5318 合金弹簧钢丝

YB(T)11 弹簧用不锈钢丝

YS/T 571 铍青铜线

3 弹簧的参数名称及代号

本标准使用 GB/T 1805 和表1规定的术语和符号。

表 1

参数名称	代 号	单 位
材料直径	d	mm
弹簧内径	D_1	mm
弹簧外径	D_2	mm
弹簧中径	D	mm
总圈数	n_1	圈
支承圈数	n_z	圈
有效圈数	n	圈

表 1(续)

参数名称	代号	单位
自由高度(自由长度)	H_0	mm
工作高度(工作长度)	$H_{1,2,\cdots n}$	mm
压并高度	H_b	mm
节距	t	mm
负荷	$F_{1,2,\cdots n}$	N
稳定性临界负荷	F_c	N
变形量	f	mm
刚度	F'	N/mm
旋绕比	C	—
曲度系数	K	—
高径比	b	—
稳定系数	C_B	—
螺旋角	α	(°)
中径变化量	ΔD	mm
余隙	δ_1	mm
材料切变模量	G	MPa
工作切应力	$\tau_{1,2,\cdots n}$	MPa
试验切应力	τ_s	MPa
脉动疲劳极限应力	τ_{u0}	MPa
许用切应力	$[\tau]$	MPa
初切应力	τ_0	MPa
初拉力	F_0	N
钩长尺寸	h_1	mm
开口尺寸	h_2	mm
材料弹性模量	E	MPa
弯曲应力	σ	MPa
扭转弹簧扭臂长度	l_1、l_2	mm
试验弯曲应力	σ_s	MPa
许用弯曲应力	$[\sigma]$	MPa
扭矩	$T_{1,2,\cdots n}$	N·mm
弹簧的扭转角度	$\varphi_{1,2,\cdots n}$	rad 或(°)
扭转刚度	T'	N·mm/rad 或 N·mm/(°)
弯曲应力曲度系数	K_b	—
材料单位体积的质量(密度)	ρ	kg/mm³
弹簧质量	m	kg

表1(续)

参数名称	代 号	单 位
循环特征	γ	—
循环次数	N	次
强迫振动频率	f_r	Hz
自振频率	f_e	Hz
抗拉强度	R_m	MPa
变形能	U	N·mm
安全系数	S	—
最小安全系数	S_{min}	—

4 材料

弹簧一般采用表2中的材料,若选用其他材料,由供需双方商定。

表2

标准号	标准名称	牌号/组别	直径规格/mm	性 能
GB/T 4357—1989	碳素弹簧钢丝	B、C、D	B组:0.08~13.0 C组:0.08~13.0 D组:0.08~6.0	强度高、性能好。B组用于低应力弹簧,C组用于中等应力弹簧,D组用于高应力弹簧
YB/T 5311	重要用途碳素弹簧钢丝	E、F、G	E组:0.08~6.0 F组:0.08~6.0 G组:1.0~6.0	强度高,韧性好。用于重要用途的弹簧
GB/T 18983	油淬火-回火弹簧钢丝	VDC	0.5~10.0	强度高,性能好,VDC用于高疲劳级弹簧
		FDC、TDC	0.5~17.0	强度高,性能好。FDC用于静态级弹簧;TDC用于中疲劳级弹簧
		FDSiMn、TDSiMn	0.5~17.0	强度高,较高的疲劳性能。用于较高负荷的弹簧。FDSiMn用于静态级弹簧;TDSiMn用于中疲劳级弹簧
		VDCrSi	0.5~10.0	强度高,疲劳性能好。VDCrSi用于高疲劳级弹簧;TDCrSi用于中疲劳级弹簧;FDCrSi用于静态级弹簧
		FDCrSi、TDCrSi	0.5~17.0	
		VDCrV-A	0.5~10.0	强度高,疲劳性能好。VDCrV-A用于高疲劳级弹簧
		FDCrV-A、TDCrV-A	0.5~17.0	强度较高,疲劳性能较好。TDCrV-A用于中疲劳级弹簧;FDCrV-A用于静态级弹簧

表 2（续）

标准号	标准名称	牌号/组别	直径规格/mm	性能
YB/T 5318	合金弹簧钢丝	50CrVA 60Si2MnA 55CrSi	0.5～14.0	强度高。较高的疲劳性，用于普通机械的弹簧
YB(T)11	弹簧用不锈钢丝	A组： 1Cr18Ni9 0Cr19Ni10 0Cr17Ni12Mo2 B组： 1Cr18Ni9 0Cr18Ni10 C组： 0Cr17Ni8Al	0.8～12.0	耐腐蚀、耐高温、耐低温，用于腐蚀或高、低温工作条件下的弹簧
GB/T 21652	铜及铜合金线材	QSi3-1， QSn4-3 QSn6.5-0.1 QSn6.5-0.4 QSn7-0.2	0.1～6.0	有较高的耐腐蚀和防磁性能。用于机械或仪表等用弹性元件
YS/T 571	铍青铜线	QBe2	0.03～6.0	强度、硬度、疲劳强度和耐磨性均高，耐腐蚀，防磁，导电性好，撞击时，无火花，用作电表游丝
GB/T 1222	弹簧钢	60Si2Mn 60Si2MnA	12.0～80.0	较高的疲劳强度，较高的疲劳性，广泛用于各种机械用弹簧
		50CrVA 60CrMnA 60CrMnBA		强度高，耐高温，用于承受较重负荷的弹簧
		55CrSiA 60Si2CrA 60Si2CrVA		高的疲劳性能，耐高温，用于较高工作温度下的弹簧

5 弹簧的负荷类型及许用应力

5.1 静负荷与动负荷

5.1.1 静负荷

a) 恒定不变的负荷；

b) 负荷有变化，但循环次数 $N<10^4$ 次。

5.1.2 动负荷

负荷有变化，循环次数 $N\geqslant10^4$ 次。

根据循环次数动负荷分为：

a） 有限疲劳寿命：冷卷弹簧负荷循环次数 $N \geqslant 10^4 \sim 10^6$ 次；热卷弹簧负荷循环次数 $N \geqslant 10^4 \sim 10^5$ 次；

b） 无限疲劳寿命：冷卷弹簧负荷循环次数 $N \geqslant 10^7$ 次；热卷弹簧负荷循环次数 $N \geqslant 2 \times 10^6$。

当冷卷弹簧负荷循环次数介于 10^6 和 10^7 次之间时、热卷弹簧负荷循环次数介于 10^5 和 2×10^6 次之间时，可根据使用情况参照有限或无限疲劳寿命设计。

5.2 许用应力选取的原则

a） 静负荷作用下的弹簧，除了考虑强度条件外，对应力松弛有要求的，应适当降低许用应力。

b） 动负荷作用下的弹簧，除了考虑循环次数外，还应考虑应力（变化）幅度，这时按照循环特征公式（1）计算，在图 2 中查取。当循环特征值大时，即应力（变化）幅度小，许用应力取大值；当循环特征值小时，即应力（变化）幅度大，许用应力取小值。

$$\gamma = \frac{\tau_{min}}{\tau_{max}} = \frac{F_{min}}{F_{max}} \text{ 或 } \gamma = \frac{\sigma_{min}}{\sigma_{max}} = \frac{T_{min}}{T_{max}} = \frac{\varphi_{min}}{\varphi_{max}} \qquad (1)$$

c） 对于重要用途的弹簧，其损坏对整个机械有重大影响，以及在较高或较低温度下工作的弹簧，许用应力应适当降低。

d） 经有效喷丸处理的弹簧，可提高疲劳强度或疲劳寿命。

e） 对压缩弹簧，经有效强压处理，可提高疲劳寿命，对改善弹簧的性能有明显效果。

f） 动负荷作用下的弹簧，影响疲劳强度的因素很多，难以精确估计，对于重要用途的弹簧，设计完成后，应进行试验验证。

5.3 冷卷弹簧的试验应力及许用应力

5.3.1 冷卷压缩弹簧的试验切应力及许用切应力

a） 冷卷压缩弹簧的试验切应力见表 3；

b） 冷卷压缩弹簧的许用切应力见表 3 及图 1，或参见图 B.1。

5.3.2 冷卷拉伸弹簧的试验切应力及许用切应力

冷卷拉伸弹簧的试验切应力及许用切应力，取表 3 所列值的 80%。

表 3

单位为兆帕

应力类型		材料			
		油淬火-退火弹簧钢丝	碳素弹簧钢丝、重要用途碳素弹簧钢丝	弹簧用不锈钢丝	铜及铜合金线材、铍青铜线
试验切应力		$0.55R_m$	$0.50R_m$	$0.45R_m$	$0.40R_m$
静负荷许用切应力		$0.50R_m$	$0.45R_m$	$0.38R_m$	$0.36R_m$
动负荷许用切应力	有限疲劳寿命	$(0.40 \sim 0.50)R_m$	$(0.38 \sim 0.45)R_m$	$(0.34 \sim 0.38)R_m$	$(0.33 \sim 0.36)R_m$
	无限疲劳寿命	$(0.35 \sim 0.40)R_m$	$(0.33 \sim 0.38)R_m$	$(0.30 \sim 0.34)R_m$	$(0.30 \sim 0.33)R_m$

注 1：抗拉强度 R_m 选取材料标准的下限值。

注 2：材料直径 d 小于 1 mm 的弹簧，试验切应力为表列值的 90%。

注 3：当试验切应力大于压并切应力时，取压并切应力为试验切应力。

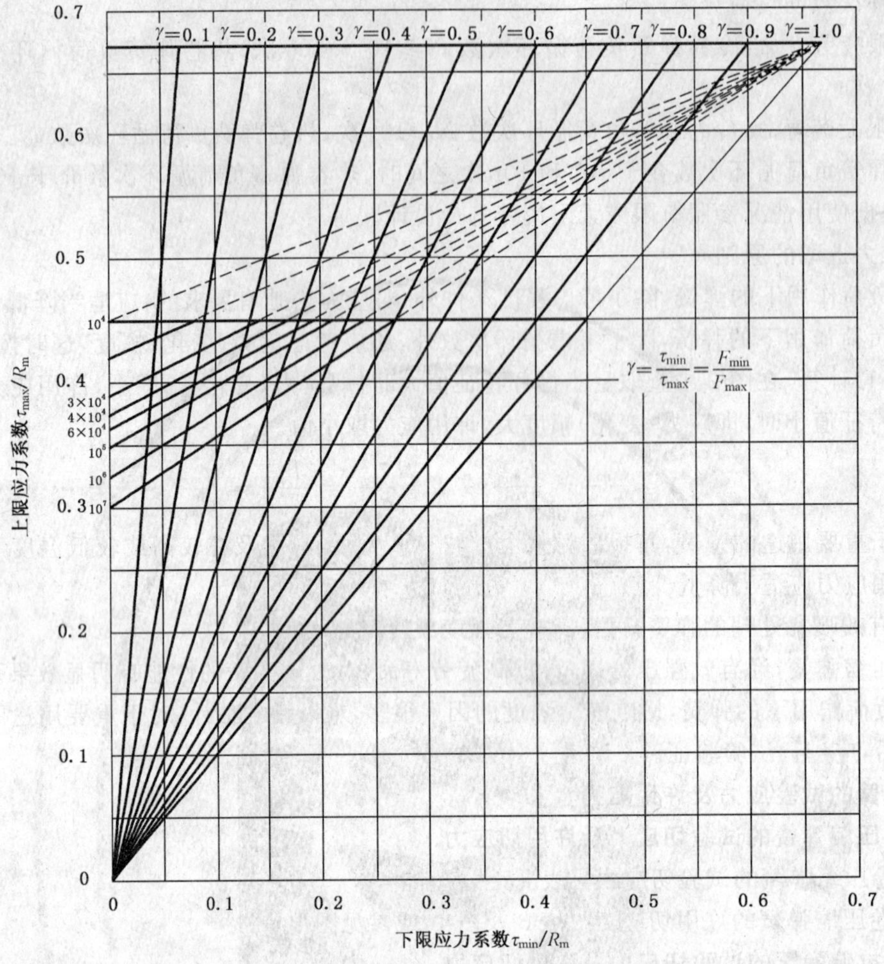

注：适用于未经喷丸处理的具有较好的耐疲劳性能的钢丝，如重要用途碳素弹簧钢丝、高疲劳级油淬火-退火弹簧钢丝。

图 1 压缩、拉伸弹簧疲劳极限图

5.3.3 冷卷扭转弹簧的试验弯曲应力及许用弯曲应力

a) 扭转弹簧的试验弯曲应力见表 4；

b) 扭转弹簧的许用弯曲应力见表 4 及图 2，或参见图 B.2。

表 4　　单位为兆帕

应力类型		材料			
		油淬火-退火弹簧钢丝	碳素弹簧钢丝、重要用途碳素弹簧钢丝	弹簧用不锈钢丝	铜及铜合金线材、铍青铜线
试验弯曲应力		$0.80R_m$	$0.78R_m$	$0.75R_m$	$0.75R_m$
静负荷许用弯曲应力		$0.72R_m$	$0.70R_m$	$0.68R_m$	$0.68R_m$
动负荷许用弯曲应力	有限疲劳寿命	$(0.60\sim0.68)R_m$	$(0.58\sim0.66)R_m$	$(0.55\sim0.65)R_m$	$(0.55\sim0.65)R_m$
	无限疲劳寿命	$(0.50\sim0.60)R_m$	$(0.49\sim0.58)R_m$	$(0.45\sim0.55)R_m$	$(0.45\sim0.55)R_m$

注：抗拉强度 R_m 取材料标准的下限值。

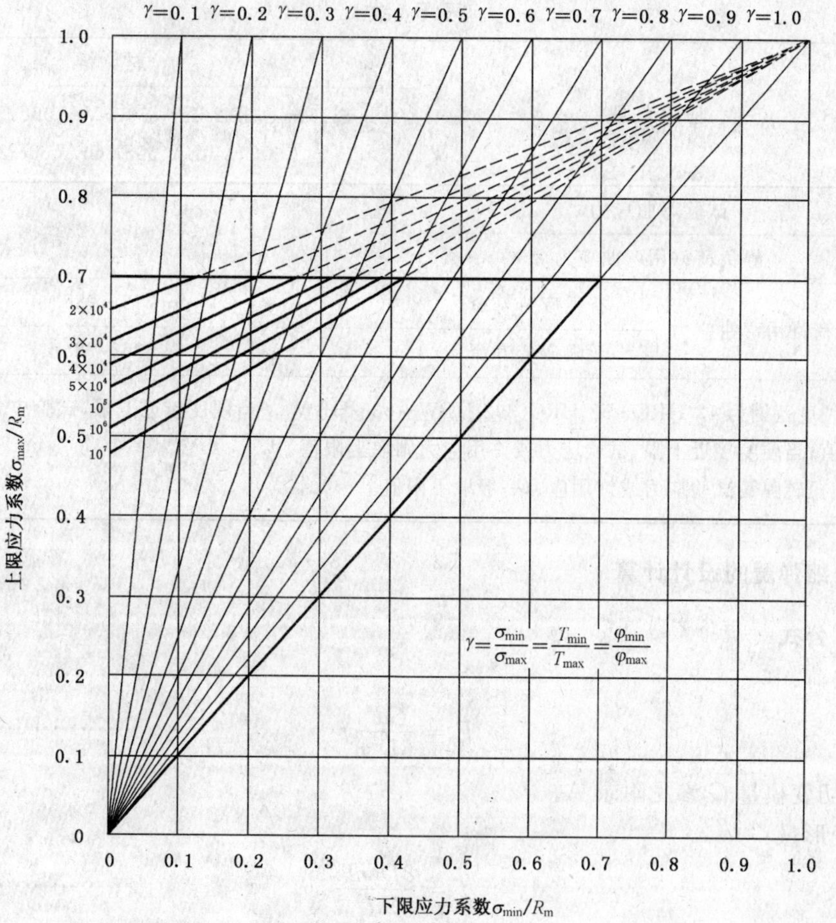

注：适用于未经喷丸处理的具有较好的耐疲劳性能的钢丝，如重要用途碳素弹簧钢丝、高疲劳级油淬火-退火弹簧钢丝。

图 2 扭转弹簧疲劳极限图

5.4 热卷弹簧的试验应力及许用应力

热卷弹簧的试验应力及许用应力见表 5。

表 5

单位为兆帕

弹簧类型	应力类型		材料 60Si2Mn、60Si2MnA、50CrVA、55CrSiA、60CrMnA、60CrMnBA、60Si2CrA、60Si2CrVA
压缩弹簧	试验切应力		710～890
	静负荷许用切应力		
	动负荷许用切应力	有限疲劳寿命	568～712
		无限疲劳寿命	426～534
拉伸弹簧	试验切应力		475～596
	静负荷许用切应力		
	动负荷许用切应力	有限疲劳寿命	405～507
		无限疲劳寿命	356～447

表 5（续） 单位为兆帕

弹簧类型	应力类型		材料：60Si2Mn、60Si2MnA、50CrVA、55CrSiA、60CrMnA、60CrMnBA、60Si2CrA、60Si2CrVA
扭转弹簧	试验弯曲应力		994～1 232
	静负荷许用弯曲应力		
	动负荷许用弯曲应力	有限疲劳寿命	795～986
		无限疲劳寿命	636～788

注 1：弹簧硬度范围为 42 HRC～52 HRC(392 HBW～535 HBW)。当硬度接近下限，试验应力或许用应力则取下限值；当硬度接近上限，试验应力或许用应力则取上限值。

注 2：拉伸、扭转弹簧试验应力或许用应力一般取下限值。

6 圆柱螺旋压缩弹簧的设计计算

6.1 基本计算公式

6.1.1 弹簧负荷：

$$F = \frac{Gd^4}{8D^3 n} f \qquad \cdots\cdots (2)$$

式中材料切变模量 G 参见附录 A。

6.1.2 弹簧变形量：

$$f = \frac{8D^3 nF}{Gd^4} \qquad \cdots\cdots (3)$$

6.1.3 弹簧刚度：

$$F' = \frac{F}{f} = \frac{Gd^4}{8D^3 n} \qquad \cdots\cdots (4)$$

6.1.4 弹簧切应力：

$$\tau = K\frac{8DF}{\pi d^3} \qquad \cdots\cdots (5)$$

或

$$\tau = K\frac{Gdf}{\pi D^2 n} \qquad \cdots\cdots (6)$$

式中 K 为曲度系数，K 值按公式(7)计算：

$$K = \frac{4C-1}{4C-4} + \frac{0.615}{C} \qquad \cdots\cdots (7)$$

静负荷时，一般可以取 K 值为 1，当弹簧应力高时，亦考虑 K 值。

6.1.5 弹簧材料直径：

$$d \geqslant \sqrt[3]{\frac{8KDF}{\pi[\tau]}} \text{或} d \geqslant \sqrt{\frac{8KCF}{\pi[\tau]}} \qquad \cdots\cdots (8)$$

式中$[\tau]$为根据上述的设计情况确定的许用切应力。

6.1.6 弹簧中径：

$$D = Cd \qquad \cdots\cdots (9)$$

6.1.7 弹簧有效圈数：

$$n = \frac{Gd^4}{8D^3 F} f \qquad \cdots\cdots (10)$$

6.1.8 变形能：

$$U = \frac{1}{2}Ff \qquad \cdots\cdots(11)$$

6.2 自振频率

对两端固定，一端在工作行程范围内周期性往复运动的圆柱螺旋压缩弹簧，其自振频率按公式(12)计算：

$$f_e = \frac{3.56d}{nD^2}\sqrt{\frac{G}{\rho}} \qquad \cdots\cdots(12)$$

6.3 弹簧的特性和变形

6.3.1 弹簧特性

a) 在需要保证指定高度时的负荷，弹簧的变形量应在试验负荷下变形量的 20%～80%之间，即 $0.2f_s \leqslant f_{1,2,\cdots,n} \leqslant 0.8f_s$。

b) 在需要保证负荷下的高度，弹簧的变形量应在试验负荷下变形量的 20%～80%之间，即 $0.2f_s \leqslant f_{1,2,\cdots,n} \leqslant 0.8f_s$，但最大变形量下的负荷应不大于试验负荷。

c) 在需要保证刚度时，弹簧变形量应在试验负荷下变形量的 30%～70%之间，即 f_1 和 f_2 满足 $0.3f_s \leqslant f_{1,2} \leqslant 0.7f_s$。弹簧刚度按公式(13)计算：

$$F' = \frac{F_2 - F_1}{f_2 - f_1} = \frac{F_2 - F_1}{H_1 - H_2} \qquad \cdots\cdots(13)$$

6.3.2 试验负荷

试验负荷 F_s 为测定弹簧特性时，弹簧允许承受的最大负荷，其值按公式(14)计算：

$$F_s = \frac{\pi d^3}{8D}\tau_s \qquad \cdots\cdots(14)$$

式中 τ_s 为试验切应力，按表 3 选取。

6.3.3 压并负荷

压并负荷 F_b 为弹簧压并时的理论负荷，对应的压并变形量为 f_b。

6.4 弹簧的端部结构型式、参数、及计算公式

6.4.1 弹簧的端部结构型式

弹簧端部结构型式见表 6。

表 6

类型	代号	简图	端部结构型式
冷卷压缩弹簧	YⅠ	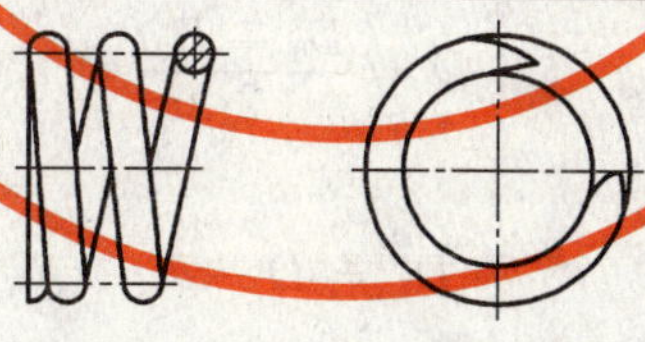	两端圈并紧磨平 $n_Z \geqslant 2$
	YⅡ	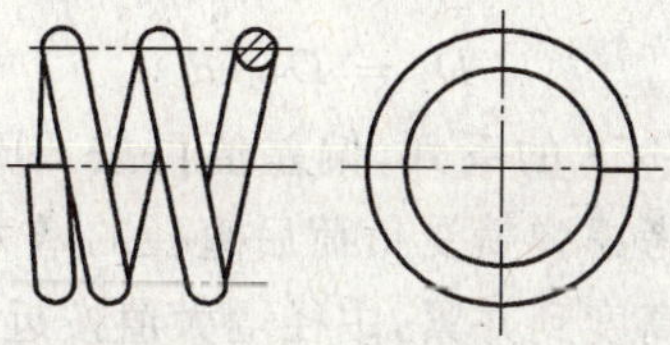	两端圈并紧不磨 $n_Z \geqslant 2$
	YⅢ	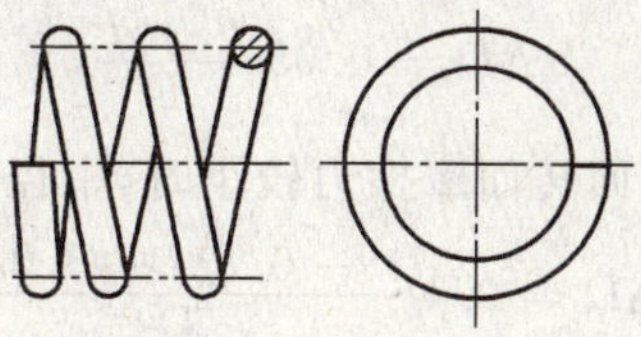	两端圈不并紧 $n_Z < 2$

表 6（续）

类型	代号	简图	端部结构型式
热卷压缩弹簧	RYⅠ	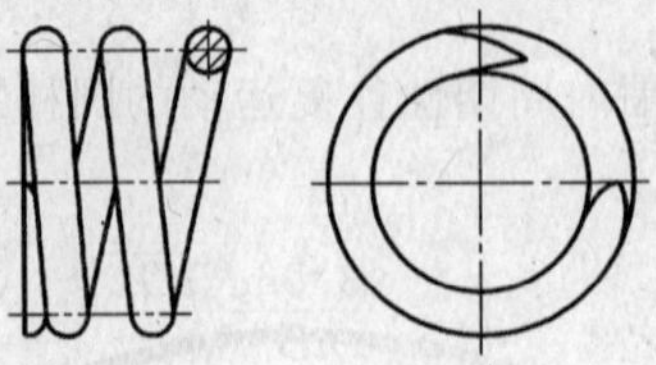	两端圈并紧磨平 $n_Z \geqslant 1.5$
	RYⅡ	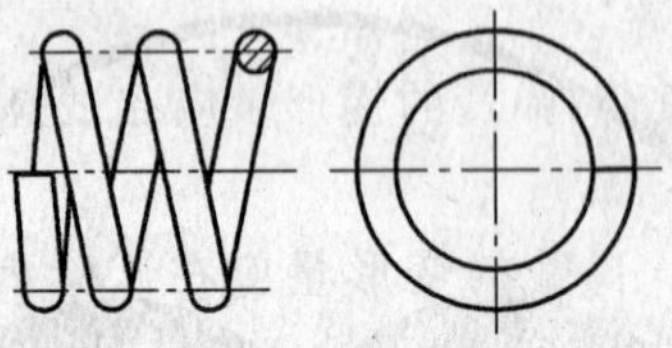	两端圈并紧不磨 $n_Z \geqslant 1.5$
	RYⅢ	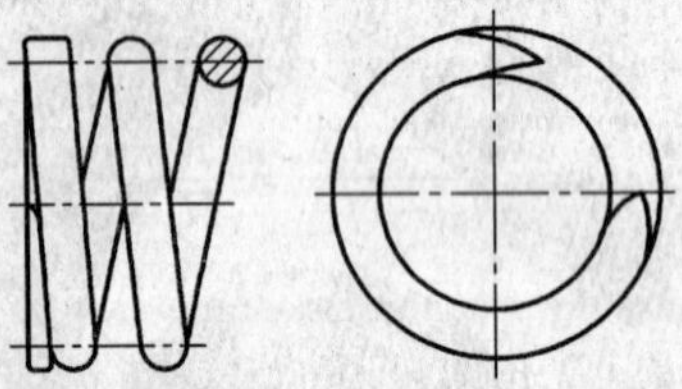	两端圈制扁、并紧磨平 $n_Z \geqslant 1.5$
	RYⅣ	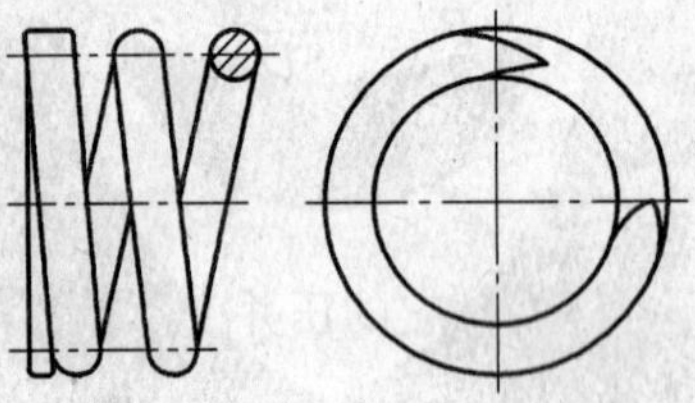	两端圈制扁、并紧不磨 $n_Z \geqslant 1.5$

6.4.2 弹簧材料直径

弹簧材料直径 d 由公式(8)计算，一般应符合 GB/T 1358 系列。

6.4.3 弹簧直径

6.4.3.1 弹簧中径：

$$D = \frac{D_1 + D_2}{2} \qquad (15)$$

6.4.3.2 弹簧内径：

$$D_1 = D - d \qquad (16)$$

6.4.3.3 弹簧外径：

$$D_2 = D + d \qquad (17)$$

弹簧中径 D 一般应符合 GB/T 1358 的系列，偏差值可按 GB/T 1239.2 和 GB/T 23934—2009 选取。为了保证有足够的安装空间，应考虑弹簧受负荷后直径的增大。

a) 当弹簧两端固定时，从自由高度到并紧，中径增大值按近似公式(18)计算：

$$\Delta D = 0.05\frac{t^2 - d^2}{D} \qquad (18)$$

b) 当两端面与支承座可以自由回转而摩擦力较小时，中径增大值按近似公式(19)计算：

$$\Delta D = 0.1\frac{t^2 - 0.8td - 0.2d^2}{D} \qquad (19)$$

6.4.4 **弹簧旋绕比**

旋绕比推荐值根据材料直径在表 7 中选取。

表 7

d/mm	0.2～0.5	>0.5～1.1	>1.1～2.5	>2.5～7.0	>7.0～16	>16
C	7～14	5～12	5～10	4～9	4～8	4～16

6.4.5 **弹簧圈数**

6.4.5.1 弹簧有效圈数由公式(10)计算，一般应符合 GB/T 1358 的规定。为了避免由于负荷偏心引起过大的附加力，同时为了保证稳定的刚度，一般不少于 3 圈，最少不少于 2 圈。

6.4.5.2 支承圈 n_Z 与端圈结构型式有关，n_Z 取值见表 6。

6.4.5.3 总圈数

$$n_1 = n + n_Z \qquad \cdots\cdots(20)$$

其尾数应为 1/4、1/2、3/4 或整圈，推荐用 1/2 圈。

6.4.6 **弹簧自由高度**

6.4.6.1 自由高度 H_0 受端部结构的影响，难以计算出精确值，其近似值按表 8 所列的公式计算，并推荐按 GB/T 1358 的规定。

表 8

总圈数 n_1	自由高度 H_0	节距 t	端部结构型式
$n+1.5$	$nt+d$	$(H_0-d)/n$	两端圈磨平
$n+2$	$nt+1.5d$	$(H_0-1.5d)/n$	
$n+2.5$	$nt+2d$	$(H_0-2d)/n$	
$n+2$	$nt+3d$	$(H_0-3d)/n$	两端圈不磨
$n+2.5$	$nt+3.5d$	$(H_0-3.5d)/n$	

6.4.6.2 工作高度 $H_{1,2,\cdots n}$ 可按公式(21)计算：

$$H_{1,2,\cdots n} = H_0 - f_{1,2,\cdots n} \qquad \cdots\cdots(21)$$

6.4.6.3 试验高度 H_s 为对应于试验负荷 F_s 下的高度，其值按公式(22)计算：

$$H_s = H_0 - f_s \qquad \cdots\cdots(22)$$

6.4.6.4 弹簧的压并高度原则上不规定。

a) 对端面磨削 3/4 圈的弹簧，当需要规定压并高度时，按公式(23)计算：

$$H_b \leqslant n_1 d_{max} \qquad \cdots\cdots(23)$$

b) 对两端不磨的弹簧，当需要规定压并高度时，按公式(24)计算：

$$H_b \leqslant (n_1 + 1.5) d_{max} \qquad \cdots\cdots(24)$$

式中：

d_{max}——材料最大直径(材料直径+极限偏差的最大值)，单位为毫米(mm)。

6.4.7 **弹簧节距**

6.4.7.1 弹簧节距 t 按公式(25)计算：

$$t = d + \frac{f_n}{n} + \delta_1 \qquad \cdots\cdots(25)$$

余隙 δ_1 是在最大工作负荷 F_n 作用下，有效圈相互之间应保留的间隙。一般取 $\delta_1 \geqslant 0.1d$。

推荐 $0.28D \leqslant t < 0.5D$。

6.4.7.2 节距 t 与自由高度 H_0 之间的近似关系式见表 8。

6.4.7.3 间距 δ 按公式(26)计算：

$$\delta = t - d \quad (26)$$

6.4.8　**弹簧螺旋角和旋向**

6.4.8.1　弹簧螺旋角 α，按公式(27)计算：

$$\alpha = \arctan \frac{t}{\pi D} \quad (27)$$

推荐 $5° \leqslant \alpha < 9°$。

6.4.8.2　弹簧旋向一般为右旋，在组合弹簧中各层弹簧的旋向为左右旋向相间，外层一般为右旋。

6.4.9　**弹簧展开长度**

弹簧展开长度按公式(28)计算：

$$L = \frac{\pi D n_1}{\cos\alpha} \approx \pi D n_1 \quad (28)$$

6.4.10　**弹簧质量**

弹簧质量按公式(29)计算：

$$m = \frac{\pi}{4} d^2 L \rho \quad (29)$$

6.5　**弹簧强度和稳定性校核**

6.5.1　**疲劳强度校核**

受动负荷的重要弹簧，应进行疲劳强度校核。进行校核时要考虑循环特征 $\gamma = F_{min}/F_{max} = \tau_{min}/\tau_{max}$，和循环次数 N，以及材料表面状态等影响疲劳强度的各种因素，按公式(30)校核。

$$S = \frac{\tau_{u0} + 0.75\tau_{min}}{\tau_{max}} \geqslant S_{min} \quad (30)$$

式中：

τ_{u0}——脉动疲劳极限应力，其值见表 9；

S——疲劳安全系数；

S_{min}——最小安全系数，$S_{min} = 1.1 \sim 1.3$。

表 9　　单位为兆帕

负荷循环次数 N	10^4	10^5	10^6	10^7
脉动疲劳极限 τ_{u0}	$0.45\ R_m$ [a]	$0.35\ R_m$	$0.32\ R_m$	$0.30\ R_m$
注：本表适用于重要用途碳素弹簧钢丝、油淬火-退火弹簧钢丝、弹簧用不锈钢丝和铍青铜线。				
a　弹簧用不锈钢丝和硅青铜线，此值取 $0.35\ R_m$。				

对于重要用途碳素钢丝、高疲劳级油淬火-退火弹簧钢丝等优质钢丝制作的弹簧，在不进行喷丸强化的情况下，其疲劳寿命按图 1 校核。

6.5.2　**稳定性校核**

6.5.2.1　为了保证弹簧使用过程中的稳定性，弹簧高径比 $b = H_0/D$，应满足下列要求：

——两端固定：$b \leqslant 5.3$；

——一端固定，一端回转：$b \leqslant 3.7$；

——两端回转：$b \leqslant 2.6$。

6.5.2.2　当 b 大于上列数值时，要进行稳定性校核。稳定性临界负荷 F_c 由式(31)确定：

$$F_c = C_B F' H_0 \quad (31)$$

式中 C_B 为稳定系数，由图 3 查取。

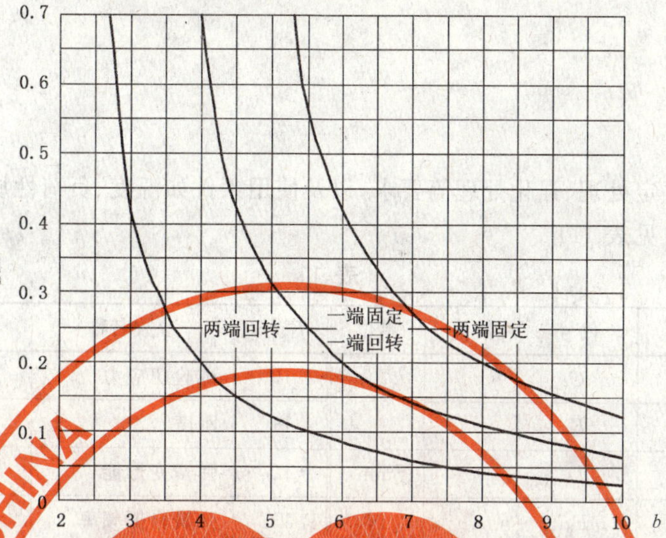

图 3　C_B 值

为了保证弹簧的稳定性，最大工作负荷 F_n 应小于临界负荷 F_c 值。当不满足要求时，应重新改变参数，使其符合上述要求以保证弹簧的稳定性。如设计结构受限制，不能改变参数时，应设置导杆或导套。导杆或导套与簧圈的间隙值(直径差)按表 10。

表 10

单位为毫米

D	≤5	>5～10	>10～18	>18～30	>30～50	>50～80	>80～120	>120～150
间隙	0.6	1	2	3	4	5	6	7

6.5.2.3　为了保证弹簧的稳定性，b 应大于 0.8。

6.5.3　弹簧的共振验算

必要时，受动负荷的弹簧应进行共振验算。f_e 与强迫振动频率 f_r 之比应大于 10，即：$f_e/f_r>10$。

6.6　弹簧典型工作图样

弹簧的典型工作图样，包括弹簧工作图，技术要求内容及设计计算数据三部分。

6.6.1　弹簧工作图(见图 4)

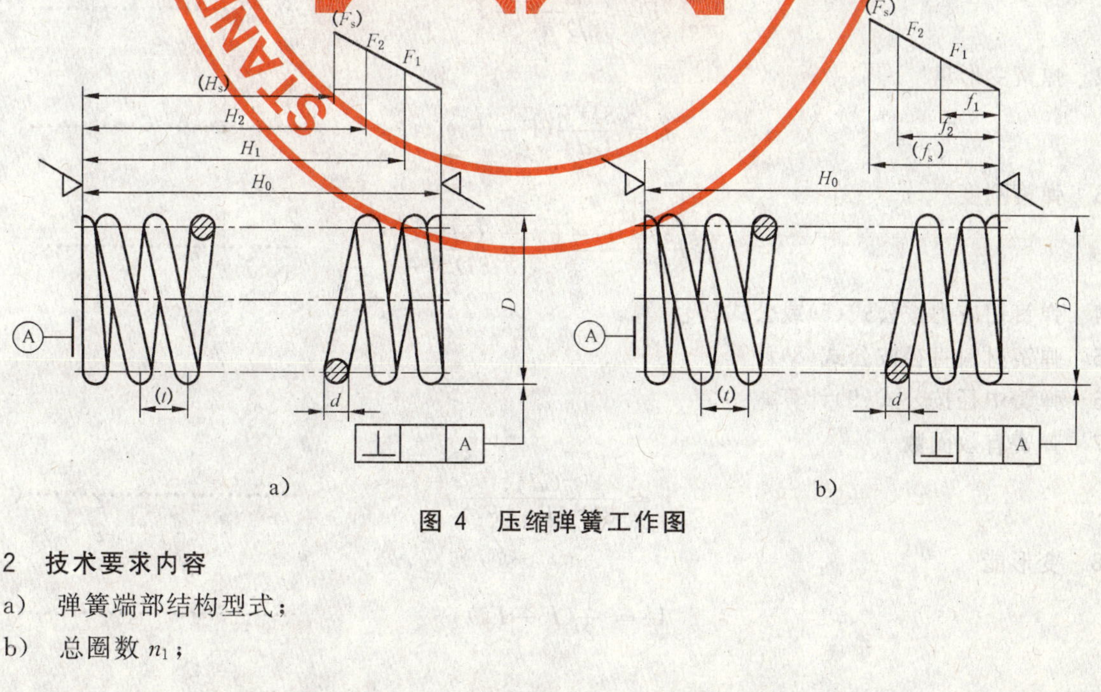

图 4　压缩弹簧工作图

6.6.2　技术要求内容

a)　弹簧端部结构型式；

b)　总圈数 n_1；

c) 有效圈数 n；

d) 旋向；

e) 表面处理；

f) 制造技术条件。

在需要时可注明立定处理、强化处理等要求，以及使用条件如温度、负荷性质等。

6.6.3 设计计算数据(见表 11)

表 11

序号	参数名称	代号	数值	单位	序号	参数名称	代号	数值	单位
1	旋绕比	C		—	10	试验切应力	τ_s		MPa
2	曲度系数	K			11	刚度	F'		N/mm
3	中径	D		mm	12	弹簧变形能	U		N·mm
4	压并负荷	F_b		N	13	弹簧自振频率	f_e		Hz
5	压并高度	H_b		mm	14	强迫振频率	f_r		Hz
6	试验高度	H_s			15	循环次数	N		次
7	材料抗拉强度	R_m			16	展开长度	L		mm
8	压并切应力	τ_b		MPa					
9	工作切应力	τ_1							
		τ_2							

7 圆柱螺旋拉伸弹簧设计计算

7.1 基本计算公式

无初拉力时，拉伸弹簧的基本计算公式与压缩弹簧相同，按公式(2)～公式(11)。

有初拉力时，拉伸弹簧的基本计算按公式(32)～公式(36)计算。

7.1.1 弹簧负荷

$$F=\frac{Gd^4}{8D^3n}f+F_0 \qquad \cdots\cdots(32)$$

7.1.2 弹簧变形量

$$f=\frac{8D^3n}{Gd^4}(F-F_0) \qquad \cdots\cdots(33)$$

7.1.3 弹簧刚度

$$F'=\frac{F-F_0}{f}=\frac{Gd^4}{8D^3n} \qquad \cdots\cdots(34)$$

7.1.4 弹簧切应力按公式(5)或公式(6)计算。

7.1.5 弹簧材料直径按公式(8)计算。

7.1.6 弹簧中径按公式(9)计算。

7.1.7 弹簧有效圈数

$$n=\frac{Gd^4}{8D^3(F-F_0)}f \qquad \cdots\cdots(35)$$

7.1.8 变形能

$$U=\frac{1}{2}(F+F_0)f \qquad \cdots\cdots(36)$$

7.2 弹簧的特性和变形

7.2.1 弹簧特性

与圆柱螺旋压缩弹簧设计计算相同，按6.3.1。

7.2.2 试验负荷

与圆柱螺旋压缩弹簧设计计算相同，按6.3.2。

7.2.3 初拉力

用不需淬火退火材料制成的密卷拉伸弹簧，在簧圈之间形成了轴向压力称为初拉力 F_0。当所加负荷超过初拉力后，弹簧才开始变形。卷绕成形后，需要淬火退火的弹簧没有初拉力。

初拉力按公式(37)计算：

$$F_0 = \frac{\pi d^3}{8D}\tau_0 \qquad \text{(37)}$$

式中 τ_0 为初切应力，对钢制弹簧，其值也可根据旋绕比 C 在图5阴影部分选取，由于弹簧一般均需去应力退火处理，经处理后弹簧初拉力会有所下降，为便于制造建议取下限值。

同时其值也可参考经验公式(38)计算：

$$\tau_0 = \frac{G}{100C} \qquad \text{(38)}$$

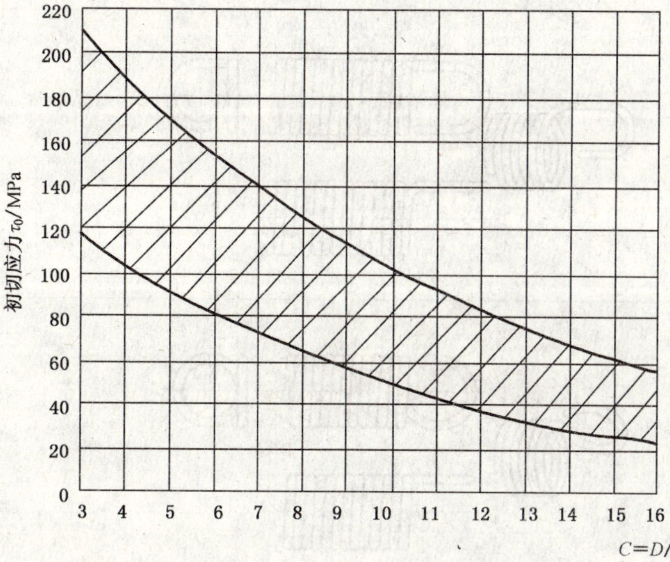

图5 旋绕比与初切应力关系图

7.3 弹簧的端部结构型式、参数及计算公式

7.3.1 弹簧的端部结构型式

弹簧端部结构型式见表12。

表12

代号	简图	端部结构型式
LⅠ	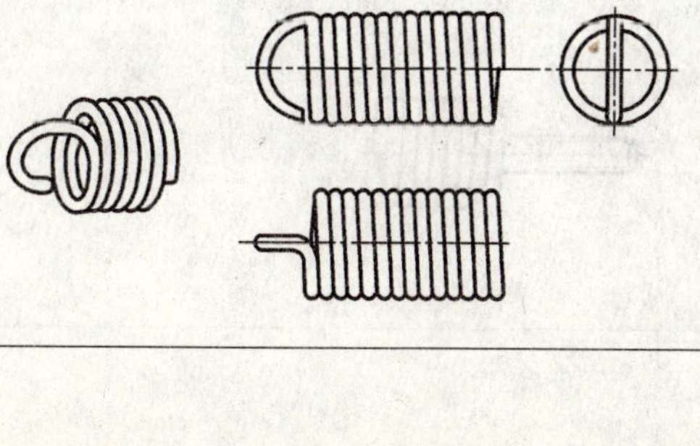	半圆钩环

表 12（续）

代号	简　图	端部结构型式
LⅡ	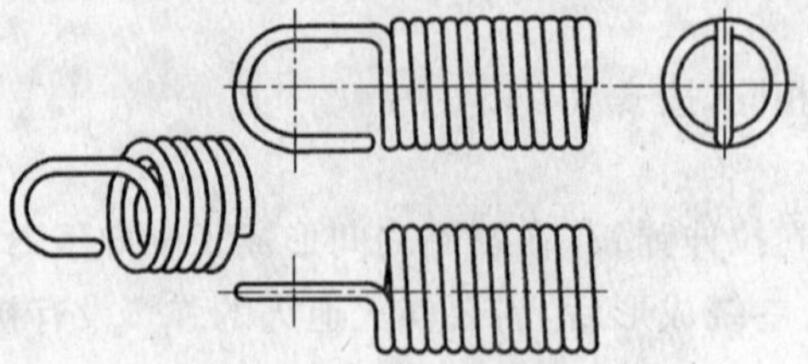	长臂半圆钩环
LⅢ	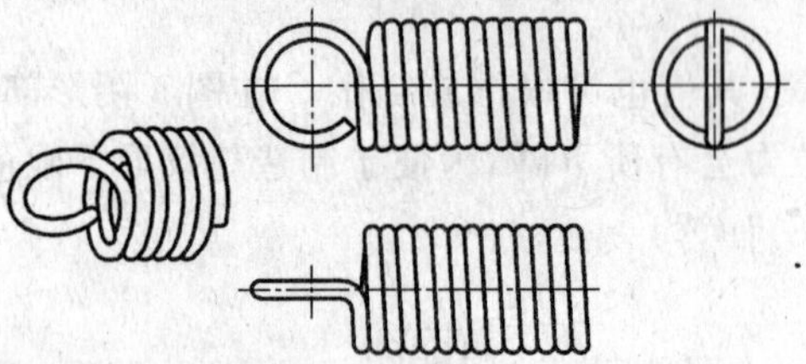	圆钩环扭中心（圆钩环）
LⅣ	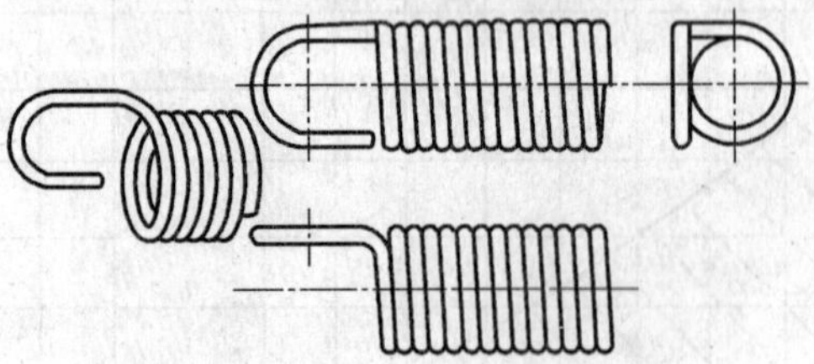	长臂偏心半圆钩环
LⅤ	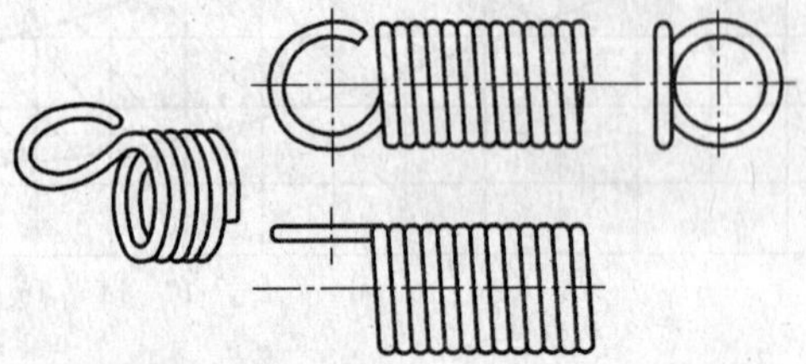	偏心圆钩环
LⅥ	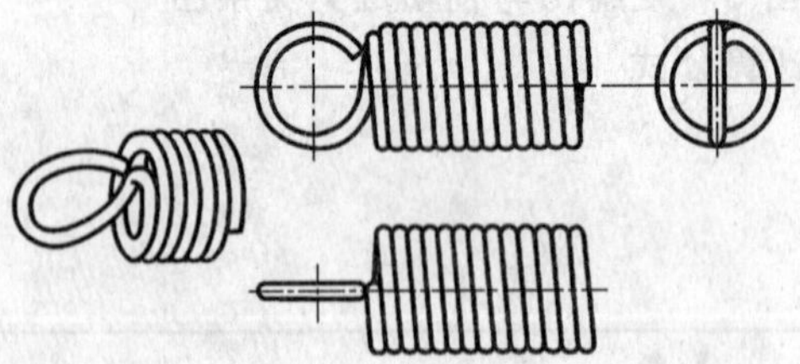	圆钩环压中心
LⅦ	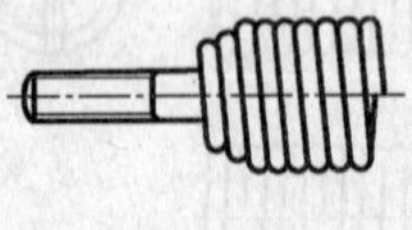	可调式拉簧

表 12（续）

代号	简　图	端部结构型式
LⅧ	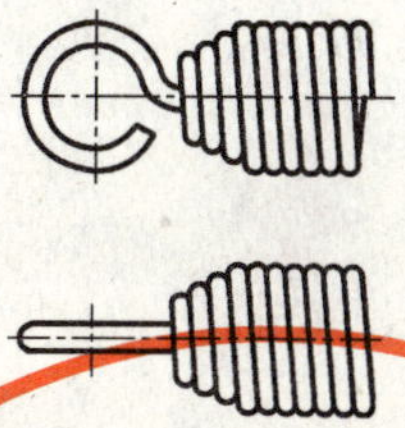	具有可转钩环
LⅨ	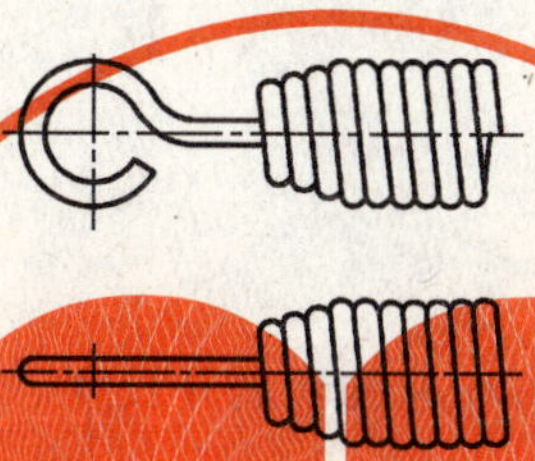	长臂小圆钩环
LⅩ		连接式圆钩环
注 1：弹簧结构型式推荐采用圆钩环扭中心。 注 2：高强度油淬火-退火钢丝推荐采用 LⅦ、LⅧ型式的弹簧。		

弹簧材料直径

与压缩弹簧计算公式相同，按公式(8)。

7.3.2　弹簧直径

与压缩弹簧计算公式相同，按公式(15)、公式(16)和公式(17)。

7.3.3　弹簧旋绕比

与压缩弹簧计算公式相同，按公式(9)推导。

7.3.4　弹簧圈数

弹簧圈数按公式(10)计算，并符合 GB/T 1358 系列，为了避免由于负荷偏心引起过大的附加力，同时为了保证稳定的刚度，一般不少于 3 圈，最少不少于 2 圈。

当圈数 n 大于 20 时，一般圆整为整圈；n 小于 20 时，则圆整为半圈。

7.3.5　弹簧长度

a)　自由长度 H_0 为两端钩环内侧长度，其值受端部钩环的影响，难以计算出精确值，其值按表 13 所列近似公式计算。

表 13

端部结构型式	自由长度 H_0
半圆钩环	$(n+1)d+D_1$
圆钩环	$(n+1)d+2D_1$
圆钩环压中心	$(n+1.5)d+2D_1$

b) 工作长度 $H_{1,2,\cdots,n}$ 按公式(39)式计算：

$$H_{1,2,\cdots,n} = H_0 + f_{1,2,\cdots,n} \quad \cdots\cdots(39)$$

c) 试验长度 H_s 为对应于试验负荷 F_s 下的长度，按公式(40)计算：

$$H_s = H_0 + f_{1,2,\cdots,n} \quad \cdots\cdots(40)$$

7.3.6 弹簧节距

弹簧的节距 t 按公式(41)计算：

$$t = d + \delta \quad \cdots\cdots(41)$$

对密卷拉伸弹簧，取 $\delta=0$。

7.3.7 弹簧螺旋角和旋向

螺旋角 α 按公式(27)计算。

弹簧旋向一般为右旋。

7.3.8 弹簧展开长度

弹簧展开长度按公式(42)计算：

$$L \approx \pi Dn + \text{钩环展开长度} \quad \cdots\cdots(42)$$

7.4 弹簧的强度校核

7.4.1 疲劳强度校核

与压缩弹簧相同，按 6.5.1。

7.4.2 钩环强度的校核

拉伸弹簧在受到拉伸负荷时，如图 6 所示钩环 A、B 点处将承受较大的弯曲应力和切应力。为了减缓应力，建议钩环的折弯曲率半径 r_2 和 $r_4 \geqslant 2d$。对于重要的弹簧，需要校核此应力，并按公式(43)和公式(44)校核：

弯曲应力：$$\sigma = \frac{32FR}{\pi d^3} \cdot \frac{r_1}{r_2} \quad \cdots\cdots(43)$$

切应力：$$\tau = \frac{16FR}{\pi d^3} \cdot \frac{r_3}{r_4} \quad \cdots\cdots(44)$$

许用弯曲应力：$[\sigma]=(0.50\sim0.60)R_m$

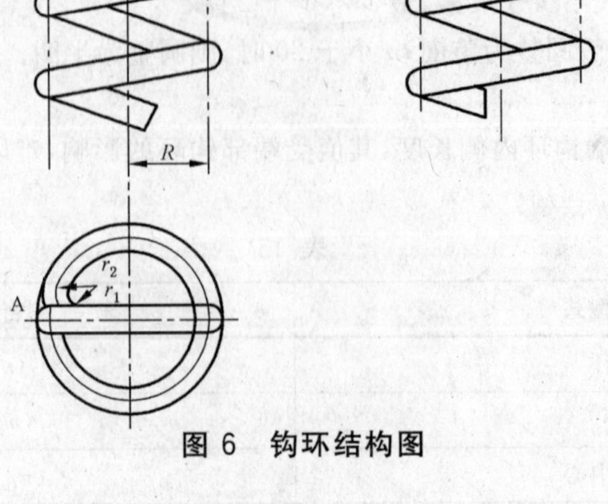

图 6 钩环结构图

7.5 弹簧典型工作图样

弹簧典型工作图样，包括弹簧工作图、技术要求内容及设计计算数据三部分。

7.5.1 弹簧工作图(见图7)

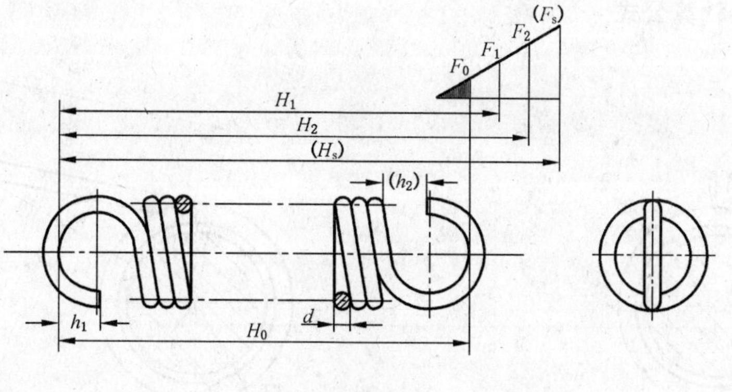

a) 有初拉力

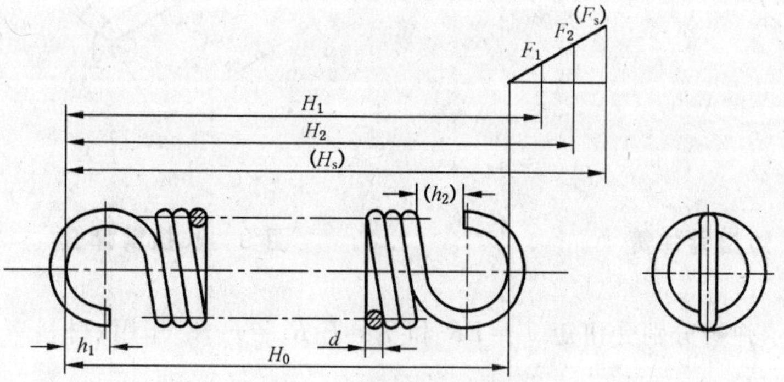

b) 无初拉力

图7 拉伸弹簧工作图

7.5.2 技术要求内容

a) 弹簧端部结构型式；

b) 有效圈数 n；

c) 旋向；

d) 表面处理；

e) 制造技术条件。

在需要时可注明使用条件，如温度、负荷性质等。

7.5.3 设计计算数据(见表14)

表14

序号	参数名称	代号	数值	单位	序号	参数名称	代号	数值	单位
1	旋绕比	C		—	7	试验切应力	τ_s		MPa
2	曲度系数	K		—	8	刚度	F'		N/mm
3	中径	D		mm	9	负荷循环次数	N		次
4	材料抗拉强度	R_m			10	展开长度	L		mm
5	初切应力	τ_0		MPa	11				
6	工作切应力	τ_1			12				
	工作切应力	τ_2							

8 圆柱螺旋扭转弹簧设计计算

8.1 基本计算公式

8.1.1 弹簧材料直径计算公式

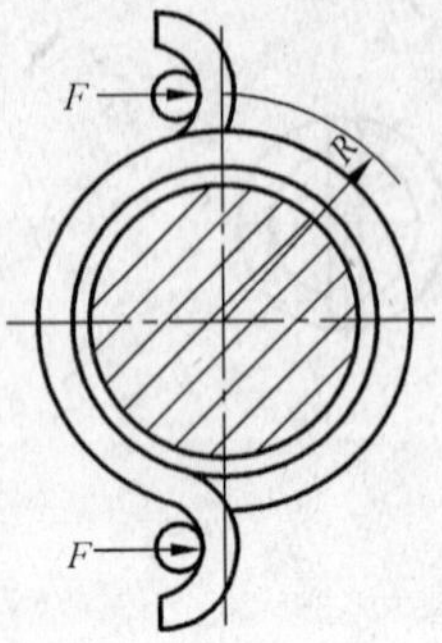

图 8 短扭臂弹簧

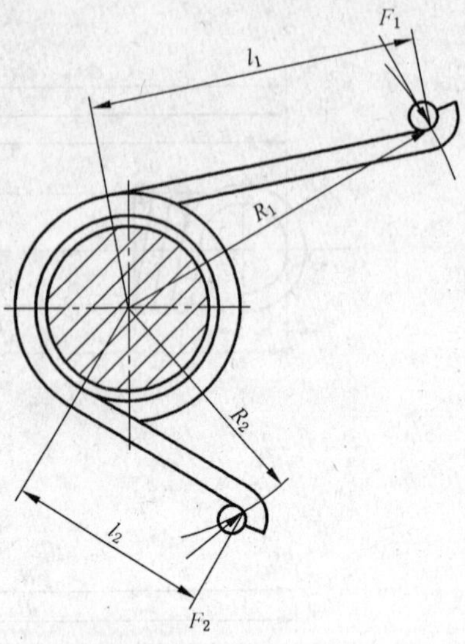

图 9 长扭臂弹簧

如图 8 和图 9 所示弹簧分别受扭矩 $T=FR$ 和 $T=F_1R_1=F_2R_2$ 作用，材料弯曲应力，按公式(45)计算：

$$\sigma = K_b \frac{32T}{\pi d^3} \qquad \cdots\cdots(45)$$

弹簧材料直径按公式(46)计算：

$$d \geqslant \sqrt[3]{\frac{10.2K_bT}{[\sigma]}} \qquad \cdots\cdots(46)$$

曲度系数 K_b 按公式(47)计算：

$$K_b = \frac{4C^2-C-1}{4C^2(C-1)} \qquad \cdots\cdots(47)$$

当顺旋向扭转时，曲度系数 $K_b=1$。

弹簧中径按公式(9)计算。

8.1.2 扭转变形角、刚度计算公式

8.1.2.1 对短扭臂弹簧(图 8)扭臂变形可以忽略不计。扭转变形角，按公式(48)或公式(49)计算：

$$\varphi = \frac{64DnT}{Ed^4} \quad \text{rad} \qquad \cdots\cdots(48)$$

$$\varphi^\circ = \frac{3\,667TDn}{Ed^4} \quad (^\circ) \qquad \cdots\cdots(49)$$

式中材料弹性模量 E 参见附录 A。

扭转刚度按公式(50)或公式(51)计算：

$$T' = \frac{Ed^4}{64Dn} \quad (\text{N}\cdot\text{mm/rad}) \text{ 或 } \quad T' = \frac{Ed^4}{3\,667Dn} \quad \text{N}\cdot\text{mm/}(^\circ) \qquad \cdots\cdots(50)$$

$$T' = \frac{T}{\varphi} = \frac{T_2-T_1}{\varphi_2-\varphi_1} \quad \text{或} \quad T' = \frac{T}{\varphi^\circ} = \frac{T_2-T_1}{\varphi_2^\circ-\varphi_1^\circ} \qquad \cdots\cdots(51)$$

有效圈数，按公式(52)计算：

$$n=\frac{Ed^4\varphi}{64TD} \quad 或 \quad n=\frac{Ed^4\varphi^\circ}{3\,667TD} \qquad \cdots\cdots(52)$$

8.1.2.2　当扭臂 $(l_1+l_2)\geqslant 0.09\pi Dn$ 时，要考虑臂长的影响。对长扭臂弹簧(图 9)扭臂的变形必须计算在内，则扭转变形角按公式(53)或公式(54)计算：

$$\varphi=\frac{64T}{\pi Ed^4}\left[\pi Dn+\frac{1}{3}(l_1+l_2)\right]\ \text{rad} \qquad \cdots\cdots(53)$$

$$\varphi^\circ=\frac{3\,667T}{\pi Ed^4}\left[\pi Dn+\frac{1}{3}(l_1+l_2)\right]\ (^\circ) \qquad \cdots\cdots(54)$$

扭转刚度按公式(55)或公式(56)计算：

$$T'=\frac{\pi Ed^4}{64\left[\pi Dn+\frac{1}{3}(l_1+l_2)\right]}\ \text{N}\cdot\text{mm/rad} \qquad \cdots\cdots(55)$$

$$T'=\frac{\pi Ed^4}{3\,667\left[\pi Dn+\frac{1}{3}(l_1+l_2)\right]}\ \text{N}\cdot\text{mm/}(^\circ) \qquad \cdots\cdots(56)$$

8.2　弹簧的扭矩和扭转变形角

当弹簧有特性要求时，为了保证指定扭转变形角下的扭矩，T 和 $\varphi(\varphi^\circ)$ 应分别在试验扭矩 T_s 和试验扭矩下的变形角 φ_s 的 20%～80%之间。

即 $0.2T_s\leqslant T_{1,2,\cdots,n}\leqslant 0.8T_s$ 和 $0.2\varphi_s\leqslant\varphi_{1,2,\cdots,n}\leqslant 0.8\varphi_s$　$(0.2\varphi_s^\circ\leqslant\varphi^\circ_{1,2,\cdots,n}\leqslant 0.8\varphi_s^\circ)$。

8.2.1　试验扭矩和试验扭矩下的变形角

试验扭矩 T_s 弹簧允许的最大扭矩，其值按公式(57)计算：

$$T_s=\frac{\pi d^3}{32}\sigma_s\ \text{N}\cdot\text{mm} \qquad \cdots\cdots(57)$$

式中：σ_s 为试验弯曲应力，查表 4 和图 2。

试验扭矩下的变形角按公式(58)计算：

$$\varphi_s=\frac{T_s}{T'}\ \text{rad 或}(^\circ) \qquad \cdots\cdots(58)$$

8.2.2　弹簧特性

由于弹簧端部的结构形状，弹簧与导杆的摩擦等均影响弹簧的特性，所以无特殊需要时，不规定特性要求。如规定弹簧特性要求时，应采用簧圈间有间隙的弹簧，用指定扭转变形角时的扭矩进行考核。

8.3　弹簧的端部结构型式、参数及计算公式

8.3.1　弹簧的端部结构型式

弹簧端部结构型式见表 15。

表 15

代　号	简图	端部结构型式
NⅠ	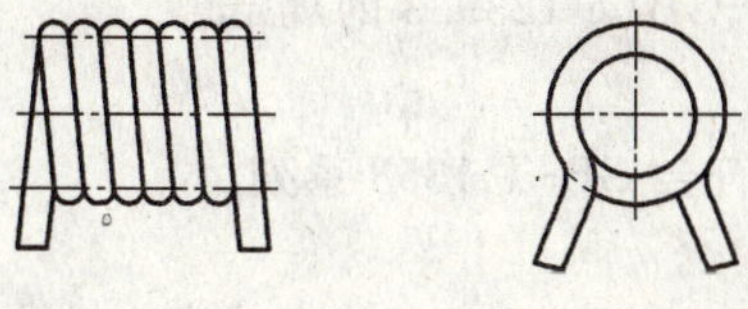	外臂扭转弹簧

表 15（续）

代 号	简图	端部结构型式
NⅡ	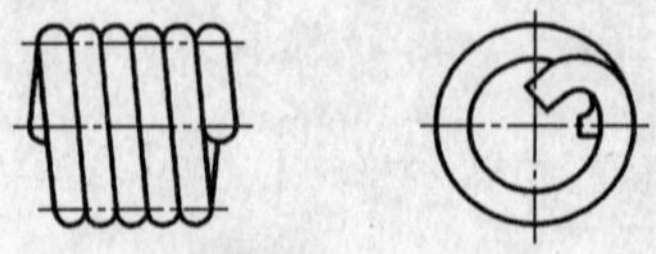	内臂扭转弹簧
NⅢ	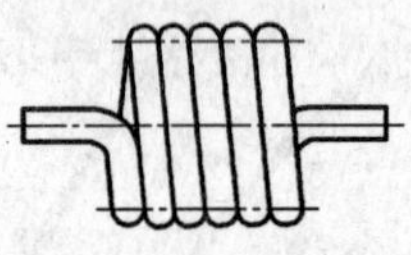	中心距扭转弹簧
NⅣ		平列双扭弹簧
NⅤ	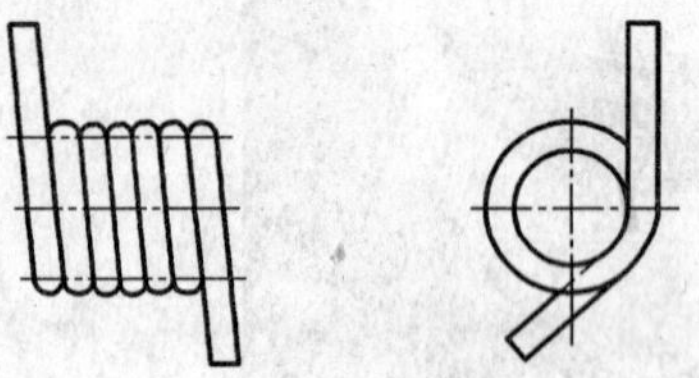	直臂扭转弹簧
NⅥ	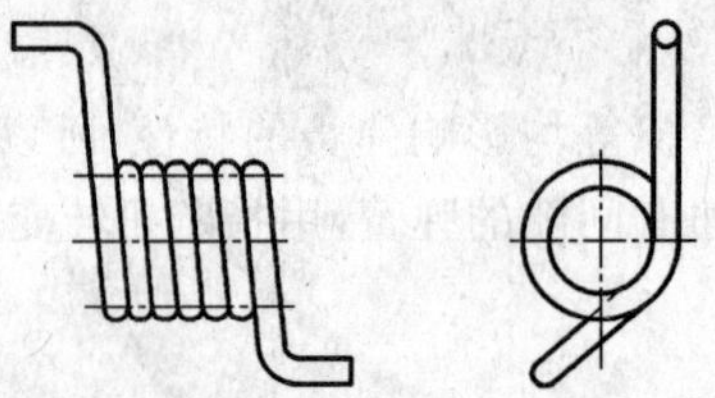	单臂弯曲扭转弹簧

注 1：弹簧结构型式推荐用外臂扭转弹簧、内臂扭转弹簧、直臂扭转弹簧。

注 2：弹簧端部扭臂结构型式根据安装方法、安装条件的要求，可做成特殊的型式。

为了避免产生应力集中，端部扭臂弯曲部分的曲率半径 r 尽可能取大些，一般应大于材料直径 d，即 $r \geqslant d$。

端部扭臂长度、弯曲角度、直径偏差应符合 GB/T 1239.3 的规定。

8.3.2　弹簧材料直径

弹簧材料直径 d 由公式(46)计算，一般应符合 GB/T 1358 系列。

8.3.3　弹簧直径

8.3.3.1　弹簧中径按公式(15)计算。

8.3.3.2　弹簧内径按公式(16)计算。

8.3.3.3　弹簧外径按公式(17)计算。

弹簧直径的偏差可按 GB/T 1239.3 选取。

顺向扭转时，为了避免弹簧受扭矩后抱紧导杆，应考虑在扭矩作用下弹簧直径的减小。其减小值可近似地按公式(59)计算：

$$\Delta D_s = \frac{\varphi_s D}{2\pi n} = \frac{\varphi_s D}{360n} \quad \cdots\cdots (59)$$

8.3.3.4 导杆直径按公式(60)计算：

$$D' = 0.9(D_1 - \Delta D_s) \quad \cdots\cdots (60)$$

8.3.3.5 扭转弹簧扭转角度 φ 后，内径按公式(61)计算：

$$D_1 = \frac{2\pi nD}{2\pi n + \varphi} - d \quad \cdots\cdots (61)$$

8.3.4 弹簧旋绕比

旋绕比根据材料直径 d 在表 16 中选取。

表 16

d/mm	0.2～0.5	>0.5～1.1	>1.1～2.5	>2.5～7.0	>7.0～16	>16
C	7～14	5～12	5～10	4～9	4～8	4～16

8.3.5 弹簧圈数

弹簧有效圈数按公式(52)计算，需要考核特性的弹簧，一般有效圈数不少于 3 圈，对于 NⅣ 型弹簧两边有效圈数各不少于 3 圈。

8.3.6 弹簧自由角度

自由角度 φ_0 为无负荷时两扭臂的夹角，可根据需要确定。有特性要求时的弹簧，自由角度不予考核；无特性要求的弹簧，自由角度的偏差应符合 GB/T 1239.3 的规定。

8.3.7 弹簧节距和自由长度

8.3.7.1 节距 t 按公式(62)计算：

$$t = d + \delta \quad \cdots\cdots (62)$$

密圈弹簧的间距 $\delta=0$。

8.3.7.2 自由长度可参考近似公式(63)计算：

$$H_0 = (nt + d) + \text{扭臂在弹簧轴线的长度} \quad \cdots\cdots (63)$$

式中 n 取整数，自由长度偏差应符合 GB/T 1239.3 的规定。

8.3.8 弹簧螺旋角和旋向

螺旋角按公式(27)计算。按照使用要求确定其旋向。

8.3.9 弹簧展开长度

弹簧展开长度按公式(64)计算：

$$L \approx \pi Dn + \text{扭臂部分长度} \quad \cdots\cdots (64)$$

8.4 弹簧疲劳强度校核

受动负荷的重要弹簧，应进行疲劳强度校核。进行校核时要考虑变负荷的循环特征 $r=\sigma_{min}/\sigma_{max}=T_{min}/T_{max}=\varphi_{min}/\varphi_{max}$，循环次数 N，以及材料表面状态等影响疲劳强度的各种因素。

对于采用重要用途碳素弹簧钢丝等制造的弹簧，其疲劳极限可由图 2 确定。

图中 $\sigma_{max}/R_m=0.70$ 的横线，是不产生永久变形的极限值，随着永久变形允许程度，σ_{max} 可以适当向上移动，最高可到静负荷时的许用弯曲应力。

8.5 弹簧典型工作图样

弹簧典型工作图样，包括弹簧工作图、技术要求内容及设计计算数据三部分。

8.5.1 弹簧工作图(见图 10)

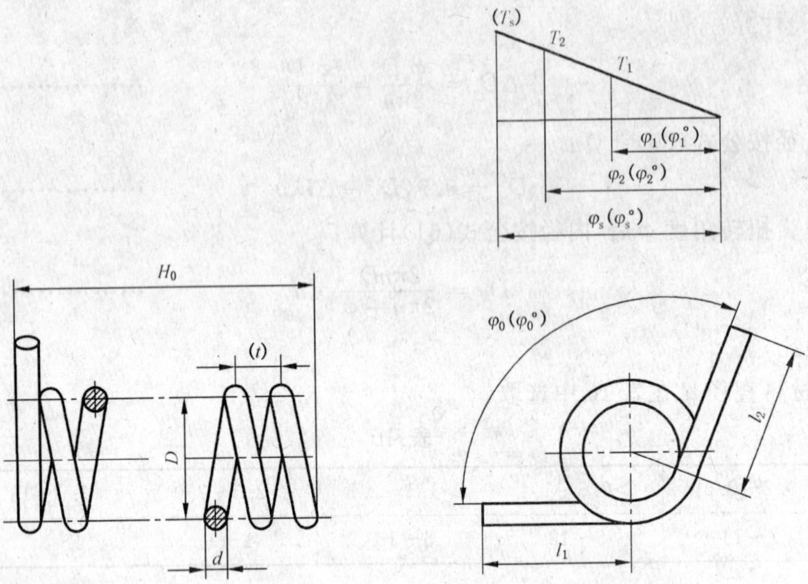

图 10 扭转弹簧工作图

8.5.2 技术要求内容

a) 弹簧端部结构型式;

b) 有效圈数 n;

c) 旋向;

d) 表面处理;

e) 制造技术条件;

f) 其他技术要求。

8.5.3 设计计算数据(见表 17)

表 17

序号	参数名称	代号	数值	单位	序号	参数名称	代号	数值	单位
1	旋绕比	C		—	8	试验弯曲应力	σ_s		MPa
2	曲度系数	K_b			9	扭转刚度	T'		N·mm/(rad) 或 N·mm/(°)
3	中径	D		mm	10	弹簧变形能	U		N·mm
4	自由长度	H_0			11	导杆直径	D'		mm
5	材料抗拉强度	R_m		MPa	12	展开长度	L		
6	工作弯曲应力	σ_1			13				
		σ_2			14				

附 录 A
（资料性附录）
弹簧材料的切变模量 *G*、弹性模量 *E* 和推荐使用温度

A.1 弹簧材料

弹簧材料的切变模量 *G*、弹性模量 *E* 和推荐使用温度范围按照表 A.1 选取。

表 A.1

标准号	标准名称	牌号/组别	切变模量 *G* MPa	弹性模量 *E* MPa	推荐使用温度范围 ℃
GB/T 4357—1989	碳素弹簧钢丝	B、C、D	78.5×10^3	206×10^3	−40～150
YB/T 5311—2006	重要用途碳素弹簧钢丝	E、F、G			
GB/T 18983—2003	油淬火-回火弹簧钢丝	VDC			−40～150
		FDC、TDC			
		FDSiMn TDSiMn			−40～250
		VDCrSi			−40～250
		FDCrSi、TDCrSi			−40～250
		VDCrV-A			−40～210
		FDCrV-A、TDCrV-A			−40～210
YB/T 5318	合金弹簧钢丝	50CrVA			−40～210
		60Si2MnA			−40～250
		55CrSi			−40～250
YB(T) 11	弹簧用不锈钢丝	A 组： 1Cr18Ni9 0Cr19Ni10 0Cr17Ni12Mo2	70×10^3	185×10^3	−200～290
		B 组： 1Cr18Ni9 0Cr18Ni10 C 组： 0Cr17Ni8Al	73×10^3	195×10^3	
GB/T 21652	铜及铜合金线材	QSi3-1	40.2×10^3	93.1×10^3	−40～120
		QSn4-3 QSn6.5-0.1 QSn6.5-0.4 QSn7-0.2	39.2×10^3		−250～120

表 A.1（续）

标准号	标准名称	牌号/组别	切变模量 G MPa	弹性模量 E MPa	推荐使用温度范围 ℃
YS/T 571	铍青铜线	QBe2	42.1×10^3	129.4×10^3	−200～120
GB/T 1222	弹簧钢	50CrVA	78.5×10^3	206×10^3	−40～210
		60Si2Mn 60Si2MnA 60CrMnA 60CrMnBA 55CrSiA 60Si2CrA 60Si2CrVA			−40～250
注：当弹簧工作环境温度超出常温时，应适当调整许用应力。					

A.2　工作温度对材料影响

工作温度对材料切变模量 G 和弹性模量 E 的影响见图 A.1。

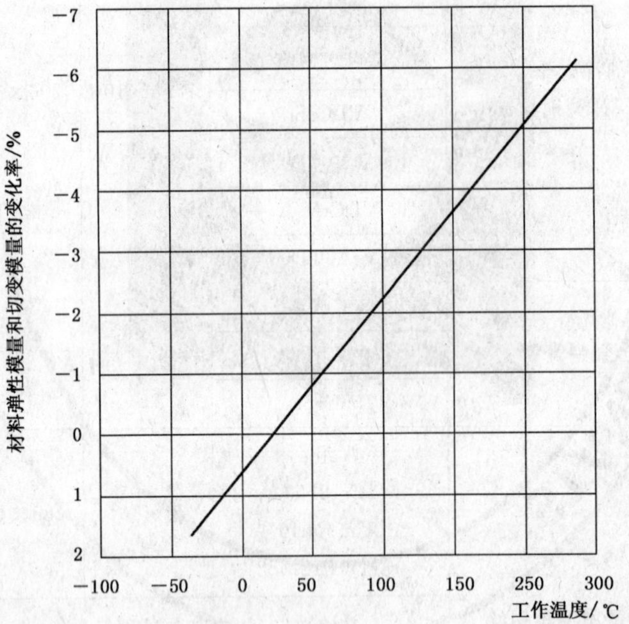

图 A.1　材料切变模量 G、弹性模量 E 和温度关系曲线图

附 录 B
（资料性附录）
材料的许用切应力和弯曲应力

B.1 许用切应力

压缩弹簧的许用切应力参照图 B.1。

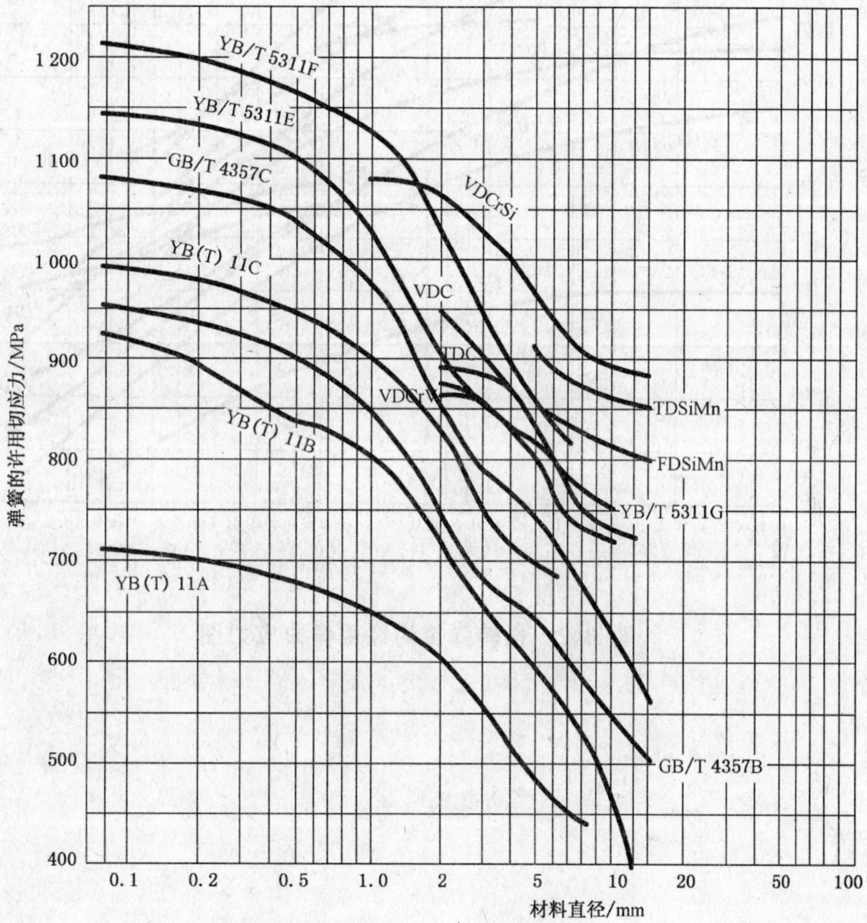

图 B.1 压缩弹簧的许用切应力图

B.2 许用弯曲应力

扭转弹簧的许用弯曲应力参照图 B.2。

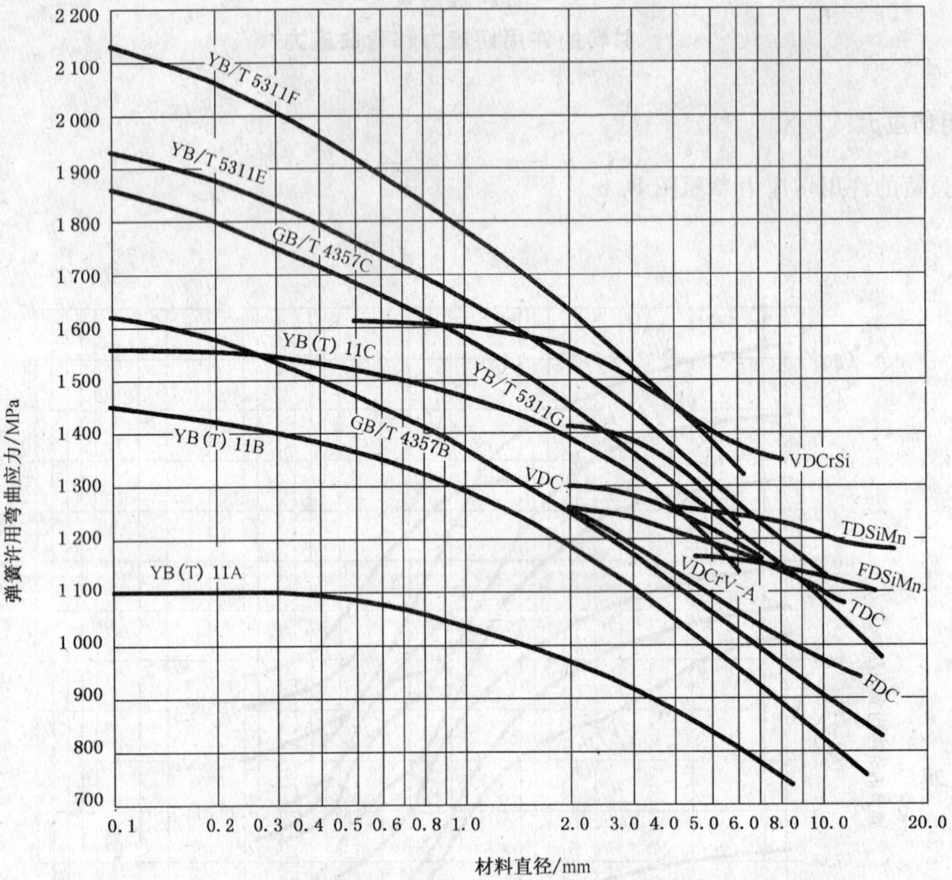

图 B.2 扭转弹簧的许用弯曲应力图

附 录 C
（资料性附录）
圆柱螺旋压缩弹簧设计示例

C.1 例题

设计一结构型式为 YⅠ的阀门弹簧，要求弹簧外径 $D_2 \leqslant 34.8$ mm，阀门关闭时 $H_1 = 43$ mm，负荷 $F_1 = 270$ N，阀门全开时，$H_2 = 32$ mm，负荷 $F_2 = 540$ N，最高工作频率 25 Hz，循环次数 $N > 10^7$ 次。

C.2 题解

C.2.1 选择材料

根据弹簧工作条件选用适合弹簧用高疲劳级油淬火-退火（VDCrSi）弹簧钢丝。根据 F_2 初步假设材料直径为 $d=4$ mm。由附录 A 查得材料切变模量 $G=78.5 \times 10^3$ MPa。由附录 F 查得材料抗拉强度 $R_m = 1\ 840$ MPa。

C.2.2 选取弹簧许用切应力

根据

$$\gamma = \frac{F_1}{F_2} = \frac{270}{540} = 0.5$$

在图 1 中 $\gamma = 0.5$ 与 10^7 线交点的纵坐标大致为 0.41，即 $[\tau] = 1\ 840 \times 0.41 = 754.4$ MPa。

$D_2 \leqslant 34.8$ mm，考虑公差的影响，假设中径 $D=30.5$ mm。

根据公式(9)计算弹簧旋绕比：

$$C = \frac{D}{d} = \frac{30.5}{4} = 7.6$$

根据公式(7)计算曲度系数：

$$K = \frac{4C-1}{4C-4} + \frac{0.615}{C} = \frac{4 \times 7.6 - 1}{4 \times 7.6 - 4} + \frac{0.615}{7.6} = 1.194$$

将 $K=1.194$，代入公式(8)得：

$$d \geqslant \sqrt[3]{\frac{8KFD}{\pi[\tau]}} = \sqrt[3]{\frac{8 \times 1.194 \times 540 \times 30.5}{3.14 \times 754.4}} = 4.05 \text{ mm}$$

取 $d=4.1$ mm。抗拉强度为 1 810 MPa。与原假设基本相符合。重新计算得 $D=30.4$ mm，$C=7.4$，$K=1.20$。

C.2.3 弹簧直径

弹簧中径：$D=30.4$ mm

弹簧外径：$D_2 = D + d = 30.4 + 4.1 = 34.5$ mm

弹簧内径：$D_1 = D - d = 30.4 - 4.1 = 26.3$ mm

C.2.4 弹簧所需刚度和圈数

弹簧所需刚度按公式(13)计算：

$$F' = \frac{F_2 - F_1}{H_1 - H_2} = \frac{540 - 270}{11} = 24.55 \text{ N/mm}$$

按公式(10)计算有效圈数：

$$n = \frac{Gd^4}{8F'D^3} = \frac{78.5 \times 10^3 \times 4.1^4}{8 \times 24.55 \times 30.4^3} = 4.02 \text{ 圈}$$

取 $n=4.0$ 圈。

取支承圈 $n_z = 2$ 圈，则总圈数：

$$n_1 = n + n_Z = 4.0 + 2 = 6.0 \text{ 圈}$$

C.2.5 弹簧刚度、变形量和负荷校核

弹簧刚度按公式(4)计算得：

$$F' = \frac{Gd^4}{8D^3 n} = \frac{78.5 \times 10^3 \times 4.1^4}{8 \times 30.4^3 \times 4.0} = 24.67 \text{ N/mm}$$

与所需刚度 $F'=24.55$ N/mm 基本相符。

同样按公式(4)计算阀门关闭时变形量：

$$f_1 = \frac{F_1}{F'} = \frac{270}{24.67} = 10.94 \text{ mm}$$

按公式(4)计算阀门开启时变形量：

$$f_2 = \frac{F_2}{F'} = \frac{540}{24.67} = 21.89 \text{ mm}$$

由公式(21)计算自由高度：

$$H_0 = H_1 + f_1 = 43 + 10.94 = 53.94 \text{ mm}$$

或者

$$H_0 = H_2 + f_2 = 32 + 21.89 = 53.89 \text{ mm}$$

取 $H_0=53.9$ mm。

阀门关闭时的工作变形量：

$$f_1 = H_0 - H_1 = 53.9 - 43 = 10.9 \text{ mm}$$

由公式(4)计算阀门关闭时负荷：

$$F_1 = F' f_1 = 24.67 \times 10.9 = 268.9 \text{ N}$$

阀门开启时的工作变形量：

$$f_2 = H_0 - H_2 = 53.9 - 32 = 21.9 \text{ mm}$$

由公式(4)计算阀门开启时负荷：

$$F_2 = F' f_2 = 24.67 \times 21.9 = 540.3 \text{ N}$$

与要求值 $F_1=270$ N 和 $F_2=540$ N 接近，故符合要求。

C.2.6 自由高度、压并高度和压并变形量

自由高度：$H_0=53.9$ mm

压并高度：

$$H_b \leqslant n_1 d = 6.0 \times 4.1 \leqslant 24.6 \text{ mm}$$

压并变形量：

$$f_b = H_0 - H_b = 53.9 - 24.6 = 29.3 \text{ mm}$$

C.2.7 试验负荷和试验负荷下的高度和变形量

由表3计算最大试验切应力：

$$\tau_s = 0.55 R_m = 0.55 \times 1\,810 = 995.5 \text{ MPa}$$

由公式(14)计算试验负荷：

$$F_s = \frac{\pi d^3}{8D}\tau_s = \frac{3.14 \times 4.1^3}{8 \times 30.4} \times 995.5 = 886.3 \text{ N}$$

压并时负荷：

$$F_b = F' f_b = 24.67 \times 29.3 = 722.8 \text{ N}$$

由 $F_s > F_b$，取 $F_s = F_b = 722.8$ N，$f_s = f_b = 29.3$ mm。

由公式(14)计算试验切应力：

$$\tau_s = \tau_b = \frac{8F_s D}{\pi d^3} = \frac{8 \times 722.8 \times 30.4}{3.14 \times 4.1^3} = 811.9 \text{ MPa}$$

C.2.8 弹簧展开长度

按公式(28)计算：

$$L = \pi D n_1 = 3.14 \times 30.4 \times 6 = 572.7 \text{ mm}$$

C.2.9　弹簧质量

按公式(29)计算：

$$m = \frac{\pi}{4} d^2 L\rho = \frac{3.14}{4} \times 4.1^2 \times 572.7 \times 7.85 \times 10^{-6} = 0.059\,3 \text{ kg}$$

C.2.10　特性校核

$$\frac{f_1}{f_s} = \frac{10.9}{29.3} = 0.37 \qquad \frac{f_2}{f_s} = \frac{21.9}{29.3} = 0.75$$

满足 $0.2F_s \leqslant f_{1,2} \leqslant 0.8F_s$ 的要求。

C.2.11　结构参数

自由高度：$H_0 = 53.9$ mm

阀门关闭高度：$H_1 = 43$ mm

阀门开启高度：$H_2 = 32$ mm

压并(试验)高度：$H_b = H_s = 24.6$ mm

节距按表 8 计算：

$$t = \frac{H_0 - 1.5d}{n} = \frac{53.9 - 1.5 \times 4.1}{4.0} = 11.94 \text{ mm}$$

螺旋角按公式(27)计算：

$$\alpha = \arctan \frac{t}{\pi D} = \arctan \frac{11.94}{3.14 \times 30.4} = 7.13\ (°)$$

弹簧展开长度按公式(28)计算：

$$L \approx \pi D n_1 = 3.14 \times 30.4 \times 6.0 = 572.7 \text{ mm}$$

C.2.12　弹簧的疲劳强度和稳定性校核

C.2.12.1　弹簧的疲劳强度校核

弹簧工作切应力校核按公式(5)计算：

$$\tau_1 = K \frac{8DF_1}{\pi d^3} = 1.200 \times \frac{8 \times 30.4 \times 268.9}{3.14 \times 4.1^3} = 362.6 \text{ MPa}$$

$$\tau_2 = K \frac{8DF_2}{\pi d^3} = 1.200 \times \frac{8 \times 30.4 \times 540.3}{3.14 \times 4.1^3} = 728.6 \text{ MPa}$$

$$\gamma = \frac{\tau_1}{\tau_2} = \frac{362.6}{728.2} = 0.50$$

$$\frac{\tau_1}{R_m} = \frac{362.6}{1\,810} = 0.20 \qquad \frac{\tau_2}{R_m} = \frac{728.6}{1\,810} = 0.40$$

由图 1 可以看出点(0.20,0.40)在 $\gamma=0.5$ 和 10^7 作用线的交点以下，表明此弹簧的疲劳寿命 $N>10^7$ 次。

强度校核按公式(30)计算：

$$S = \frac{\tau_{u0} + 0.75\tau_{min}}{\tau_{max}} = \frac{0.30 \times 1\,810 + 0.75 \times 362.6}{728.6} = 1.12 \geqslant S_{min}$$

C.2.12.2　弹簧稳定性校核

弹簧的高径比：$b = H_0/D = 53.9/30.4 = 1.8$，满足稳定性要求。

C.2.12.3　共振校核

自振频率按公式(12)计算：

$$f_e = \frac{3.56d}{nD^2}\sqrt{\frac{G}{\rho}} = \frac{3.56 \times 4.1}{4.0 \times 30.4^2}\sqrt{\frac{78.5 \times 10^3}{7.85 \times 10^{-6}}} = 394.8 \text{ Hz}$$

强迫振动频率：

$$f_r = 25 \text{ Hz}$$

因此 $$\frac{f_e}{f_r}=\frac{394.8}{25}=15.8>10$$

满足要求。

C.2.13 弹簧典型工作图样

C.2.13.1 弹簧工作图见图 C.1。

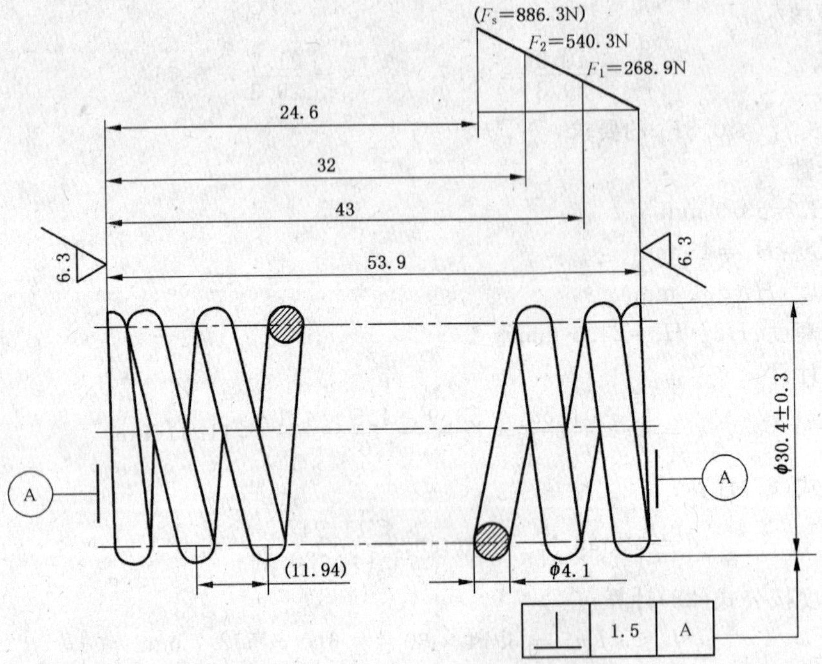

技术要求：

a) 弹簧端部结构型式：YI 冷卷压缩弹簧；

b) 旋向：右旋；

c) 总圈数：n_1=6.0 圈；

d) 有效圈数：n=4.0 圈；

e) 强化处理：立定处理；

f) 喷丸强度：0.3 A～0.45 A，表面覆盖率大于 90%；

g) 表面处理：清洗上防锈油；

h) 制造技术条件：其余按 GB/T 1239.2 二级精度。

图 C.1 弹簧工作图

C.2.13.2 设计计算数据见表 C.1。

表 C.1

序号	参数名称	代号	数值	单位	序号	参数名称	代号	数值	单位
1	旋绕比	C	7.4	—	10	试验应力	τ_s	811.9	MPa
2	曲度系数	K	1.200		11	刚度	F'	24.67	N/mm
3	弹簧中径	D	30.4	mm	12	自振频率	f_e	394.8	Hz
4	压并负荷	F_b	722.8	N	13	强迫振动频率	f_r	25	
5	压并高度	H_b	24.6	mm	14	循环次数	N	$>10^7$	次
6	试验负荷下的高度	H_s	24.6		15	展开长度	L	572.7	mm
7	抗拉强度	R_m	1 810	MPa	16	质量	m	0.059 3	kg
8	压并应力	τ_b	811.9						
9	工作应力	τ_1	362.6	MPa					
		τ_2	728.6						

附 录 D
（资料性附录）
圆柱螺旋拉伸弹簧设计示例

D.1 例题

设计一拉伸弹簧，循环次数 $N=1.0\times10^5$ 次。工作负荷 $F=160$ N，工作负荷下变形量为 22 mm，采用 LⅢ圆钩环，外径 $D_2=21$ mm。

D.2 题解

D.2.1 选择材料

根据要求选择重要用途碳素钢丝 F 组。根据工作负荷，初步假设材料直径 $d=3$ mm。由附录 A 查得材料切变模量 $G=78.5\times10^3$ MPa；根据附录 F 查得材料抗拉强度为 $R_m=1\,690$ MPa；根据表 3 选取试验切应力为 $\tau_s=1\,690\times0.50\times0.8=676$ MPa；许用切应力为 $[\tau]=1\,690\times0.45\times0.8=608.4$ MPa。

D.2.2 材料直径

根据设计要求取 $D_2=21$ mm，则 $D=D_2-d=21-3=18$ mm，从而计算旋绕比 C：

$$C=\frac{D}{d}=\frac{18}{3}=6$$

按公式(7)计算曲度系数 $K=1.253$，将相关数值代入公式(8)计算：

$$d\geqslant\sqrt[3]{\frac{8KDF}{\pi[\tau]}}=\sqrt[3]{\frac{8\times1.253\times18\times160}{3.14\times608}}=2.47\text{ mm}$$

与假设基本相符，取 $d=2.5$ mm，根据附录 F 查得材料抗拉强度为 $R_m=1\,770$ MPa。

根据表 3 选取计算试验切应力：$\tau_s=0.50R_m\times0.8=0.50\times1\,770\times0.8=708$ MPa。

许用切应力为 $[\tau]=1\,770\times0.45\times0.8=637.2$ MPa。

D.2.3 弹簧直径

弹簧外径：$D_2=21$ mm

弹簧中径：$D=D_2-d=21-2.5=18.5$ mm

弹簧内径：$D_1=D-d=18.5-2.5=16.0$ mm

D.2.4 弹簧旋绕比

$$C=\frac{D}{d}=\frac{18.5}{2.5}=7.4$$

则曲度系数 K 按公式(7)计算：$K=1.2$。

D.2.5 弹簧初拉力范围选取

根据图(5)，当 $C=7.4$ 时，查得初切应力 $\tau_0=70$ MPa～130 MPa

则按公式 (37)计算初拉力为：

$$F_0=\frac{\pi d^3}{8D}\tau_0=\frac{3.14\times2.5^3}{8\times18.5}\times(70\sim130)=23.2\text{ N}\sim43.1\text{ N}$$

这里取 $F_0=32$ N。

D.2.6 弹簧刚度和有效圈数

弹簧刚度按公式(34)计算：

$$F'=\frac{F-F_0}{f}=\frac{160-32}{22}=5.82\text{ N/mm}$$

弹簧有效圈数按公式(4)推导计算：

$$n = \frac{Gd^4}{8D^3F'} = \frac{78.5 \times 10^3 \times 2.5^4}{8 \times 18.5^3 \times 5.82} = 10.4 \text{ 圈}$$

则弹簧有效圈数取 $n=10.5$ 圈。

D.2.7 弹簧实际刚度

因 $n=10.5$ 圈，则弹簧的实际刚度，按公式(4)计算：

$$F' = \frac{Gd^4}{8D^3n} = \frac{78.5 \times 10^3 \times 2.5^4}{8 \times 18.5^3 \times 10.5} = 5.76 \text{ N/mm}$$

初拉力按公式(34)计算：

$$F_0 = F - F'f = 160 - 5.76 \times 22 = 33.3 \text{ N}$$

$F_0=33.3$ N 在 23.2 N～43.1 N 范围内。

初切应力按公式(37)计算：

$$\tau_0 = \frac{8D}{\pi d^3}F_0 = \frac{8 \times 18.5}{3.14 \times 2.5^3} \times 33.3 = 100.5 \text{ MPa}$$

D.2.8 弹簧的试验负荷

按公式(14)计算：

$$F_s = \frac{\pi d^3}{8D}\tau_s = \frac{3.14 \times 2.5^3}{8 \times 18.5} \times 708 = 234.7 \text{ N}$$

D.2.9 试验负荷下弹簧的变形量

按公式(33)计算：

$$f_s = \frac{8D^3n}{Gd^4}(F_s - F_0) = \frac{8 \times 18.5^3 \times 10.5}{78.5 \times 10^3 \times 2.54} \times (234.7 - 33.3) = 34.9 \text{ mm}$$

D.2.10 特性校核

$$\frac{f}{f_s} = \frac{22}{34.9} = 0.63$$

满足 $0.2f_s \leqslant f \leqslant 0.8f_s$ 的要求。

D.2.11 强度校核

强度校核按公式(5)计算：

$$\tau = K\frac{8DF}{\pi d^3} = 1.2 \times \frac{8 \times 18.5 \times 160}{3.14 \times 2.5^3} = 579.2 \text{ MPa}$$

$\tau < [\tau]$，满足强度要求。

D.2.12 弹簧结构参数

自由长度按表 13 计算：

$$H_0 = (n+1)d + 2D_1 = (10.5+1) \times 2.5 + 2 \times 16.0 = 60.8 \approx 61 \text{ mm}$$

取自由长度 $H_0=61$ mm。

工作长度： $H_1=H_0+f=61+22=83$ mm

试验长度： $H_s=H_0+f_s=61+34.9=95.9$ mm

有初拉力要求，弹簧密绕。

弹簧的展开长度按公式(42)计算：

$$L \approx \pi Dn + 2\pi D(\text{钩环部分}) = 3.14 \times 18.5 \times 10.5 + 2 \times 3.14 \times 18.5 = 726.1 \text{ mm}$$

D.2.13 弹簧典型工作图样

D.2.13.1 弹簧工作图见图 D.1。

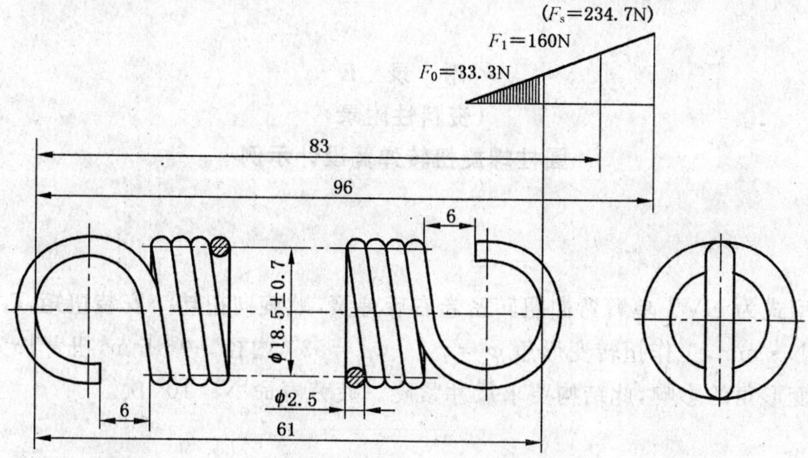

技术要求：

a) 弹簧端部结构型式：LⅢ圆钩环扭中心拉伸弹簧；

b) 有效圈数：n=10.5圈；

c) 旋向：右旋；

d) 表面处理：浸防锈油；

e) 制造技术条件：其余按GB/T 1239.1二级精度。

图 D.1 弹簧工作图

D.2.13.2 设计计算数据见表 D.1。

表 D.1

序号	参数名称	代号	数值	单位	序号	参数名称	代号	数值	单位
1	旋绕比	C	7.4	—	7	试验应力	τ_s	708	MPa
2	曲度系数	K	1.2		8	初拉力	F_0	33.3	N
3	弹簧中径	D	18.5	mm	9	刚度	F'	5.76	N/mm
4	抗拉强度	R_m	1 770	MPa	10	循环次数	N	1.0×10^5	次
5	初切应力	τ_0	(100.5)		11	展开长度	L	726.1	mm
6	工作应力	τ_1	579.2		12				

附 录 E
（资料性附录）
圆柱螺旋扭转弹簧设计示例

E.1 例题

设计一结构型式为NVⅠ单臂弯曲扭转密卷右旋弹簧，顺旋向扭转。安装扭矩 $T_1=43\ \text{N}\cdot\text{mm}$，工作扭矩 $T_2=123\ \text{N}\cdot\text{mm}$，工作扭转变形角 $\varphi^\circ=\varphi_2{}^\circ-\varphi_1{}^\circ=53^\circ$，内径 $>\phi 6$ mm，扭臂长为 20 mm，需要考虑长扭臂对扭转变形角的影响，此结构要求尺寸紧凑。疲劳寿命 $N>10^7$ 次。

E.2 题解

E.2.1 选择材料

按照疲劳寿命要求，选用重要用途碳素钢丝F组。根据工作扭矩 $T_2=123\ \text{N}\cdot\text{mm}$，假设材料直径 $d=0.8\ \text{mm}\sim1.2\ \text{mm}$。查附录A得材料弹性模量 $E=206\times10^3$ MPa；由附录F查得材料抗拉强度 $R_m=2\ 490\ \text{MPa}\sim2\ 270\ \text{MPa}$，取 $R_m=2\ 380$ MPa。

E.2.2 选取弹簧许用弯曲应力

弹簧承受动负荷，根据循环特征 γ：

$$\gamma=\frac{T_1}{T_2}=\frac{43}{123}=0.35$$

在图2中 $\gamma=0.35$ 与 10^7 线交点的纵坐标大致为0.57，则许用弯曲应力为：

$$[\sigma]=0.57\,R_m=0.57\times2\ 380=1\ 356.6\ \text{MPa}$$

E.2.3 钢丝直径

根据公式(46)计算材料直径，取 $K_b=1$：

$$d\geqslant\sqrt[3]{\frac{10.2K_bT}{[\sigma]}}=\sqrt[3]{\frac{10.2\times1\times123}{1\ 356.6}}=0.97\ \text{mm}$$

取 $d=1$ mm 与原假设基本相符，并符合GB/T 1358系列值。查附录F抗拉强度取 $R_m=2\ 350$ MPa，$[\sigma]=2\ 350\times0.57=1\ 339.5$ MPa。

E.2.4 弹簧直径

弹簧内径取 $D_1=7$ mm，则 $D_2=D_1+2d=7+2=9$ mm

弹簧中径：$D=D_1+d=7+1=8$ mm

旋绕比：$C=\dfrac{D}{d}=\dfrac{8}{1}=8$

E.2.5 弹簧刚度和扭转变形角

按公式(51)计算：

$$T'=\frac{T_2-T_1}{\varphi_2{}^\circ-\varphi_1{}^\circ}=\frac{123-43}{53}=1.509\ \text{N}\cdot\text{mm}/(^\circ)$$

按公式(51)计算：

$$\varphi_1{}^\circ=\frac{T_1}{T'}=\frac{43}{1.509}=28.5^\circ$$

$$\varphi_2{}^\circ=\frac{T_2}{T'}=\frac{123}{1.509}=81.5^\circ$$

E.2.6 弹簧有效圈

考虑长扭臂对扭转变形角的影响，由公式(56)推导计算：

$$n=[\frac{\pi Ed^4}{3\ 667T'}-\frac{1}{3}(l_1+l_2)]/(\pi D)=[\frac{3.14\times 206\times 10^3\times 1^4}{3\ 667\times 1.509}-\frac{1}{3}(20+20)]/$$

$$(3.14\times 8)=4.12\ 圈$$

取 n=4.15 圈。

E.2.7 根据试验弯曲应力 $\sigma_s=0.78R_m=0.78\times 2\ 350=1\ 833$ MPa，则试验扭矩 T_s 和试验扭矩下的变形角 φ_s 按公式(57)和公式(54)计算：

$$T_s=\frac{\pi d^3}{32}\sigma_s=\frac{3.14\times 1^3}{32}\times 1\ 833=179.8\ \text{N}\cdot\text{mm}$$

$$\varphi_s^\circ=\frac{3\ 667T_s}{\pi Ed^4}[\pi Dn+\frac{1}{3}(l_1+l_2)=\frac{3\ 667\times 179.8}{3.14\times 206\times 10^3\times 1^4}[3.14\times 8\times 4.15+\frac{1}{3}(20+20)]=120^\circ$$

$$\frac{\varphi_1^\circ}{\varphi_s^\circ}=\frac{28.5}{120}=0.24 \qquad \frac{\varphi_2^\circ}{\varphi_s^\circ}=\frac{81.5}{120}=0.68$$

则 $0.2\varphi_s^\circ\leqslant\varphi_{1,2}^\circ\leqslant 0.8\varphi_s^\circ$，满足特性要求。

E.2.8 导杆直径

按公式(59)和公式(60)计算导杆直径 D'：

$$\Delta D_s=\frac{\varphi_s D}{360n}=\frac{120\times 8}{360\times 4.15}=0.64\ \text{mm}$$

$$D'=0.9(D_1-\Delta D_s)=0.9(7-0.64)=5.7\ \text{mm}$$

取导杆直径 D'=5.5 mm。

E.2.9 疲劳强度校核

由公式(45)计算，取 K_b=1 得：

$$\sigma_{max}=\frac{32T_2}{\pi d^3}=\frac{32\times 123}{3.14\times 1^3}=1\ 253.5\ \text{MPa}$$

$$\sigma_{min}=\frac{32T_1}{\pi d^3}=\frac{32\times 43}{3.14\times 1^3}=438.2\ \text{MPa}$$

从而

$$\frac{\sigma_{max}}{R_m}=\frac{1\ 253.5}{2\ 350}=0.53 \qquad \frac{\sigma_{min}}{R_m}=\frac{438.2}{2\ 350}=0.19$$

由图 2 可以看出点(0.19,0.53)在 γ=0.35 和 10^7 作用线的交点以下，表明此弹簧的疲劳寿命 $N>10^7$ 次。

E.2.10 自由长度和弹簧展开长度

自由长度按公式(63)计算：

$$H_0=(nt+d)+扭臂在轴线的长度=(4.15\times 1+1)+(6\times 2-2)=15.2\ \text{mm}$$

弹簧展开长度，按公式(64)计算：

$$L\approx\pi Dn+扭臂长度\approx 3.14\times 8\times 4.15+2\times(20+6)=156.2\ \text{mm}$$

E.2.11 弹簧典型工作图样

E.2.11.1 弹簧工作图见图 E.1。

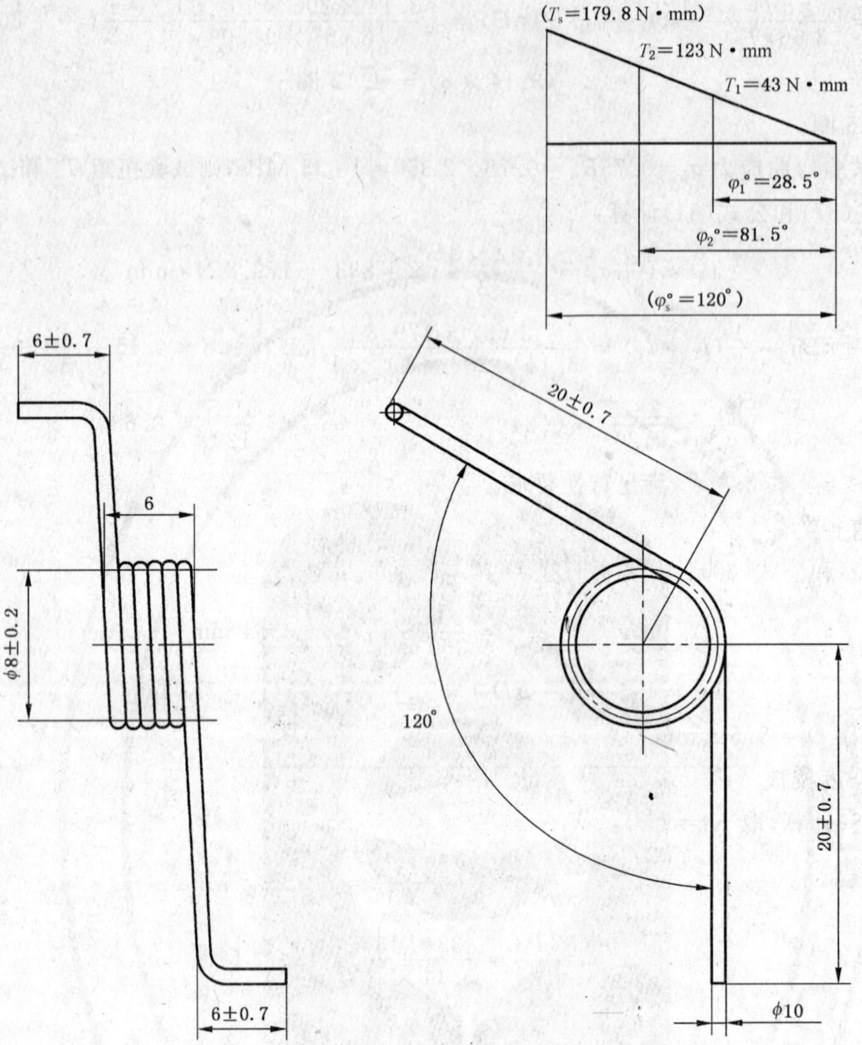

技术要求：

a) 弹簧端部结构型式：NVⅠ单臂弯曲扭转弹簧；

b) 旋向：右旋；

c) 有效圈数：n=4.15 圈；

d) 表面处理：浸防锈油；

e) 制造技术条件：其余按 GB/T 1239.3 二级精度。

图 E.1 弹簧工作图

E.2.11.2 设计计算数据见表 E.1。

表 E.1

序号	参数名称	代号	数值	单位	序号	参数名称	代号	数值	单位
1	旋绕比	C	8	—	7	许用弯曲应力	$[\sigma]$	1 339.5	MPa
2	曲度系数	K_b	1		8	扭转刚度	T'	1.509	N·mm/(°)
3	中径	D	8	mm	9	展开长度	L	156.2	mm
4	导杆直径	D'	5.5		10	自由长度	H_0	15.2	mm
5	材料抗拉强度	R_m	2 350	MPa					
6	工作弯曲应力	σ_1	438.2						
		σ_2	1 253.5						

附 录 F
（资料性附录）
弹簧常用材料

F.1 碳素弹簧钢丝和重要用途碳素弹簧钢丝

碳素弹簧钢丝和重要用途碳素弹簧钢丝抗拉强度见表 F.1。

表 F.1

直径/mm	R_m/MPa						直径/mm	R_m/MPa					
	GB/T 4357—1989 碳素弹簧钢丝			YB/T 5311 重要用途碳素弹簧钢丝				GB/T 4357—1989 碳素弹簧钢丝			YB/T 5311 重要用途碳素弹簧钢丝		
	B级	C级	D级	E组	F组	G组		B级	C级	D级	E组	F组	G组
0.08	2 400	2 740	2 840	2 330	2 710		1.20	1 620	1 910	2 250	1 920	2 270	1 820
0.09	2 350	2 690	2 840	2 320	2 700		1.40	1 620	1 860	2 150	1 870	2 200	1 780
0.10	2 300	2 650	2 790	2 310	2 690		1.60	1 570	1 810	2 110	1 830	2 160	1 750
0.12	2 250	2 600	2 740	2 300	2 680		1.80	1 520	1 760	2 010	1 800	2 060	1 700
0.14	2 200	2 550	2 740	2 290	2 670		2.00	1 470	1 710	1 910	1 760	1 970	1 670
0.16	2 150	2 500	2 690	2 280	2 660		2.20	1 420	1 660	1 810	1 720	1 870	1 620
0.18	2 150	2 450	2 690	2 270	2 650		2.50	1 420	1 660	1 760	1 680	1 770	1 620
0.20	2 150	2 400	2 690	2 260	2 640		2.80	1 370	1 620	1 710	1 630	1 720	1 570
0.22	2 110	2 350	2 690	2 240	2 620		3.00	1 370	1 570	1 710	1 610	1 690	1 570
0.25	2 060	2 300	2 640	2 220	2 600		3.20	1 320	1 570	1 660	1 560	1 670	1 570
0.28	2 010	2 300	2 640	2 220	2 600		3.50	1 320	1 570	1 660	1 520	1 620	1 470
0.30	2 010	2 300	2 640	2 210	2 600		4.00	1 320	1 520	1 620	1 480	1 570	1 470
0.32	1 960	2 250	2 600	2 210	2 590		4.50	1 320	1 520	1 620	1 410	1 500	1 470
0.35	1 960	2 250	2 600	2 210	2 590		5.00	1 320	1 470	1 570	1 380	1 480	1 420
0.40	1 910	2 250	2 600	2 200	2 580		5.50	1 270	1 470	1 570	1 330	1 440	1 400
0.45	1 860	2 200	2 550	2 190	2 570		6.00	1 220	1 420	1 520	1 320	1 420	1 350
0.50	1 860	2 200	2 550	2 180	2 560		6.30	1 220	1 420	—			
0.55	1 810	2 150	2 500	2 170	2 550		7.00	1 170	1 370	—			
0.60	1 760	2 110	2 450	2 160	2 540		8.00	1 170	1 370	—			
0.63	1 760	2 110	2 450	2 140	2 520		9.00	1 130	1 320	—			
0.70	1 710	2 060	2 450	2 120	2 500		10.00	1 130	1 320	—			
0.80	1 710	2 010	2 400	2 110	2 490		11.00	1 080	1 270	—			
0.90	1 710	2 010	2 350	2 060	2 390		12.00	1 080	1 270	—			
1.00	1 660	1 960	2 300	2 020	2 350	1 850	13.00	1 030	1 220	—			

注：表列抗拉强度 R_m 为材料标准的下限值。

F.2 油淬火-退火弹簧钢丝

F.2.1 油淬火-退火弹簧钢丝的分类、代号及直径范围(GB/T 18983)见表 F.2。

表 F.2

类型	静态	中疲劳	高疲劳
低强度	FDC	TDC	VDC
中强度	FDCrV(A、B) FDSiMn	TDCrV(A、B) TDSiMn	VDCrV(A、B)
高强度	FDCrSi	TDCrSi	VDCrSi
直径范围	0.50 mm～17.00 mm	0.50 mm～17.00 mm	0.50 mm～10.00 mm
注 1：静态级钢丝适用于一般用途弹簧，以 FD 表示。 注 2：中疲劳级钢丝用于离合器、悬架弹簧等，以 TD 表示。 注 3：高疲劳级钢丝适用于阀门弹簧等，以 VD 表示。			

F.2.2 油淬火-退火弹簧钢丝代号与常用牌号的对应关系(GB/T 18983)见表 F.3。

表 F.3

钢丝代号	常用牌号
FDC、TDC、VDC	65、70、65Mn
FDCrV-A、TDCrV-A、VDCrV-A	50CrVA
FDSiMn、TDSiMn	60Si2Mn、60Si2MnA
FDCrSi、TDCrSi、VDCrSi	55CrSi
FDCrV-B、TDCrV-B、VDCrV-B	67CrV

F.2.3 油淬火-退火弹簧钢丝力学性能(GB/T 18983)见表 F.4。

表 F.4

直径范围 mm	R_m/MPa									断面收缩率≥ %		
	FDC TDC	FDCrV-A TDCrV-A	FDCrV-B TDCrV-B	FDSiMn TDSiMn	FDCrSi TDCrSi	VDC	VDCrV-A	VDCrV-B	VDCrSi	FD	TD	VD
0.50～0.80	1 800	1 800	1 900	1 850	2 000	1 700	1 750	1 910	2 030	—		
>0.80～1.00	1 800	1 780	1 860	1 850	2 000	1 700	1 730	1 880	2 030	—		
>1.00～1.30	1 800	1 750	1 850	1 850	2 000	1 700	1 700	1 860	2 030	45	45	45
>1.30～1.40	1 750	1 750	1 840	1 850	2 000	1 700	1 680	1 840	2 030	45	45	45
>1.40～1.60	1 740	1 710	1 820	1 850	2 000	1 670	1 660	1 820	2 000	45	45	45
>1.60～2.00	1 720	1 710	1 790	1 820	2 000	1 650	1 640	1 770	1 950	45	45	45
>2.00～2.50	1 670	1 670	1 750	1 800	1 970	1 630	1 620	1 720	1 900	45	45	45
>2.50～2.70	1 640	1 660	1 720	1 780	1 950	1 610	1 610	1 690	1 890	45	45	45
>2.70～3.00	1 620	1 630	1 700	1 760	1 930	1 590	1 600	1 660	1 880	45	45	45
>3.00～3.20	1 600	1 610	1 680	1 740	1 910	1 570	1 580	1 640	1 870	40	45	45
>3.20～3.50	1 580	1 600	1 660	1 720	1 900	1 550	1 560	1 620	1 860	40	45	45
>3.50～4.00	1 550	1 560	1 620	1 710	1 870	1 530	1 540	1 570	1 840	40	45	45
>4.00～4.20	1 540	1 540	1 610	1 700	1 860	—	—	—	—	40	45	—
>4.20～4.50	1 520	1 520	1 590	1 690	1 850	1 510	1 520	1 540	1 810	40	45	45

表 F.4（续）

直径范围 mm	R_m/MPa									断面收缩率≥ %		
	FDC TDC	FDCrV-A TDCrV-A	FDCrV-B TDCrV-B	FDSiMn TDSiMn	FDCrSi TDCrSi	VDC	VDCrV-A	VDCrV-B	VDCrSi	FD	TD	VD
>4.50～4.70	1 510	1 510	1 580	1 680	1 840	—	—	—	—	40	45	45
>4.70～5.00	1 500	1 500	1 560	1 670	1 830	1 490	1 500	1 520	1 780	40	45	40
>5.00～5.60	1 470	1 460	1 540	1 660	1 800	1 470	1 480	1 490	1 750	35	40	40
>5.60～6.00	1 460	1 440	1 520	1 650	1 780	1 450	1 470	1 470	1 730	35	40	40
>6.00～6.50	1 440	1 420	1 510	1 640	1 760	1 420	1 440	1 440	1 710	35	40	40
>6.50～7.00	1 430	1 400	1 500	1 630	1 740	1 400	1 420	1 420	1 690	35	40	40
>7.00～8.00	1 400	1 380	1 480	1 620	1 710	1 370	1 410	1 390	1 660	35	40	35
>8.00～9.00	1 380	1 370	1 470	1 610	1 700	1 350	1 390	1 370	1 640	30	35	45
>9.00～10.00	1 360	1 350	1 450	1 600	1 660	1 340	1 370	1 340	1 620	30	35	45
>10.00～12.00	1 320	1 320	1 430	1 580	1 660	—	—	—	—	30	—	—
>12.00～14.00	1 280	1 300	1 420	1 560	1 620					30	—	
>14.00～15.00	1 270	1 290	1 410	1 550	1 620					—		
>15.00～17.00	1 250	1 270	1 400	1 540	1 580							

注 1：FDSiMn 和 TDSiMn 直径≤5.00 mm 时，断面收缩率≥35%；直径>5.00 mm～14.00 mm 时，断面收缩率应≥30%。

注 2：表列抗拉强度 R_m 为材料标准的下限值。

F.3 弹簧用不锈钢丝力学性能[YB(T) 11]见表 F.5。

表 F.5

直径/mm	R_m/MPa			直径/mm	R_m/MPa			直径/mm	R_m/MPa		
	A 组	B 组	C 组		A 组	B 组	C 组		A 组	B 组	C 组
0.08	1 618	2 157	—	0.55	1 569	1 961	1 814	2.90	1 177	1 569	1 373
0.09	1 618	2 157	—	0.60	1 569	1 961	1 814	3.00	—	1 471	—
0.10	1 618	2 157	—	0.65	1 569	1 961	1 814	3.20	1 177		1 373
0.12	1 618	2 157	1 961	0.70	1 569	1 961	1 814	3.50	1 177	1 471	1 373
0.14	1 618	2 157	1 961	0.80	1 471	1 863	1 765	4.00	1 177	1 471	1 373
0.16	1 618	2 157	1 961	0.90	1 471	1 863	1 765	4.50	1 079	1 471	1 275
0.18	1 618	2 157	1 961	1.00	1 471	1 863	1 765	5.00	1 079	1 373	1 275
0.20	1 618	2 157	1 961	1.20	1 373	1 765	1 667	5.50	1 079	1 373	1 275
0.23	1 569	2 157	1 961	1.40	1 373	1 765	1 667	6.00	1 079	1 373	1 275
0.26	1 569	2 059	1 912	1.60	1 324	1 765	1 569	6.50	981	1 373	—
0.29	1 569	2 059	1 912	1.80	1 324	1 667	1 569	7.00	981	1 275	—
0.32	1 569	2 059	1 912	2.00	1 324	1 667	1 569	8.00	981	1 275	—
0.35	1 569	2 059	1 912	2.20	—	1 667	—	9.00	—	1 275	—
0.40	1 569	2 059	1 912	2.30	1 275	—	1 471	10.00	—	1 128	—
0.45	1 569	1 961	1 814	2.50	—	1 569	—	11.00		981	—
0.50	1 569	1 961	1 814	2.60	1 275	—	1 471	12.00	—	883	—

注：表列抗拉强度 R_m 为材料标准的下限值。

F.4 铍青铜线力学性能(YS/T 571)见表F.6。

表 F.6

材料状态	R_m/MPa	
	时效处理前的拉力试验	时效处理后的拉力试验
软	345～568	>1 029
1/2硬	579～784	>1 176
硬	>598	>1 274

F.5 铜及铜合金线材力学性能(GB/T 21652)见表F.7。

表 F.7

材料牌号	状态	线材直径/mm	R_m/MPa
QCd1	M (软)	0.1～6.0	≥275
	Y (硬)	0.1～0.5	590～880
		>0.5～4.0	490～735
		>4.0～6.0	470～685
QSn6.5-0.1 QSn6.5-0.4 QSn7-0.2	M (软)	0.1～1.0	≥350
		>1.0～6.0	
QSi3-1、QSn4-3、 QSn6.5-0.1、QSn6.5-0.4 QSn7-0.2	Y (硬)	0.1～1.0	880～1 130
		>1.0～2.0	860～1 060
		>2.0～4.0	830～1 030
		>4.0～6.0	780～980

ICS 71.060.50
G 12

中华人民共和国国家标准

GB 23936—2009

工业氟硅酸钠

Sodium hexafluorosilicate for industrial use

2009-06-02 发布　　2010-02-01 实施

中华人民共和国国家质量监督检验检疫总局
中国国家标准化管理委员会　发布

前言

本标准的第7章、第8章和第9章为强制性内容，其余内容为推荐性。

本标准由中国石油和化学工业协会提出。

本标准由全国化学标准化技术委员会无机化工分会(SAC/TC 63/SC 1)归口。

本标准起草单位：中海油天津化工研究设计院、云南云天化国际化工股份有限公司。

本标准起草人：刘幽若、李英翔、张应虎、张静娟。

本标准为首次发布。

工业氟硅酸钠

1 范围

本标准规定了工业氟硅酸钠的要求、试验方法、检验规则、标志、标签、包装、运输、贮存以及安全。

本标准适用于工业氟硅酸钠。该产品主要用作生产氟化工产品的原料，搪瓷助熔剂、玻璃乳白剂、耐酸胶泥和耐酸混凝土的凝固剂及木材防腐剂。

2 规范性引用文件

下列文件中的条款通过本标准的引用而成为本标准的条款。凡是注日期的引用文件，其随后所有的修改单(不包括勘误的内容)或修订版均不适用于本标准，然而，鼓励根据本标准达成协议的各方研究是否可使用这些文件的最新版本。凡是不注日期的引用文件，其最新版本适用于本标准。

GB 190 危险货物包装标志

GB/T 191—2008 包装储运图示标志(ISO 780:1997,MOD)

GB/T 3049—2006 工业用化工产品 铁含量测定的通用方法 1,10-菲啰啉分光光度法(ISO 6685:1982,IDT)

GB/T 6003.1—1997 金属丝编织网试验筛(eqv ISO 3310-1:1990)

GB/T 6678 化工产品采样总则

GB/T 6682—2008 分析实验室用水规格和试验方法(ISO 3696:1987,MOD)

GB/T 8170 数值修约规则与极限数值的表示方法和判定

GB/T 8946—1998 塑料编织袋

GB/T 8947 复合塑料编织袋

HG/T 3696.1 无机化工产品化学分析用标准滴定溶液的制备

HG/T 3696.2 无机化工产品化学分析用杂质标准溶液的制备

HG/T 3696.3 无机化工产品化学分析用制剂及制品的制备

3 分子式和相对分子质量

分子式：Na_2SiF_6

相对分子质量：188.06(按2007年国际相对原子质量)

4 要求

4.1 外观：白色晶体。

4.2 工业氟硅酸钠应符合表1要求。

表 1 要求

项目		指标		
		优等品	一等品	合格品
氟硅酸钠(Na_2SiF_6),w/%	≥	99.0	98.5	97.0
游离酸(以 HCl 计),w/%	≤	0.10	0.15	0.20
105 ℃干燥减量,w/%	≤	0.30	0.40	0.60
氯化物(以 Cl 计),w/%	≤	0.15	0.20	0.30
水不溶物,w/%	≤	0.4	0.5	—
硫酸盐(以 SO_4 计),w/%	≤	0.25	—	—
铁(Fe),w/%	≤	0.02	—	—
五氧化二磷(P_2O_5),w/%	≤	协商		—
细度(通过 250 μm 试验筛),w/%	≥	90	90	90

5 试验方法

5.1 安全提示

本试验方法中使用的氢氟酸、盐酸、高氯酸、氢氧化钠为腐蚀品,操作时须小心谨慎!挥发性酸应在通风橱中操作,如溅到皮肤上应立即用水冲洗,严重者应立即治疗(接触到氢氟酸必须治疗)。

5.2 一般规定

本标准所用的试剂和水,在没有注明其他要求时,均指分析纯试剂和 GB/T 6682—2008 中规定的三级水。

试验中所用的标准滴定溶液、杂质标准溶液、制剂和制品,在没有注明其他规定时,均按 HG/T 3696.1、HG/T 3696.2 和 HG/T 3696.3 的规定制备。

5.3 外观检验

在自然光条件下,用目视方法判别。

5.4 氟硅酸钠含量的测定

5.4.1 方法提要

在沸水中使氟硅酸钠溶解,以溴百里香酚蓝作指示液,用氢氧化钠标准滴定溶液滴定。

5.4.2 试剂和材料

5.4.2.1 氢氧化钠标准滴定溶液:c(NaOH)约 0.5 mol/L;

5.4.2.2 溴百里香酚蓝指示液:1 g/L 乙醇溶液。

5.4.3 分析步骤

称取约 1 g 试样,精确至 0.000 2 g,置于 250 mL 烧杯中。加入 100 mL 煮沸的水,加 10 滴溴百里香酚蓝指示液。加入所需量的 90%～95%的氢氧化钠标准滴定溶液,加热至沸使试样完全溶解,立即用氢氧化钠标准滴定溶液滴定至溶液呈稳定的蓝色。

5.4.4 结果计算

氟硅酸钠含量以氟硅酸钠(Na_2SiF_6)的质量分数 w_1 计,数值以%表示,按式(1)计算:

$$w_1 = \frac{VcM}{m \times 1\,000} \times 100 - w_2 \qquad (1)$$

式中:

V——滴定消耗的氢氧化钠标准滴定溶液的体积的数值,单位为毫升(mL);

c——氢氧化钠标准滴定溶液浓度的准确数值,单位为摩尔每升(mol/L);

m——试料的质量的数值，单位为克(g)；

M——氟硅酸钠($\frac{1}{4}Na_2SiF_6$)的摩尔质量的数值，单位为克每摩尔(g/mol)(M=47.02)；

w_2——按5.6测定的游离酸含量的数值，单位为%。

取平行测定结果的算术平均值为测定结果，两次平行测定结果的绝对差值不大于0.2%。

5.5 游离酸含量的测定

5.5.1 方法提要

在0 ℃和有氯化钾存在条件下，以溴百里香酚蓝作指示液，用氢氧化钠标准滴定溶液滴定。

5.5.2 试剂和材料

5.5.2.1 氯化钾；

5.5.2.2 氢氧化钠标准滴定溶液：c(NaOH)约0.1 mol/L；

5.5.2.3 溴百里香酚蓝指示液：1 g/L乙醇溶液。

5.5.3 分析步骤

在100 mL烧杯中，加25 mL无二氧化碳的水，7 g氯化钾，摇匀，放入冰箱中冷却至0 ℃(约30 min)。称取约2.5 g试样，精确至0.01 g。置于上述烧杯中，加4滴溴百里香酚蓝指示液。搅拌后，立即用氢氧化钠标准滴定溶液滴定至溶液呈蓝色，30 s不退色为终点。

5.5.4 结果计算

游离酸含量以盐酸(HCl)的质量分数w_2计，数值以%表示，按式(2)计算：

$$w_2 = \frac{VcM}{m \times 1\,000} \times 100 \qquad \cdots\cdots(2)$$

式中：

V——滴定消耗的氢氧化钠标准滴定溶液的体积的数值，单位为毫升(mL)；

c——氢氧化钠标准滴定溶液浓度的准确数值，单位为摩尔每升(mol/L)；

m——试料的质量的数值，单位为克(g)；

M——盐酸(HCl)的摩尔质量的数值，单位为克每摩尔(g/mol)(M=36.5)。

取平行测定结果的算术平均值为测定结果，两次平行测定结果的绝对差值不大于0.01%。

5.6 105 ℃干燥减量

5.6.1 方法提要

将试样在105 ℃干燥2 h，通过试样干燥前后的减少量计算出105 ℃干燥减量。

5.6.2 仪器、设备

电热恒温干燥箱：温度能控制105 ℃±2 ℃。

5.6.3 分析步骤

使用预先在105 ℃干燥至质量恒定的称量瓶称取约10 g试样，精确至0.000 2 g。置于电热恒温干燥箱中，烘2 h，取出后置于干燥器中，冷却至室温，称量。

5.6.4 结果计算

105 ℃干燥减量以质量分数w_3计，数值以%表示，按式(3)计算：

$$w_3 = \frac{m_1 - m_2}{m} \times 100 \qquad \cdots\cdots(3)$$

式中：

m_1——干燥前试样和称量瓶的质量的数值，单位为克(g)；

m_2——干燥后试样和称量瓶的质量的数值，单位为克(g)；

m——试料质量的数值，单位为克(g)。

取平行测定结果的算术平均值为测定结果，两次平行测定结果的绝对差值不大于0.01%。

5.7 氯化物含量的测定

5.7.1 方法提要

在酸性介质中，加入硝酸银溶液与氯离子生成白色的氯化银悬浊液，以目视比浊法与同时同样处理的标准比浊溶液进行对比。

5.7.2 试剂

5.7.2.1 硝酸银溶液：17 g/L；

5.7.2.2 硼酸溶液：40 g/L；

5.7.2.3 硝酸溶液：1+2；

5.7.2.4 氯化物标准溶液：1 mL 溶液含氯(Cl)0.010 mg

移取 1.00 mL 按 HG/T 3696.2 要求配制的氯化物标准溶液，置于 100 mL 容量瓶中，用水稀释至刻度，摇匀。该溶液使用前制备。

5.7.3 分析步骤

称取 1.00 g 试样，精确至 0.01 g，置于 250 mL 烧杯中，加入 100 mL 水，煮沸溶解。将溶液全部转移至 250 mL 容量瓶中，加水至刻度，摇匀。静置 30 min，干过滤，弃去前 10 mL 滤液，移取 5 mL 滤液置于 50 mL 比色管中，加 10 mL 硼酸溶液，5 mL 硝酸溶液和 1 mL 硝酸银溶液，用水稀释至刻度，轻轻摇匀，静置 10 min。所产生的白色混浊不得深于标准比浊溶液。

标准比浊溶液是按下列规定移取氯化物标准溶液，与试料同时同样处理。

优等品：3.00 mL；一等品：4.00 mL；合格品：6.00 mL。

5.8 硫酸盐含量的测定

5.8.1 方法提要

在酸性介质中钡离子与硫酸根离子生成白色硫酸钡悬浮微粒，以目视比浊法与同时同样处理的标准比浊溶液进行对比。

5.8.2 试剂

5.8.2.1 高氯酸；

5.8.2.2 体积分数 95% 乙醇；

5.8.2.3 盐酸溶液：2+1；

5.8.2.4 氯化钡溶液：100 g/L；

5.8.2.5 碳酸钠溶液：100 g/L；

5.8.2.6 硫酸盐标准溶液：1 mL 溶液含有硫酸盐(SO_4)0.010 mg

移取 1 mL 按 HG/T 3696.2 要求配制的硫酸盐标准溶液，置于 100 mL 容量瓶中，用水稀释至刻度，摇匀。

5.8.3 仪器、设备

5.8.3.1 铂坩埚：30 mL；

5.8.3.2 砂浴。

5.8.4 分析步骤

称取 0.50 g 试样，精确至 0.01 g，置于铂坩埚中，加入 5 mL 高氯酸，在沙浴上慢慢加热至干。加 5 mL 盐酸溶液，加适量水温热溶液，过滤，洗涤。将滤液和洗液全部转移至 250 mL 容量瓶中，用水稀释至刻度，摇匀。移取 25.00 mL 溶液，置于 50 mL 比色管中，加入 3 mL 95% 乙醇、2 mL 氯化钡溶液，稀释至刻度，摇匀。放置 30 min 后，所产生的白色混浊不得深于标准比浊溶液。

标准比浊溶液是取 0.5 mL 高氯酸，加 2 滴碳酸钠溶液，在沙浴上慢慢加热至干。加 0.3 mL 盐酸溶液和少量水，将其溶液移入 50 mL 比色管中，再加 12.5 mL 硫酸盐标准溶液，以下从加入 3 mL 95% 乙醇开始与试料同时同样处理。

5.9 铁含量的测定

5.9.1 方法提要

同 GB/T 3049—2006 第 3 章。

5.9.2 试剂

同 GB/T 3049—2006 第 4 章。

5.9.3 仪器、设备

同 GB/T 3049—2006 第 5 章及

铂蒸发皿:30 mL。

5.9.4 分析步骤

5.9.4.1 工作曲线的绘制

按 GB/T 3049—2006 中 6.3 的规定,使用 5 cm 的吸收池及相应的铁标准溶液,绘制工作曲线。

5.9.4.2 测定

称取约 4 g 试样,精确至 0.01 g,置于铂蒸发皿中,加 10 mL 氢氟酸和 1 mL 硫酸,将铂皿置于通风橱内的电热板上缓缓加热(避免过激加热,以保证试样混合物不沸腾),每隔 10 min 轻微摇动一次铂皿,当混合物表面无气泡时,取下冷却至室温,再加 5 mL 氢氟酸,加热除去氢氟酸,最后强热至大部分白烟冒出,冷却至室温,加 15 mL 盐酸溶液,低温加热溶解残渣,冷却至室温,转移至 100 mL 容量瓶中,稀释至刻度,摇匀。干过滤,弃去初始滤液。

用移液管移取 10 mL 试验溶液,置于 100 mL 容量瓶中,加水至约 60 mL,用 85 g/L 氨水调节 pH 约为 2(用精密 pH 试纸检验)。以下按 GB/T 3049—2006 中 6.4.1 所述,从"加 1 mL 抗坏血酸溶液……"开始进行操作。同时同样处理空白试验溶液。

空白试验溶液除不加试样外,其他操作和加入试剂的种类和量与试样溶液相同。

使用 5 cm 的吸收池,按 GB/T 3049—2006 中 6.3.3 的规定测量吸光度。从工作曲线上查出相应铁的含量。

5.9.5 结果计算

铁含量以铁(Fe)的质量分数 w_4 计,数值以%表示,按式(4)计算:

$$w_4=\frac{m_1-m_0}{m\times 1\,000\times\frac{10}{100}}\times 100 \qquad \cdots\cdots(4)$$

式中:

m_1——根据测得的试验溶液吸光度从工作曲线上查得的铁的质量的数值,单位为毫克(mg);

m_0——根据测得的空白试验溶液吸光度从工作曲线上查得的铁的质量的数值,单位为毫克(mg);

m——试料的质量的数值,单位为克(g)。

取平行测定结果的算术平均值为测定结果,两次平行测定结果的绝对差值不大于 0.003%。

5.10 水不溶物含量的测定

5.10.1 仪器、设备

5.10.1.1 玻璃砂坩埚:滤板孔径为 5 μm~15 μm;

5.10.1.2 电热恒温干燥箱:能控制温度在 105 ℃~110 ℃。

5.10.2 分析步骤

称取约 3 g 预先在 105 ℃~110 ℃干燥至质量恒定的试样,精确至 0.01 g,置于 600 mL 烧杯中,加入 500 mL 沸水,加热 30 min 使试样充分溶解。用已于 105 ℃~110 ℃下干燥至质量恒定的玻璃砂坩埚过滤,用沸水至少洗涤 6 次,每次用 25 mL 水。于 105 ℃~110 ℃下干燥至质量恒定。

5.10.3 结果计算

水不溶物含量以质量分数 w_5 计,数值以%表示,按式(5)计算:

$$w_5 = \frac{m_1 - m_2}{m} \times 100 \quad \cdots\cdots(5)$$

式中：

m_1——玻璃砂坩埚连同不溶物的质量的数值，单位为克(g)；

m_2——玻璃砂坩埚的质量的数值，单位为克(g)；

m——试料质量的数值，单位为克(g)。

取平行测定结果的算术平均值为测定结果，两次平行测定结果的绝对差值不大于0.01％。

5.11 五氧化二磷含量的测定

5.11.1 方法提要

在硫酸的存在下试样发生水解反应，用氢氟酸除去二氧化硅的干扰。在酸性条件下，加入钼酸铵使磷形成磷钼杂多酸，经还原成磷钼蓝后，用分光光度计于波长662 nm处测量其吸光度。

5.11.2 试剂

5.11.2.1 氢氟酸；

5.11.2.2 硫酸：1+1；

5.11.2.3 氢氧化钠溶液：200 g/L；

5.11.2.4 钼酸铵酸性溶液：25 g/L

称取25 g四水合钼酸铵[$(NH_4)_6Mo_2O_{24} \cdot 4H_2O$]，用200 mL热水溶解。冷却后，用5 mol/L的硫酸稀释到1 L。此溶液储存于聚乙烯瓶中。

5.11.2.5 抗坏血酸溶液：20 g/L；

5.11.2.6 五氧化二磷标准贮备溶液：1 mL溶液含五氧化二磷(P_2O_5)0.10 mg

称取0.191 7 g在110 ℃烘干的磷酸二氢钾，精确至0.000 2 g，用水溶后移入1 L容量瓶中，稀释至刻度，摇匀。

5.11.2.7 五氧化二磷标准溶液：1 mL溶液含五氧化二磷(P_2O_5)0.01 mg

移取10.00 mL五氧化二磷标准贮备溶液，置于100 mL容量瓶中，用水稀释至刻度，摇匀。此溶液使用前配制。

5.11.2.8 酚酞指示液：10 g/L乙醇溶液。

5.11.3 仪器、设备

分光光度计：配有5 cm比色皿。

5.11.4 分析步骤

5.11.4.1 工作曲线的绘制

用移液管移取0.00 mL、1.00 mL、2.00 mL、4.00 mL、6.00 mL、8.00 mL五氧化二磷标准溶液(5.11.2.7)，分别置于5只100 mL容量瓶中，加水至25 mL。加入3滴酚酞溶液，滴加氢氧化钠溶液至试验溶液显微红色，加入10 mL钼酸铵溶液，用水稀释至80 mL，混匀。加入2 mL抗坏血酸溶液，用水稀释至刻度，混匀。于28 ℃～30 ℃放置30 min。使用5 cm比色皿，以水调零，在分光光度计上，于波长662 nm处测其吸光度。从每个标准比色液的吸光度中减去空白溶液的吸光度，以五氧化二磷的质量(mg)为横坐标，所对应的吸光度为纵坐标，绘制工作曲线。

5.11.4.2 测定

称取约2 g试样，精确至0.01 g，置于铂金皿中，加5 mL硫酸，于电炉上先低温后高温蒸发至干，取下冷却。再加少许1 mL硫酸和8 mL氢氟酸，于电炉上继续蒸发至干，取下冷却后加水并加热使其完全溶解，冷却后转移入100 mL容量瓶中。以下操作按5.11.4.1从“加入3滴酚酞溶液……”开始，至“……于波长662 nm处测其吸光度”为止。从工作曲线上查出试验溶液中五氧化二磷的质量。

同时进行空白试验。

5.11.5 结果计算

五氧化二磷含量以五氧化二磷(P_2O_5)的质量分数w_6计，数值以％表示，按式(6)计算：

$$w_6 = \frac{(m_1 - m_0) \times 10^{-3}}{m} \times 100 \quad \cdots\cdots\cdots\cdots(6)$$

式中：

m_1——从工作曲线上查出的试验溶液中五氧化二磷质量的数值，单位为毫克(mg)；

m_0——从工作曲线上查出的空白试验溶液中五氧化二磷质量的数值，单位为毫克(mg)；

m——试料质量的数值，单位为克(g)。

取平行测定结果的算术平均值为测定结果，两次平行测定结果的绝对差值不大于0.001%。

5.12 细度的测定

5.12.1 仪器、设备

试验筛：GB/T 6003.1—1997，R40/3系列，ϕ200 mm×50 mm×0.25 mm，带有筛底和筛盖；

震筛机。

5.12.2 分析步骤

称取约50 g预先在105 ℃±2 ℃干燥2 h试样，精确至0.01 g，放入试验筛中。加盖，置于震筛机上，震动5 min或人工筛分。将筛下物转移至已称量的表面皿中，称量。

5.12.3 结果计算

细度以质量分数w_7计，数值以%表示，按式(7)计算：

$$w_7 = \frac{m_1}{m} \times 100 \quad \cdots\cdots\cdots\cdots(7)$$

式中：

m_1——通过试验筛的试样的质量的数值，单位为克(g)；

m——试料的质量的数值，单位为克(g)。

取平行测定结果的算术平均值为测定结果，两次平行测定结果的绝对差值不大于1%。

6 检验规则

6.1 本标准采用型式检验和出厂检验。

6.1.1 表1中的全部项目为型式检验项目，在正常生产情况下，每3个月至少进行一次型式检验。有下列情况之一时，也应进行型式检验：

a) 更换关键生产工艺；

b) 主要原料有变化；

c) 停产后恢复生产；

d) 出厂检验结果与上次型式检验有较大差异。

6.1.2 表1中氟硅酸钠含量、游离酸含量、105 ℃干燥减量、水不溶物含量及细度为出厂检验项目，应逐批进行检验。

6.2 生产企业用相同材料，基本相同的生产条件，连续生产或同一班组生产的工业氟硅酸钠为一批，每批产品不大于60 t。

6.3 按GB/T 6678中的规定确定采样单元数。将采样器自袋的中心垂直插入至料层深度的3/4处采样。将采出的样品混匀，取出不少于500 g。将所采样品分装于两个清洁、干燥的容器中，密封，并粘贴标签，注明生产厂名、产品名称、等级、批号、采样日期和采样者姓名。一份供检验用，另一份保存三个月备查。

6.4 生产厂应保证每批出厂的工业氟硅酸钠都符合本标准要求。

6.5 检验结果如有一项指标不符合本标准要求，应重新自两倍量的包装中采样进行复验，复验结果即使只有一项指标不符合本标准的要求时，则整批产品降等级或不合格。

6.6 采用GB/T 8170规定的数值修约值比较法判定检验结果是否符合标准。

7 标志、标签

7.1 工业氟硅酸钠包装容器上应有牢固清晰的标志，内容包括：生产厂名、厂址、产品名称、等级、净含量、批号或生产日期、本标准编号、GB 190 中规定的“有害品”标志和 GB/T 191—2008 中规定的“怕雨”标志。

7.2 每批出厂的工业氟硅酸钠都应附有质量证明书，内容包括：生产厂名、厂址、产品名称、等级、净含量、批号或生产日期、产品质量符合本标准的证明和本标准编号。

8 包装、运输、贮存

8.1 工业氟硅酸钠用符合 GB/T 8947 要求的复合塑料编织袋包装，折边缝合，缝口牢固。或用内衬聚乙烯薄膜袋的塑料编织袋包装，聚乙烯薄膜袋的厚度不小于 0.05 mm，外包装材料的性能和检验方法应符合 GB/T 8946 的规定。包装时，将内袋空气排净后，用维尼龙绳或质量相当的绳人工扎口；外袋应牢固缝合。每袋净重 25 kg 或与用户商定。

8.2 工业氟硅酸钠在运输过程中应有遮盖物，防止雨淋，不得受潮。避免和酸类、饲料、食物混运。装卸时应轻拿轻放，禁止拖拉冲击，放置稳固，防止包装袋破损。发现产品有漏失现象，立即用沙土或锯末打扫干净，清理物深埋地下。

8.3 工业氟硅酸钠贮存于干燥通风的库房内，不宜露天堆放，严禁人畜入内，并与酸类、饲料、食物隔离。

8.4 工业氟硅酸钠在符合本标准规定的包装、运输、贮存条件下，自出厂之日起保质期不少于 2 年。

9 安全

氟硅酸钠有毒，应避免吸入粉尘，防止与眼睛和皮肤接触。操作人员在开始工作时，应穿上工作服，戴上口罩和护目镜，经常注意排风机工作状态和设备管道的气密性；工作结束后进行淋浴。

ICS 71.060.50
G 12

中华人民共和国国家标准

GB 23937—2009

工业硫氢化钠

Sodium hydrosulfide for industrial use

2009-06-02 发布　　　　2010-02-01 实施

中华人民共和国国家质量监督检验检疫总局
中国国家标准化管理委员会　发布

前言

本标准的第7章、第8章、第9章和第10章为强制性内容，其余内容为推荐性。

本标准由中国石油和化学工业协会提出。

本标准由全国化学标准化技术委员会无机化工分会(SAC/TC 63/SC 1)归口。

本标准主要起草单位：中海油天津化工研究设计院、南风化工集团、东营三协化学有限公司。

本标准主要起草人：范国强、张铁柱、陈爱兵、魏俊文、李志起。

本标准为首次发布。

工业硫氢化钠

1 范围

本标准规定了工业硫氢化钠的要求、试验方法、检验规则,标志、标签、包装、运输、贮存和安全。

本标准适用于工业硫氢化钠,该产品主要用于选矿、农药、制革、染料生产及有机合成等工业。

2 规范性引用文件

下列文件中的条款通过本标准的引用而成为本标准的条款。凡是注日期的引用文件,其随后所有的修改单(不包括勘误的内容)或修订版均不适用于本标准,然而,鼓励根据本标准达成协议的各方研究是否可使用这些文件的最新版本。凡是不注日期的引用文件,其最新版本适用于本标准。

GB 190—1990 危险货物包装标志

GB/T 191—2008 包装储运图示标志(ISO 780:1997,MOD)

GB/T 3049—2006 工业用化工产品铁含量测定的通用方法 1,10-菲啰啉分光光度法(ISO 6685:1982,IDT)

GB/T 6682—2008 分析实验室用水规格和试验方法(ISO 3696:1987,MOD)

GB/T 8170 数值修约规则与极限数值的表示方法和判定

HG/T 3696.1 无机化工产品化学分析用标准滴定溶液的制备

HG/T 3696.2 无机化工产品化学分析用杂质标准溶液的制备

HG/T 3696.3 无机化工产品化学分析用制剂及制品的制备

3 分子式和相对分子质量

分子式:NaHS

相对分子质量:56.06(按2007年国际相对原子质量)

4 分类与外观

工业硫氢化钠分为:液体和固体2类;液体分为:L—1型、L—2型、L—3型三种规格。固体外观为黄色、橙黄色、棕、灰褐色块状、粒状、片状;液体外观为无色或淡黄色、绿黄色或橙红色液体。

5 要求

工业硫氢化钠应符合表1要求。

表1 要求

项目		指标				
		固体		液体		
		优等品	一等品	L—1	L—2	L—3
硫氢化钠(NaHS),w/%	≥	70.0	70.0	42.0	36.0	28.0
硫化钠(Na_2S),w/%	≤	3.0	4.0	1.0	1.0	1.0
铁(Fe),w/%	≤	0.001 5	0.002 0	协议		

6 试验方法

6.1 安全提示

本标准中使用的强酸强碱及样品具有腐蚀性，操作时应谨慎，避免溅出；试验中放出的硫化氢有害人体健康且易燃，应注意在通风橱内进行操作。

6.2 一般规定

本标准所用试剂和水，在没有注明其他要求时，均指分析纯试剂和GB/T 6682—2008中规定的三级水。试验中所用标准滴定溶液、杂质标准溶液、制剂及制品，在没有注明其他要求时，均按HG/T 3696.1、HG/T 3696.2、HG/T 3696.3的规定制备。

6.3 硫氢化钠含量和硫化钠含量的测定

6.3.1 方法提要

试样溶解后，加氯化钡除去碳酸盐，定容，干过滤。移取滤液，用盐酸标准滴定溶液滴定，以指示剂或酸度计指示终点，计算硫化钠含量；加入甲醛与硫氢化钠反应放出氢氧化钠，以酚酞为指示剂继续用盐酸滴定至终点，计算硫氢化钠含量。

6.3.2 试剂

6.3.2.1 甲醛：36%～38%。

用前用中速滤纸过滤，以酚酞指示液，滴加氢氧化钠溶液至溶液呈微红色。

6.3.2.2 氯化钡溶液：100 g/L。

6.3.2.3 盐酸标准滴定溶液：$c(HCl)$约0.1 mol/L。

6.3.2.4 酚酞指示液：1%乙醇溶液。

6.3.2.5 茜素黄GG-百里香酚蓝混合指示液：

a) 0.1 g茜素黄GG溶于100 mL 50%的乙醇溶液中。

b) 0.1 g百里香酚蓝溶于100 mL 50%的乙醇溶液中。

c) 取30 mL(a)和20 mL (b)，混匀。

6.3.3 仪器、设备

酸度计：精度为0.02 pH单位，配甘汞电极和玻璃电极。

6.3.4 分析步骤

6.3.4.1 试验溶液的制备

用已知质量的称量瓶称取约10 g～12 g液体样品、全溶试样溶液或6 g固体样品(精确至0.001 g)。全部转移到已加有15 mL氯化钡溶液的500 mL容量瓶中。加少量水溶解，摇匀，静置10 min。用水稀释至刻度，混匀。

使用中速滤纸进行干过滤，弃去20 mL初滤液，滤液收集于干燥的500 mL锥形瓶中，滤液量够试验用即可，盖好胶塞，此溶液为试验溶液A，用于硫氢化钠含量、硫化钠含量及铁含量的测定。

对于全溶试样溶液的硫氢化钠固体试样质量(m)按式(1)计算：

$$m = \frac{m_2}{m_1} \times m_3 \qquad (1)$$

式中：

m_1——制得全溶液体的质量的数值，单位为克(g)；

m_2——溶解的硫氢化钠净质量的数值，单位为克(g)；

m_3——用称量瓶称取的全溶试样溶液质量的数值，单位为克(g)。

6.3.4.2 测定

移取25 mL溶液A，置于250 mL锥形瓶中，加20 mL水，加10滴茜素黄GG-百里香酚蓝混合指示液。用盐酸标准滴定溶液滴定，溶液由绿色变为蓝色即为第一终点。再加入 5 mL 甲醛和 3 滴酚酞指示液，继续用盐酸标准滴定溶液滴定，溶液红色全部消失即为第二终点。

6.3.5 **结果计算**

6.3.5.1 硫氢化钠含量以硫氢化钠(NaHS)的质量分数 w_1 计，数值以%表示，按式(2)计算：

$$w_1=\frac{(V_2-2V_1)c\times M/1\,000}{m\times 25/500}\times 100 \qquad \cdots\cdots(2)$$

式中：

V_1——滴定至第一终点时消耗盐酸标准滴定溶液的体积的数值，单位为毫升(mL)；

V_2——滴定至第二终点时消耗盐酸标准滴定溶液的总体积的数值，单位为毫升(mL)；

c——盐酸标准滴定溶液浓度的准确数值，单位为摩尔每升(mol/L)；

M——硫氢化钠(NaHS)的摩尔质量的数值，单位为克每摩尔(g/mol)(M=56.06)；

m——试料的质量的数值，单位为克(g)。

6.3.5.2 硫化钠含量以硫化钠(Na_2S)的质量分数 w_2 计，数值以%表示，按式(3)计算：

$$w_2=\frac{V_1c\times M/1\,000}{m\times 25/500}\times 100 \qquad \cdots\cdots(3)$$

式中：

V_1——滴定至第一终点时消耗盐酸标准滴定溶液的体积的数值，单位为毫升(mL)；

c——盐酸标准滴定溶液浓度的准确数值，单位为摩尔每升(mol/L)；

m——试料的质量的数值，单位为克(g)；

M——硫化钠(Na_2S)的摩尔质量的数值，单位为克每摩尔(g/mol)(M=78.04)。

取平行测定结果的算术平均值为测定结果。平行测定结果的绝对差值：硫氢化钠不大于 0.3%，硫化钠不大于 0.1%。

6.4 **铁含量的测定**

6.4.1 **方法提要**

样品用水溶解后，加硫酸，电炉加热，分解硫氢化钠，高温炉内于 600 ℃下灼烧，彻底分解多硫化物及硫磺。用盐酸溶解残渣中的铁，用抗坏血酸将三价铁还原成二价铁。在 pH 值为 2～9 范围内，二价铁与邻菲啰啉生成红色络合物，在最大吸收波长(510 nm)下用分光光度计测定吸光度。

6.4.2 **试剂和材料**

6.4.2.1 硫酸溶液：1+5；

6.4.2.2 其他试剂同 GB/T 3049—2006 第 3 章。

6.4.3 **仪器、设备**

6.4.3.1 瓷坩埚：50 mL；

6.4.3.2 其他设备同 GB/T 3049—2006 第 4 章。

6.4.4 **分析步骤**

6.4.4.1 **工作曲线的绘制**

按 GB/T 3049—2006 的 6.3 的规定绘制工作曲线。

6.4.4.2 **测定**

称取约 2 g 液体样品或全溶试样溶液，置于 50 mL 瓷坩埚中。在通风橱内滴加 4 mL 硫酸溶液。将瓷坩埚置于电炉上加热至硫酸赶尽。将瓷坩埚放入高温炉于 600 ℃下灼烧 10 min。冷却，加 1+1 盐酸溶液 1 mL，适量水，加热溶解残渣。冷却后将溶液转移至 100 mL 容量瓶中，按 GB/T 3049—2006 的 6.4 的规定，从“必要时加水至约 60 mL”开始对试验溶液进行操作。同时进行空白试验，空白试验是在制备试验溶液的同时不加样品，其他试剂加入量与处理样品时相同。

6.4.5 结果计算

铁含量以铁(Fe)的质量分数 w_3 计，数值以%表示，按式(4)计算：

$$w_3 = \frac{(m_2 - m_1)/1\,000}{m} \times 100 \qquad \cdots\cdots(4)$$

式中：

m_1——从工作曲线上查出的空白试验溶液中铁的质量的数值，单位为毫克(mg)；

m_2——从工作曲线上查出的试验溶液中铁的质量的数值，单位为毫克(mg)；

m——液体试样的质量或分取后用于测定的试样的质量，g。

取平行测定结果的算术平均值为测定结果。两次平行测定结果的相对偏差不大于20%。

7 检验规则

7.1 本标准规定的所有项目为出厂检验项目，必须逐批进行检验。

7.2 生产企业用相同材料，基本相同的生产条件，连续生产或同一班组生产的产品为一批，固体产品每批不超过60 t。液体产品批量根据储运容器大小确定。

7.3 取样方法与全溶试样溶液制备

7.3.1 对于固体块状产品，从每批中随机选取一桶。剖开桶皮，从上、中、下各取约100 g样品，称得固体质量后加水溶解。为加速溶解可加热。溶解完全后继续加水，配成质量分数约28%的溶液并称量其质量。以下操作同样适用液体产品，在不断搅拌下，用内径10 mm～15 mm带有梢口的玻璃管，以管内外液面相平之速度插至2/3处，共取出不少于50 g的液体样品。立即装入清洁、干燥的广口瓶或塑料瓶中密封，瓶上粘贴标签，注明：生产厂名、产品名称、批号、采样日期和采样者姓名，此溶液为全溶试样溶液，供当日检验用。

袋装片状、粒状硫氢化钠，从每批中随机选取3袋(50 kg装)或6袋(25 kg装)，深入表面20 cm以下采样，每袋取出不少于50 g样品按上述方法溶解取样。

7.3.2 生产厂可在产品包装过程中取代表性液态样品，冷却后制成固体样品。直接进行测定。当供需双方发生质量争议时，以7.3.1条取样方式检验结果为准。

7.4 工业硫氢化钠由生产厂的质量监督检验部门按本标准规定进行检验。生产厂应保证每批出厂产品都符合本标准要求。

7.5 检验结果如有一项指标不符合本标准要求时，应重新自两倍量的包装中采样复验，复验结果即使只有一项指标不符合本标准要求，则整批产品为不合格。

7.6 采用GB/T 8170规定的修约值比较法判定试验结果是否符合标准。

8 标志、标签

8.1 工业硫氢化钠包装上应有牢固、清晰的标志，内容包括：生产厂名、厂址、产品名称、净含量、类别、等级或规格、本标准编号及GB 190—1990规定的“腐蚀品”标志以及GB/T 191—2008中规定的“怕晒”、“怕雨”标志。

8.2 每批出厂的产品都应附有质量证明书。内容包括：生产厂名、厂址、产品名称、净含量、类别、等级或规格、批号或生产日期、产品质量符合本标准的证明和本标准编号。

9 包装、运输、贮存

9.1 固体工业硫氢化钠采用铁桶包装或按用户要求并符合贮运安全规定的其他包装形式。每包装单元净含量分别为25 kg、50 kg或150 kg；液体产品采用铁桶或槽车装运，每桶净含量为200 kg。

9.2 工业硫氢化钠产品应贮存于阴凉、干燥、通风的库房中，防止雨淋、受潮、受热，不得与酸及腐蚀性物品接触。

9.3 工业硫氢化钠产品运输时应注意防止日晒、雨淋、受热，保持包装完好。

9.4 工业硫氢化钠在室温 20 ℃以下、相对湿度不大于 60％、保持包装完好条件下，保质期为 1 年。

10 安全

10.1 生产场所必须保证通风良好。并应安装硫化氢气体报警装置，以及配备必要气体泄漏情况下使用的防护用品。

10.2 分析检验过程中会有硫化氢气体放出，应在通风橱中进行，并保证通风良好。

ICS 71.100.20
G 86

中华人民共和国国家标准

GB/T 23938—2009

高纯二氧化碳

High purity carbon dioxide

2009-06-02 发布　　2010-02-01 实施

中华人民共和国国家质量监督检验检疫总局
中国国家标准化管理委员会　发布

前　言

本标准的附录A为规范性附录，附录B为资料性附录。

本标准由中国石油和化学工业协会提出。

本标准由全国气体标准化技术委员会(SAC/TC 206)归口。

本标准起草单位：天津联博化工股份有限公司、杭州新世纪混合气体有限公司、西南化工研究设计院。

本标准主要起草人：薛定、沈建林、陈雅丽。

高纯二氧化碳

1 范围

本标准规定了高纯二氧化碳的要求、试验方法以及包装、标志、贮运及安全警示。

本标准适用于以工业二氧化碳为原料经纯化制得的高纯度二氧化碳。高纯二氧化碳主要用于激光、电子工业、反应堆气体冷却剂、科学研究等领域。

分子式：CO_2

分子量：44.009 5（按 2007 年国际原子量表计算）

2 规范性引用文件

下列文件中的条款通过本标准的引用而成为本标准的条款。凡是注日期的引用文件，其随后所有的修改单（不包括勘误的内容）或修订版均不适用于本标准，然而，鼓励根据本标准达成协议的各方研究是否可使用这些文件的最新版本。凡是不注日期的引用文件，其最新版本适用于本标准。

GB 190 危险货物包装标志

GB 3723 工业用化学产品采样安全通则

GB 5099 钢质无缝气瓶（GB 5099—1994，neq ISO 4705:1983）

GB/T 5832.1 气体湿度的测定 第 1 部分：电解法

GB/T 5832.2 气体中微量水分的测定 第 2 部分：露点法

GB/T 6285 气体中微量氧的测定 电化学法

GB 7144 气瓶颜色标志

GB/T 8981 气体中微量氢的测定 气相色谱法

GB/T 8984 气体中一氧化碳、二氧化碳和碳氢化合物的测定 气相色谱法

GB/T 11640 铝合金无缝气瓶

GB 14193 液化气体气瓶充装规定

GB 15258 化学品安全标签编写规定

GB 16483 化学品安全技术说明书 编写规定（GB 16483—2000，eqv ISO 11014-1:1994）

气瓶安全监察规程

特种设备安全监察条例

危险化学品安全管理条例

危险货物运输管理规则

3 要求

高纯二氧化碳的技术要求应符合表 1 的规定。

表 1 高纯二氧化碳的技术要求

项目名称		指标		
二氧化碳（CO_2）纯度（体积分数）/10^{-2}	≥	99.99	99.995	99.999
氢气（H_2）含量（体积分数）/10^{-6}	≤	5	2	0.5
氧气（O_2）含量（体积分数）/10^{-6}	≤	10	5	1

表 1（续）

项 目 名 称		指 标		
氮气（N_2）含量（体积分数）/10^{-6}	≤	50	30	3
一氧化碳（CO）含量（体积分数）/10^{-6}	≤	5	2	0.5
总烃（THC）含量（体积分数）/10^{-6}	≤	5	3	2
水分（H_2O）含量（体积分数）/10^{-6}	≤	15	8	3
硫化物、氯化物、磷化物				

4 试验方法

4.1 检验规则

瓶装高纯二氧化碳应从气态取样，逐瓶检验，检验结果若有一项不符合本标准要求时，则该瓶产品为不合格品。

4.2 二氧化碳纯度

二氧化碳纯度按式(1)计算：

$$\Phi = 100 - (\Phi_1 + \Phi_2 + \Phi_3 + \Phi_4 + \Phi_5 + \Phi_6) \times 10^{-4} \quad \cdots\cdots\cdots\cdots(1)$$

式中：

Φ——二氧化碳纯度（体积分数），10^{-2}；

Φ_1——氢含量（体积分数），10^{-6}；

Φ_2——氧含量（体积分数），10^{-6}；

Φ_3——氮含量（体积分数），10^{-6}；

Φ_4——一氧化碳含量（体积分数），10^{-6}；

Φ_5——总烃含量（体积分数），10^{-6}；

Φ_6——水分含量（体积分数），10^{-6}。

4.3 氧含量的测定

按 GB/T 6285 的规定执行。

允许采用其他等效方法，当测定结果有异议时，以 GB/T 6285 规定的方法为仲裁方法。

4.4 氢、氮、一氧化碳含量的测定

4.4.1 氢、氮、一氧化碳含量的测定见附录 A。

4.4.2 允许采用其他方法测定二氧化碳中的氢、氮、一氧化碳含量，当测定结果有异议时，以本标准附录 A 规定的方法为仲裁方法。

4.5 总烃的测定

按 GB/T 8984 规定进行。允许采用其他等效方法测定二氧化碳中总烃含量，当测定结果有异议时，以 GB/T 8984 规定的方法为仲裁方法。

4.6 水分含量的测定

按 GB/T 5832.1 或 GB/T 5832.2 执行，当测定结果有异议时，以 GB/T 5832.2 规定的方法为仲裁方法。

5 包装、标志、贮运及安全警示

5.1 二氧化碳的包装、贮运应符合《气瓶安全监察规程》、《危险货物运输管理规则》、《危险化学品安全管理条例》和《特种设备安全监察条例》的相关规定。包装标志应符合 GB 190 规定。安全警示标签应符合 GB 15258 的规定。

5.2 包装二氧化碳的气瓶应符合 GB 5099 的规定，气瓶颜色标记应符合 GB 7144 的规定，气瓶充装应

符合 GB 14193 规定。

5.3　二氧化碳的最大充装量按式(2)计算：

$$m = F_r \times V \quad \cdots\cdots(2)$$

式中：

m——二氧化碳的最大充装量，单位为千克(kg)；

V——气瓶水容积，单位为升(L)；

F_r——二氧化碳充装系数，单位为千克每升(kg/L)。公称工作压力为 20.0 MPa 时，$F_r = 0.74$；公称工作压力为 15.0 MPa 时，$F_r = 0.60$。

5.4　二氧化碳出厂时应附有质量合格证，其内容至少应包括：

a）产品名称，生产厂名称，危险化学品生产许可证编号；

b）生产日期或批号，充装量，产品技术指标；

c）本标准的编号，检验员号等。

5.5　二氧化碳的生产企业应为顾客提供安全技术说明书，其内容应符合 GB 16483 的规定。

5.6　二氧化碳的安全警示参见附录 B。

附 录 A
（规范性附录）
二氧化碳中氢、氮、一氧化碳含量的测定

A.1 方法提要

采用主峰切割、氦离子化气相色谱法测定二氧化碳中的氢、氮和一氧化碳含量。待测样品在载气的携带下首先流入切割柱，二氧化碳在切割柱被保留，待氢、氧、氮、甲烷、一氧化碳流出切割柱、进入分析柱后将二氧化碳切出。经分离后的待测组分依次进入检测器，与亚稳态氦发生非弹性碰撞而被电离，经放大后的电流讯号在一定范围内与组分含量成正比。将色谱峰与标准样品相比较，由保留时间定性，讯号大小定量。

A.2 仪器

采用带有氦离子化检测器和主峰切割流程的气相色谱仪。该仪器对氢、氮、一氧化碳含量的检测限：0.1×10^{-6}（体积分数）。色谱流程图见图 A.1。

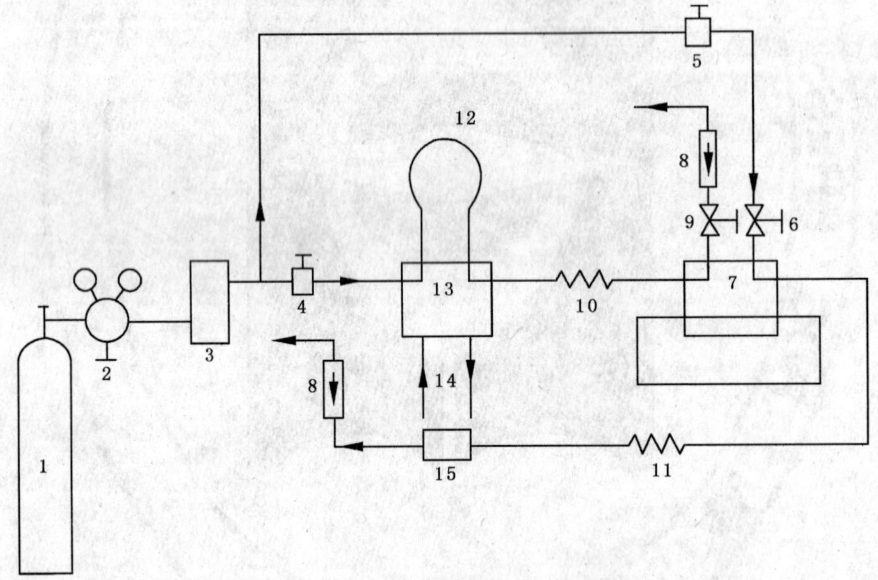

1——载气钢瓶；
2——钢瓶压力调节器；
3——载气纯化器；
4,5——稳流调节阀；
6——阻力平衡调节阀；
7——切割阀；
8——流量计；
9——阻力平衡调节阀；
10——切割柱；
11——分析柱；
12——定体积量管；
13——进样阀；
14——样品气进出口；
15——氦离子化检测器。

图 A.1 气路流程示意图

A.3 测定条件

A.3.1 载气：经纯化器纯化的氦气。

A.3.2 仪器操作条件按仪器说明书。

A.3.3 切割柱：长约 2 m、内径为 3 mm 的不锈钢柱，内装 0.25 mm～0.40 mm 的硅胶。

A.3.4 分析柱：长约 1.2 m、内径为约 3 mm 的不锈钢柱，内装 0.25 mm～0.40 mm 的 5 A 分子筛，经活化后，对各组分的分离度应大于 1。

A.3.5 标准样品：其组分含量应当与被测样品气中的相应组分含量相接近，平衡气为氦。

A.4 测定步骤

A.4.1 按检测限要求和仪器说明书选定操作条件，开启仪器至工作稳定。

A.4.2 将样品气与仪器连接。充分置换样品系统并取得代表样后，进样。待氢、氮、一氧化碳等出峰完毕后，将主峰二氧化碳切出。测量各测定组分保留时间和色谱峰高或峰面积。

A.4.3 将标准样品与仪器连接。按样品气同样操作。

A.5 结果处理

A.5.1 氢、氮、一氧化碳含量按式(A.1)计算：

$$\Phi_i = \frac{A_i(h_i)}{A_s(h_s)} \times \Phi_s \qquad \cdots\cdots(A.1)$$

式中：

Φ_i——样品气中被测组分的含量(体积分数)；

$A_i(h_i)$——样品气中被测组分的峰面积，单位为平方毫米(mm^2)；或峰高，单位为毫米(mm)；

$A_s(h_s)$——标准样品中已知组分的峰面积，单位为平方毫米(mm^2)；或峰高，单位为毫米(mm)；

Φ_s——标准样品中已知组分的含量(体积分数)。

A.5.2 当两次平行测定的相对偏差不大于 10% 时，取其算术平均值为测定结果。

附 录 B
（资料性附录）
安 全 警 示

表 B.1 物料安全数据表(MATERIAL SAFETY DATA SHEET)

CAS:124-38-9	RTECS:	FI6400000	UN:	1013	危编号:	1013

中文名称	二氧化碳;碳酸酐;碳酸气	理化性质	外观及性状:无色、无味的气体	
英文名称	Carbon dioxide		熔点:−56.6 ℃(527 kPa)	蒸气压:1 013.25 kPa(−39 ℃)
分子式	CO_2		沸点:−78.5 ℃(升华)	相对密度 空气:1.53
			溶解度:溶于水、烃类等多数有机溶剂	相对密度 水:1.56(−79 ℃)

燃烧爆炸危险性	闪点: ℃	爆炸极限: (V%)	
	自燃点: ℃	火灾危险类别: 类	职业性接触毒物危害程度分级:
	危险特性:若遇高热,容器内压增大,有开裂和爆炸的危险。		毒性资料:
	燃烧(分解)产物:		职业性接触限值
	稳定性:稳定	聚合危害:	MAC:18000(中国) mg/m^3
	禁忌物:		PC-TWA:9000(美国) mg/m^3
	避免接触的条件:		PC-STEL:54200(美国 ACGIH) mg/m^3
	灭火剂:本品不燃。尽可能将容器从火场移至空旷处。喷水保持火场容器冷却,直至灭火结束。		侵入途径及健康危害
	禁用灭火剂:		侵入途径:吸入
急救措施	皮肤接触:若有冻伤,就医治疗。		健康危害:
	眼接触:若有冻伤,就医治疗。		
	吸入:迅速脱离现场至空气新鲜处。保持呼吸道通畅。如呼吸困难,给输氧。如呼吸停止,立即进行人工呼吸。就医。		
	食入:		
	其他:		

防护措施	呼吸系统防护:一般不需特殊防护。高浓度接触时可佩戴空气呼吸器。	泄漏处理	迅速撤离泄漏污染区人员至上风处,并进行隔离,严格限制出入。切断火源。建议应急处理人员戴自给正压式呼吸器,穿一般作业工作服。尽可能切断泄漏源。合理通风,加速扩散。漏气容器要妥善处理,修复、检验后再用。
	眼睛防护:一般不需特殊防护。		
	身体防护:穿一般作业工作服。	储存	储存于阴凉、通风的库房。远离火种、热源。库温不宜超过 30 ℃。应与易(可)燃物分开存放,切忌混储。储区应备有泄漏应急处理设备。GB/T 6285
	其他:避免高浓度吸入。进入罐、限制性空间或其他高浓度区作业,须有人监护。	运输	勿与可燃气体混装应分运,勿近火源、高温。

ICS 71.060.50
G 12

中华人民共和国国家标准

GB/T 23939—2009

工业过硫酸铵

Ammonium persulfate for industrial use

2009-06-02 发布　　2010-02-01 实施

中华人民共和国国家质量监督检验检疫总局
中国国家标准化管理委员会　发布

前　言

本标准由中国石油和化学工业协会提出。

本标准由全国化学标准化技术委员会无机化工分会(SAC/TC 63/SC 1)归口。

本标准起草单位:中海油天津化工研究设计院、河北冀衡集团有限公司、陕西宝化科技有限责任公司。

本标准主要起草人:赵美敬、蔡景锋、焦银莉。

本标准为首次发布。

工业过硫酸铵

1 范围

本标准规定了工业过硫酸铵的要求、试验方法、检验规则、标志、标签、包装、运输、贮存和安全。

本标准适用于工业过硫酸铵。该产品主要用作氧化剂，金属的清洗缓蚀剂，石油开采的压裂剂，纺织物的脱浆剂等。

2 规范性引用文件

下列文件中的条款通过本标准的引用而成为本标准的条款。凡是注日期的引用文件，其随后所有的修改单(不包括勘误的内容)或修订版均不适用于本标准，然而，鼓励根据本标准达成协议的各方研究是否可使用这些文件的最新版本。凡是不注日期的引用文件，其最新版本适用于本标准。

GB 190 危险货物包装标志

GB/T 191—2008 包装储运图示标志(ISO 780:1997,MOD)

GB/T 8170 数值修约规则与极限数值的表示和判定

GB/T 6678 化工产品采样总则

GB/T 23940—2009 工业过硫酸盐产品的分析方法

3 分子式和相对分子质量

分子式：$(NH_4)_2S_2O_8$

相对分子质量：228.18(按 2007 年国际相对原子质量)

4 要求

4.1 外观：无色单斜结晶或白色粉末状结晶。

4.2 工业过硫酸铵应符合表 1 要求。

表 1 要求

项目		指标		
		优等品	一等品	合格品
过硫酸铵[$(NH_4)_2S_2O_8$],w/%	≥	98.5	98.3	98.0
pH 值(50 g/L 溶液)		3.0～5.0	3.0～5.0	3.0～5.0
铁(Fe),w/%	≤	0.000 5	0.000 8	0.001
氯化物(以 Cl 计),w/%	≤	0.001	0.001 5	0.002
水分,w/%	≤	0.15	0.20	0.25
锰(Mn),w/%	≤	0.000 1	0.000 15	0.000 2
重金属(以 Pb 计),w/%	≤	0.001	0.001 5	0.002
灼烧残渣,w/%	≤	0.05	—	—
水不溶物,w/%	≤	0.005	—	—

5 试验方法

5.1 外观检验

在自然光下，用目视法判定外观。

5.2 过硫酸铵含量的测定

按 GB/T 23940—2009 第 5 章的规定进行测定及结果计算。

5.3 pH 值的测定

按 GB/T 23940—2009 第 6 章的规定进行测定。

5.4 铁含量的测定

按 GB/T 23940—2009 第 7 章的规定进行测定及结果计算。

5.5 氯化物含量的测定

按 GB/T 23940—2009 第 8 章的规定进行测定。

标准比浊溶液是按下列规定移取氯化物标准溶液，与试料同时同样处理。

优等品：2.00 mL；一等品：3.00 mL；合格品：4.00 mL。

5.6 水分的测定

按 GB/T 23940—2009 第 9 章的规定进行测定及结果计算。

5.7 锰含量的测定

按 GB/T 23940—2009 第 10 章的规定进行测定。

标准比色溶液是称取 0.50 g±0.01 g 试样及按下列规定移取锰标准溶液，与试料同时同样处理。

优等品：1.00 mL；一等品：1.50 mL；合格品：2.00 mL。

5.8 重金属含量的测定

按 GB/T 23940—2009 第 11 章的规定进行测定。

标准比色溶液是移取 10 mL 试样溶液 A 及按下列规定移取铅标准溶液，与试料同时同样处理。

优等品：1.00 mL；一等品：1.50 mL；合格品：2.00 mL。

5.9 灼烧残渣含量的测定

按 GB/T 23940—2009 第 13 章的规定进行测定及结果计算。

5.10 水不溶物含量的测定

按 GB/T 23940—2009 第 14 章的规定进行测定及结果计算。

6 检验规则

6.1 本标准采用型式检验和出厂检验。

6.1.1 型式检验

要求中规定的所有指标项目为型式检验项目，在正常生产情况下，每三个月至少进行一次型式检验。有下列情况之一时，必须进行型式检验：

a) 更新关键生产工艺；

b) 主要原料有变化；

c) 停产又恢复生产；

d) 与上次型式检验有较大差异；

e) 合同规定。

6.1.2 出厂检验

要求中规定的过硫酸铵含量、pH 值、铁含量、氯化物含量、水分含量、锰含量、重金属含量共 7 项指标为出厂检验项目，应逐批检验。

6.2 生产企业用相同材料，基本相同的生产条件，连续生产或同一班组生产的同一级别的工业过硫酸铵为一批。每批产品不超过 10 t。

6.3 按 GB/T 6678 的规定确定采样单元数。采样时，将采样器自包装袋的上方斜插入至料层深度的 3/4 处采样。将采得的样品混匀后，按四分法缩分至不少于 500 g，分装于两个清洁干燥的具塞广口瓶或塑料袋中，密封。瓶上粘贴标签，注明：生产厂名、产品名称、等级、批号、采样日期和采样者姓名。一份作为实验室样品，另一份保存备查，保留时间由生产厂根据实际需要确定。

6.4 生产厂应保证每批出厂的工业过硫酸铵都符合本标准的要求。

6.5 检验结果如有指标不符合本标准要求时，应重新自两倍量的包装中采样进行复验，复验结果即使只有一项指标不符合本标准的要求时，则整批产品降等级或为不合格。

6.6 采用 GB/T 8170 规定的修约值比较法判定检验结果是否符合标准。

7 标志、标签

7.1 工业过硫酸铵包装上应有牢固清晰的标志，内容包括：生产厂名、厂址、产品名称、等级、净含量、批号或生产日期、本标准编号及 GB 190 规定的“氧化剂”标志和 GB/T 191—2008 中规定的“怕晒”、“怕雨”标志。

7.2 每批出厂的工业过硫酸铵都应附有质量证明书。内容包括：生产厂名、厂址、产品名称、等级、净含量、批号或生产日期、产品质量符合本标准的证明和本标准编号。

8 包装、运输、贮存

8.1 工业过硫酸铵采用下列包装方式。一是内包装为双层聚乙烯塑料袋，内袋用维尼龙绳或其他质量相当的绳两层分别扎紧，或用与其相当的其他方式封口，外包装采用塑料编织袋；另一种采用单层聚乙烯复合编织袋。外袋和复合编织袋用维尼龙线或其他质量相当的线牢固缝合。每袋净含量为 25 kg、50 kg。

8.2 工业过硫酸铵在运输过程中应有遮盖物，防止雨淋，受潮。

8.3 工业过硫酸铵应贮存在阴凉干燥处，防止雨淋，受潮。

8.4 工业过硫酸铵应避免与易燃、易爆、有机物和其他还原性物质混存、混运。

9 安全

9.1 工业过硫酸铵为无机氧化剂，受高热或撞击时即爆炸，与还原剂、有机物、易燃物如硫、磷或金属粉末等混合可形成爆炸性混合物。本品助燃，具腐蚀性、刺激性，可致人体灼伤。

9.2 工业过硫酸铵的消防方法：采用雾状水、泡沫、砂土灭火。

9.3 工业过硫酸铵的泄漏应急处理：隔离泄漏污染区，限制进入。戴好防护用品，不要直接接触泄漏物。勿使泄漏物与还原剂、有机物、易燃物或金属粉末接触。少量泄漏：用砂土、干燥石灰或苏打灰混合，收集于干燥、洁净、有盖的容器中，也可以用大量水冲洗，冲洗废水放入废水系统。大量泄漏：收集回收或运至废物处理场所处置。

9.4 工业过硫酸铵与皮肤接触后应用大量流动清水冲洗；与眼睛接触后立即提起眼睑，用大量流动清水或生理盐水彻底冲洗；误服立即用水漱口，饮牛奶或蛋清，就医。

ICS 71.060.01
G 10

中华人民共和国国家标准

GB/T 23940—2009

工业过硫酸盐产品的分析方法

Analytical methods of persulfate products for industrial use

2009-06-02 发布　　　　2010-02-01 实施

中华人民共和国国家质量监督检验检疫总局
中国国家标准化管理委员会　发布

前言

本标准由中国石油和化学工业协会提出。

本标准由全国化学标准化技术委员会无机化工分会(SAC/TC 63/SC 1)归口。

本标准起草单位:中海油天津化工研究设计院、河北冀衡集团有限公司、陕西宝化科技有限责任公司。

本标准主要起草人:赵美敬、蔡景锋、焦银莉、赵万川。

本标准为首次发布。

工业过硫酸盐产品的分析方法

1 范围

本标准规定了工业过硫酸盐产品的安全提示、一般规定、过硫酸盐含量、pH值、铁含量、氯化物含量、水分、锰含量、重金属含量、铵盐含量、灼烧残渣含量和水不溶物含量的分析方法。

本标准适用于工业过硫酸盐产品，包括过硫酸铵、过硫酸钾、过硫酸钠等。

2 规范性引用文件

下列文件中的条款通过本标准的引用而成为本标准的条款。凡是注日期的引用文件，其随后所有的修改单（不包括勘误的内容）或修订版均不适用于本标准，然而，鼓励根据本标准达成协议的各方研究是否可使用这些文件的最新版本。凡是不注日期的引用文件，其最新版本适用于本标准。

GB/T 3049—2006 工业用化工产品 铁含量测定的通用方法 1,10-菲啰啉分光光度法(ISO 6685:1982,IDT)

GB/T 6682—2008 分析实验室用水规格和试验方法(ISO 3696:1987,MOD)

GB/T 9724 化学试剂 pH值测定通则

HG/T 3696.1 无机化工产品化学分析用标准滴定溶液的制备

HG/T 3696.2 无机化工产品化学分析用杂质标准溶液的制备

HG/T 3696.3 无机化工产品化学分析用制剂及制品的制备

3 安全提示

本试验方法中使用的部分试剂具有毒性或腐蚀性，操作时须小心谨慎！如溅到皮肤上应立即用水冲洗，严重者应立即治疗。

4 一般规定

本标准所用试剂和水，在没有注明其他要求时，均指分析纯试剂和GB/T 6682—2008中规定的三级水。试验中所用标准滴定溶液、杂质标准溶液、制剂及制品，在没有注明其他要求时，均按HG/T 3696.1、HG/T 3696.2、HG/T 3696.3之规定制备。

5 过硫酸盐含量的测定

5.1 方法提要

用碘化钾与过硫酸盐反应生成游离碘，在弱酸性溶液中，以淀粉作指示剂，用硫代硫酸钠标准滴定溶液滴定。

5.2 试剂

5.2.1 碘化钾。

5.2.2 冰乙酸溶液：1+2。

5.2.3 硫代硫酸钠标准滴定溶液：$c(Na_2S_2O_3)\approx 0.1$ mol/L。

5.2.4 可溶性淀粉指示液：5 g/L（使用期约为两周）。

5.3 分析步骤

称取约0.3 g试样，精确至0.000 2 g，置于250 mL碘量瓶中。加30 mL水使之溶解，加入4 g碘化钾，盖上瓶塞，摇匀，水封。在暗处放置30 min，加入2 mL冰乙酸溶液和25 mL水，用硫代硫酸钠标准滴定溶液滴定，滴定至接近终点时，加入 3 mL 淀粉指示液，继续滴定至溶液的蓝色消失为终点。同时进行空白试验。

空白试验除不加试样外，其他操作及加入试剂的种类和量(标准滴定溶液除外)与测定试验相同。

5.4 结果计算

过硫酸盐含量以质量分数 w_1 计，数值以%表示，按式(1)计算：

$$w_1 = \frac{[(V - V_0)/1\,000]cM}{m} \times 100 \qquad \cdots\cdots(1)$$

式中：

V——滴定试验溶液所消耗的硫代硫酸钠标准滴定溶液体积的数值，单位为毫升(mL)；

V_0——空白试验所消耗的硫代硫酸钠标准滴定溶液体积的数值，单位为毫升(mL)；

c——硫代硫酸钠标准滴定溶液浓度的准确数值，单位为摩尔每升(mol/L)；

m——试料质量的数值，单位为克(g)；

M——过硫酸盐摩尔质量的数值，单位为克每摩尔(g/mol)，$M[1/2(NH_4)_2S_2O_8]=114.1$，$M(1/2K_2S_2O_8)=135.2$，$M(1/2Na_2S_2O_8)=119.0$。

取平行测定结果的算术平均值为测定结果，两次平行测定结果的绝对差值不大于 0.2%。

6 pH 值的测定

6.1 试剂

无二氧化碳的水。

6.2 仪器、设备

酸度计：精度为 0.02pH 单位。

6.3 分析步骤

称取 5.00 g±0.01 g 试样，置于 250 mL 烧杯中，加入约 25 ℃的 100 mL 无二氧化碳的水，待试样溶解后，按 GB/T 9724 的规定进行测定。

7 铁含量的测定

7.1 方法提要

同 GB/T 3049—2006 第 3 章。

7.2 试剂

同 GB/T 3049—2006 第 4 章。

7.3 仪器、设备

7.3.1 瓷蒸发皿：容积为 50 mL。

7.3.2 恒温水浴。

7.3.3 分光光度计：配有 4 cm 比色皿。

7.4 分析步骤

7.4.1 工作曲线的绘制

按 GB/T 3049—2006 中 6.3 规定，使用 4 cm 比色皿，绘制铁含量为 10 μg～100 μg 工作曲线。

7.4.2 试验溶液 A 的制备

称取约 10 g 试样，精确至 0.01 g，置于瓷蒸发皿中，加少量水润湿，盖上表面皿，在恒温水浴上加热分解并蒸干。于电炉上缓缓加热至大量白烟开始逸出，冷却。用水溶解残渣，并将其全部转移至 100 mL 容量瓶中，用水稀释至刻度，摇匀。此溶液为试验溶液 A，用于铁含量以及重金属含量的测定。

7.4.3 测定

用移液管移取适量试验溶液 A(过硫酸铵移取 50 mL，过硫酸钾移取 20 mL，过硫酸钠移取

25 mL)，置于100 mL容量瓶中，以下按GB/T 3049—2006中6.4规定从“必要时，加水至60 mL……”开始进行操作。同时同样处理空白试验溶液。从工作曲线上查出相应的铁的质量。

7.5 结果计算

铁含量以铁(Fe)的质量分数 w_2 计，数值以%表示，按式(2)计算：

$$w_2 = \frac{(m_1 - m_0)/1\,000}{m \times V/100} \times 100 \qquad \cdots\cdots(2)$$

式中：

m_1——从工作曲线上查出的试验溶液中铁的质量的数值，单位为毫克(mg)；

m_0——从工作曲线上查出的空白试验溶液中铁的质量的数值，单位为毫克(mg)；

m——试料质量的数值，单位为克(g)；

V——移取试验溶液A体积的数值，单位为毫升(mL)。

取平行测定结果的算术平均值为测定结果，两次平行测定结果的绝对差值过硫酸铵、过硫酸钠不大于0.000 2%，过硫酸钾不大于0.000 5%。

8 氯化物含量的测定

8.1 方法提要

在酸性介质中，加入硝酸银溶液与氯离子生成白色的氯化银悬浊液，以目视比浊法与标准比浊溶液进行对比。

8.2 试剂

8.2.1 95%乙醇。

8.2.2 硝酸溶液：1+6。

8.2.3 硝酸银溶液：17 g/L。

8.2.4 氯化物标准溶液：1 mL溶液含氯(Cl)0.010 mg。

移取1.00 mL按HG/T 3696.2要求配制的氯化物标准溶液，置于100 mL容量瓶中，用水稀释至刻度，摇匀。该溶液现用现配。

8.3 分析步骤

称取适量试样(过硫酸铵称取2.00 g±0.01 g，过硫酸钾、过硫酸钠称取0.50 g±0.01 g)，置于50 mL烧杯中，加入适量的水使之溶解。将溶液全部转移至50 mL比色管中，加入1 mL 95%乙醇，1 mL硝酸溶液和2 mL硝酸银溶液，用水稀释至刻度，轻轻摇匀，静置10 min后，于黑背景下与标准比浊溶液进行比对，其浊度不得深于标准比浊溶液。

标准比浊溶液是按产品标准中规定的氯化物含量，用移液管移取规定量的氯化物标准溶液，与试料同时同样处理。

9 水分的测定

9.1 重量法(仲裁法)

9.1.1 仪器

9.1.1.1 称量瓶：ϕ50 mm×30 mm。

9.1.1.2 电热恒温干燥箱：温度能控制在100 ℃±2 ℃。

9.1.2 分析步骤

用已于100 ℃±2 ℃条件下干燥至质量恒定的称量瓶，称取约5 g试样，精确至0.000 2 g，置于电热恒温干燥箱内，在100 ℃±2 ℃条件下干燥至质量恒定。

9.1.3 结果计算

水分以质量分数 w_3 计，数值以%表示，按式(3)计算：

$$w_3 = \frac{m_1 - m_2}{m} \times 100 \quad \cdots\cdots(3)$$

式中：

m_1——烘干前试料和称量瓶的质量的数值，单位为克(g)；

m_2——烘干后试料和称量瓶的质量的数值，单位为克(g)；

m——试料质量的数值，单位为克(g)。

取平行测定结果的算术平均值为测定结果，两次平行测定结果的绝对差值不大于0.03%。

9.2 快速测定仪器法

9.2.1 方法提要

样品在仪器内，随着温度的提高，样品中水分在不断蒸发，直到仪器内温度到达规定温度时，仪器自动显示水分含量。

9.2.2 仪器、设备

卤素快速水分测定仪或性能相当的快速水分测定仪：温度能控制在100 ℃±2 ℃，结果分辨率为0.01%。

9.2.3 分析步骤

使用快速水分测定仪中的天平称取约3.5 g试样，精确至0.001 g，置于样品盘内，在100 ℃±2 ℃条件下测定，记录测定结果。

取平行测定结果的算术平均值为测定结果，两次平行测定结果的绝对差值不大于0.03%。

10 锰含量的测定

10.1 方法提要

将试样完全溶解后，在酸性条件下加入硝酸银溶液使之呈现粉红色，以目视比色法与标准比色溶液进行对比。

10.2 试剂

10.2.1 磷酸。

10.2.2 硝酸银溶液：17 g/L。

10.2.3 锰标准溶液：1 mL溶液含有锰(Mn)0.010 mg。

移取1.00 mL按HG/T 3696.2要求配制的锰标准溶液，置于100 mL容量瓶中，用水稀释至刻度，摇匀。该溶液现用现配。

10.3 分析步骤

称取适量试样(过硫酸铵、过硫酸钠称取10.50 g±0.01 g，过硫酸钾称取5.50 g±0.01 g)，置于50 mL烧杯中，加入适量的水使其溶解，并将其全部转移至50 mL比色管中，加入0.5 mL磷酸及1 mL硝酸银溶液，用水稀释至刻度，摇匀。放置5 min，所呈现的粉红色不得深于标准比色溶液。

标准比色溶液是称取0.50 g±0.01 g试样及按产品标准中规定的锰含量，用移液管移取规定量的锰标准溶液，与试料同时同样处理。

11 重金属含量的测定

11.1 方法提要

试样在酸性介质中pH值3～4条件下，加入饱和硫化氢水溶液，将重金属转变成硫化物，所呈暗色以目视比色法测定。

11.2 试剂

11.2.1 氨水溶液：1+9。

11.2.2 冰乙酸溶液：1+2。

11.2.3 饱和硫化氢水：该溶液使用前配制。

11.2.4 铅标准溶液：1 mL 溶液含有铅(Pb)0.010 mg。

移取 1.00 mL 按 HG/T 3696.2 要求配制的铅标准溶液，置于 100 mL 容量瓶中，用水稀释至刻度，摇匀。该溶液现用现配。

11.2.5 酚酞指示液：10 g/L。

11.3 分析步骤

用移液管移取 20 mL 试验溶液 A(7.4.2)，置于 50 mL 比色管中，加入 1～2 滴酚酞指示液，用氨水溶液中和至溶液呈微红色(pH≈7)，加水至约 25 mL，加入 0.5 mL 冰乙酸溶液及 10 mL 饱和硫化氢水，用水稀释至刻度，摇匀。放置 10 min，所呈暗色不得深于标准比色溶液。

标准比色溶液是移取适量试样溶液 A(7.4.2)及按产品标准中规定的重金属含量，用移液管移取规定量的铅标准溶液，与试料同时同样处理。

12 铵盐含量的测定

12.1 方法提要

在碱性溶液中，纳氏试剂与游离氨或结合态铵生成黄色到棕红色难溶化合物，与标准比色溶液进行目视比色。

12.2 试剂

12.2.1 氢氧化钠溶液：100 g/L。

12.2.2 纳氏试剂。

12.2.3 铵标准溶液：1 mL 溶液含铵(NH_4)0.010 mg。

移取 1.00 mL 按 HG/T 3696.2 要求配制的铵标准溶液，置于 100 mL 容量瓶中，用水稀释至刻度，摇匀。该溶液现用现配。

12.3 分析步骤

称取 1.00 g±0.01 g 试样，置于 50 mL 烧杯中，加入适量的水使之溶解，将溶液全部转移至100 mL 容量瓶中，用水稀释至刻度，摇匀。

用移液管移取 1.00 mL 上述试验溶液，置于 50 mL 比色管中，加水至约 25 mL，加入 2 mL 氢氧化钠溶液和 2 mL 纳氏试剂，用水稀释至刻度，摇匀。其颜色不得深于标准比色溶液。

标准比色溶液是按产品标准中规定的铵盐含量，用移液管移取规定量的铵标准溶液，与试料同时同样处理。

13 灼烧残渣含量

13.1 方法提要

将试料在水浴上蒸干，缓慢加热分解后，于 650 ℃±50 ℃条件下灼烧至质量恒定，计算得出结果。

13.2 仪器、设备

13.2.1 瓷坩埚：30 mL。

13.2.2 恒温水浴。

13.2.3 高温炉：温度能控制在 650 ℃±50 ℃。

13.3 分析步骤

用已于 650 ℃±50 ℃条件下灼烧至质量恒定的瓷坩埚，称取约 5 g 试样，精确至 0.000 2 g。加少量水润湿，在恒温水浴上加热分解并蒸干。于电炉上缓缓加热至大量白烟开始逸出，再将瓷坩埚置于高温炉内，在 650 ℃±50 ℃条件下灼烧至质量恒定。

13.4 结果计算

灼烧残渣以质量分数 w_4 计，数值以%表示，按式(4)计算：

$$w_4 = \frac{m_1 - m_2}{m} \times 100 \quad \cdots\cdots (4)$$

式中：

m_1——灼烧前试样和坩埚质量的数值，单位为克(g)；

m_2——灼烧后残余物和坩埚质量的数值，单位为克(g)；

m——试料质量的数值，单位为克(g)。

取平行测定结果的算术平均值为测定结果，两次平行测定结果的绝对差值不大于 0.001%。

14 水不溶物含量

14.1 方法提要

将试样溶解于水中，将不溶物过滤，置于电热恒温干燥箱中干燥至质量恒定，计算其水不溶物含量。

14.2 仪器、设备

14.2.1 电热恒温干燥箱：温度能控制在 105 ℃±2 ℃。

14.2.2 玻璃砂坩埚：孔径 5 μm～15 μm。

14.3 分析步骤

称取约 20 g 试样，精确至 0.01 g，置于 250 mL 烧杯中，加入 100 mL 沸水，使其溶解，冷却至室温。用已于 105 ℃±2 ℃条件下干燥至质量恒定的玻璃砂坩埚过滤，用热水洗涤滤渣至无铵离子反应。将玻璃砂坩埚和水不溶物置于 105 ℃±2 ℃电热恒温干燥箱中干燥至质量恒定。

14.4 结果计算

水不溶物含量以质量分数 w_5 计，数值以%表示，按式(5)计算：

$$w_5 = \frac{m_1 - m_2}{m} \times 100 \quad \cdots\cdots (5)$$

式中：

m_1——玻璃砂坩埚和水不溶物的质量的数值，单位为克(g)；

m_2——玻璃砂坩埚的质量的数值，单位为克(g)；

m——试料质量的数值，单位为克(g)。

取平行测定结果的算术平均值为测定结果，两次平行测定结果的绝对差值不大于 0.000 5%。

ICS 71.060.01
G 10

中华人民共和国国家标准

GB/T 23941—2009

工业氯化钙分析方法

Analytical methods of calcium chloride for industrial use

2009-06-02 发布

2010-02-01 实施

中华人民共和国国家质量监督检验检疫总局
中国国家标准化管理委员会 发布

前　言

本标准与美国 ASTM E499:1996《氯化钙分析方法》的一致性程度为非等效。

本标准由中国石油和化学工业协会提出。

本标准由全国化学标准化技术委员会无机化工分会(SAC/TC 63/SC 1)归口。

本标准主要起草单位:山东出入境检验检疫局、中海油天津化工研究设计院。

本标准主要起草人:赵祖亮、王莹、王骏、刘幽若。

本标准为首次发布。

工业氯化钙分析方法

1 范围

本标准规定了工业氯化钙分析方法中的安全提示、一般规定、氯化钙含量、碱度、镁及碱金属盐含量、水不溶物含量及硫酸盐含量的测定方法。

本标准适用于固体、液体形式工业氯化钙中相应物质含量的测定。

2 规范性引用文件

下列文件中的条款通过本标准的引用而成为本标准的条款。凡是注日期的引用文件，其随后所有的修改单(不包括勘误的内容)或修订版均不适用于本标准，然而，鼓励根据本标准达成协议的各方研究是否可使用这些文件的最新版本。凡是不注日期的引用文件，其最新版本适用于本标准。

GB/T 6682—2008 分析实验室用水规格和试验方法(ISO 3696:1987,MOD)

HG/T 3696.1 无机化工产品化学分析用标准滴定溶液的制备

HG/T 3696.3 无机化工产品化学分析用制剂及制品的制备

3 安全提示

本试验方法中使用的部分试剂具有腐蚀性，操作者必须小心谨慎！如溅到皮肤上应立即用水冲洗，严重者应立即治疗。使用易燃品时，严禁使用明火加热。

4 一般规定

本标准所用试剂和水，在没有注明其他要求时，均指分析纯试剂和 GB/T 6682—2008 中规定的三级水。试验中所需标准溶液、制剂及制品，在没有注明其他要求时，均按 HG/T 3696.1、HG/T 3696.3 之规定制备。

5 氯化钙含量的测定

5.1 方法提要

在 pH 值约为 12 条件下，以钙试剂羧酸钠盐为指示剂，用乙二胺四乙酸二钠标准滴定溶液滴定钙。

5.2 试剂

5.2.1 三乙醇胺溶液：1+2。

5.2.2 氢氧化钠溶液：100 g/L。

5.2.3 乙二胺四乙酸二钠标准滴定溶液：c(EDTA)约 0.02 mol/L。

5.2.4 钙试剂羧酸钠盐指示剂：1 g 钙试剂羧酸钠盐与 100 g 氯化钠研磨混合。

5.3 分析步骤

称取 10 g(液体 20 g)样品，精确至 0.000 2 g，置于 250 mL 烧杯中，加水溶解全部转移至 1 000 mL 容量瓶中，用水稀释至刻度混匀，此溶液为实验溶液 A，用于氯化钙含量、镁及碱金属氯化物含量的测定。

移取 10 mL 试验溶液 A 置于 250 mL 锥形瓶中，加水至约 50 mL，加 5 mL 三乙醇胺溶液，2 mL 氢氧化钠溶液，约 0.1 g 钙试剂羧酸钠盐指示剂，用乙二胺四乙酸二钠标准滴定溶液滴定，溶液由红色变为纯蓝色即为终点。

同时做空白试验。空白试验除不加试料外，其他操作均与上述操作步骤相同。

5.4 结果计算

氯化钙含量以氯化钙($CaCl_2$)的质量分数 w_1 计，数值以%表示，按式(1)计算：

$$w_1 = \frac{(V - V_0) \times 1\,000 \times cM}{m \times \frac{10}{1\,000}} \times 100 - 1.497\,8 \times w_2 \quad \cdots\cdots (1)$$

式中：

V——滴定试验溶液所消耗乙二胺四乙酸二钠标准滴定溶液的体积的数值，单位为毫升(mL)；

V_0——空白试验中消耗乙二胺四乙酸二钠标准滴定溶液的体积的数值，单位为毫升(mL)；

c——乙二胺四乙酸二钠标准滴定溶液浓度的准确数值，单位为摩尔每升(mol/L)；

m——试料质量的数值，单位为克(g)；

M——氯化钙($CaCl_2$)的摩尔质量的数值，单位为克每摩尔(g/mol)(M=110.99)；

w_2——按第6章测得的碱度[以 $Ca(OH)_2$ 计]的质量分数的数值，%；

1.497 8——氢氧化钙的质量分数换算为氯化钙的质量分数的换算系数。

取平行测定结果的算术平均值为测定结果，两次平行测定结果的绝对差值不大于0.2%。

6 碱度[以 $Ca(OH)_2$ 计]的测定

6.1 方法提要

将试样溶于水，加入过量的盐酸标准滴定溶液，煮沸赶尽二氧化碳，以溴百里香酚蓝为指示剂，用氢氧化钠标准滴定溶液滴定过量的盐酸。

6.2 试剂和溶液

6.2.1 盐酸标准滴定溶液：$c(HCl)$ 约 0.1 mol/L。

6.2.2 氢氧化钠标准滴定溶液：$c(NaOH)$ 约 0.1 mol/L。

6.2.3 溴百里香酚蓝指示液：1 g/L。

6.3 分析步骤

称取约10.0 g±0.01 g，置于250 mL容量瓶中，加适量的水溶解。加入2～3滴溴百里香酚蓝指示剂，用滴定管加入盐酸标准滴定溶液中和并过量约5 mL。准确记录盐酸标准滴定溶液的体积。加热煮沸2 min，再加入2滴溴百里香酚蓝指示液，用氢氧化钠标准滴定溶液滴定至由黄色变为蓝色为终点。

6.4 结果计算

碱度以氢氧化钙[$Ca(OH)_2$]的质量分数 w_2 计，数值以%表示，按式(2)计算：

$$w_2 = \frac{[(c_1V_1 - c_2V_2)]M \times 1\,000}{m} \times 100 \quad \cdots\cdots (2)$$

式中：

c_1——盐酸标准滴定溶液浓度的准确数值，单位为摩尔每升(mol/L)；

c_2——氢氧化钠标准滴定溶液浓度的准确数值，单位为摩尔每升(mol/L)；

V_1——滴定时加入盐酸标准滴定溶液的体积的数值，单位为毫升(mL)；

V_2——滴定时消耗氢氧化钠标准滴定溶液的体积的数值，单位为毫升(mL)；

m——试料质量的数值，单位为克(g)；

M——氢氧化钙{1/2[$Ca(OH)_2$]}的摩尔质量的数值，单位为克每摩尔(g/mol)(M=37.05)。

取平行测定结果的算术平均值为测定结果，两次平行测定结果的绝对差值不大于0.05%。

7 镁及碱金属盐(以 NaCl 计)含量的测定

7.1 方法提要

以铬酸钾为指示剂，用硝酸银标准滴定溶液滴定总氯量，减去氯化钙中的含氯量后折算成以氯化钠(NaCl)计的总碱金属氯化物含量。

7.2 试剂

7.2.1 硝酸溶液:1+10。

7.2.2 碳酸氢钠溶液:100 g/L。

7.2.3 硝酸银标准滴定溶液:$c(AgNO_3)$约 0.1 mol/L。

7.2.4 铬酸钾溶液:50 g/L。

7.3 分析步骤

用移液管移取 10 mL 试验溶液 A(5.3),置于 250 mL 锥形瓶中。加 50 mL 水,用硝酸溶液或碳酸氢钠溶液调节 pH 值为 6.5～10(用 pH 试纸检验)。加 0.7 mL 铬酸钾指示液,用硝酸银标准滴定溶液滴定,溶液由淡黄色变为微红色即为终点。

同时做空白试验。空白试验除不加试料外,其他操作均与上述操作步骤相同。

7.4 结果计算

镁及碱金属盐含量以氯化钠(NaCl)的质量分数 w_3 计,数值以%表示,按式(3)计算:

$$w_3 = \frac{(V - V_0) \times 1\,000 \times cM}{m \times \frac{10}{1\,000}} - 1.053 \times w_1 \quad \cdots\cdots(3)$$

式中:

V——滴定中消耗硝酸银标准滴定溶液体积的数值,单位为毫升(mL);

V_0——滴定中空白消耗硝酸银标准滴定溶液体积的数值,单位为毫升(mL);

c——硝酸银标准滴定溶液浓度的准确数值,单位为摩尔每升(mol/L);

m——试料质量的数值,单位为克(g);

M——氯化钠的摩尔质量的数值,单位为克每摩尔(g/mol)(M=58.44);

w_1——按第 5 章测得的氯化钙质量分数的数值,单位为百分数(%);

1.053——氯化钙($CaCl_2$)换算成氯化钠(NaCl)的系数。

取平行测定结果的算术平均值为测定结果,两次平行测定结果的绝对差值不大于 0.2%。

8 水不溶物含量的测定

8.1 方法提要

称取一定量的试样溶于水,过滤后,残渣在一定温度条件下干燥至质量恒定,称量后,确定水不溶物含量。

8.2 试剂

硝酸银溶液:20 g/L。

8.3 仪器、设备

8.3.1 玻璃砂坩埚:滤板孔径 5 μm～15 μm。

8.3.2 电热恒温干燥箱:能控制温度在 105 ℃±2 ℃。

8.4 分析步骤

称取约 20.0 g±0.01 g 试样,置于 500 mL 烧杯中。用 300 mL 水溶解,用已于 105 ℃～110 ℃下质量恒定的玻璃砂坩埚过滤,用水洗涤坩埚中的水不溶物,洗涤至滤液中无氯酸根离子为止,取 5 mL 洗涤液,加 5 mL 硝酸银溶液,混匀,放置 5 min 不出现浑浊,在 105 ℃～110 ℃下干燥至质量恒定。

8.5 结果计算

水不溶物含量以质量分数 w_4 计,数值以%表示,按式(4)计算:

$$w_4 = \frac{m_2 - m_1}{m} \times 100 \quad \cdots\cdots(4)$$

式中：

m_1——玻璃砂坩埚质量的数值，单位为克(g)；

m_2——玻璃砂坩埚和不溶物质量的数值，单位为克(g)；

m——试料的质量的数值，单位为克(g)。

取平行测定结果的算术平均值为测定结果，两次平行结果的绝对差值不大于0.002%。

9 硫酸盐含量的测定

9.1 方法提要

用水溶解试料并过滤不溶物，在酸性条件下，加入氯化钡，与试液中的硫酸根离子生成硫酸钡沉淀。

9.2 试剂

9.2.1 盐酸溶液：1+3。

9.2.2 氯化钡溶液：100 g/L。

9.2.3 硝酸银溶液：20 g/L。

9.3 仪器、设备

高温炉：温度能控制在800 ℃±10 ℃。

9.4 分析步骤

称取2.5 g样品，精确至0.000 2 g。置于400 mL烧杯中，加100 mL水，加入5 mL盐酸溶液和200 mL水，加热至微沸，在搅拌下滴加10 mL氯化钡溶液。继续搅拌并微沸2 min～3 min，然后盖上表面皿，保持微沸5 min。再把烧杯放到沸水浴上保持2 h，冷却至室温，用慢速定量滤纸过滤。用温水洗涤沉淀至无氯离子为止(取5 mL洗涤液，加5 mL硝酸银溶液，混匀，放置5 min不出现浑浊)。

将沉淀连同滤纸转移至已于800 ℃±10 ℃下质量恒定的瓷坩埚中，低温灰化后，在800 ℃±10 ℃灼烧至质量恒定。

9.5 结果计算

硫酸盐含量以硫酸根(SO_4)的质量分数w_5计，数值以%表示，按式(5)计算：

$$w_5=\frac{0.411\,3(m_2-m_1)}{m}\times 100 \quad\cdots\cdots(5)$$

式中：

m_2——硫酸钡及瓷坩埚的质量的数值，单位为克(g)；

m_1——瓷坩埚的质量的数值，单位为克(g)；

m——试料质量的数值，单位为克(g)；

0.411 3——硫酸钡换算为硫酸根的系数。

取平行测定结果的算术平均值为测定结果，两次平行测定结果的绝对差值不大于0.002%。

ICS 71.040.30
G 60

中华人民共和国国家标准

GB/T 23942—2009

化学试剂 电感耦合等离子体原子发射光谱法通则

Chemical reagent—General rules for inductively coupled plasma atomic emission spectrometry

2009-06-02 发布　　2010-02-01 实施

中华人民共和国国家质量监督检验检疫总局
中国国家标准化管理委员会　发布

前言

本标准附录 A、附录 B、附录 D 为规范性附录，附录 C 为资料性附录。

本标准由中国石油和化学工业协会提出。

本标准由全国化学标准化技术委员会化学试剂分会(SAC/TC 63/SC 3)归口。

本标准起草单位：中国计量科学研究院、北京化学试剂研究所。

本标准主要起草人：史乃捷、李海峰、马联弟、韩宝英。

化学试剂
电感耦合等离子体
原子发射光谱法通则

1 范围

本标准规定了用电感耦合等离子体原子发射光谱法测定化学试剂中金属以及非金属杂质的要求和测定方法。

本标准适用于化学试剂中含多种杂质的液体试样或去除基体后的试液直接进样，用电感耦合等离子体原子发射光谱仪(ICP-AES)进行测定。本标准不适用于固体进样。

2 规范性引用文件

下列文件中的条款通过本标准的引用而成为本标准的条款。凡是注日期的引用文件，其随后所有的修改单(不包括勘误的内容)或修订版均不适用于本标准，然而，鼓励根据本标准达成协议的各方研究是否可使用这些文件的最新版本。凡是不注日期的引用文件，其最新版本适用于本标准。

GB/T 602　化学试剂　杂质测定用标准溶液的制备(GB/T 602—2002，ISO 6353-1:1982，NEQ)

GB/T 4470　火焰发射、原子吸收和原子荧光光谱分析法术语

GB/T 4842　氩

GB/T 6682　分析实验室用水规格和试验方法(GB/T 6682—2008，ISO 3696:1987，MOD)

JJG 768　发射光谱仪

3 术语和定义

GB/T 4470 确立的以及下列术语和定义适用于本标准。

3.1

高频发生器　high frequency generator

给耦合线圈和等离子体提供高频能量的高频功率源。

3.2

等离子炬管　plasma torch

维持电感耦合等离子体(ICP)稳定放电的，一般由三层同心石英管组成的装置。炬管外管进冷却气，中间管进辅助气，内管进载气，炬管示意图见图1。

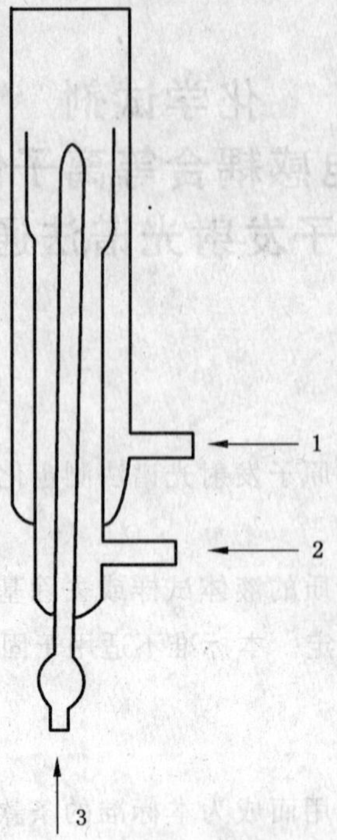

1——冷却气；
2——辅助气；
3——载气。

图1 炬管示意图

3.3

入射功率 incident power

由高频发生器输送给耦合线圈和等离子体的净功率。

3.4

观测高度 observation height

选取等离子炬曝光部位的高度。

3.5

冷却气 coolant gas

炬管最外层的气流，其作用为冷却炬管和维持等离子体。

3.6

辅助气 auxiliary gas

炬管中间管的气流，其作用为点燃等离子体，等离子炬形成后可以停止通气。

3.7

载气 carrier gas

炬管内管的气流，其作用为液体雾化成气溶胶，并载带气溶胶进入等离子体。

3.8

冲洗时间 washing time

曝光前用试样溶液冲洗进样系统的时间。

4 方法原理

试样溶液经雾化系统雾化后形成气溶胶，由载气带入等离子内，在高温和惰性氩气气氛中蒸发、原子化、激发和电离。被测元素的原子或离子被激发时，电子在原子内不同能级跃迁，当由高能态向低能态跃迁时产生特征辐射，通过确定这种特征辐射的波长及其相对强度，可对各元素进行定性或定量分析。

5 试剂

5.1 盐酸和硝酸应选用高纯试剂或优级纯试剂经亚沸蒸馏(石英亚沸蒸馏装置见附录A)。

5.2 实验用水应符合 GB/T 6682 中二级水规格。

5.3 标准溶液应使用有证单元素溶液标准物质或按 GB/T 602 规定制备,多元素组标准溶液按附录B制备。

6 仪器

6.1 一般规定

电感耦合等离子体原子发射光谱仪应符合 JJG 768 的规定。

6.2 仪器类型

6.2.1 多通道电感耦合等离子体原子发射光谱仪。

6.2.2 顺序型电感耦合等离子体原子发射光谱仪。

6.2.3 全谱直读电感耦合等离子体原子发射光谱仪。

6.3 仪器组成

电感耦合等离子体原子发射光谱仪由进样系统、激发光源、色散系统、检测系统和数据处理系统组成。

7 测定

7.1 测定条件的选择

7.1.1 待测元素分析谱线

待测元素分析谱线的波长参见附录C。

7.1.2 入射功率

按待测样品特点和仪器条件选择最佳功率,一般范围为(0.8～1.5)kW。

7.1.3 观测高度

从观测区中心到耦合线圈上端的距离,一般为(10～18)mm。单元素测定时,应选取被测元素的最佳观测高度;多元素测定时,应采用折衷观测高度。

7.1.4 气体及其流量

按炬管和分析要求,确定各气体流量。所用的氩气应符合 GB/T 4842 的要求。

7.1.5 溶液提吸速率

溶液提吸速率一般为(0.5～2)mL/min。

7.1.6 分析时间

冲洗时间和曝光时间由仪器和分析要求来确定。

7.2 干扰的消除

7.2.1 采用合适的分离方法和选择合适的元素谱线、观测高度、入射功率和载气流量,可将光源中的一些干扰效应限制在一定的水平上。对于光谱干扰可采用基于校正干扰系数的方法、分离方法或采用仪器厂家提供的软件进行校正。对于非光谱干扰应采用基体匹配或标准加入法等进行校正。

7.2.2 试样溶液与标准溶液的介质和酸度应尽量一致,保证仪器对溶液提吸速率的稳定,可消除试样产生的物理干扰。

7.3 测定方法

7.3.1 样品的处理

根据试样特性和仪器测量特点,可以采用挥发、酸消解、碱消解、干灰化、萃取、离子交换、沉淀等分离方法除去试样基体，或直接稀释制成试样溶液。

取样量根据试样中待测元素的质量浓度和方法的检出限来确定；试样溶液中待测元素质量浓度至少应为该元素检出限三倍。检出限的测定方法见附录 D。

7.3.2 工作曲线法

按产品标准的规定，制备试样溶液、空白试验溶液及四至五个质量浓度成比例的标准溶液，在规定的仪器条件下，分别测定相应的强度值。以标准溶液的质量浓度为横坐标，对应的强度值为纵坐标，绘制标准工作曲线。在工作曲线上查出试样溶液中待测元素的质量浓度。

7.3.3 标准加入法

按产品标准的规定制备试液和空白溶液。量取相同体积的上述试液，至少四份。其中一份不加标准溶液，其余几份分别加入成比例的标准溶液，并稀释至规定体积，在规定的仪器条件下，分别测定相应的强度值。以加入标准溶液质量浓度为横坐标，对应的强度值为纵坐标，绘制曲线，将曲线反向延长与横轴相交，交点即为待测元素的质量浓度。

7.3.4 计算

待测元素的质量分数以 w 计，数值以“%”表示，按式(1)计算：

$$w=\frac{\rho\times V\times 10^{-6}}{m}\times 100 \quad\cdots\cdots(1)$$

式中：

ρ——由曲线上查出被测元素质量浓度的数值，单位为微克每毫升（μg/mL）；

V——试样溶液体积的数值，单位为毫升(mL)；

m——样品质量的数值，单位为克(g)。

8 回收率

待测元素回收率应控制在 80%～120%。

9 安全注意事项

9.1 应按高压钢瓶安全操作规定使用高压氩气钢瓶。

9.2 为了防止高频辐射伤害身体，点燃等离子体后，不开炬室门。

9.3 注意安全用电。

附　录　A
（规范性附录）
石英亚沸蒸馏装置

A.1　石英亚沸蒸馏装置

见图 A.1。

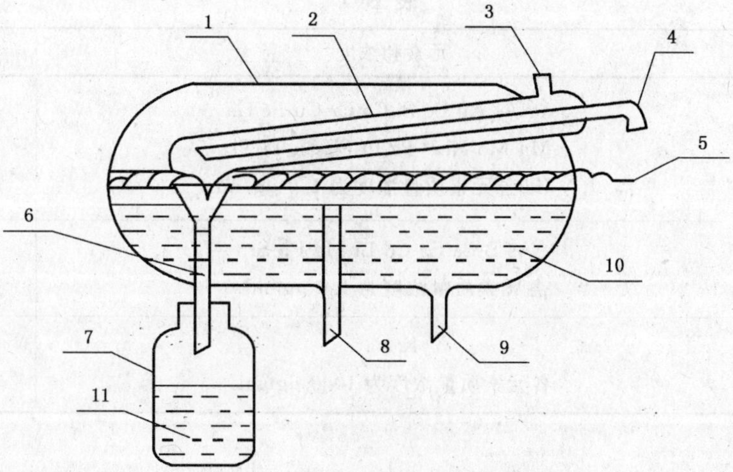

1——亚沸蒸馏器；
2——冷凝器；
3——冷却水出口；
4——冷却水入口；
5——电热丝；
6——接液翻斗；
7——接收瓶；
8——溢流口；
9——上料口及残液出口；
10——盐酸或硝酸；
11——经亚沸蒸馏提纯的盐酸或硝酸。

图 A.1　石英亚沸蒸馏装置

A.2　注意事项

A.2.1　温度应严格控制在酸的沸点以下，溶液不能沸腾。

A.2.2　蒸出液体流速应控制在 40 mL/h 左右。

附 录 B
（规范性附录）
多元素组标准溶液的制备

B.1 多元素组标准溶液应使用有证多元素溶液标准物质，其他规定同第5章。

B.2 互有化学干扰、产生沉淀及互有光谱干扰的元素应分组配制。

B.3 分组实例见表B.1，表中所用溶液以“%”表示的均为质量分数。

表 B.1

组别	元素和浓度	介质
第一组	Ag Al Au Be Bi Co Cr Cu Fe Ga Mn Mo Ni P Pa Pt Sb Sn Ti Tl V Zn 各元素质量浓度为1.0 μg/mL	盐酸溶液(6%)
第二组	As B Ba Ca Cd Li Mg Pb Sr 各元素质量浓度为1.0 μg/mL	硝酸溶液(2%)
第三组	K Na 各元素质量浓度为10.0 μg/mL	硝酸溶液(2%)

附 录 C
（资料性附录）
待测元素分析谱线波长表

C.1 电感耦合等离子体原子发射光谱部分元素对应的谱线波长见表 C.1。

表 C.1

元素	波长/nm
Ag	211.383,224.641,224.874,232.505,233.137,241.318,243.779,328.068,338.289
Al	226.910,226.922,237.312,237.335,257.510,308.215,309.271,309.284,394.401,396.152
As	189.042,193.696,193.759,197.197,198.970,199.048,200.334,200.919,228.812,234.984,278.022
Au	191.893,195.193,197.819,198.963,200.081,201.200,208.209,211.068,242.795,267.595
B	182.500,208.893,208.959,249.678,249.773
Ba	225.473,230.424,233.527,234.758,389.178,413.066,452.493,455.403,489.997,493.409
Be	205.590,205.601,217.499,217.510,234.861,249.473,265.045,313.042,313.107,332.134
Bi	190.241,195.389,206.170,213.363,222.825,223.061,227.658,289.798,298.903,306.772
Ca	315.887,317.933,364.410,393.366,396.847,422.673
Cd	214.438,226.502,228.802,231.284,326.106,346.620,361.051,479.992
Co	228.616,229.299,230.786,231.160,236.379,237.862,238.346,238.636,238.892,345.350
Cr	205.552,206.149,206.542,267.716,276.654,283.563,284.325,284.984,298.919,425.435
Cu	211.209,213.598,219.226,219.958,221.810,222.778,223.008,224.700,324.754,327.396
Fe	234.349,238.204,239.562,240.488,259.837,259.940,263.105,263.132,271.441,322.706
Ga	287.424,294.364,403.298,417.206
In	230.606,410.176,451.131
K	404.414,404.721,766.490
Li	460.286,497.170,670.784
Mg	202.582,279.079,279.553,279.806,293.654,382.900,382.935,383.231
Mn	191.510,257.610,259.373,260.569,279.482,279.827,293.306,293.930,344.199,403.307
Mo	201.511,202.030,203.844,204.598,263.876,277.540,281.615,287.151,379.825
Na	330.237,330.298,588.995,589.592
Ni	216.556,217.467,221.647,225.386,227.021,230.300,231.604,232.003,341.476,352.454
P	178.200,202.347,203.349,213.547,213.618,214.914,215.294,253.401,253.565,255.328
Pb	216.999,220.353,224.688,239.379,247.638,261.418,266.316,283.306,368.348,405.783
Pd	223.159,229.651,236.796,248.653,248.892,324.270,340.458,342.124,360.955,363.470
Pt	193.700,203.646,204.937,212.861,214.432,217.467,224.552,248.717,265.945,306.471
S	180.731,182.037
Sb	195.039,204.957,206.833,213.969,217.581,217.919,231.147,252.852,259.805,259.809
Se	196.026,196.090,203.985,206.279

表 C.1(续)

元素	波长/nm
Si	198.899,212.412,221.667,250.690,251.432,251.611,251.920,252.411,252.851,288.158
Sn	189.980,224.605,226.891,235.484,242.170,242.949,283.999,286.333,317.505
Sr	215.284,216.596,232.235,338.071,346.446,407.771,416.180,421.552,430.545,460.733
Ti	307.864,308.802,323.452,334.904,334.941,336.121,337.280,338.376,350.489,368.520
Tl	190.864,223.782,237.969,258.014,276.787,291.832,351.924,352.943,377.572
V	270.094,289.332,290.882,292.402,292.402,292.464,309.311,310.230,311.071,437.924
Y	224.306,242.220,371.030,324.228,360.073,362.094,377.433,437.494,320.332,319.562
Zn	202.548,206.200,213.856,280.106,328.233,330.259,334.502,334.557,472.216,481.053
Zr	256.887,257.139,267.803,272.261,327.305,327.926,339.198,343.823,349.621,357.247

附　录　D
（规范性附录）
检出限测定方法

D.1　检出限测定方法

配制四至五个质量浓度成比例的待测元素的标准溶液及空白溶液，调节仪器至最佳工作状态，测定系列标准溶液的强度值，绘制工作曲线，同时连续十次测定空白溶液的质量浓度值。

检出限以 D 计，数值以微克每毫升（μg/mL）表示，按式（D.1）计算：

$$D = 3S \qquad \cdots\cdots\cdots\cdots (D.1)$$

式中：

S——标准偏差，单位为微克每毫升（μg/mL）。

空白溶液的标准偏差 S，按式（D.2）计算：

$$S = \sqrt{\frac{\sum_{i=1}^{n}(x_i - \bar{x})^2}{n-1}} \qquad \cdots\cdots\cdots\cdots (D.2)$$

式中：

x_i——空白溶液单次测定值，单位为微克每毫升（μg/mL）；

$\bar{x}$——空白溶液测定平均值，单位为微克每毫升（μg/mL）；

n——测定次数。

ICS 71.060.01
G 10

中华人民共和国国家标准

GB/T 23943—2009

无机化工产品中六价铬含量测定的通用方法 二苯碳酰二肼分光光度法

Inorganic chemicals for industrial use—General method for the determination of chromium(Ⅵ) content—1,5-Diphenylcarbohydrazide spectrophotometric method

2009-06-02 发布 2010-02-01 实施

中华人民共和国国家质量监督检验检疫总局
中国国家标准化管理委员会 发布

前言

本标准的附录A和附录B为资料性附录。

本标准由中国石油和化学工业协会提出。

本标准由全国化学标准化技术委员会无机化工分会(SAC/TC 63/SC 1)归口。

本标准主要起草单位:中海油天津化工研究设计院、四川省安县银河建化集团有限公司、天津出入境检验检疫局。

本标准主要起草人:陆思伟、谢友才、刘绍从、秦龙、吕刚。

本标准为首次发布。

无机化工产品中
六价铬含量测定的通用方法
二苯碳酰二肼分光光度法

1 范围

本标准规定了无机化工产品中六价铬含量测定的通用方法——二苯碳酰二肼分光光度法的原理、安全提示、一般规定、试剂、仪器、设备、分析步骤和结果计算。

本标准适用于无机化工产品中微量六价铬离子的测定，六价铬离子(Cr^{6+})在 0.004 mg/L～1.000 mg/L 范围内呈线性关系。试验溶液体积为 50 mL，使用光程长为 3 cm 的比色皿，本方法的最小检出量为 0.2 μg 六价铬，最低检出浓度为 0.004 mg/L；使用光程为 1 cm 的比色皿，测定上限浓度为 1.000 mg/L（不干扰测定的离子参见附录 A）。

2 规范性引用文件

下列文件中的条款通过本标准的引用而成为本标准的条款。凡是注日期的引用文件，其随后所有的修改单（不包括勘误的内容）或修订版均不适用于本标准，然而，鼓励根据本标准达成协议的各方研究是否可使用这些文件的最新版本。凡是不注日期的引用文件，其最新版本适用于本标准。

GB/T 6682—2008 分析实验室用水规格和试验方法(ISO 3696:1987，MOD)

HG/T 3696.2 无机化工产品 化学分析用杂质标准溶液的制备

HG/T 3696.3 无机化工产品 化学分析用制剂及制品的制备

3 原理

在酸性溶液中，六价铬与二苯碳酰二肼反应生成紫红色化合物，在波长 540 nm 处该络合物的浓度与吸光度符合郎伯-比尔定律，可用于分光光度测定。摩尔吸光系数为 4×10^4。

4 安全提示

本试验方法中使用的部分试剂具有毒性或腐蚀性；操作者须小心谨慎！如溅到皮肤上应立即用水冲洗，严重者应立即治疗。

5 一般规定

本标准所用试剂和水，在没有注明其他要求时，均指分析纯试剂和 GB/T 6682—2008 规定的三级水。

试验中所需杂质标准溶液、制剂和制品，在没有注明其他要求时均按 HG/T 3696.2、HG/T 3696.3 之规定制备。

6 试剂

6.1 硫酸溶液：1+1。

6.2 磷酸溶液：1+1。

6.3 氢氧化钠溶液：4 g/L。

6.4 铬标准贮备液：1 mL 溶液含铬(Cr)0.10 mg。

用移液管移取 10 mL 按 HG/T 3696.2 配制的铬标准溶液，置于 100 mL 容量瓶中，用水稀释至刻度，摇匀。置于冰箱内保存，有效期一个月。

6.5 铬标准溶液Ⅰ：1 mL 溶液含铬(Cr)0.005 mg。

用移液管移取 5 mL 铬标准储备液，置于 100 mL 容量瓶中，用水稀释至刻度，摇匀。此溶液现用现配。

6.6 铬标准溶液Ⅱ：1 mL 溶液含铬(Cr)0.001 mg。

用移液管移取 1 mL 铬标准储备液，置于 100 mL 容量瓶中，用水稀释至刻度，摇匀。此溶液现用现配。

6.7 二苯碳酰二肼(DPC)显色剂：20 g/L 丙酮溶液。

称取 2.0 g 二苯碳酰二肼，溶于 100 mL 丙酮中，加 0.2 mL 硫酸，摇匀。此溶液保存在棕色瓶中，4 ℃时，有效期为 7 天。

7 仪器、设备

分光光度计：带有厚度为 1 cm 或 3 cm 比色皿。

8 分析步骤

8.1 称样和试验溶液的制备

称样量和制备试验溶液的方法按有关产品标准中的规定，并调节试验溶液 pH 值约为 8(干扰测定的离子及消除方法参见附录 B)。

8.2 空白试验溶液的制备

制备试验溶液的同时，除不加试验溶液外，以同样试剂、同样用量和同一方法制备空白试验溶液，稀释至同体积。

8.3 工作曲线的绘制

8.3.1 铬标准工作溶液的配制

在每一次测定之前，按照表 1 分别在 5 个 50 mL 容量瓶中分别移入系列铬标准溶液Ⅰ或铬标准溶液Ⅱ，配制标准工作溶液，其浓度范围应使待测试验溶液中六价铬的浓度处于工作曲线中段。

表 1 铬标准工作溶液的配制及比色皿光程

试验溶液中预计的铬(Cr^{6+})质量浓度/(mg/L)			
20～100		200～1 000	
铬标准溶液的用量/mL	对应的铬(Cr^{6+})含量/mg	铬标准溶液的用量/mL	对应的铬(Cr^{6+})含量/mg
0	0[a]	0	0[a]
1	0.001	2	0.010
2	0.002	4	0.020
3	0.003	6	0.030
4	0.004	8	0.040
5	0.005	10	0.050
比色皿光程/cm			
3		1	
[a] 试剂空白溶液。			

8.3.2 吸光度测量

在系列铬标准工作溶液中加水至约 40 mL，加入 0.5 mL 硫酸溶液和 0.5 mL 磷酸溶液，加入 2 mL 二苯碳酰二肼显色剂，用水稀释至刻度，摇匀。放置 5 min～10 min 后，在 540 nm 波长处，选用 1 cm 或 3 cm 的比色皿。以水做参比，测量吸光度。

8.3.3 绘制工作曲线

从每个标准参比液的吸光度值中减去试剂空白溶液的吸光度值，以铬质量为横坐标，吸收值为纵坐标，绘制工作曲线。

8.4 试样测定

用移液管移取适量试验溶液（含六价铬少于 0.05 mg）(8.1）和同样体积空白试验溶液（8.2），以下按 8.3.2，从“加水至约 40 mL，……”开始进行操作，测得其吸收值。从试验溶液的吸光度减去空白试验溶液的吸光度后，在工作曲线上查出试验溶液中铬的质量。

9 结果计算

六价铬含量以铬（Cr）的质量分数 w_1 计，数值以%表示，按式（1）计算：

$$w_1 = \frac{m_1 \times 10^{-3}}{m \times V_1/V} \times 100 \qquad \cdots\cdots(1)$$

式中：

V_1——8.4 中所移取试验溶液的体积的数值，单位为毫升（mL）；

V——8.1 中所制备试验溶液的体积的数值，单位为毫升（mL）；

m_1——从工作曲线上查得的试验溶液中氮的质量的数值，单位为毫克（mg）；

m——试料的质量的数值，单位为克（g）。

取平行测定结果的算术平均值为测定结果，两次平行测定结果的绝对差值在有关产品标准中规定。

附 录 A
（资料性附录）
不干扰测定的离子

A.1 不干扰测定的含义

“不干扰测定”的含义，是指某种离子在限量之内对铬的测定所引起的误差在±5 μg 范围之内。

A.2 在所取试液(8.1)中，含有 1 000 倍数的下列物质时，对铬(Cr^{6+})的测定不干扰：

Na^{+}、K^{+}、Ca^{2+}、Ni^{2+}、Co^{2+}、Mn^{2+}、Mg^{2+}。

A.3 在所取试液(8.1)中，含有 500 倍数的 Cl^{-}、Br^{-} 时，对铬(Cr^{6+})的测定不干扰。

A.4 在所取试液(8.1)中，含有 200 倍数的下列物质时，对铬(Cr^{6+})的测定不干扰：

Cd^{2+}、Ag^{+}、Zn^{2+}、Mo^{6+}、SO_4^{2-}。

A.5 在所取试液(8.1)中，含有 100 倍数的 As^{3+}、Pb^{2+}、NO_3^{-} 时，对铬(Cr^{6+})的测定不干扰。

A.6 在所取试液(8.1)中，含有 30 倍数的 NH_4^{+}、25 倍数的 Mn^{6+}、I^{-} 时，对铬(Cr^{6+})的测定不干扰。

A.7 在所取试液(8.1)中，含有 20 倍数的 Bi^{3+}、10 倍数的 Sb^{3+} 时，对铬(Cr^{6+})的测定不干扰。

A.8 在所取试液(8.1)中，含有 5 倍数的 Al^{3+}、2 倍数的 Fe^{3+} 时，对铬(Cr^{6+})的测定不干扰。

附 录 B
（资料性附录）
干扰及消除

B.1 含铁量大于 1 mg/L 显色后呈黄色，六价钼和汞也和显色剂反应，生成有色化合物，但在本方法的显色酸度下，反应不灵敏，钼和汞的浓度达 200 mg/L 不干扰测定。钒有干扰，其含量高于 4 mg/L 即干扰显色。但钒与显色剂反应后 10 min，可自行褪色。

B.2 试样中含有少量三价铬（试验溶液中三价铬不大于 20 mg）的干扰消除。

取适量样品（含六价铬少于 100 μg）于 150 mL 烧杯中，加水至 50 mL。滴加氢氧化钠溶液（4 g/L），调节溶液 pH 值为 7～8。在不断搅拌下，滴加氢氧化锌共沉淀剂[氢氧化钠溶液（20 g/L）+硫酸锌溶液（80 g/L）等体积混合]至溶液 pH 值为 8～9。将此溶液转移至 100 mL 容量瓶中，用水稀释至标线。用慢速滤纸干过滤（弃去 10 mL～20 mL 初滤液），取适量滤液供测定。

B.3 试样中含有大量三价铬（试验溶液中三价铬大于 20 mg）的干扰消除。

取适量中性试验溶液（含六价铬少于 50 μg），置于 100 mL 分液漏斗中，加水至约 40 mL。加入对甲基苯磺酸 2 mL，加 1 mL 硫酸溶液（1+1）和 4 mL 磷酸溶液（1+1），摇匀。加入二苯碳酰二肼显色剂 1 mL，振荡 2 min，静置显色 3 min。加入 5 mL 异戊醇振荡萃取，静置 20 min 后，取有机相用棉花过滤，用 1 cm 或 3 cm 比色皿，以异戊醇为参比，在 540 nm 处测吸光度。减去空白试验测得的吸光度后，从校准曲线查得六价铬含量。用同法做工作曲线。

B.4 当样品中含有机物（防结块表面活性剂等）干扰测定时，可用酸性高锰酸钾氧化法破坏有机物后再测定。

取适量中性试验溶液，置于 150 mL 锥形瓶中，加入几粒玻璃珠，加入 0.5 mL 硫酸溶液（1+1）和 0.5 mL 磷酸溶液（1+1），摇匀。加入 2 滴高锰酸钾溶液（40 g/L），如紫红色消褪，继续添加高锰酸钾溶液保持紫红色。加热煮沸至溶液体积约剩 20 mL。取下稍冷，用定量中速滤纸过滤，用水洗涤数次，合并滤液和洗液至 50 mL 烧杯中。加入 1 mL 尿素溶液（200 g/L），摇匀。用滴管滴加亚硝酸钠溶液（20 g/L），每加一滴充分摇匀，至高锰酸钾的紫红色刚好褪去。稍停片刻，待溶液内气泡逸尽，转移至 50 mL 容量瓶中，供测定用。

B.5 二价铁、亚硫酸盐、硫代硫酸盐等还原性物质的消除

取适量中性试验溶液（含六价铬少于 50 μg），置于 50 mL 容量瓶中，加水至约 40 mL。加入 4 mL 二苯碳酰二肼显色剂，混匀。放置 5 min 后，加入 1 mL 硫酸溶液（1+1）和 1 mL 磷酸溶液（1+1），摇匀。5 min～10 min 后，在 540 nm 波长处，用 1 cm 或 3 cm 光程的比色皿，以水做参比，测定吸光度。减去空白试验测得的吸光度后，从校准曲线查得六价铬含量。用同法做工作曲线。

B.6 次氯酸盐等氧化性物质的消除

取适量中性试验溶液（含六价铬少于 50 μg），置于 50 mL 比色管中，加水稀释至约 40 mL，加入 0.5 mL 硫酸溶液（1+1）和 0.5 mL 磷酸溶液（1+1）、1.0 mL 尿素溶液（200 g/L），摇匀。用滴管逐滴加入 1 mL 亚硝酸钠溶液（20 g/L），边加边摇，以除去由过量的亚硝酸钠与尿素反应生成的气泡，待气泡除尽后。将试验溶液转移至 50 mL 容量瓶，以下步骤按 8.3.2 从“加水至约 40 mL，……”开始进行操作，测得其吸收值（免去加硫酸液和磷酸溶液）。

附 录 B

（资料性附录）

[illegible]

[illegible]

ICS 71.060.01
G 10

中华人民共和国国家标准

GB/T 23944—2009

无机化工产品中铝测定的通用方法 铬天青S分光光度法

Inorganic chemicals for products use—
General method for the determination of aluminium—
Chromazurol S-spectrophotometric method

2009-06-02 发布　　2010-02-01 实施

中华人民共和国国家质量监督检验检疫总局
中国国家标准化管理委员会　发布

前　言

本标准的附录 A 为资料性附录。

本标准由中国石油和化学工业协会提出。

本标准由全国化学标准化技术委员会无机化工分会(SAC/TC 63/SC 1)归口。

本标准起草单位:多氟多化工股份有限公司、中海油天津化工研究设计院、中国铝业股份有限公司郑州研究院。

本标准主要起草人:薛旭金、刘幽若、夏俊玲、王建萍、石磊。

本标准为首次发布。

无机化工产品中铝测定的通用方法 铬天青S分光光度法

1 范围

本标准规定了无机化工产品中铝测定的通用方法——铬天青S分光光度法的方法提要、安全提示、一般规定、试剂、仪器设备、分析步骤和结果计算。

本标准适用于无机化工产品中铝含量的测定，检测范围为0.02 μg/mL～0.2 μg/mL。附录A中列出了干扰元素。

2 规范性引用文件

下列文件中的条款通过本标准的引用而成为本标准的条款。凡是注日期的引用文件，其随后所有的修改单(不包括勘误的内容)或修订版均不适用于本标准，然而，鼓励根据本标准达成协议的各方研究是否可使用这些文件的最新版本。凡是不注日期的引用文件，其最新版本适用于本标准。

GB/T 6682—2008　分析实验室用水规格和试验方法(ISO 3696:1987,MOD)

HG/T 3696.2　无机化工产品　化学分析用杂质标准溶液的制备

3 方法提要

试样经处理后，形成溶液，在pH值约5.5的乙酸-乙酸钠缓冲介质中，Al^{3+}与铬天青S及溴化十六烷基三甲胺反应生成蓝色三元络合物，于分光光度计波长640 nm处测定吸光度，计算铝含量。

4 安全提示

本试验方法中使用的部分试剂具有危害性，操作时须小心谨慎！必要时需在通风橱中操作。如溅到皮肤上应立即用水冲洗。

5 一般规定

本标准所用试剂和水，在没有注明其他要求时，均指分析纯试剂和GB/T 6682—2008中规定的三级水。试验中所用制剂及制品，在没有注明其他要求时，均按HG/T 3696.2中规定进行制备。

6 试剂

6.1　乙酸-乙酸钠缓冲溶液：pH值为5.5±0.1。

称取34.0 g乙酸钠($CH_3COONa \cdot 3H_2O$)溶于450 mL水中，加入2.0 mL冰乙酸，调至pH值为5.5，用水稀释至500 mL。

6.2　铬天青S溶液：0.25 g/L。

称取0.050 0 g铬天青S溶于100 mL无水乙醇中，用水稀释至200 mL。

6.3　溴化十六烷基三甲胺溶液：0.2 g/L。

称取0.020 0 g溴化十六烷基三甲胺，用水溶解，移入100 mL容量瓶中，稀释至刻度，摇匀。必要时加热助溶。

6.4　抗坏血酸溶液：10 g/L。

称取1.0 g抗坏血酸，用水溶解，稀释至100 mL(一星期内使用)。

6.5 铝标准溶液：每毫升含铝(Al)0.001 mg。

移取10.00 mL按HG/T 3696.2配制的铝标准溶液，置于100 mL容量瓶中，用水稀释至刻度，摇匀。

移取1.00 mL上述铝标准溶液，置于100 mL容量瓶中，用水稀释至刻度，摇匀。此溶液现用现配。

7 仪器

分光光度计

带有光程为1 cm的比色皿。

8 分析步骤

8.1 试验溶液的制备

称样量和制备试验溶液的方法按相关产品标准中的规定进行。

8.2 空白试验溶液的制备

制备试验溶液的同时，除不加试样外，其他操作和加入的试剂量与试验溶液相同。

8.3 工作曲线的绘制

移取0.00 mL、1.00 mL、2.00 mL、4.00 mL、6.00 mL、8.00 mL、10.00 mL铝标准溶液，分别置于50 mL容量瓶中，分别加入1.0 mL抗坏血酸溶液、2.0 mL溴化十六烷基三甲胺溶液，轻轻混匀，加入1.0 mL铬天青S溶液，轻轻混匀，加入10.0 mL乙酸-乙酸钠缓冲溶液，摇匀后，用水稀释至刻度。

室温下放置30 min，以水为参比，用1 cm比色皿，于640 nm波长处测量其吸光度。以加入铝标准溶液中铝的质量(mg)为横坐标，吸光度(减去试剂空白溶液的吸光度)为纵坐标，绘制工作曲线。

8.4 测定

移取一定量的试验溶液(8.1)和同样体积的空白试验溶液(8.2)，按操作步骤8.3从"分别加入1.0 mL抗坏血酸溶液……"开始进行操作，于工作曲线上查出对应的铝的质量。

9 结果计算

铝含量以铝(Al)的质量分数 w 计，数值以%表示，按式(1)计算：

$$w=\frac{(m_1-m_0)\times 10^{-3}}{m\dfrac{V_1}{V}}\times 100 \qquad \cdots\cdots(1)$$

式中：

m_1——从工作曲线上查得的试验溶液中铝的质量的数值，单位为毫克(mg)；

m_0——从工作曲线上查得的空白试验溶液中铝的质量的数值，单位为毫克(mg)；

V_1——测定时所移取的试验溶液体积的数值，单位为毫升(mL)；

V——配制的试验溶液总体积的数值，单位为毫升(mL)；

m——试料质量的数值，单位为克(g)。

结果计算中保留两位有效数字。

取平行测定结果的算术平均值为测定结果，两次平行测定结果的绝对值符合产品标准规定。

实验室之间分析结果的差值应不大于表1所列的允许差。

表1

铝的质量分数/%	允许差/%
0.000 5～0.001 5	0.000 5
0.001 5～0.003 5	0.001 0
0.003 5～0.005	0.002 0

附 录 A
（资料性附录）
干扰离子的消除

A.1 常见的阴离子如 PO_4^{-}、SO_4^{2-}、NO_3^{-}、HCO_3^{-}、F^{-}、SiO_3^{2-}、Cl^{-} 等均不干扰测定。

A.2 在测定过程中，如有离子干扰，可参照表 A.1 中给出的方法消除干扰，也可参照与所分析产品有关的标准中给出的方法消除干扰。

表 A.1 消除干扰方法

元素	消除干扰方法（加入掩蔽剂、络合剂等）
Ag	柠檬酸盐，硫脲，CN^{-}，I^{-}，Cl^{-}，SCN^{-}，$S_2O_3^{2-}$，NH_3 等
As	柠檬酸盐，酒石酸盐，S^{2-}，$NH_3OH·HCl$，OH^{-} 等
Au	柠檬酸盐，CN^{-}，I^{-}，Br^{-}，Cl^{-}，CNS^{-}，$S_2O_3^{2-}$，NH_3，硫脲等
B	酒石酸盐，柠檬酸盐，草酸盐，抗坏血酸，三磷酸盐，I^{-}，SCN^{-}，$S_2O_3^{2-}$，Cl^{-}，F^{-}，OH^{-} 等
Ba	柠檬酸盐，酒石酸盐，F^{-}，$S_2O_4^{2-}$，PO_4^{2-} 等
Be	柠檬酸盐，酒石酸盐，乙酰丙酮，F^{-} 等
Bi	乙酸乙酯萃取，或氢溴酸与铋生成易挥发的溴化铋
Ca	酒石酸盐，多磷酸盐，F^{-}，I^{-}，CN^{-}，$S_2O_3^{2-}$ 等
Cd	硫代硫酸钠，柠檬酸盐，酒石酸盐，丙二酸盐，邻菲啰啉等
Co	离子交换，或柠檬酸盐，酒石酸盐，丙二酸盐，邻菲啰啉等
Cr	强酸冒烟去除，或甲酸盐，乙酸盐，柠檬酸盐，酒石酸盐，抗坏血酸等
Cu	盐酸羟胺，抗坏血酸＋碘化钾，柠檬酸盐，酒石酸盐，邻菲啰啉，吡啶羧酸等
Fe	抗坏血酸，柠檬酸盐，酒石酸盐，草酸盐，丙二酸盐，氨基磺酸，硫脲，乙酰丙酮，邻菲啰啉等
Hg	乙酸乙酯萃取，或柠檬酸盐，酒石酸盐，抗坏血酸，抗坏血酸，硫脲等
Mg	强酸冒烟去除，或柠檬酸盐，酒石酸盐，草酸盐，乙二醇，六偏磷酸盐等
Mn	盐酸、氯化铵沉淀过滤去除，或柠檬酸盐，酒石酸盐，草酸盐等
Mo	柠檬酸盐，酒石酸盐，草酸盐，乙酰丙酮，F^{-}，$P_3O_{10}^{5-}$，H_2O_2，SCN^{-}，甘露醇，氧化为 MoO_4^{2-}，抗坏血酸，盐酸羟胺等
Ni	氯仿萃取，或柠檬酸盐，酒石酸盐，丙二酸盐，邻菲啰啉，吡啶羧酸，F^{-}，SCN^{-}，CN^{-} 等
Pb	硫代硫酸钠
Se	酒石酸盐，柠檬酸盐，F^{-}，I^{-}，SO_3^{2-}，S^{2-}，还原剂等
Si	硝酸、氢氟酸溶解，高氯酸冒烟除硅，硫酸冒烟除硅；或氢氟酸-硝酸-硫酸处理，使游离硅及二氧化硅生成挥发性的四氟化硅逸出
Sn	强酸冒烟去除，或柠檬酸盐，酒石酸盐，草酸盐，F^{-}，I^{-}，Cl^{-}，OH^{-}，PO_4^{3-}，用溴水氧化等
Ti	用氯仿萃取，或甘露醇，抗坏血酸，柠檬酸盐，酒石酸盐，草酸盐，乙酸盐，乙酰丙酮，葡糖酸盐，甘露醇，H_2O_2 等
V	硝酸或氢氟酸溶解，或酒石酸盐，草酸盐，抗坏血酸，盐酸羟胺，甘露醇等
W	柠檬酸盐，酒石酸盐，草酸盐，甘露醇，H_2O_2，磷酸盐，还原剂等
Zn	盐酸羟胺，柠檬酸盐，乙二醇，甘油，邻菲啰啉等
Zr	柠檬酸盐，酒石酸盐，草酸盐，水杨酸盐，磺基水杨酸等

ICS 71.060.01
G 10

中华人民共和国国家标准

GB/T 23945—2009

无机化工产品中氯化物含量测定的通用方法目视比浊法

Inorganic chemicals for industrial use—General method for the determination of chloride content—Visible turbidimetric method

2009-06-02 发布　　2010-02-01 实施

中华人民共和国国家质量监督检验检疫总局
中国国家标准化管理委员会　发布

前　言

本标准的附录 A 为资料性附录。

本标准由中国石油和化学工业协会提出。

本标准由全国化学标准化技术委员会无机化工分会(SAC/TC 63/SC 1)归口。

本标准主要起草单位：中科铜都粉体新材料股份有限公司、中海油天津化工研究设计院、天津出入境检验检疫局。

本标准主要起草人：欧阳准、姚学慧、陆思伟、吕刚、马军。

本标准为首次发布。

无机化工产品中 氯化物含量测定的通用方法 目视比浊法

1 范围

本方法规定了测定无机化工产品中氯化物含量的通用方法——目视比浊法的原理、安全提示、一般规定、试剂、仪器、设备、分析步骤和结果判定。

本方法适用于无机化工产品中微量氯化物的测定。检测范围为 0.2 mg/L～4 mg/L(以 Cl 计)。

2 规范性引用文件

下列文件中的条款通过本标准的引用而成为本标准的条款。凡是注日期的引用文件，其随后所有的修改单(不包括勘误的内容)或修订版均不适用于本标准，然而，鼓励根据本标准达成协议的各方研究是否可使用这些文件的最新版本。凡是不注日期的引用文件，其最新版本适用于本标准。

GB/T 6682—2008 分析实验室用水规格和试验方法(ISO 3696:1987，MOD)

HG/T 3696.2 无机化工产品 化学分析用杂质标准溶液的制备

HG/T 3696.3 无机化工产品 化学分析用制剂及制品的制备

3 原理

在硝酸介质中，氯离子与银离子生成难溶的氯化银。当氯离子含量较低时，在一定时间内氯化银呈悬浮体，使溶液混浊，可用于氯化物的目视比浊法测定。

4 安全提示

本试验方法中使用的部分试剂具有腐蚀性，操作者须小心谨慎！如溅到皮肤上应立即用水冲洗，严重者应立即治疗。

5 一般规定

本标准所用试剂和水，在没有注明其他要求时，均指分析纯试剂和 GB/T 6682—2008 规定的三级水。

试验中所需杂质标准溶液、制剂和制品，在没有注明其他要求时均按 HG/T 3696.2、HG/T 3696.3 之规定制备。

6 试剂

6.1 硝酸溶液：1+4。

6.2 硝酸银溶液：17 g/L。

6.3 氯化物标准贮备液：1 mL 溶液含氯(Cl)0.10 mg。

用移液管移取 10 mL 按 HG/T 3696.2 配制的氯化物标准溶液，置于 100 mL 容量瓶中，用水稀释至刻度，摇匀。置于冰箱内保存，有效期一个月。

6.4 氯化物标准溶液：1 mL 溶液含氯(Cl)0.010 mg。

用移液管移取 10 mL 氯化物标准储备液，置于 100 mL 容量瓶中，用水稀释至刻度，摇匀。此溶液现用现配。

7 分析步骤

7.1 称样和试验溶液的制备

称样量和制备试验溶液的方法按有关产品标准中的规定，并调节试验溶液 pH 值约为 7(干扰测定的离子及消除方法参见附录 A)。

7.2 测定

用移液管移取适量试验溶液(含氯量约为 10 μg～100 μg)，移入 50 mL 比色管中。加入 1 mL 硝酸溶液酸化，再加 1 mL 硝酸银溶液，用水稀释至刻度，摇匀。放置 10 min，所呈浊度与标准比浊溶液比较。

标准比浊溶液的制备：用移液管移取含规定量的氯化物(Cl)标准溶液，稀释至与试验溶液相同体积，与同体积试验溶液同时同样处理。

8 结果判定

将试验溶液比色管和标准比浊溶液比色管同置于黑色背景上，在自然光下，自上向下观察。

附 录 A
（资料性附录）
干扰及消除

A.1 强氧化剂

样品主体是强氧化剂时能将氯化物氧化生成氯气，测定前先要破坏主体。例如，测定高锰酸钾中的氯化物时，先加草酸溶液消除高锰酸钾的干扰。

A.2 强还原剂

样品主体是强还原剂时能将硝酸银还原成金属银，测定前先要破坏主体，例如，测定亚硫酸钠中的氯化物时，先加过氧化氢溶液消除亚硫酸钠的干扰。

A.3 样品能生成过氧化银

过氧化银是暗色不稳定化合物，干扰测定，消除办法为破坏主体。例如，加过氧化氢、过硫酸铵等后蒸干除去主体或灼烧破坏主体。

A.4 样品与硝酸银生成白色沉淀

样品主体，例如硫氰酸盐也可与硝酸银生成白色沉淀。消除办法是破坏主体，可用过氧化氢破坏主体后，再蒸干以除去过氧化氢。

A.5 样品与氯离子生成不易电离的分子

如样品主体是高汞时，高汞和氯离子生成不易电离的氯化汞（$HgCl_2$）配合物分子，影响测定。消除办法为破坏主体，可用过氧化氢将高汞还原成金属汞，过滤后加热分解过氧化氢。

A.6 卤化物

A.6.1 氟化物

氟化物在酸性条件下会腐蚀玻璃，并与银离子络合而消耗试剂，测定时须加硼酸使氟离子形成氟硼酸络离子以消除干扰。

A.6.2 碘化物

碘化物与硝酸银作用而生成碘化银，消除办法是向样品中加过量氨水，再加过量硝酸银，使生成碘化银沉淀，其余银离子与氨生成配离子，将碘化银沉淀过滤除去，将滤液调至酸性，此时银氨络离子被破坏，所产生的银离子可与氯化物生成氯化银沉淀。

A.6.3 溴化物

溴化物与硝酸银作用生成溴化银，消除办法为，可加硝酸将溴化物氧化成溴并加热除去。

A.7 样品中含有有机物，一般采用蒸发、灼烧等方法除去有机物。

ICS 71.060.01
G 10

中华人民共和国国家标准

GB/T 23946—2009

无机化工产品中铅含量测定通用方法 原子吸收光谱法

Inorganic chemicals for industrial use—General method for the determination of lead content—Atomic absorption spectrometry

2009-06-02 发布　　2010-02-01 实施

中华人民共和国国家质量监督检验检疫总局
中国国家标准化管理委员会　发布

前言

本标准的附录A和附录B为资料性附录。

本标准由中国石油和化学工业协会提出。

本标准由全国化学标准化技术委员会无机化工分会(SAC/TC 63/SC 1)归口。

本标准主要起草单位:多氟多化工股份有限公司、中海油天津化工研究设计院。

本标准主要起草人:薛旭金、郭凤鑫、安晓英、王红星。

本标准为首次发布。

无机化工产品中铅含量测定通用方法 原子吸收光谱法

1 范围

本标准规定了无机化工产品中铅含量测定的通用方法——原子吸收光谱法的安全提示、一般规定、石墨炉原子吸收光谱法和火焰原子吸收光谱法。

本标准适用于石墨炉原子吸收光谱法和火焰原子吸收光谱法测定无机化工产品中的铅含量。本标准规定的石墨炉原子吸收光谱法的最低检出浓度为 5 μg/L；火焰原子吸收光谱法的最低检出浓度为 0.1 mg/L。

2 规范性引用文件

下列文件中的条款通过本标准的引用而成为本标准的条款。凡是注日期的引用文件，其随后所有的修改单(不包括勘误的内容)或修订版均不适用于本标准，然而，鼓励根据本标准达成协议的各方研究是否可使用这些文件的最新版本。凡是不注日期的引用文件，其最新版本适用于本标准。

GB/T 6682—2008　分析实验室用水规格和试验方法(ISO 3696:2008,MOD)

HG/T 3696.2　无机化工产品　化学分析用杂质标准溶液的制备

HG/T 3696.3　无机化工产品　化学分析用制剂及制品的制备

3 安全提示

本试验方法中使用的部分试剂具有毒性或腐蚀性，操作者须小心谨慎！如溅到皮肤上应立即用水冲洗，严重者应立即治疗。

4 一般规定

本标准所用试剂和水，在没有注明其他要求时，均指分析纯试剂和 GB/T 6682—2008 规定的二级水。

试验中所需杂质标准溶液、制剂及制品，在没有注明其他要求时均按 HG/T 3696.2、HG/T 3696.3 之规定制备。

5 石墨炉原子吸收光谱法

5.1 原理

将处理过的试验溶液注入石墨炉中，在原子化阶段的高温下铅化合物离解为基态原子蒸气，并对空心阴极灯发射的特征谱线产生选择性吸收。在选择的最佳测定条件下，测定试液中铅的吸光度。在一定浓度范围，吸收值与铅含量成正比，借助已知量的标准系列获得样品中的铅含量。

5.2 试剂

5.2.1　硝酸溶液：1+5。

5.2.2　磷酸二氢铵溶液：20 g/L。

5.2.3　铅标准溶液Ⅰ：1 mL 溶液含铅(Pb)0.1 mg。

用移液管移取 10 mL 按 HG/T 3696.2 配制的铅标准溶液，置于 100 mL 容量瓶中，用水稀释至刻度，摇匀。置于冰箱内保存，有效期一个月。

5.2.4 铅标准溶液Ⅱ:1 mL溶液含铅(Pb)0.001 mg。

用移液管移取1 mL铅标准溶液Ⅰ,置于100 mL容量瓶中,用水稀释至刻度,摇匀。此溶液现用现配。

5.3 仪器、设备

所用玻璃仪器均需以硝酸(1+5)浸泡过夜,用水反复冲洗,最后用去离子水冲洗干净。

原子吸收分光光度计:配有石墨炉及铅空心阴极灯。

5.4 分析步骤

5.4.1 试验溶液的制备

称样量和试验溶液的制备按有关产品标准中的规定。

5.4.2 空白试验溶液的制备

空白试验溶液的制备是在制备试验溶液的同时,除不加试样外,其他操作和加入试剂的种类和数量与试验溶液相同。

5.4.3 工作曲线法

5.4.3.1 工作曲线的绘制

用移液管分别吸取0.00 mL、2.00 mL、4.00 mL、6.00 mL、8.00 mL铅标准溶液Ⅱ,置于100 mL容量瓶中,用水稀释至刻度,摇匀。用水调节吸光值为零,并各吸取10 μL溶液,注入石墨炉中,在283.3 nm波长处测定吸光度。以标准溶液中铅的质量(mg)为横坐标,相应的吸光度为纵坐标,绘制工作曲线。

5.4.3.2 测定

分别吸取试验溶液(溶液中铅的质量应在工作曲线范围内)和空白试验溶液各10 μL,注入石墨炉中,按绘制工作曲线步骤进行测定,测出相应吸光值,并在工作曲线上查出铅的质量。

5.4.4 标准加入法

基体干扰严重时可采用标准加入法来测定试样。

用移液管移取适量相同体积的试样溶液共四份,分别置于四个容量瓶中,一份不加标准溶液,另外三份分别加入成比例的标准溶液,均用水稀释至100 mL。以空白溶液调零,在规定的仪器条件下,分别测定其吸光度。以加入标准溶液的浓度或溶液中铅的质量为横坐标,相应的吸光度为纵坐标,绘制曲线,将曲线反向延长与X轴相交,交点即为铅离子的浓度或试验溶液中铅的质量。铅离子在所测的浓度范围内应与吸光度成线性关系。铅标准溶液加入的浓度应和样品稀释后铅的浓度相当,且第二份中加入铅离子的浓度应是检出极限的20倍。

5.4.5 基体改进剂的使用:对有干扰样品,则注入适量的基体改进剂磷酸二氢铵溶液(一般为小于5 μL)消除干扰。绘制铅工作曲线时也要加入与测定时等量的基体改进剂磷酸二氢铵溶液。

5.5 结果计算

5.5.1 工作曲线法结果的计算

从试验溶液吸光度中减去空白试验溶液的吸光度,用所得吸光度值从工作曲线上查出相应的铅含量。最终的结果,按照与被测试样有关标准中的计算公式进行计算。

取平行测定结果的算术平均值为测定结果,两次平行测定结果的绝对差值在有关产品标准中规定。

5.5.2 标准加入法结果的计算

由曲线反向延长与X轴的交点获得试验溶液中铅离子的浓度或铅的质量。最终的结果,按照与被测试样有关标准中的计算公式进行计算。

取平行测定结果的算术平均值为测定结果,两次平行测定结果的绝对差值在有关产品标准中规定。

6 火焰原子吸收光谱法

6.1 原理

样品经处理后,铅离子在一定 pH 条件下与二乙基二硫代氨基甲酸钠(DDTC)溶液形成络合物,经用 4-甲基戊酮-2(MIBK)萃取分离,导入原子吸收光谱仪中,火焰(采用空气-乙炔火焰)原子化后吸收 283.3 nm 共振线,其吸收量与铅含量成正比,与标准系列比较定量。

6.2 试剂

6.2.1 甲基异丁酮(MIBK)。

6.2.2 氨水溶液:1+1。

6.2.3 硫酸铵溶液:300 g/L。

6.2.4 柠檬酸铵溶液:250 g/L。

6.2.5 二乙基二硫代氨基甲酸钠(DDTC)溶液:50 g/L。

6.2.6 溴百里酚蓝指示剂:1 g/L。

6.2.7 铅标准溶液Ⅲ:1 mL 溶液含铅(Pb)0.010 mg。

用移液管移取 10 mL 铅标准溶液Ⅰ(5.2.3),置于 100 mL 容量瓶中,用水稀释至刻度,摇匀。此溶液现用现配。

6.3 仪器、设备

原子吸收分光光度计:配有铅空心阴极灯。

6.4 分析步骤

6.4.1 试验溶液的制备

称样量和试验溶液的制备按有关产品标准中的规定。

6.4.2 空白试验溶液的制备

空白试验溶液制备是在制备试验溶液的同时,除不加试样外,其他操作和加入试剂的种类和数量与试验溶液相同。

6.4.3 工作曲线的绘制

用移液管分别吸取 0.00 mL、2.00 mL、4.00 mL、6.00 mL、8.00 mL 铅标准溶液Ⅲ,分别置于 125 mL分液漏斗中。加水至 60 mL,加 2 mL 柠檬酸铵溶液,3~5 滴溴百里酚蓝指示剂,用氨水溶液调 pH 至溶液由黄变蓝。加 10 mL 硫酸铵溶液,10 mLDDTC 溶液,摇匀(有些元素如:钴、锌、镍、铜、锰、银、镉、铁离子等同样会与二乙基二硫代氨基甲酸钠(DDTC)发生络合,应参照相应产品标准掩蔽干扰离子影响)。放置 5 min 左右,用移液管加入 10.0 mLMIBK,剧烈振摇提取 1 min,分层,弃去水层,将 MIBK 层放入 10 mL 带塞刻度管中,导入原子吸收分光光度计,用水调零,在 283.3 nm 波长处测定吸光度。以标准溶液中铅的质量(mg)为横坐标,相应的吸光度为纵坐标,绘制工作曲线。

若被测溶液中铅含量大于 0.5 μg/mL,可不经萃取。直接移取铅标准液Ⅰ0.00 mL、2.00 mL、4.00 mL、6.00 mL、8.00 mL 稀释至 100 mL 后,导入原子吸收分光光度计,用水调零,在 283.3 nm 波长处测定吸光度。以标准溶液中铅的质量(mg)为横坐标,相应的吸光度为纵坐标,绘制工作曲线。

6.4.4 测定

用移液管移取适量试验溶液(6.4.1)(溶液中铅的质量应在工作曲线范围内)和空白试验溶液(6.4.2),按绘制工作曲线步骤"从加水至 60 mL 加 2 mL 柠檬酸铵溶液……"进行测定,测出相应吸光值,并在工作曲线上查出试验溶液中铅的质量。

6.5 结果计算

从试验溶液吸光度中减去空白试验溶液的吸光度,用所得吸光度值从工作曲线上查出相应的铅含量。结果计算,按照与被测试样有关标准中的计算公式进行计算。

取平行测定结果的算术平均值为测定结果,两次平行测定结果的绝对差值在有关产品标准中规定。

附 录 A
（资料性附录）
干扰离子情况说明

无机化工产品中铅含量如果在 0.1 μg/mL～0.5 μg/mL 之间，用到二乙基二硫代氨基甲酸钠（DDTC）溶液络合时，钴、锌、镍、铜、锰、银、镉、铁等离子同样会与二乙基二硫代氨基甲酸钠（DDTC）发生络合，如果产品中上述元素的含量较多（大于或等于铅含量）则应该适当增加络合剂的用量，以充分络合其中的铅元素。

如遇到上述元素为主元素的产品中铅含量的测定时，不建议使用此标准推荐的络合萃取体系，建议使用石墨炉法测定，或去除主元素后再进行测定。

附 录 B
（资料性附录）
原子吸收分光光度法的仪器参考工作条件

B.1 石墨炉原子吸收光谱法仪器参考工作条件

波长 283.3 nm，狭缝 0.2 nm～1.0 nm，灯电流 5 mA～7 mA，干燥温度 120 ℃，20 s；灰化温度 450 ℃，持续 15 s～20 s，原子化温度 2 000 ℃左右，持续 4 s～5 s，背景校正为氘灯或塞曼效应。

B.2 火焰原子吸收光谱法仪器参考工作条件

空心阴极灯电流 8 mA；共振线 283.3 nm；狭缝 0.4 nm；空气流量 8 L/min；燃烧器高度 6 mm。

ICS 71.060.01
G 10

中华人民共和国国家标准

GB/T 23947.1—2009

无机化工产品中砷测定的通用方法　第1部分：二乙基二硫代氨基甲酸银光度法

Inorganic chemicals for industrial use—General method for determination of arsenic—Part 1: Silver diethyldithiocarbamate photometric method

(ISO 2590:1973, MOD)

2009-06-02 发布　　2010-02-01 实施

中华人民共和国国家质量监督检验检疫总局
中国国家标准化管理委员会　发布

前　言

GB/T 23947《无机化工产品中砷测定的通用方法》分为两个部分：

——第1部分：二乙基二硫代氨基甲酸银光度法；

——第2部分：砷斑法。

本部分为GB/T 23947的第1部分。

本部分修改采用ISO 2590：1973《砷测定的通用方法　二乙基二硫代氨基甲酸银光度法》（英文版）。

本部分根据ISO 2590：1973起草。本标准条款和国际标准条款一一对应。

由于ISO 2590：1973所引用的国际标准已废止，本标准在采用ISO 2590：1973时进行了修改。技术性差异在于未引用已废止的国际标准。

为便于使用，本部分做了下列编辑性修改：

——为了与我国无机化工产品系列标准一致，标准名称中增加了“无机化工产品”；

——删除国际标准的前言；

——用“本标准”代替“本国际标准”；

——用小数点“.”代替作为小数点的逗号“,”；

——将国际标准中“附录”改为“附录A”；

——增加了资料性附录B以指导使用。

本部分的附录A为规范性附录，附录B为资料性附录。

本部分由中国石油和化学工业协会提出。

本部分由全国化学标准化技术委员会无机化工分会（SAC/TC 63/SC 1）归口。

本部分主要起草单位：中海油天津化工研究设计院、多氟多化工股份有限公司、云南省化工研究院、天津出入境检验检疫局。

本部分主要起草人：陆思伟、薛旭金、龙萍、刘绍从、吕刚。

本部分为首次发布。

无机化工产品中砷测定的通用方法　第1部分：二乙基二硫代氨基甲酸银光度法

1　范围

GB/T 23942的本部分规定了无机化工产品砷测定的通用方法——二乙基二硫代氨基甲酸银分光光度法。

本方法适用于在全部试液或测定所取的部分试液中砷(As)含量为1 μg～20 μg的产品。

2　原理

在盐酸介质中用锌把砷还原成砷化氢，再用二乙基二硫代氨基甲酸银吡啶溶液吸收砷化氢。在最大吸收波长下(大约540 nm)对分散的银胶体所产生的紫红颜色进行光度测量。生成银胶体的反应方程式如下：

$$AsH_3+6Ag(DDTC)=6Ag+3H(DDTC)+As(DDTC)_3$$

3　试剂

所有的试剂，特别是锌应不含有砷或含极少量的砷。实验中所用的水应是蒸馏水或相应纯度的水。

3.1　盐酸：密度1.19 g/mL，质量分数约38%或浓度为12 mol/L。

3.2　二乙基二硫代氨基甲酸银[Ag(DDTC)]：5 g/L吡啶溶液。

在吡啶(密度约0.980 g/mL)中溶解1 g二乙基二硫代氨基甲酸银，用同一吡啶稀释溶液至200 mL。在密封的棕色瓶中避光保存，此溶液的使用期为两周。

3.3　砷标准溶液：0.100 g/L。

称取0.132 g三氧化二砷(As_2O_3)，精确至0.000 1 g，置于适当容积(比如100 mL)的烧杯中，用约2 mL 50 g/L氢氧化钠溶液溶解，全部转移到1 000 mL容量瓶中，用水冲洗烧杯几次，并将洗液也转移到容量瓶中，用水稀释至刻度，混匀。

此标准溶液1 mL含有100 μg砷(As)。

3.4　砷标准溶液：2.50 mg/L。

移取25.0 mL砷标准溶液(3.3)，置于1 000 mL容量瓶中，稀释至刻度，混匀。此溶液在使用前制备。

此标准溶液1 mL含有2.5 μg砷(As)。

3.5　乙酸铅脱脂棉。

在250 mL水中溶解50 g三水乙酸铅[$Pb(C_2H_3O_2)_2\cdot 3H_2O$]。用此溶液将脱脂棉浸透，排去多余的溶液，并在室温下真空干燥。

贮存在密封的容器里。

3.6　碘化钾溶液：150 g/L。

用水溶解15 g碘化钾，并稀释至100 mL，混匀。

3.7　氯化亚锡：盐酸溶液。

用25 mL水和75 mL盐酸(3.1)的混合溶液溶解40 g二水氯化亚锡($SnCl_2\cdot 2H_2O$)。

3.8　锌粒：0.5 mm～1 mm或通过试验已证明能在规定试验条件下得出相同结果的任何形状的锌(见附录A)。

4　仪器

对于砷测定所用的玻璃容器要用热的浓硫酸来冲洗(操作时要小心谨慎)，然后再用水冲洗并完全干燥。

4.1 带有磨口玻璃接口的玻璃仪器，用于砷的释放和全部吸收。

仪器的装置如图 1 所示，并由下列部分组成。

单位为毫米

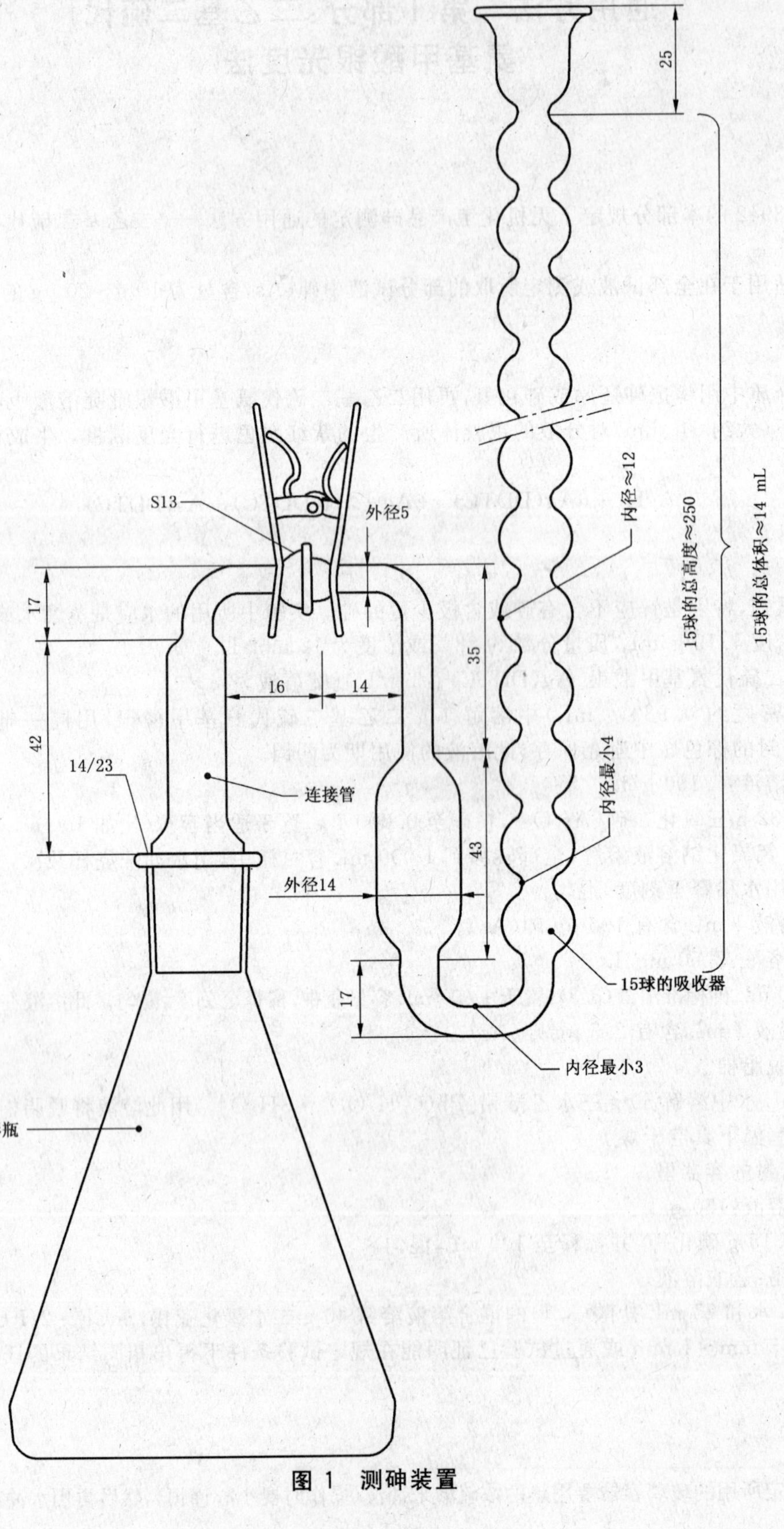

图 1　测砷装置

4.1.1 锥形瓶:100 mL,用于砷的释放。

4.1.2 连接管:吸收硫化氢。

4.1.3 15 球的吸收器。

4.2 分光光度计。

4.3 光电吸收计:备有在 520 nm～560 nm 之间透光率最大的滤光片。

5 操作步骤

警告——由于吡啶有毒,而且气味难闻,建议在通风橱内小心操作。

5.1 称样和试液的制备

按被测产品的标准中规定的量称取试样,并按照下述条件对试样进行处理以得到试液。

一般情况下,所制备的试液总体积或测定时所取的试液体积为 40 mL,其中含砷 1 μg～20 μg,并包含 10 mL 盐酸(3.1)。在加入碘化钾溶液之前,试液的酸度应为 3 mol/L。试液中绝对不能含有硝酸根离子。此外,某些元素(钴、汞、银、铜、钼、铬等)将影响砷化氢的生成。必要时,操作步骤中应指明如何考虑它们存在所产生的影响。

注:试验溶液为硫酸介质时,40 mL 试验溶液的酸度应为 1.9 mol/L～2 mol/L(含 10 mL 约 7.5 mol/L 的硫酸溶液)。

5.2 空白试验

在测定的同时,用同样的手续和相同量的所有试剂进行空白试验。

5.3 工作曲线的绘制

每当使用新的一批锌或换用新制备的二乙基二硫代氨基甲酸银溶液时,都应重新绘制工作曲线。

5.3.1 使用 1 cm 比色皿进行光度测量时标准参比溶液的制备:

按照表 1 所示的体积,在 6 个锥形瓶(4.1.1)中分别加入砷标准溶液(3.4)。

表 1 砷标准溶液的体积与相应砷的质量

砷标准溶液(3.4)的体积/mL	相应砷的质量/μg
0[a]	0
1.00	2.5
2.00	5
4.00	10
6.00	15
8.00	20

a 试剂空白溶液。

在每个锥形瓶中加 10 mL 盐酸(3.1),加水至约 40 mL。加 2 mL 碘化钾溶液(3.6)和 2 mL 氯化亚锡溶液(3.7),摇匀,然后放置 15 min。

注:当试液为硫酸介质时,须以 10 mL 约 7.5 mol/L 的硫酸溶液代替 10 mL 盐酸。

在连接管(4.1.2)内放一些乙酸铅脱脂棉(3.5),以吸收伴随砷化氢一起释放出来的硫化氢。

将磨口玻璃接口涂上不溶于吡啶的油脂。移取 5.0 mL 二乙基二硫代氨基甲酸银溶液(3.2),置于吸收器(4.1.3)中,用安全夹子连接吸收器与连接管(4.1.2)。

放置 15 min 之后,用漏斗将 5 g 锌(3.8)加到锥形瓶中,马上按图所示将仪器装备好。

反应约进行 45 min。

取下吸收器(4.1.3),摇动以使下部形成的红色沉淀溶解,并将溶液完全混匀。

溶液的颜色在无光的情况下,2 h 之内是稳定的,应在此时间范围内进行测量。

5.3.2 光度测量

用分光光度计(4.2)在波长约为 540 nm 处或用配有相应滤光片的光电吸收计(4.3),以试剂空白溶液调正仪器的吸光度为零后进行光度测量。

5.3.3 工作曲线的绘制

以每 5 mL 标准参比溶液含有砷的毫克数为横坐标,以相应的吸光度为纵坐标,绘制工作曲线。

5.4 测定

取 40 mL 试液(5.1)置于锥形瓶(4.1.1)中,加 2 mL 碘化钾溶液(3.6)和 2 mL 氯化亚锡溶液(3.7),摇匀,放置 15 min。

按照 5.3.1 所述的步骤操作。

5.4.1 光度测量

用空白试验溶液(5.2)调节仪器的吸光度为零,按照 5.3.2 的规定,对试液进行光度测量。

6 结果的表述

根据试液的吸光度从工作曲线(5.3.3)上查出相应的砷质量。

附 录 A
（规范性附录）
针形锌的用法

由于某种原因而使用针形锌代替锌粒时，应对方法作如下修改：

3.8 中改为“锌、针状，直径 2 mm ～3 mm”。

5.1 的第二段改为“一般情况下，所制备的试液总体积或测定所取的试液体积是 30 mL，其中含有 1 μg～20 μg 砷(As)和 10 mL 盐酸(3.1)。在加入碘化钾溶液以前的酸度约 4 mol/L，……”。

5.3.1 的第二段改为“在每个锥形瓶里加 10 mL 盐酸(3.1)并加水至约 30 mL。加 2 mL 碘化钾溶液(3.6)和 2 mL 氯化亚锡溶液(3.7)……”。倒数第三段改为“反应进行 1 h”。

附　录　B
（资料性附录）
干扰测定的离子

B.1　干扰测定的含义，系指某种离子在限量之内对 10 μg 砷的测定所引起的误差超过±5%以上。

B.2　干扰测定的离子见表 B.1。

表 B.1　干扰测定的离子

编号	名称	加入形式	最大允许限量/mg	消除方法	采用消除方法时允许限量/mg
1	Ag^{+}	$AgNO_3$	0.5	—	—
2	Pt^{4+}	K_2PtCl_6	0.1	—	—
3	Co^{2+}	$CoCl_2 \cdot 6H_2O$	1.0	—	—
4	Cu^{2+}	$CuSO_4 \cdot 5H_2O$	5.0	—	—
5	Mo^{6+}	$(NH_4)_6Mo_7O_{24} \cdot 4H_2O$	0.5	在含有 1 μg～20 μg 砷的试液中，加 10 mL 50%酒石酸和 10 mL 盐酸溶液，使之总体积为 40 mL，且酸度为 3 mol/L	3.0
6	Cd	金属镉	5.0	—	—
7	Pb^{2+}	$Pb(CH_3COO)_2 \cdot 3H_2O$	5.0	—	—
8	Hg^{2+}	$Hg(CH_3COO)_2$	0.5	同编号 5、Mo^{6+} 的处理	1.0
9	Cr^{3+}	$CrCl_3 \cdot 6H_2O$	5.0	—	—
10	Cr^{6+}	$K_2Cr_2O_7$	5.0	—	—
11	Sb^{3+}	Sb_2O_3	0.1	碘化钾溶液加入量改为 5.0 mL 和氯化亚锡溶液加入量改为 3.0 mL	0.4
12	Se	金属硒	0.1	在含有 1 μg～20 μg 砷的试验溶液中，加 10 mL 盐酸溶液，加水使总体积约 40 mL。然后加 0.1 g 硫酸联氨固体，使金属硒沉淀，用慢速滤纸干过滤。其清液作试验，然后加 2 mL 碘化钾溶液	2.0
13	Ni^{2+}	$NiSO_4(NH_4)_2SO_4 \cdot 6H_2O$	1.0	—	—
14	Bi^{3+}	$Bi(NO_3)_2 \cdot 6H_2O$	1.0	—	—
15	Ge^{4+}	GeO_2	0.03	—	—

表 B.1（续）

编号	名称	加入形式	最大允许限量/mg	消除方法	采用消除方法时允许限量/mg
16	Fe^{3+}	$FeCl_3 \cdot 6H_2O$	5.0	在含有 1 μg～20 μg 砷的试液中，加 10 mL50%酒石酸和 10 mL 盐酸溶液，使之总体积为 40 mL，且酸度为 3 mol/L	100
17	NO_3	HNO_3	—	在含有 1 μg～20 μg 砷的试液中，加 5 mL 硫酸，加热，充分冒白烟，赶尽硝酸根（切忌蒸干），冷却后，加水约至 40 mL 且酸度为 3 mol/L	—
18	Sr^{2+}	$SrCl_2 \cdot 6H_2O$	15.0	—	—
19	V^{5+}	NH_4VO_3	1.5	—	—
20	Ti^{3+}	$TiCl_3$	40.0	—	—
21	W^{6+}	$Na_2WO_4 \cdot 2H_2O$	3.0	—	—
22	Mn^{2+}	$MnSO_4$	125.0	—	—
23	Mn^{7+}	$KMnO_7$	100	—	—
24	F^-	NaF	1 000	—	—
25	ClO_3^-	$HClO_4$	1 000	—	—

ICS 71.060.01
G 10

中华人民共和国国家标准

GB/T 23947.2—2009

无机化工产品中
砷测定的通用方法
第2部分:砷斑法

Inorganic chemicals for industrial use—
General method for the determination of arsenic content—
Part 2:Gutzeit method

2009-06-02 发布　　　　2010-02-01 实施

中华人民共和国国家质量监督检验检疫总局
中国国家标准化管理委员会 发布

前言

GB/T 23947《无机化工产品中砷测定的通用方法》分为两个部分：

——第1部分：二乙基二硫代氨基甲酸银光度法；

——第2部分：砷斑法。

本部分为GB/T 23947的第2部分。

本部分的附录A为资料性附录。

本部分由中国石油和化学工业协会提出。

本部分由全国化学标准化技术委员会无机化工分会(SAC/TC 63/SC 1)归口。

本部分主要起草单位：浙江省建德市天石碳酸钙有限公司、中海油天津化工研究设计院、天津出入境检验检疫局。

本部分主要起草人：周新民、汪丽红、陆思伟、孙书军、马军。

本部分为首次发布。

无机化工产品中
砷测定的通用方法
第2部分:砷斑法

1 范围

GB/T 23947 的本部分规定了无机化工产品中砷测定的通用方法——砷斑法的原理、安全提示、一般规定、试剂和材料、仪器、设备和分析步骤。

本方法适用于无机化工产品中微量砷的测定。其最低检出质量分数为 0.25 mg /kg (以 As 计)。

2 规范性引用文件

下列文件中的条款通过 GB/T 23947 的本部分的引用而成为本部分的条款。凡是注日期的引用文件,其随后所有的修改单(不包括勘误的内容)或修订版均不适用于本部分,然而,鼓励根据本部分达成协议的各方研究是否可使用这些文件的最新版本。凡是不注日期的引用文件,其最新版本适用于本部分。

GB/T 6682—2008 分析实验室用水规格和试验方法(ISO 3696:1987,MOD)

HG/T 3696.2 无机化工产品 化学分析用杂质标准溶液的制备

HG/T 3696.3 无机化工产品 化学分析用制剂及制品的制备

3 原理

在酸性溶液中,用碘化钾和氯化亚锡将 As(Ⅴ)还原为 As(Ⅲ)。加锌粒与酸作用,产生新生态氢,使 As(Ⅲ)进一步还原为砷化氢。砷化氢气体与溴化汞试纸作用时,产生棕黄色的砷汞化物,可用于砷的目视比色法测定。

$$As^{3+} + 3Zn + 3H^{+} \rightarrow AsH_3 \uparrow + 3Zn^{2+}$$

$$AsH_3 + 2HgBr_2 \rightarrow AsH(HgBr)_2(\text{黄色}) + 2HBr$$

4 安全提示

本试验方法中使用的部分试剂具有毒性或腐蚀性,操作者须小心谨慎!如溅到皮肤上应立即用水冲洗,严重者应立即治疗。

5 一般规定

本部分所用试剂和水,在没有注明其他要求时,均指分析纯试剂和 GB/T 6682—2008 规定的三级水。

试验中所需杂质标准溶液、制剂和制品,在没有注明其他要求时均按 HG/T 3696.2、HG/T 3696.3 之规定制备。

6 试剂和材料

6.1 无砷金属锌。

6.2 盐酸。

6.3 碘化钾溶液:150 g/L。

6.4 氯化亚锡溶液:400 g/L,有效期一个月。

6.5 乙酸铅棉花。

6.6 溴化汞试纸。

6.7 砷标准贮备液:1 mL 溶液含砷(As)0.10 mg。

用移液管移取 10 mL 按 HG/T 3696.2 配制的砷标准溶液,置于 100 mL 容量瓶中,用水稀释至刻度,摇匀。置于冰箱内保存,有效期一个月。

6.8 砷标准溶液:1 mL 溶液含砷(As)0.001 mg。

用移液管移取 1 mL 砷标准储备液,置于 100 mL 容量瓶中,用水稀释至刻度,摇匀。此溶液应在使用当天配置。

7 仪器、设备

7.1 锥形瓶或广口瓶:容积为 150 mL~200 mL。

7.2 玻璃管:长 180 mm,上部直径为 6.5 mm,管的近末端侧面有一直径约为 2 mm 的孔。使用前装入乙酸铅棉花,高约 60 mm。玻璃管的上端管口表面磨平,下面有两个耳钩,供固定玻璃帽用。

7.3 玻璃帽:下面磨平,中央有孔与玻璃管相通,孔直径 6.5 mm,上面有弯月形凹槽。

7.4 测砷装置:如图 1 所示。使用时将玻璃帽盖在玻璃管上端管口,使圆孔互相吻合,将溴化汞试纸夹在中间,用橡皮圈或其他适宜的方法将玻璃帽与玻璃管固定。

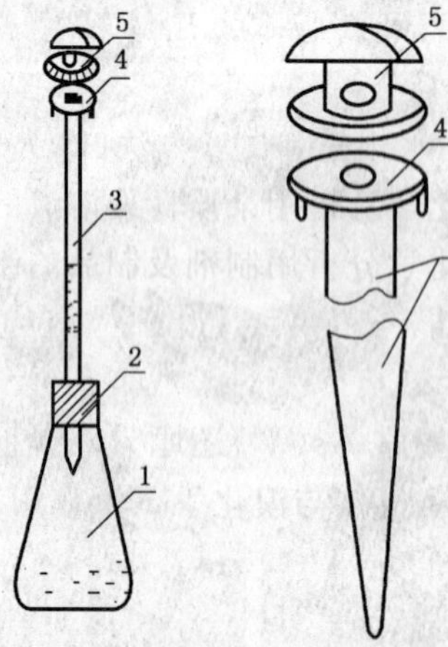

1——锥形瓶;
2——橡胶塞;
3——玻璃管;
4——玻璃管上端管口;
5——玻璃帽。

图 1 测砷装置

8 分析步骤

8.1 称样和试验溶液的制备

称样量和制备试验溶液的方法按有关产品标准中的规定(干扰离子的消除参见附录 A),并调节试验溶液 pH 值约为 7。

8.2 测定

用移液管移取适量试验溶液(含砷量约为 0.001 mg~0.002 mg),移入锥形瓶或广口瓶中,用水稀释至约 60 mL。加 6 mL 盐酸溶液,摇匀。加 5 mL 碘化钾溶液及 0.2 mL 氯化亚锡溶液,摇匀,放置 10 min。加 2.5 g 无砷锌,立即按图装好装置,于暗处在 25 ℃~30 ℃放置 1 h~1.5 h,溴化汞试纸所呈棕黄色与标准比较。

标准是取规定量的砷(As)标准溶液,与样品同时同样处理。

附 录 A
（资料性附录）
干扰及消除

A.1 硫化物

当溶液中存在微量的硫化物时，在生成砷化氢的同时也生成硫化氢气体，干扰砷的测定。在定砷器的管路中塞进乙酸铅棉花可以消除干扰。

A.2 低价硫的化合物或易生成硫沉淀的化合物

样品主体为低价硫化合物或易生成硫沉淀的化合物，例如硫代硫酸钠，应先加硝酸将样品氧化成硫酸盐，并在水浴上蒸干，除去过量的硝酸，制备成试验溶液。

A.3 铜盐

样品主体为铜盐时会干扰砷的测定。消除的方法是在样品溶液中加少量 Fe(Ⅲ)，滴加氨水使铜、铁沉淀，此时砷与氢氧化铁共沉淀。继续滴加氨水。使铜成铜氨配(络)离子溶解，过滤、洗涤、沉淀，并用热盐酸溶解，制备成试验溶液。

A.4 亚铁盐

样品主体为亚铁盐时砷斑法的灵敏度会大大降低。此时可向样品溶液中加入硫酸联氨和盐酸，使砷完全转变为 As(Ⅲ)，加热蒸出三氯化砷，收集馏出液测砷。

A.5 汞盐

样品主体为汞盐时，对测定砷有干扰。消除主体的方法是向样品溶液中加入氢氧化钠和过氧化氢，使 Hg(Ⅱ)还原成金属汞，过滤除去汞。合并滤液和洗液、蒸干，使过量的过氧化氢分解，制备成试验溶液。

A.6 锑盐

样品主体为锑盐时，因锑与砷同族，此法测砷时锑也能起相似的反应。因此，不能用此种方法测定锑中的砷。

A.7 具有氧化性的样品

A.7.1 测定高锰酸钾中的砷，先用硫酸将样品酸化，再滴加过氧化氢将 Mn(Ⅶ)还原为 Mn(Ⅱ)；

A.7.2 测氯酸钾中的砷，加入盐酸，蒸发干，使氯酸钾完全分解；

A.7.3 测硝酸或硝酸盐中的砷，先加硫酸并加热，将硝酸赶净。

A.8 碱性样品

样品为碱性时，将试验溶液中和以保证溶液的酸度范围。

ICS 71.060.01
G 10

中华人民共和国国家标准

GB/T 23948—2009

无机化工产品中水不溶物测定通用方法

Inorganic chemicals for industrial use—General method for the determination of water insoluble matter

2009-06-02 发布 2010-02-01 实施

中华人民共和国国家质量监督检验检疫总局
中国国家标准化管理委员会 发布

前　言

本标准的附录A为资料性附录。

本标准由中国石油和化学工业协会提出。

本标准由全国化学标准化技术委员会无机化工分会(SAC/TC 63/SC 1)归口。

本标准主要起草单位:广西贺州市科隆粉体有限公司、中海油天津化工研究设计院、多氟多化工股份有限公司、湖北兴发化工集团股份有限公司。

本标准主要起草人:李奇洪、张小燕、王璐璐、薛旭金、万金铸。

本标准为首次发布。

无机化工产品中水不溶物测定通用方法

1 范围

本标准规定了无机化工产品中水不溶物含量测定通用方法的方法提要、试剂和材料、仪器设备、分析步骤和结果计算。

本标准适用于无机化工产品中水不溶物含量的测定。本标准规定的玻璃砂坩埚法适用于非碱性物质水不溶物的测定。用本标准测定水不溶物时按取样量和规格值计算所得到的不溶物质量不得小于1 mg。

2 规范性引用文件

下列文件中的条款通过本标准的引用而成为本标准的条款。凡是注日期的引用文件，其随后所有的修改单(不包括勘误的内容)或修订版均不适用于本标准，然而，鼓励根据本标准达成协议的各方研究是否可使用这些文件的最新版本。凡是不注日期的引用文件，其最新版本适用于本标准。

GB/T 6682—2008 分析实验室用水规格和试验方法(ISO 3696:1987,MOD)

3 方法提要

用水溶解样品，采用适合的方式将不溶性物质滤出，用水洗涤滤渣，使之与样品主体完全分离，烘干后可用天平称出不溶物的质量。

4 试剂和材料

4.1 实验用水应符合 GB/T 6682—2008 中三级水的规格。

4.2 酸洗石棉：取适量酸洗石棉，浸泡于盐酸溶液(1+3)中，煮沸 20 min，用布氏漏斗过滤并用水洗涤至中性。再用 50 g/L 氢氧化钠溶液浸泡并煮沸 20 min，用布氏漏斗过滤并用水洗涤至中性。用水调成稀糊状，备用。

4.3 石棉滤纸。

5 仪器、设备

5.1 一般试验室仪器。

5.2 玻璃砂坩埚。

5.3 古氏坩埚：容量 30 mL。

5.4 减压吸滤装置。

5.5 电热恒温干燥箱：温度可保持在 105 ℃±2 ℃。

5.6 分析天平：感量在 0.1 mg。

6 分析步骤

6.1 玻璃砂坩埚法

将清洗干净的玻璃砂坩埚(玻璃砂坩埚的前处理见附录 A)于 105 ℃±2 ℃干燥，在干燥器中冷却 30 min 后称量。然后再干燥、冷却相同时间、称量，如此反复，直至坩埚质量恒定为止。

取规定量的样品，加适量的水使试样完全溶解(具体参见产品标准)，加热(必要时煮沸，采用热过滤)，冷却至室温。用已在 105 ℃±2 ℃烘至质量恒定的玻璃砂坩埚过滤，用热水洗涤滤渣至吸附在滤渣上的样品主体完全洗去，于 105 ℃±2 ℃的电热恒温干燥箱中干燥至质量恒定。

注：根据产品标准选用适当孔径的玻璃砂坩埚。

6.2 古氏坩埚法

将古氏坩埚置于抽滤瓶上，在坩埚筛板上下各分次均匀的铺上处理过的酸洗石棉，厚度约 3 mm，用 60 ℃～80 ℃的水洗至滤液中不含石棉毛为止（每次水洗时都先将抽滤瓶的真空度放到常压）。取下坩埚于 105 ℃±2 ℃干燥，于干燥器中冷却 30 min 后称量。然后再洗涤、干燥、冷却相同时间、称量，如此反复，直至坩埚质量恒定为止。

称取适量样品，置于 400 mL 烧杯中，用约 300 mL 60 ℃～80 ℃的水溶解（根据样品的溶解度适量增减），用已于 105 ℃±2 ℃干燥至质量恒定的古氏坩埚过滤，用 60 ℃～80 ℃的水洗涤残渣至无碱性反应为止（用广泛 pH 试纸检测洗出液近中性为止）。将坩埚和残渣于 105 ℃±2 ℃干燥至质量恒定。

注：也可用石棉滤纸代替酸洗石棉，但要根据产品标准选用适当孔径的石棉滤纸。

7 结果计算

水不溶物含量以质量分数 w 计，数值以%表示，按式(1)计算：

$$w=\frac{m_2-m_1}{m}\times 100 \qquad \cdots\cdots(1)$$

式中：

m_2——水不溶物和玻璃砂坩埚或古氏坩埚的质量的数值，单位为克(g)；

m_1——玻璃砂坩埚或古氏坩埚的质量的数值，单位为克(g)；

m——试料的质量的数值，单位为克(g)。

取平行测定结果的算术平均值为测定结果，两次平行测定结果的绝对差值符合产品标准规定。

附 录 A
（资料性附录）
玻璃砂坩埚的前处理

A.1 将玻璃砂坩埚置于250 mL烧杯中，加盐酸溶液(1+1)至完全浸没玻璃砂坩埚（也可按产品标准加入硝酸溶液或硫酸溶液），于电炉上煮沸5 min～10 min，冷却，将盐酸溶液完全倒入废液收集瓶中，再加水至完全浸没玻璃砂坩埚，于电炉上煮沸5 min～10 min，冷却，取出备用。

A.2 将玻璃砂坩埚置于抽滤瓶上，用盐酸溶液(1+1)洗涤（也可按产品标准加入硝酸溶液或硫酸溶液），再用水洗至用广泛pH试纸检测洗出液近中性为止。

ICS 71.060.01
G 10

中华人民共和国国家标准

GB/T 23949—2009

无机化工产品中蒸发残渣测定通用方法

Inorganic chemicals for industrial use—General method for the determination of dry residue after evaporation

2009-06-02 发布　　2010-02-01 实施

中华人民共和国国家质量监督检验检疫总局
中国国家标准化管理委员会　发布

前　言

本标准由中国石油和化学工业协会提出。

本标准由全国化学标准化技术委员会无机化工分会(SAC/TC 63/SC 1)归口。

本标准主要起草单位:多氟多化工股份有限公司、中海油天津化工研究设计院。

本标准主要起草人:施秀华、郭贤慧、高鹏。

本标准为首次发布。

无机化工产品中蒸发残渣测定通用方法

1 范围

本标准规定了无机化工产品中用重量法测定蒸发残渣的通用方法的方法提要、分析步骤、结果计算。

本标准适用于在操作温度下,主体与残渣稳定性或挥发性存在差异的无机化工产品。

2 规范性引用文件

下列文件中的条款通过本标准的引用而成为本标准的条款。凡是注日期的引用文件,其随后所有的修改单(不包括勘误的内容)或修订版均不适用于本标准,然而,鼓励根据本标准达成协议的各方研究是否可使用这些文件的最新版本。凡是不注日期的引用文件,其最新版本适用于本标准。

GB/T 6682—2008 分析实验室用水规格和试验方法(ISO 3696:1987,MOD)

3 方法提要

利用样品主体与残渣挥发性质的差异,在水浴上将样品蒸干,并在烘箱中干燥至质量恒定,使样品主体与残渣完全分离,称出残渣的质量。

4 一般规定

本标准所用水,在没有注明其他要求时,均指分析纯试剂和 GB/T 6682—2008 中规定的三级水。

5 仪器、设备

5.1 蒸发容器:蒸发皿、坩埚或烧杯,材质为铂、石英、硼硅玻璃或陶瓷。

5.2 恒温水浴。

5.3 电热恒温干燥箱:温度可控制在 105 ℃±2 ℃。

6 分析步骤

取规定量的样品,根据样品的性质选定适当材质的蒸发容器,置于已用水洗净并在 105 ℃±2 ℃干燥至质量恒定的规定的蒸发容器中,将试料在适当温度的水浴上蒸干(必要时此操作在通风橱中进行),再于 105 ℃±2 ℃的电热恒温干燥箱中干燥至质量恒定。

7 结果计算

蒸发残渣含量以质量分数 w 计,数值以%表示,按式(1)、式(2)计算:

$$w=\frac{m_2-m_1}{\rho\times V}\times 100 \qquad \cdots\cdots(1)$$

或

$$w=\frac{m_2-m_1}{m}\times 100 \qquad \cdots\cdots(2)$$

式中:

m_2——蒸发皿和试样的质量的数值,单位为克(g);

m_1——蒸发皿的质量的数值,单位为克(g);

m——试料质量的数值，单位为克(g)；

ρ——液体试料密度的数值，单位为克每毫升(g/mL)；

V——液体试料体积的数值，单位为毫升(mL)。

取平行测定结果的算术平均值为测定结果，两次平行测定结果的绝对差值见相应产品标准的规定。

ICS 71.060.01
G 10

中华人民共和国国家标准

GB/T 23950—2009

无机化工产品中重金属测定通用方法

Inorganic chemicals for industrial use—General method for determination of heavy metals

2009-06-02 发布　　2010-02-01 实施

中华人民共和国国家质量监督检验检疫总局
中国国家标准化管理委员会　发布

前　言

本标准由中国石油和化学工业协会提出。

本标准由全国化学标准化技术委员会无机化工分会(SAC/TC 63/SC 1)归口。

本标准主要起草单位:湖北兴发化工集团股份有限公司、中海油天津化工研究设计院、多氟多化工股份有限公司、青岛海洋化工有限公司。

本标准主要起草人:弓创周、万金铸、王建萍、柳春磊。

本标准为首次发布。

无机化工产品中重金属测定通用方法

1 范围

本标准规定了无机化工产品中重金属测定通用方法——目视比色法的安全提示、一般规定、方法原理、试剂、仪器、分析步骤。

本标准适用于无机化工产品中重金属（以 Pb 计）的限量测定。检测范围为：0.2 μg/mL～2 μg/mL。

2 规范性引用标准

下列文件中的条款通过本标准的引用而成为本标准的条款。凡是注日期的引用文件，其随后所有的修改单（不包括勘误的内容）或修订版均不适用于本标准，然而，鼓励根据本标准达成协议的各方研究是否可使用这些文件的最新版本。凡是不注日期的引用文件，其最新版本适用于本标准。

GB/T 6682—2008 分析实验室用水规格和试验方法（ISO 3696:1987，MOD）

HG/T 3696.2 无机化工产品化学分析用杂质标准溶液的制备

HG/T 3696.3 无机化工产品化学分析用制剂及制品的制备

3 安全提示

本试验方法中使用的部分试剂具有毒性或腐蚀性，操作时须小心谨慎！必要时，需在通风橱中进行。如溅到皮肤上应立即用水冲洗，严重者应立即治疗。

4 一般规定

本标准所用试剂和水，在没有注明其他要求时，均指分析纯试剂和 GB/T 6682—2008 规定的三级水。

试验中所需杂质标准溶液、制剂和制品，在没有注明其他要求时均按 HG/T 3696.2、HG/T 3696.3 之规定制备。

5 方法原理

无机化工产品中的重金属离子与负二价硫离子在弱酸介质（pH＝3～4）中生成有色硫化物沉淀。重金属元素含量较低时，形成稳定的棕褐色悬浮液，可用于重金属的目视比色法测定。

6 试剂

6.1 盐酸溶液：1＋1。

6.2 氨水溶液：1＋14。

6.3 乙酸盐缓冲溶液（pH≈3.5）。

称取 25.0 g 乙酸铵，加 25 mL 水溶解，加 45 mL 盐酸溶液（1＋1），再用稀盐酸或稀氨水调节 pH 值至 3.5，用水稀释至 100 mL。

6.4 硫化氢饱和溶液（临用时制备）。

6.5 硫化钠溶液。

6.6　铅标准溶液Ⅰ:1 mL 溶液含铅(Pb)0.10 mg。

用移液管移取 10 mL 按 HG/T 3696.2 配制的铅标准溶液,置于 100 mL 容量瓶中,用水稀释至刻度,摇匀。置于冰箱内保存,有效期一个月。

6.7　铅标准溶液Ⅱ:1 mL 溶液含铅(Pb)0.010 mg。

用移液管移取 10 mL 铅标准溶液Ⅰ,置于 100 mL 容量瓶中,用水稀释至刻度,摇匀。此溶液现用现配。

6.8　酚酞指示液:10 g/L 的乙醇溶液。

7　仪器

比色管:50 mL。

8　分析步骤

8.1　试样溶液的配制

按照产品标准的规定称取试样,不同的产品选用与其相应的样品处理方法,将处理后得到的试样溶液(如果试样溶液不澄清,对其进行过滤),放入 50 mL 比色管中,稀释至 25 mL,加一滴酚酞指示液,再用盐酸溶液或氨水溶液调节 pH 至中性(酚酞的红色刚刚褪去),然后加 5 mL 乙酸盐缓冲溶液,混匀,备用。

8.2　标准比色溶液的配制

标准比色溶液是按照产品标准重金属的指标要求移取规定量的铅标准溶液Ⅱ和适量基体(如果试液中不含基体或基体的存在对测定无影响,则不必加),与同体积试液同时同样处理。

8.3　测定

向试样溶液和标准比色溶液的比色管中各加入 10 mL 新制备的饱和硫化氢水溶液或 2 滴硫化钠溶液,加水至 50 mL 刻度,摇匀,放置 10 min。置于白色背景下,从上方及侧方观察,试验溶液的颜色不深于标准比色溶液。

ICS 71.060.01
G 10

中华人民共和国国家标准

GB/T 23951—2009

无机化工产品中
灼烧残渣测定通用方法

Inorganic chemicals for industrial use—General method for the determination of residue after ignition

2009-06-02 发布　　2010-02-01 实施

中华人民共和国国家质量监督检验检疫总局
中国国家标准化管理委员会　发布

前　言

本标准由中国石油和化学工业协会提出。

本标准由全国化学标准化技术委员会无机化工分会(SAC/TC 63/SC 1)归口。

本标准主要起草单位:多氟多化工股份有限公司、中海油天津化工研究设计院。

本标准主要起草人:薛旭金、卜法见、高鹏。

本标准为首次发布。

无机化工产品中
灼烧残渣测定通用方法

1 范围

本标准规定了无机化工产品中用重量法测定灼烧残渣的通用方法的方法提要、分析步骤、结果计算。

本标准适用于能够升华或碳化并可在 550 ℃～1 200 ℃下除净主体的无机化工产品灼烧残渣的测定。

2 规范性引用文件

下列文件中的条款通过本标准的引用而成为本标准的条款。凡是注日期的引用文件，其随后所有的修改单(不包括勘误的内容)或修订版均不适用于本标准，然而，鼓励根据本标准达成协议的各方研究是否可使用这些文件的最新版本。凡是不注日期的引用文件，其最新版本适用于本标准。

GB/T 6682—2008　分析实验室用水规格和试验方法(ISO 3696:1987，MOD)

3 方法提要

利用样品主体与形成残渣的物质之间在挥发性、对热和氧的稳定性等物理、化学性质之间的差异，将样品低温加热挥发、碳化，高温灼烧，使样品主体与残渣完全分离，称出残渣的质量。

4 安全提示

本试验方法中使用的硫酸或盐酸具有腐蚀性，操作时须小心谨慎！如溅到皮肤上应立即用水冲洗，严重者应立即治疗。本试验方法中需使用高温炉，操作时须小心谨慎，防止烫伤。

5 一般规定

本标准所用试剂和水，在没有注明其他要求时，均指分析纯试剂和 GB/T 6682—2008 中规定的三级水。

6 试剂

6.1　盐酸溶液：1+1。

6.2　硫酸。

7 仪器、设备

7.1　蒸发容器：坩埚或蒸发皿，材质为铂、石英或陶瓷。

7.2　高温炉：温度可控制在 550 ℃～1 200 ℃。550 ℃～800 ℃，温度可控制在 550 ℃±25 ℃～800 ℃±25 ℃；800 ℃～1 200 ℃，温度可控制在 800 ℃±50 ℃～1 200 ℃±50 ℃。

8 分析步骤

8.1 灼烧温度选择

根据样品自身的特性，选择合适的灼烧温度。

8.2　蒸发容器的预处理

蒸发容器用盐酸溶液煮 15 min，用自来水冲洗净，再用水冲洗三遍，干燥，于 550 ℃～1 200 ℃温度下灼烧至质量恒定。

8.3　固体样品

取规定量的样品，置于已在 550 ℃～1 200 ℃温度下灼烧至质量恒定的规定的坩埚或瓷蒸发皿中，缓慢加热，直至样品完全挥发或碳化。冷却，用 0.5 mL 硫酸润湿残渣。继续加热至硫酸蒸气逸尽，在 550 ℃～1 200 ℃的高温炉中灼烧至质量恒定。

8.4　液体样品

取规定量的样品，置于已在 550 ℃～1 200 ℃温度下灼烧至质量恒定的、规定的坩埚或瓷蒸发皿中，加入 0.25 mL 硫酸，在水浴或电炉上加热（勿使沸腾），直至样品完全挥发或碳化。在电炉上继续加热至硫酸蒸气逸尽，于 550 ℃～1 200 ℃的高温炉中灼烧至质量恒定。

向液体样品中加入硫酸，应在挥发或碳化之前一次加完；样品若含有机物，应避免燃烧。如果先加硫酸会给样品的挥发、碳化操作造成困难，也可在主体挥发、碳化之后加入。

8.5　不必或不能加硫酸的样品

取规定量的样品，置于已在 550 ℃～1 200 ℃温度下灼烧至质量恒定的规定的坩埚或瓷蒸发皿中，缓慢加热，直至样品完全挥发或碳化。在 550 ℃～1 200 ℃的高温炉中灼烧至质量恒定。

挥发或碳化样品时，如果样品量大，可分几次加入。

必要时灼烧温度可改用其他温度。

9　结果计算

灼烧残渣含量以质量分数 w 计，数值以%表示，按式(1)或式(2)计算：

$$w = \frac{m_2 - m_1}{\rho \times V} \times 100 \quad \cdots\cdots(1)$$

或

$$w = \frac{m_2 - m_1}{m} \times 100 \quad \cdots\cdots(2)$$

式中：

m_2——残渣和空坩埚或残渣和空皿的质量的数值，单位为克(g)；

m_1——空坩埚或空皿的质量的数值，单位为克(g)；

m——试料质量的数值，单位为克(g)；

ρ——液体试料密度的数值，单位为克每毫升(g/mL)；

V——液体试料体积的数值，单位为毫升(mL)。

取平行测定结果的算术平均值为测定结果，两次平行测定结果的绝对差值见相应产品标准的规定。

ICS 71.060.01
G 10

中华人民共和国国家标准

GB/T 23952—2009

无机化工产品中总氮含量测定的通用方法　蒸馏-酸碱滴定法

Inorganic chemicals for industrial use—General method for the determination of total nitrogen content—Distillation-acid-base titrations method

2009-06-02 发布　　2010-02-01 实施

中华人民共和国国家质量监督检验检疫总局
中国国家标准化管理委员会　发布

前　言

本标准由中国石油和化学工业协会提出。

本标准由全国化学标准化技术委员会无机化工分会(SAC/TC 63/SC 1)归口。

本标准主要起草单位:多氟多化工股份有限公司、中海油天津化工研究设计院、天津出入境检验检疫局。

本标准主要起草人:施秀华、郭贤惠、陆思伟、刘军、马军。

本标准为首次发布。

无机化工产品中总氮含量测定的通用方法 蒸馏-酸碱滴定法

1 范围

本标准规定了测定无机化工产品中总氮含量(硝态氮、铵态氮)的通用方法——蒸馏-酸碱滴定法的方法提要、安全提示、一般规定、试剂、仪器、设备、分析步骤和结果计算。

本标准适用于无机化工品中总氮含量的测定,本方法适用于无机化工产品中常量、半微量氮的测定。

2 规范性引用文件

下列文件中的条款通过本标准的引用而成为本标准的条款。凡是注日期的引用文件,其随后所有的修改单(不包括勘误的内容)或修订版本均不适用于本标准,然而,鼓励根据本标准达成协议的各方研究是否可使用这些文件的最新版本。凡是不注日期的引用文件,其最新版本适用于本标准。

GB/T 6682—2008 分析实验室用水规格和试验方法(ISO 3696:1987,MOD)

HG/T 3696.1 无机化工产品化学分析用标准滴定溶液的制备

HG/T 3696.3 无机化工产品化学分析用制剂及制品的制备

3 方法提要

在碱性介质中用定氮合金将硝态氮还原为铵态氮,采用蒸馏法将氨蒸出,并吸收在过量硫酸溶液中。以甲基红-次甲基蓝混合指示液为指示剂,用氢氧化钠标准滴定溶液返滴定。

4 安全提示

本试验方法中使用的部分试剂具有腐蚀性,操作者须小心谨慎!如溅到皮肤上应立即用水冲洗,严重者应立即治疗。

5 一般规定

本标准所用试剂和水,在没有注明其他要求时,均指分析纯试剂和 GB/T 6682—2008 规定的三级水。

试验中所需标准滴定溶液、制剂和制品,在没有注明其他要求时均按 HG/T 3696.1、HG/T 3696.3 之规定制备。

6 试剂

6.1 硝酸钾:使用前在 100 ℃下干燥至质量恒定。

6.2 定氮合金(Cu:50%、Al:45%、Zn:5%):粒径不大于 0.85 mm。

6.3 氢氧化钠溶液:400 g/L。

6.4 硫酸溶液:$c(1/2H_2SO_4)=0.5$ mol/L 或 $c(1/2H_2SO_4)=1$ mol/L。

6.5 氢氧化钠标准滴定溶液:$c(NaOH)=0.5$ mol/L。

6.6 无氨水。

6.7 甲基红-次甲基蓝混合指示液。

6.8 广泛 pH 试纸。

7 仪器、设备

7.1 蒸馏仪器:按图1或图2配备或其他具有相同蒸馏能力的定氮蒸馏仪器。

单位为毫米

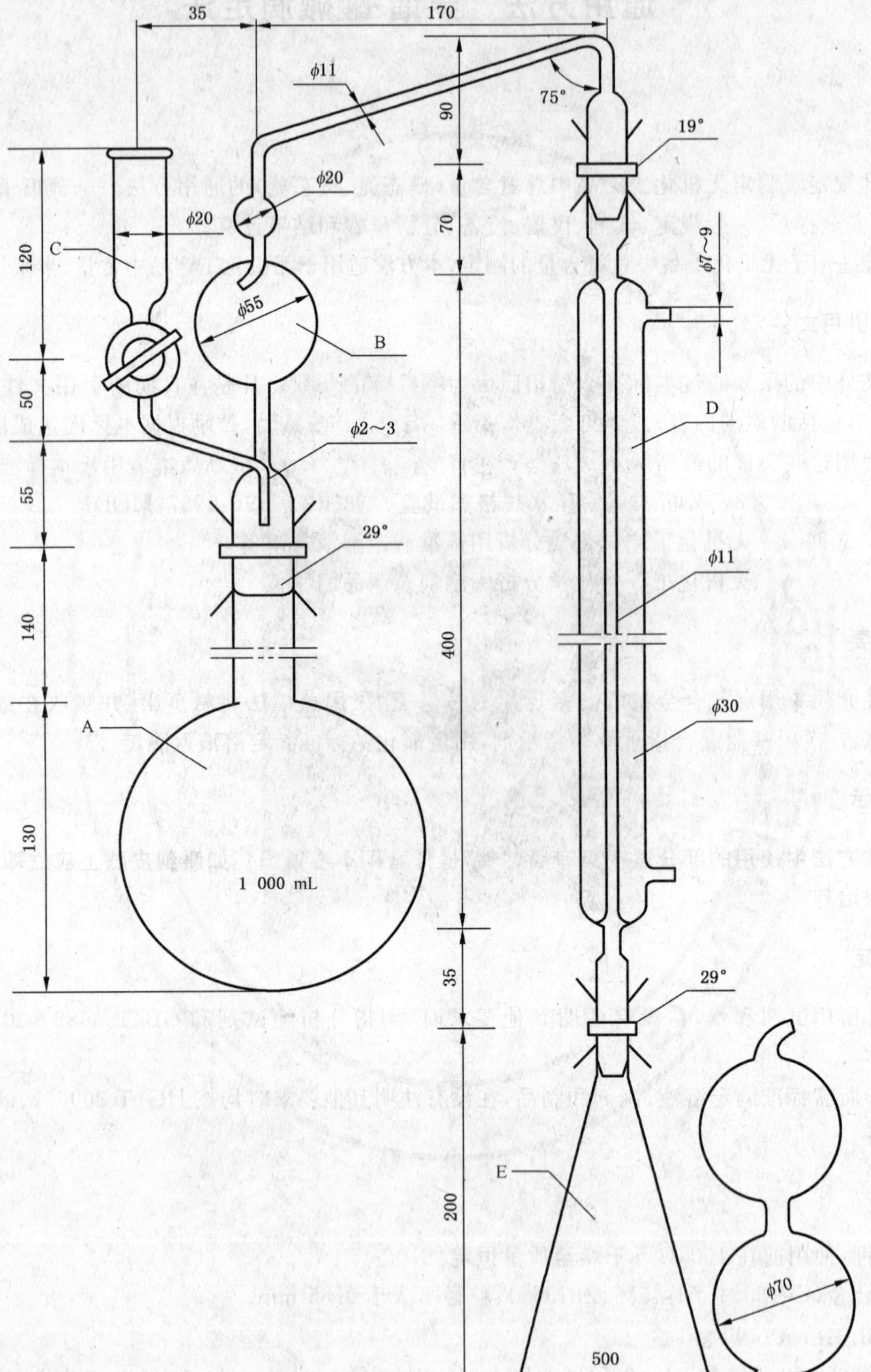

A——蒸馏瓶；
B——防溅球管；
C——滴液漏斗；
D——冷凝管；
E——吸收瓶。

图1 蒸馏仪器图

单位为毫米

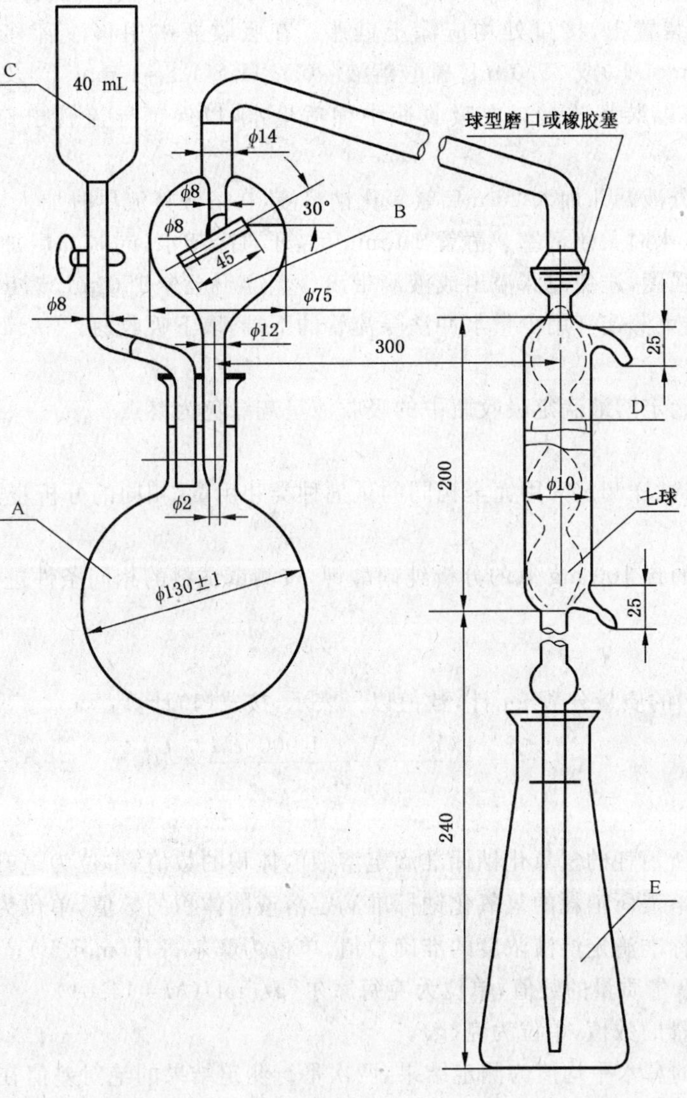

A——蒸馏瓶；

B——防溅球管；

C——滴液漏斗；

D——冷凝管；

E——吸收瓶。

图 2 蒸馏仪器图

7.2 蒸馏加热装置：1 000 W～1 500 W 电炉，置于升降台架上，可自由调节高度。也可使用调温电炉或能够调节供热强度的其他形式热源。

7.3 防暴沸颗粒。

8 分析步骤

8.1 称样

称取总氮含量不大于 250 mg，硝态氮含量不大于 60 mg 的试料 0.5 g～2 g，精确至 0.000 2 g。置于蒸馏烧瓶中。

8.2 试样处理与蒸馏

在蒸馏烧瓶中加300 mL无氨水，摇动使试料溶解。加入3 g～4 g定氮合金和几粒防暴沸颗粒，将蒸馏烧瓶连接于蒸馏装置上，接口处均应涂上硅脂。在吸收瓶中用移液管移入50.0 mL硫酸溶液[$c(1/2H_2SO_4)$=0.5 mol/L)或25.0 mL硫酸溶液[$c(1/2H_2SO_4)$=1 mol/L]及4～5滴甲基红-次甲基蓝混合指示液，并与蒸馏装置连接。在吸收瓶中加适量水，以保证导流管出口位于吸收液液面下约1.5 cm。

通过蒸馏装置的分液漏斗加入20 mL氢氧化钠溶液，在溶液将流尽时加入20 mL～30 mL水冲洗漏斗，剩3 mL～5 mL水时关闭活塞。静置10 min后，开通冷却水，同时开启加热装置，沸腾时根据泡沫产生程度调节供热强度，避免泡沫溢出或液滴带出。蒸馏出至少150 mL馏出液后，用pH试纸检查液滴，如不呈碱性则结束蒸馏。用少量水冲洗导流管的下端，取下吸收瓶。

8.3 滴定

用氢氧化钠标准滴定溶液滴定吸收瓶中的吸收液呈灰绿色为终点。

8.4 空白试验

除不加试样外，与试样测定采用完全相同的试剂种类和用量，相同的分析步骤进行平行测定。

8.5 校对试验

定期使用新制备的含100 mg氮的分析纯硝酸钾，按测试试料的相同条件进行。

9 结果计算

总氮含量以氮(N)的质量分数w_1计，数值以%表示，按式(1)计算：

$$w_1 = \frac{[(V_0 - V_1)/1\,000]cM}{m} \times 100 \quad \cdots\cdots(1)$$

式中：

V_0——空白试验所消耗的氢氧化钠标准滴定溶液的体积的数值，单位为毫升(mL)；

V_1——滴定试验溶液所消耗的氢氧化钠标准滴定溶液的体积的数值，单位为毫升(mL)；

c——氢氧化钠标准滴定溶液浓度的准确数值，单位为摩尔每升(mol/L)；

M——氮(N)的摩尔质量的数值，单位为克每摩尔(g/mol)(M=14.01)；

m——试料的质量的数值，单位为克(g)。

取平行测定结果的算术平均值为测定结果，两次平行测定结果的绝对差值在有关产品标准中规定。

ICS 71.080.99;83.040
G 17

GB

中华人民共和国国家标准

GB/T 23953—2009

工业用二甲基二氯硅烷

Dimethyldichlorosilane for industrial use

2009-06-02 发布　　　　2010-02-01 实施

中华人民共和国国家质量监督检验检疫总局
中国国家标准化管理委员会　发布

前言

本标准由中国石油和化学工业协会提出。

本标准由全国化学标准化技术委员会有机分会(SAC/TC 63/SC 2)归口。

本标准负责起草单位:浙江新安化工集团股份有限公司。

本标准参加起草单位:江苏宏达新材料有限公司、山东东岳有机硅材料有限公司。

本标准主要起草人:叶世胜、陈浩、李建祥、魏晓红、程建华、冯延平、张立军。

工业用二甲基二氯硅烷

1 范围

本标准规定了工业用二甲基二氯硅烷的要求、试验方法、检验规则以及标志、包装、运输、贮存及安全。

本标准适用于硅粉和一氯甲烷以直接合成法生产的甲基氯硅烷混合单体经过分馏制得的工业用二甲基二氯硅烷。

分子式：$C_2H_6SiCl_2$

结构式：

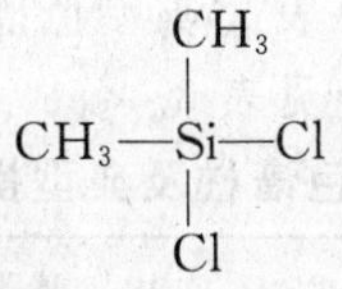

相对分子质量：126.06(按2007年国际相对原子质量)

2 规范性引用文件

下列文件中的条款通过本标准的引用而成为本标准的条款。凡是注日期的引用文件，其随后所有的修改单(不包括勘误的内容)或修订版均不适用于本标准，然而，鼓励根据本标准达成协议的各方研究是否可使用这些文件的最新版本。凡是不注日期的引用文件，其最新版本适用于本标准。

GB 190　危险货物包装标志

GB/T 6678—2003　化工产品采样总则

GB/T 6680—2003　液体化工产品采样通则

GB/T 8170　数值修约规则与极限数值的表示和判定

GB/T 9722—2006　化学试剂　气相色谱法通则

3 性状

工业用二甲基二氯硅烷为无色透明、有强烈刺激性气味的液体。

4 要求

工业用二甲基二氯硅烷应符合表1所示的技术要求。

表1　技术要求

项　　目	指　　标	
	一等品	合格品
二甲基二氯硅烷，w/%　　≥	99.8	99.5
一甲基三氯硅烷，w/%　　≤	0.05	0.10

5 试验方法

5.1 警示

试验方法规定的一些试验过程可能导致危险情况，操作者应采取适当的安全和防护措施。

5.2 二甲基二氯硅烷和一甲基三氯硅烷含量的测定

5.2.1 方法提要

用气相色谱法，在选定的工作条件下，使试样气化后，通过毛细管色谱柱，使组分得到分离，用热导检测器检测，采用面积归一化法定量。

5.2.2 试剂

氢气：体积分数不小于99.99%，经硅胶和分子筛干燥、净化。

5.2.3 仪器

5.2.3.1 气相色谱仪：配有分流装置及热导检测器的任何型号的气相色谱仪，整机灵敏度和稳定性符合GB/T 9722—2006中的有关规定。

5.2.3.2 色谱工作站或数据处理机。

5.2.3.3 微量注射器：1 μL或10 μL。

5.2.4 色谱柱及典型操作条件

本标准推荐的色谱柱及典型操作条件见表2，典型色谱图见图1。能达到同等分离效果的其他色谱柱及操作条件均可使用。组分的相对保留值见表3。

表2 色谱柱及典型操作条件

色谱柱	14%腈丙苯基86%二甲基聚硅氧烷
色谱柱规格（柱长/柱内径/液膜厚度）	30 m×0.32 mm×0.25 μm
柱温/℃	初始温度50 ℃，保持4 min，升温速率为50 ℃/min，终温250 ℃，保持2 min
汽化室温度/℃	260
检测器温度/℃	300
载气	氢气
载气流速/(mL/min)	1.5
恒定柱流量＋尾吹/(mL/min)	7.0
分流比	50∶1
进样量/μL	1.0

表3 相对保留值

峰序号	组分名称	相对保留值
1	氯化氢	0.67
2	二甲基氢一氯硅烷	0.70
3	一甲基氢二氯硅烷	0.76
4	四氯化硅	0.79
5	三甲基一氯硅烷	0.84
6	一甲基三氯硅烷	0.93
7	二甲基二氯硅烷	1.00

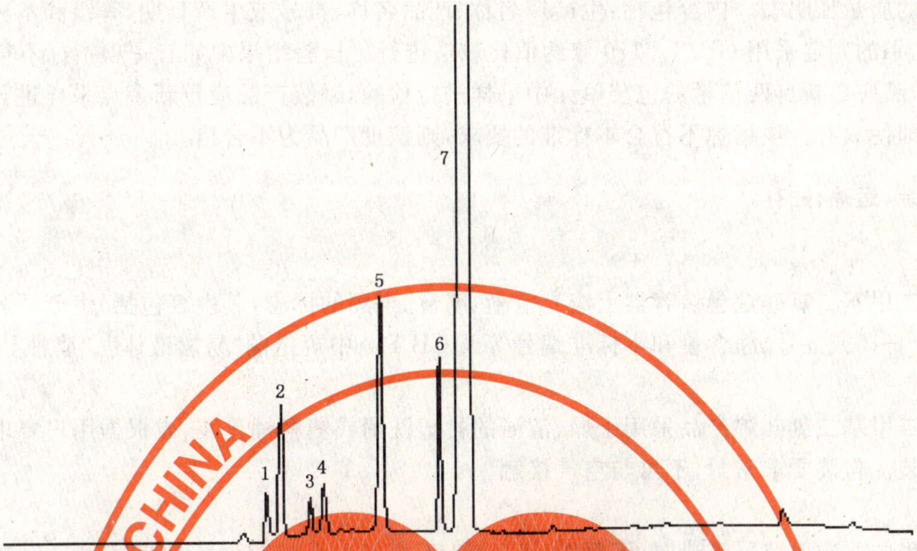

1——氯化氢；

2——二甲基氢一氯硅烷；

3——一甲基氢二氯硅烷；

4——四氯化硅；

5——三甲基一氯硅烷；

6——一甲基三氯硅烷；

7——二甲基二氯硅烷。

图 1 二甲基二氯硅烷的典型色谱图

5.2.5 分析步骤

色谱仪开启后，按表 2 色谱操作条件或其他合适的条件进行调节，待仪器稳定后，进行样品的测定，用色谱数据处理机或工作站记录各组分的峰面积。其中，空气和氯化氢组分峰在工作站或数据处理机上进行锁定处理，不列入结果计算。

5.2.6 结果计算

工业用二甲基二氯硅烷中各组分的质量分数 w_i，数值以%表示，按式(1)计算：

$$w_i = \frac{A_i}{\sum A_i} \times 100 \qquad \cdots\cdots (1)$$

式中：

A_i——组分 i 的峰面积；

$\sum A_i$——各组分峰面积的总和。

取两次平行测定结果的算术平均值为报告结果，两次平行测定结果的绝对差值：二甲基二氯硅烷应不大于 0.10%；一甲基三氯硅烷应不大于 0.02%。

6 检验规则

6.1 表 1 中规定的所有项目均为出厂检验项目。

6.2 以同等质量的产品为一批，可按产品贮罐组批，或按生产周期进行组批。

6.3 生产厂可从贮罐中采取有代表性的样品，用户可以从每次收到的产品中进行采样。按 GB/T 6678—2003 和 GB/T 6680—2003 中的规定确定采样单元数和采样方法。采样量不应少于 20 mL。由于工业用二甲基二氯硅烷遇空气极易水解，因而采样过程中注意避免或尽量少接触空气，采样后应立即密封。

6.4 生产厂应保证每批出厂的工业用二甲基二氯硅烷都符合本标准的要求。每批出厂的产品都应附有一定格式的质量证明书。内容包括：生产厂名称、产品名称、批号或生产日期、等级和本标准编号。

6.5 检验结果的判定采用 GB/T 8170 修约值比较法进行。检验结果中如有一项指标不符合本标准要求时，桶装产品应重新自两倍量的包装单元中采样进行检验，罐装产品应重新多点采样进行检验。重新检验的结果即使只有一项指标不符合本标准的要求，则该批产品为不合格。

7 标志、包装、运输、贮存

7.1 标志

工业用二甲基二氯硅烷包装容器上应有清晰、明显、牢固的标志，其内容包括：生产厂名称、厂址、产品名称、生产日期或批号、净含量和本标准编号等及 GB 190 中规定的“易燃液体”、“腐蚀品”标志。

7.2 包装

工业用二甲基二氯硅烷产品采用干燥、清洁的衬塑铁桶或塑料桶包装，或根据用户要求并符合安全规定进行包装。包装要求密封，不可与空气接触。

7.3 运输

运输过程中要确保容器不泄漏、不倒塌、不坠落、不损坏。严禁与强酸、强碱、强氧化剂、水、食用化工物品等混装运输。运输途中应严防日晒雨淋。应远离火种、热源、高温区。搬运时要轻装轻卸，防止包装及容器损坏。

7.4 贮存

工业用二甲基二氯硅烷产品贮存地点应阴凉、干燥、通风、远离火源及其他危险品。

8 安全

8.1 危险警告

工业用二甲基二氯硅烷是易燃液体，对呼吸道和眼结膜有强烈刺激作用，吸入后可引起咽喉、支气管的痉挛、水肿，化学性肺炎、肺水肿而致死。遇明火、高热或与氧化剂接触，有引起燃烧爆炸的危险。受热或遇水分解放热，放出有毒的腐蚀性烟气。若遇高热，容器内压增大，有开裂和爆炸的危险。有腐蚀性。

8.2 安全措施

工业用二甲基二氯硅烷应密闭操作，局部排风，使用防爆型的通风系统和设备。操作人员应经过专门培训，严格遵守操作规程。防止蒸汽泄漏到工作场所空气中，可能接触其蒸气时，建议操作人员佩戴防毒面具、防护眼镜和橡胶手套，配备相应品种和数量的消防器材及泄漏应急处理设备。如皮肤接触，立即用流动清水彻底冲洗，若有灼伤，就医治疗；如眼睛接触，立即提起眼睑，用流动的清水或生理食盐水冲洗至少 15 min 并就医。如吸入，迅速脱离现场至空气新鲜处，保持呼吸通畅，呼吸有困难时给输氧并就医。如食入，患者清醒时立即漱口，给饮牛奶或蛋清并就医。

ICS 71.100.40;19.020
G 76

中华人民共和国国家标准

GB/T 23954—2009

反渗透系统膜元件清洗技术规范

Technical regulations for cleaning of reverse osmosis membrane element

2009-06-02 发布　　2010-02-01 实施

中华人民共和国国家质量监督检验检疫总局
中国国家标准化管理委员会　发布

前 言

本标准的附录 A 为规范性附录,附录 B、附录 C 为资料性附录。

本标准由中国石油和化学工业协会提出。

本标准由全国化学标准化技术委员会水处理剂分会(SAC/TC 63/SC 5)归口。

本标准负责起草单位:同济大学、广州市特种承压设备检测研究院、中海油天津化工研究设计院、天津正达科技有限责任公司。

本标准主要起草人:郅玉声、杨麟、陈爱民、李茂东、冯碧萍。

反渗透系统膜元件清洗技术规范

1 范围

本标准规定了反渗透系统膜元件清洗过程中的技术要求、清洗前的准备工作、污染物判断、系统清洗及清洗效果验收。

本标准适用于反渗透膜系统的膜元件清洗。

2 规范性引用文件

下列文件中的条款通过本标准的引用而成为本标准的条款。凡是注日期的引用文件，其随后所有的修改单(不包括勘误的内容)或修订版均不适用于本标准，然而，鼓励根据本标准达成协议的各方研究是否可使用这些文件的最新版本。凡是不注日期的引用文件，其最新版本适用于本标准。

GB 8978　污水综合排放标准

GB/T 12145　火力发电机组及蒸汽动力设备水汽质量

GB/T 19249　反渗透水处理设备

DL/T 588　水质污染指数测定方法

3 术语和定义

下列术语和定义适用于本标准。

3.1

反渗透膜　reverse osmosis membrane

用特定的高分子材料制成的，具有选择性半透性能力的薄膜。它能够在外加压力作用下，使水溶液中的水和某些组分选择性透过，从而达到纯化或浓缩、分离的目的。

3.2

反渗透膜元件　reverse osmosis membrane element

反渗透膜构成的基本使用单元。

3.3

反渗透膜组件　reverse osmosis element

将一只或数只反渗透膜元件按一定技术要求串联，与单只反渗透膜壳组装而成的组合构件。

3.4

反渗透装置　reverse osmosis unit

将反渗透膜组件用管道按照一定排列方式组合、连接而成的组合式水处理单元。

3.5

反渗透系统　reverse osmosis system

利用反渗透膜对符合条件的水进行处理的工艺总称，它由保安过滤器、反渗透装置、化学清洗装置、加药装置等工艺单元组成。

3.6

段　stage

在反渗透装置中，反渗透膜组件按浓水的流程串接的阶数。

3.7

段间压差/段压差　stage pressure

某段的进水与出水(浓水)之间的压力差。

3.8

系统压差　system pressure

系统的总进水与出水(终端浓水)之间的压力差。

3.9

脱盐率　salt rejection

反渗透装置及膜元件除盐效率的数值。

3.10

回收率　recovery

反渗透装置对原水利用效率的数值。

3.11

产水　permeate

经过反渗透装置处理后所得的水。

3.12

浓水　concentrate

经过反渗透装置处理后所得的含盐量被浓缩的水。

3.13

产水通量　flux flow

单位时间内单位反渗透膜面积上透过的水量。

3.14

污染指数　silt & density index

用于评价水中杂质对反渗透膜污染能力的一种参数,一般采用15 min测定法。

3.15

预处理系统　water pretreatment system

将原水处理成符合反渗透装置对进水水质要求的工艺总称,它由絮凝、沉淀、介质过滤、活性炭吸附、微滤、超滤等工艺单元组成。

3.16

化学清洗剂　chemical cleaning agent

投加在反渗透系统化学清洗中为清除膜表面污垢的化学药品。

3.17

在线化学清洗　cleaning in place,CIP

利用固定配置的清洗装置,采用一定配比的化学药品溶液对反渗透装置内的膜元件进行的化学清洗过程。

3.18

离线化学清洗　cleaning off line

从反渗透装置内取出膜元件,用独立的清洗装置对膜元件进行的化学清洗过程。

3.19

分段清洗　separate cleaning of each stage

利用固定配置的清洗装置,按段分别对反渗透装置内的膜元件进行的化学清洗过程。

3.20

净化水　purification water

经预处理系统处理后所得的水。

3.21

冲洗　flushing

采用低压大流量的水冲洗膜元件的过程,以冲洗掉附着在膜表面的污染物或堆积物,或置换膜装置内的清洗废液或积水。

4 总则

4.1 反渗透系统膜元件的化学清洗，是除去膜表面污垢、恢复膜元件性能的必要措施。

4.2 由专业技术人员制定清洗方案和措施，并有完备的审核、审批手续。清洗过程中进行必要的监督，清洗结束后，对清洗效果检查、评定。

4.3 负责清洗单位按附录A对参加清洗人员进行技术和安全教育培训，使其熟悉清洗系统、清洗方案和措施，掌握安全作业程序。清洗作业人员在清洗过程中严格遵守清洗方案和安全措施，确保人身、设备安全。

4.4 系统化学清洗的确定

当反渗透膜表面受到无机盐垢、金属氧化物、微生物、胶体颗粒和不溶性的有机物污堵时，会导致标准化产水量和脱盐率(按GB/T 19249计算)下降、段间压差增加。出现下列情况之一时，并判定是化学污染造成的，对反渗透系统进行化学清洗：

——运行数据标准化后，系统产水量比初始值下降15%以上；

——运行数据标准化后，脱盐率比初始值下降10%以上；

——运行数据标准化后，段间压差比初始值增加15%以上。

4.5 清洗方式

4.5.1 在线化学清洗

在线化学清洗分为不分段清洗和分段清洗。

4.5.1.1 不分段清洗

可以对系统所有段同时进行化学清洗。在设定的循环清洗流量能够确保清洗效果，且第一段和最后一段流速均符合膜元件生产商规定的流速范围内，可采用不分段清洗。

4.5.1.2 分段清洗

对于高流速循环清洗才能确保清洗效果时，应对系统的各段分别进行化学清洗，以保证各段循环流速不超过膜元件生产商规定值。

4.5.2 离线化学清洗

当膜元件污垢严重，在线清洗效果不好时，应采用离线化学清洗。

5 技术要求

5.1 在制定清洗方案及现场清洗措施时，除应符合本标准外，还应符合与设备相关的技术条件或规范。

5.2 清洗前应拆除或隔离易受清洗液损害的部件和其他配件。

5.3 清洗效果的验收按8.1～8.3的规定执行。

5.4 清洗废液应经过处理，符合GB 8978的规定后才能排放。

6 清洗前的准备工作

6.1 清洗参数的选择

清洗药剂、流速、温度、压力等参数的选择，应根据污垢种类、反渗透系统构造等确定，必要时通过试验确定。选择的清洗药剂在保证清洗效果的前提下，综合考虑经济性和环保要求等因素。

6.2 判定反渗透系统性能下降的原因

通过对系统的全面调查，分析判断反渗透装置性能下降的原因。是污垢导致的，可进行化学清洗最大限度地恢复膜的性能；因机械损伤或其他原因造成的，则不能通过化学清洗来恢复系统性能。

6.2.1 系统调查

除全面了解原水水质全分析报告、水处理系统工艺流程、反渗透装置设计参数、反渗透系统具体运行参数、系统材质(参见附录B、附录C)外，还应考查下列情况：

a) RO膜元件设计数量、排列是否合理;
b) 根据水质分析系统污染趋势,生物污染、盐垢类污染或是胶体污染等,经过分析原水水质报告,能预测发生污垢的可能性;
c) 检查前几次的清洗过程及清洗效果;
d) 分析SDI(按DL/T 588)及微孔滤膜膜面上所截留的污物;
e) 打开膜端板,观察一段进水侧第一只和二段出水侧最后一只膜元件颜色和重量的变化,推断污染程度;
f) 根据RO运行数据变化趋势判断系统污染种类及程度(进水压力、段间压差、产水流量及脱盐率等;
g) 根据预处理系统再生频率、去除效果判定原水清洁状态及膜元件被污染趋势;
h) 根据保安过滤器滤芯污染物判断可能污染物;
i) 判断系统选材是否合适,有无金属腐蚀产物带入水源;
j) 通过解剖膜元件进行膜面及垢样分析;
k) 预处理药剂投加系统是否正常,药剂种类及投加量是否合理;
l) 系统停机后的冲洗是否及时和充分;
m) 系统运行回收率是否在设计规程允许范围之内;
n) 是否存在其他操作不当现象;
o) 确定机械问题还是化学污染造成膜元件衰减。

6.2.2 判定污垢种类

通过对反渗透系统运行状况的全面调查,根据运行参数变化情况和污垢表象观察,可根据表1判别污垢的种类。

表1 污垢分类和判别

污垢分类	污垢特征	运行参数变化情况
颗粒类污染物的沉积	进水侧可见颗粒污染物	第一段产水量降低 第一段压差增加 脱盐率降低
水垢 (碳酸盐、硫酸盐、磷酸盐等)	最后一段浓水侧可见结垢	最后一段压差迅速增加 最后一段膜元件增重 最后一段产水量降低 脱盐率降低
微生物 (细菌黏泥等)	保安过滤器滤芯或膜进水侧滑腻有异味 第一段膜表面有十分黏稠胶状沉积物 进水、浓水或产水水样中含大量微生物	第一段产水量降低 第一段压差增加 污染严重时脱盐率降低
有机物 (聚电解质、油脂等)	分析SDI滤膜上的截留物 分析进水中的油和有机物 将污垢研碎加入乙醚后,溶液呈黄绿色	第一段产水量降低 第一段压差增加 脱盐率可能升高
胶体物	污染指数SDI超标 分析SDI滤膜上的截留物	第一段压差增加 产水量逐渐降低
金属氧化物	进出水端面为红棕色 系统有金属腐蚀现象 分析进水中的铁、锰、镍、铜、锌等含量	第一段产水量降低 第一段压差增加 脱盐率降低

6.2.3 化学清洗不能恢复系统性能的情况判定

因机械损伤或其他原因造成的反渗透系统性能下降,有下列情形之一的,则无法通过清洗来恢复系统性能:

——"O"形圈泄漏导致的脱盐率下降；
——进水与浓水压差过大造成的膜元件机械损坏(望远镜现象)；
——结晶体或金属颗粒造成的膜表面磨损；
——产水背压造成的复合膜复合层间的剥离；
——余氯、溴、臭氧或其他氧化物造成的膜氧化损坏；
——膜元件或产水中心管严重的机械损伤导致的泄漏；
——保安滤器内短路导致的膜元件受到物理堵塞；
——预处理介质过滤器穿透造成膜元件被细小粉末污堵；
——盐水密封损坏导致的无规律的压降增加。

6.3 清洗方案制定

6.3.1 清洗药剂的选择

应根据污垢的性质，有针对性的选择化学清洗剂。一般按表2确定清洗剂。

表2 清洗剂的选择

污垢种类	清洗液	使用条件	备注
碳酸盐垢	0.2%盐酸	温度≤35 ℃ pH>2	清洗效果最好
	0.5%磷酸	温度≤35 ℃	清洗效果可以
	2.0%柠檬酸	温度≤35 ℃ 用氨水调节 pH 值为 3.0	清洗效果可以
硫酸盐垢	0.1%氢氧化钠 1.0%EDTA四钠	温度≤30 ℃ pH≤12	清洗效果最好
	0.1%氢氧化钠 0.025%十二烷基苯磺酸钠	温度≤30 ℃ pH≤12	清洗效果可以
金属氧化物	1.0%焦亚硫酸钠	温度≤30 ℃ pH>2	清洗效果最好
	0.5%磷酸		清洗效果可以
	2.0%柠檬酸	温度≤30 ℃ 用氨水调节 pH 值为 3.0	清洗效果可以
胶体物	0.1%氢氧化钠 0.025%十二烷基苯磺酸钠	温度≤30 ℃ pH≤12	清洗效果最好
有机物	0.1%氢氧化钠 0.025%十二烷基苯磺酸钠 0.2%盐酸	温度≤30 ℃ 第一步 pH≤12 第二步 pH>2	用 NaOH 和十二烷基苯磺酸钠作第一步清洗；再用 HCl 清洗作第二步清洗
	0.1%氢氧化钠 1.0%EDTA四钠 0.2%盐酸	温度≤30 ℃ 第一步 pH≤12 第二步 pH>2	清洗效果可以用 NaOH 和 EDTA四钠作第一步清洗；再用 HCl 清洗作第二步清洗
微生物	0.1%氢氧化钠 0.025%十二烷基苯磺酸钠	温度≤30 ℃ pH≤12	清洗效果最好
	0.1%氢氧化钠	温度≤30 ℃ pH≤12	清洗效果可以

6.3.2 清洗药剂用量的确定

根据反渗透清洗系统的容积和污垢情况，确定各种清洗药剂用量。

6.3.3 清洗方式的确定

根据污垢的污染程度以及反渗透系统构造，确定清洗方式。

采取不分段清洗方式时，计算各段膜元件的流速或流量，防止第一段的循环清洗流速过低影响清洗效果；同时防止最后一段清洗流速过高而损坏膜，以最后一段的最高流速为控制值。

高流速的循环清洗应采取分段清洗，分段清洗流量可按膜元件规定的高、中、低流速确定，一般情况下应选用高速清洗方式。可以通过清洗泵分别清洗各段，或针对每段清洗流速的要求设置不同循环清洗流量。

6.3.4 清洗温度的确定

清洗液应根据膜元件生产商规定的最高温度控制范围，或参照表2的要求，确定最佳清洗温度。

6.3.5 确定清洗顺序

清洗时一般先酸洗后碱洗。当生物污垢严重时，宜先碱洗、再杀菌、最后酸洗。为取得最佳清洗效果，也可根据实际应用情况，变化清洗顺序。

7 系统清洗

7.1 清洗装置

在线清洗时将清洗溶液以低压大流量在膜的高压侧循环，此时膜元件仍装在压力容器内而且需要用专门的清洗装置来完成该工作。反渗透系统清洗装置示意图见图1。

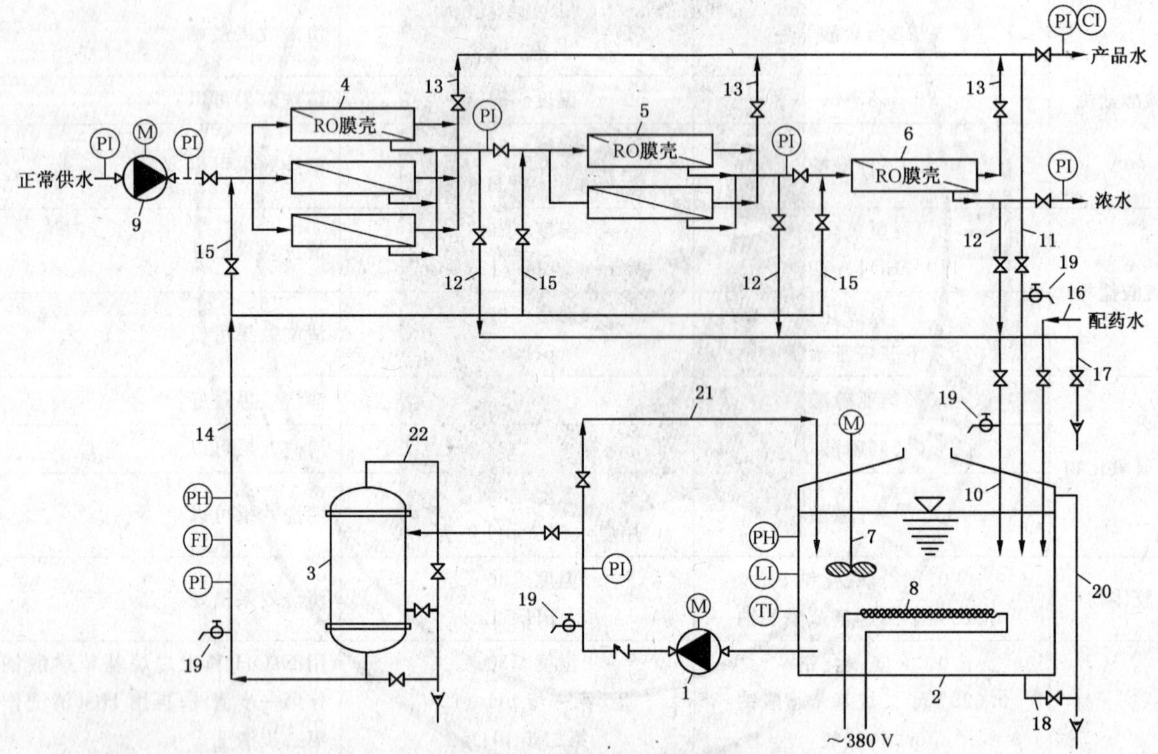

1——循环清洗泵；
2——清洗箱；
3——保安过滤器；
4——一段膜元件；
5——二段膜元件；
6——三段膜元件；
7——搅拌机；
8——电加热器；
9——反渗透高压泵；
10——清洗液回流总管；
11——清洗透过液回流总管；
12——一、二、三段（分段清洗）清洗液回流管；
13——一、二、三段（分段清洗）清洗透过液回流管；
14——清洗液进液总管；
15——一、二、三段（分段清洗）清洗液进液管；
16——配置用水进水管；
17——排放管；
18——放空管；
19——取样管；
20——溢流管；
21——回流管；
22——排气管；
FI——流量计；
PI——压力计；
TI——温度计；
M——配载电动机；
CI——电导率计；
LI——液位计；
PH——pH计；
⋈——各类阀门；
N——止回阀；
Y——排水收集。

图1 一级三段卷式膜元件反渗透系统清洗装置示意图

7.1.1 **清洗箱**

7.1.1.1 针对膜元件的清洗液 pH 值范围可能在 2～12 之间，因此清洗系统应采用耐腐蚀材料建造，混合与循环的清洗箱可以是聚丙烯或玻璃钢(FRP)等耐酸碱腐蚀材料。

7.1.1.2 清洗箱应设有可移动的盖子。

7.1.1.3 清洗箱应有加热装置和温度计，某些情况下需要控制清洗温度以达到最佳效果。

7.1.1.4 清洗箱回水尽量延伸到清洗液位下并且远离泵吸入口正上方，以免回流液带气泡进入循环泵，影响清洗质量。

7.1.1.5 清洗箱的容积应能满足系统清洗容量的要求。

7.1.1.6 清洗箱的强度满足安全技术要求。

7.1.2 **保安过滤器**

7.1.2.1 通常设计滤芯为 5 μm～10 μm，用于去除已在清洗过程中沉积出来的污染物。

7.1.2.2 保安过滤器的设计流量应满足系统清洗最大流量的要求。

7.1.3 **清洗泵**

7.1.3.1 清洗泵应选用低扬程，高流量的耐腐蚀泵。

7.1.3.2 清洗泵应设置回流或出口阀门以调节流量。

7.1.3.3 清洗压力一般控制在 0.4 MPa 以下。

7.1.4 **取样点**

要安装取样阀门以观察清洗液变化情况，并随时对清洗液有关参数进行监测。应分别装设清洗液进口、清洗液回流、渗透液取样装置。

7.1.5 **产水回路**

7.1.5.1 清洗过程中会有少量产水(透过液)，为保持清洗液浓度稳定，应将产水送回清洗箱。

7.1.5.2 在清洗和冲洗阶段，产水回路阀门处于常开状态，以免因产水背压损坏膜元件。

7.1.6 **清洗循环回路**

7.1.6.1 清洗液流动方向应与正常运行时的方向相同，防止膜元件机械损坏(望远镜现象)。

7.1.6.2 分段清洗时，应有防止前段膜元件产生背压的可靠措施。

7.1.6.3 分段清洗时，应有防止各循环回路间短路的措施。

7.1.6.4 清洗液回流应接至清洗箱。分段清洗时，各段均应装设清洗液回流管路。

7.1.6.5 应设置清洗泵至清洗箱的循环回流管路，并安装调节阀，控制清洗流量。

7.1.7 **监测仪表**

7.1.7.1 清洗箱应装具有温度调节装置的温度计。

7.1.7.2 清洗箱应装液位计，并宜装设低液位控制器。

7.1.7.3 保安过滤器出口应装设流量计。

7.1.7.4 保安过滤器进口、出口应装设压力表。

7.1.8 **混合器或搅拌**

用于化学药剂在清洗箱的溶解和混匀，应设置一个清洗泵至清洗箱的循环回流管路或加搅拌装置。

7.2 清洗步骤

7.2.1 **低压冲洗**

根据制定的清洗方式，将反渗透装置切换到清洗状态，用产水(符合 GB/T 12145 相关要求)低压(0.3 MPa～0.35 MPa)冲洗反渗透和清洗装置，待确认冲洗干净，排空装置内的充水。

7.2.2 **严密性试验**

调整好阀门到清洗状态，以产水进行循环试漏，确定管路畅通无漏点，阀门位置正确后开始转入正式清洗操作。

7.2.3 配制清洗液

根据系统水容积计算化学药剂的用量，用产水在清洗箱中配制清洗液，应将药剂溶解混合均匀。

7.2.4 加热清洗剂

将清洗液加热升温至设计清洗温度。

7.2.5 置换系统内原水

以低流速和尽可能低的压力置换膜元件内的原水，压力应低至不会产生明显的渗透水。最大限度的防止污垢再次沉积到膜表面，视情况排放部分浓水以防止清洗液被稀释。

7.2.6 低流速循环清洗

当系统内的原水被置换掉后，将清洗液回流至清洗箱，并保持清洗液温度恒定。低流速循环清洗 30 min 左右。

7.2.7 浸泡

对于难以清洗的污垢，可以采取浸泡的方式。浸泡时间视情况而定，有的污垢浸泡 1 h，有些可能需要 10 h。若需要长时间浸泡才能达到良好的清洗效果时，为了维持浸泡清洗液的温度，可以采取很低的循环流速。

7.2.8 高流速循环清洗

在膜制造商允许的高流速下循环清洗 45 min 左右，或视污染情况而定。

7.2.9 低压冲洗

用预处理净化水或反渗透产水低压冲洗反渗透系统，直至排出液为中性。

7.2.10 清洗时注意事项

清洗时应注意如下情况：

a) 清洗过程中，观察清洗液颜色变化及 pH 变化，进行补加药剂或更换药剂处理；
b) 每一步清洗完成以后，排净清洗箱并进行冲洗，然后向清洗箱中充满产水以备下一步清洗；
c) 如果需要更换几种药剂清洗，则以产水依次溶解不同清洗药剂，重复 7.2.3～7.2.9 清洗步骤至清洗操作全部完成；
d) 膜系统进行全面清洗的过程包括生物黏泥清洗、垢和金属氧化物、胶体粒子清洗三个程序。在实际运用过程中，可根据系统的实际情况而采用其中的一个或两个程序来进行清洗；
e) 对于发生严重微生物污染的反渗透系统，仅采用化学清洗并不能完全去除膜表面的生物膜，还需要进行相应的消毒处理，应注意在消毒过程中绝不能使用会对反渗透膜元件造成损害的杀菌剂；
f) 清洗完毕投入运行，在冲洗反渗透系统后，在产水排放阀打开状态下运行反渗透系统，直到产水清洁、无泡沫或无清洗剂，高压产水至电导率恢复完全，转入正常运行。

8 清洗效果验收

8.1 清洗验收资料包括清洗方案、清洗操作步骤、分析数据、清洗前后工艺运行参数对比表（见表 3）以及清洗效果评价等。

8.2 在了解反渗透系统工艺设计运行工况的基础上，根据表 3 和膜元件性能以及相应的规定条件，综合评价清洗效果。

8.3 若条件允许，可根据膜元件规定的方法对清洗后的运行参数进行标准化计算，将标准化的数据与初始性能数据值进行对比，评价清洗效果。

表 3　反渗透装置清洗前后运行参数表

参　　数	初始值	清洗前	清洗后
进水压力/MPa			
一段压差/MPa			
二段压差/MPa			
进水量/(m^3/h)			
产水量/(m^3/h)			
进水电导率/(μS/cm)			
产水电导率/(μS/cm)			
脱盐率/%			
水温/℃			

注 1：初始值是指系统开机平稳运行前 10 天的平均值。

注 2：清洗后进水压力不高于初始运行压力的 10%，或不高于清洗前的进水压力。

注 3：清洗后各段运行压差不高于初始运行压差的 20%，或各段运行压差较清洗前下降 5%以上。

注 4：清洗后产水流量不低于初始运行产水流量的 10%，或产水流量上升 5%以上且不高于设计值。

注 5：清洗后系统脱盐率不能低于清洗前系统脱盐率。

附　录　A
（规范性附录）
膜清洗操作规程

A.1　方案确认后，应建立相应指挥系统，明确分工、各负其责，实行统一计划、统一管理、统一指挥。

A.2　方案确认后须制定清洗进度表、清洗方案，确定清洗负责人，制定安全措施及验收标准。

A.3　清洗工作进度和清洗方案编写完毕后，应得到委托方有关部门的认可，做好技术交底工作后方可实施。

A.4　清洗负责人应对清洗时所有设备、分析试剂认真检查，做好各项安全检查工作。

A.5　清洗人员进入现场应穿戴好工作服、安全帽、防护手套等。

A.6　清洗中遇到用电、动火等情况应按要求办理有关手续。

A.7　清洗时遇加药、加酸等作业应有两人以上，其中一人负责安全监护。

附　录　B
（资料性附录）
水质分析调查表

表 B.1　水质分析调查表

单位名称		分析日期		取样日期	
		水样名称		取样人姓名	

分析项目	RO 进水/(mg/L)	分析项目	RO 进水/(mg/L)
Na^+		颜色	
K^+		pH	
Ca^{2+}		总硬度	
Mg^{2+}		碳酸盐硬度	
Fe^{3+}		非碳酸盐硬度	
Cu^{2+}		负硬度	
NH_4^+		酚酞碱度	
OH^-		总碱度	
HCO_3^-		耗氧量	
CO_3^{2-}		游离二氧化碳	
Cl^-		悬浮物	
SiO_3^{2-}		溶解固形物	
SO_4^{2-}		电导率/(μS/cm)	
PO_4^{3-}		浊度 NTU	
NO_3^-			
NO_2^-			
Sr^{2+}			
Ba^{2+}			
备注			
分析		审核	

表 B.2 膜面、垢样分析报告

单位名称：	系统名称：
取样设备位号：	取样部位：
样品名称：	报告日期：
取样日期：	分析者：
项　目	结　果
外观	
550 ℃灼烧失重/%	
Fe_2O_3/%	
P_2O_5/%	
CaO/%	
MgO/%	
ZnO/%	
SiO_2/%	
Al_2O_3/%	
CuO/%	
$SrSO_4$/%	
$BaSO_4$/%	
合计	
清洗前膜照片	清洗后膜照片

附 录 C
（资料性附录）
反渗透系统调查表格

调查记录日期：______	调查者：______
用户单位：______ 工程项目：______ 联系地址：______ 联系人：______ 电话：______ 传真：______ 电子信箱：______	技术公司：______ 技术负责人：______ 联系地址：______ 联系人：______ 电话：______ 传真：______ 电子信箱：______

工程概况：

原水类型：______ 原水水质(附录 A)：______

设计能力：______ 膜元件型号：______ 膜元件数量：______

膜外壳规格：______ 膜组件排列：一段______ 二段______ 三段______

絮凝剂：______ 助凝剂：______ 杀菌剂：______ 阻垢剂：______ pH 值调整：______

水温情况：冬季：______℃ 夏季：______℃ 平均：______℃ 产水用途：______

水处理工艺流程：______

运行概况：

初期运行日期：______至______

水温/℃：______	产水压力/MPa：______
进水量/(m^3/h)：______	进水水质/(μS/cm)：______
产水量/(m^3/h)：______	产水水质/(μS/cm)：______
浓水量/(m^3/h)：______	浓水水质/(μS/cm)：______
进水压力/MPa：______	脱盐率/%：______
浓水压力/MPa：______	回收率/%：______
1、2、3 段压差/MPa：______	SDI_{15} 值：______

正常运行开始日期：______

水温/℃：______	产水压力/MPa：______
进水量/(m^3/h)：______	进水水质/(μS/cm)：______
产水量/(m^3/h)：______	产水水质/(μS/cm)：______
浓水量/(m^3/h)：______	浓水水质/(μS/cm)：______
进水压力/MPa：______	脱盐率/%：______
浓水压力/MPa：______	回收率/%：______
1、2、3 段压差/MPa：______	SDI_{15} 值：______

化学清洗概况：

清洗日期：______	
污染物类型：______	污染物成分：______
清洗药剂：______	清洗方式：______
清洗频率：______	清洗时间：______

清洗效果说明：______

其他要求及说明：______

ICS 71.020;71.040
G 04

中华人民共和国国家标准

GB/T 23955—2009

化学品命名通则

General principle for naming of chemicals

2009-06-02 发布　　2010-02-01 实施

中华人民共和国国家质量监督检验检疫总局
中国国家标准化管理委员会　发布

前 言

本标准与欧盟REACH(化学品的注册、评估、授权和限制)法规技术指南文件RIP 3.10：2007《物质的鉴别与命名指南》(英文版)的一致性程度为非等效。

本标准由中国石油和化学工业协会提出。

本标准由全国化学标准化技术委员会(SAC/TC 63)归口。

本标准负责起草单位：国家质检总局进出口化学品安全研究中心、中国检验检疫科学研究院。

本标准主要起草人：孙鑫、陈会明、于文莲、王立峰、李晞、张静、李蕾。

化学品命名通则

1 范围

本标准规定了单成分物质、多成分物质和 UVCB 物质的命名通则。

本标准适用于 REACH 法规框架下的单成分物质、多成分物质和 UVCB 物质的命名。

2 术语和定义

下列术语和定义适用于本标准。

2.1

添加剂 additive

为了使物质稳定而有意加入的物质。

注：在其他的领域，添加剂也可能有其他的作用，比如，pH-调节剂或着色剂。

2.2

组分 component

为组成配制品而有意加入的物质。

2.3

成分 constituent

存在于物质中具有独特化学特性的任何单一个体。

2.4

EC 目录 EC Inventory

欧盟前化学品法规框架的三个物质目录，EINECS(欧洲现有商业化学品目录)、ELINCS(欧洲已通报化学品目录)和 NLP(不再定义为聚合物目录)的合称。

注：该 EC 目录作为物质标识的 EC 编号的来源。

2.5

杂质 impurity

在生产时不希望出现在物质中的成分。可能来自原材料或者是生产过程中副反应或不完全反应的结果。尽管不是有意加入的，但存在于最终产物中。

2.6

主要成分 main constituent

不是添加剂也不是杂质，在物质中作为该物质的有效部分的成分。

2.7

单成分物质 mono-constituent substance

通常按物质的成分而定，其主要成分质量分数至少为 80%的物质。

2.8

多成分物质 multi-constituent substance

通常按物质的成分而定，不止一种主要成分质量分数大于等于 10%且小于 80%的物质。

2.9

配制品 preparation

两种或两种以上物质组成的混合物或溶液。

2.10

物质　substance

自然状态下存在的或通过生产过程获得的化学元素及其化合物，包括保持其稳定性所需的添加剂和加工过程中产生的杂质，但不包括不会影响物质稳定性或不会改变其成分的可分离的溶剂。

3　概要

3.1　物质主要分为两类：

a)　有准确定义的物质：可完整的用定性定量的组分定义的物质；

b)　未知或可变组分物质、复杂反应产物或生物材料物质(以下简称 UVCB 物质)。

3.2　有准确定义的物质其组分的变化用主要成分的浓度上下限来表示。对于 UVCB 物质其变化很大或者不可预知。

3.3　“有准确定义的物质”、一种主要成分的物质和不止一种主要成分的物质的命名法不同。“UVCB”中不同类型的物质，其命名法也不同。

4　有准确定义组成的物质

有准确定义化学组成的物质根据其主要成分命名。

物质中的主要成分：非添加剂或杂质的一种成分，作为最主要的物质组成部分，因此用作物质命名。

单成分物质或多成分物质中不是主要成分的成分(除添加剂外)可被视为杂质。尽管在有些地方普遍使用“痕量物质”这个词，但在本标准中仅使用“杂质”这个词。

单成分和多成分物质依下述规则区分：

a)　单成分物质是指一种成分质量分数至少为 80%，杂质质量分数不到 20%的物质。单成分物质根据其主要成分命名；

b)　多成分物质是指由多个质量分数介于 10%到 80%之间的主要成分组成的物质。多成分物质被命名为两个或多个主要成分的反应混合物。

在本标准的定义中，配制品是物质的有意混合，因此不是多成分物质。

4.1　单成分物质的命名

单成分物质用主要成分命名。原则上其英文名称应按照 IUPAC(国际纯化学与应用化学联合会)命名法命名。此外也可用其他的国际接受的命名法命名。

4.2　多成分物质的命名

多成分物质用物质的主要成分的反应混合物命名，不是用生产物质所需的原料。一般格式是：“[主成分名称]的混合物”。成分名称按其含量百分比由高到低的顺序排列。只在命名中出现含量高于 10% 的组分。原则上，其英文名称应按照 IUPAC 命名法命名。此外也可用其他的国际接受的命名法命名。

对于无机矿物材料各组分应采用矿物学命名。例如，磷灰石是一种多成分物质，由磷酸盐矿石组成，一般是指羟磷灰石，氟磷灰石和氯磷灰石，分别由在晶格中高浓度的 OH^-、F^- 或 Cl^- 离子命名。这三种共有部分混合物的化学式为 $Ca_5(PO_4)_3(OH,F,Cl)$。另一个例子是霰石，它是一种特殊晶体结构的碳酸钙。

5　UVCB 物质

5.1　UVCB 物质的通则

未知或可变组分物质、复杂反应产物或生物材料物质，也称 UVCB 物质，不能充分用其化学组分确定，因为：

a)　组分数量相对很大；

b) 相当一部分组成未知；

c) 组成的可变性相对很大或难以预知。

5.1.1 UVCB 物质的命名

通常 UVCB 物质的名称是用来源和加工程序合起来的格式表示：前面是来源，后面是加工程序。

a) 生物来源的物质用物种名称表示；

b) 非生物来源的物质用原料表示；

c) 如果涉及新分子的合成，或是一种精炼步骤，如萃取，分馏，浓缩，或是剩余产物，加工程序用化学反应的类型表示。

在本标准中，一般反应产物的名称格式是“[原料名称]的反应产物”。原则上，其英文名称应按照 IUPAC 命名法命名。此外也可用其他的国际接受的命名法命名。建议在特定反应类型的命名中用一般的描述代替“反应”这个词，例如酯化或成盐等。

5.1.1.1 来源

来源分为两组：

a) 生物类来源

生物来源的物质要用属、种和科来定义。如瑞士石松，属是松，种是瑞士石松，科是松科，如果有关的话还有株或基因类型。在有可能的情况下还应说明物质提取的器官组织或部分，如骨髓、胰腺、茎、种子或根；

b) 化学品或矿物来源

化学反应的产物的原料应该用 IUPAC 的英文名称描述。矿物原料应该用通用术语描述，如磷矿、铝矾土、瓷土、金属煤气、煤、泥炭。

5.1.1.2 加工程序

5.1.1.2.1 如果涉及新分子的合成加工程序用化学反应类型或是提炼的步骤类型定义，如提取、分离、浓缩或是提炼的剩余产物。

5.1.1.2.2 对于某些物质如衍生化学物质，加工程序应用提炼和合成一起来描述：

a) 合成

在原料中发生特定的化学或生物学反应产生某种物质。例如格利雅反应、磺化反应、蛋白酶或脂肪酶的酶分解反应等。许多衍生反应也属于这种类型；

对于合成的新物质，无法得到其化学成分，原料和化学反应的种类是其主要标识。化学反应的种类预示了物质中会存在的分子。最终的化学反应有：水解、酯化、烷基化、氯化等。

b) 提炼

提炼可用于很多自然来源或矿物来源的物质，提炼过程中其化学成分不变，只是它的某成分的浓度发生变化，如冷加工植物组织，然后用酒精萃取。

5.2 特殊类型的 UVCB 物质

特殊类型的 UVCB 物质有碳链长度不定的物质(5.2.1)、从油或油类来源中提取的物质(5.2.2)和酶(5.2.3)。

5.2.1 碳链长度不定的物质的命名

5.2.1.1 这类 UVCB 物质包括不定碳链长度的长链烷基物质，如烷烃和烯烃。这些物质从天然脂肪、油类中提取或通过合成得到。天然脂肪来源于植物或动物。通常从植物中得到的长碳链物质的碳链长度是偶数，而从动物中得到的长碳链物质的碳链长度还会有奇数。合成的长碳链物质的碳链长度奇数和偶数都有。

5.2.1.2 这类物质的成分有一个共同结构特征：一个或多个长链烷基带有一个官能团。不同一个或多个的烷基的特征其成分也会彼此不同，不同的烷基特征包括：

a) 碳链长度(碳原子数目)；

b) 饱和度；

c) 结构(直链型或支链型);

d) 官能团的位置。

5.2.1.3 各成分的化学名称可用下述三个指标完整系统地命名:

a) 烷基指标,描述烷基的碳链中的碳原子数目;

烷基指标如下:

1) 通常,烷基指标 C_{x-y} 指饱和的烷基,直链烷基包括从 x 到 y 的所有链长,如 C_{8-12} 表示 C_8、C_9、C_{10}、C_{11} 和 C_{12};

2) 如果烷基指标仅指偶数或奇数个碳原子的烷基链,应指出,如 $C_{8-12(偶数)}$;

3) 如果烷基指标仅指支链的烷基,应指出,如 $C_{8-12(支链)}$ 或 $C_{8-12(直链和支链)}$;

4) 如果烷基指标仅指不饱和的烷基,应指出,如 $C_{12-22(C_{18}不饱和)}$;

5) 短链烷基不涵盖长链的,反之亦然,如 C_{10-14} 与 C_{8-18} 不一致;

6) 烷基指标还可指出烷基链的来源,如可可或油脂。然而碳链长度的分布应和来源一致。

b) 官能团指标,确定物质中的官能团,如胺基、铵、羧酸;

c) 盐指标,盐的正/负离子,如钠离子(Na^+)、碳酸根离子(CO_3^{2-})、氯离子(Cl^-)。

5.2.1.4 上述系统用来描述碳链长度不同的物质。这个系统不适用于有准确定义的物质,有准确定义的物质应用明确的化学结构来定义。

5.2.1.5 烷基指标、官能团指标和盐指标信息是 UVCB 类型物质命名的基础。此外来源和加工程序信息可更好的用于确定物质。

5.2.2 取自油或油类来源的物质的命名

5.2.2.1 取自油(石油物质)或油类来源(如煤)的物质是组分复杂、可变或部分组分不明确的物质。下面用石油物质作为例子解释如何鉴别这种类型的 UVCB 物质。同样的方法也适用于其他取自油类来源的物质,如煤。

5.2.2.2 石油加工工业用的原料可能是原油,或经过一道或多道工序精馏而得的油。最终产物的组分取决于生产使用的原油(原油的组分取决于原产地)及后续的精炼程序。因此自然地,加工程序对石油物质的组分有单独的影响。

5.2.2.3 石油物质的名称建议按照一项已建立的命名法系统命名。名称的组成一般包括精炼程序、流出原料及主要组分或特征。如果物质中的 4 环到 6 环的芳烃质量分数超过 5%,这个信息要出现在描述中。对于有 EINECS 编号的物质,应使用 EC 目录中的名称。

5.2.3 酶的命名

5.2.3.1 酶通常是通过微生物发酵生产的,有时也来自植物或动物体。液相酶的浓度取决于发酵或提取及后续提纯、除水的程序、活性酶蛋白质和其他发酵后剩余的成分,即蛋白质、缩氨酸、氨基酸、糖类、脂类和无机盐。

5.2.3.2 酶物质一般含质量分数为 10%~80%的酶蛋白质。其他成分含量各不相同,取决于所用的生物体产品、发酵中间体、发酵程序的操作参数、还有所用的下游提纯,表 1 中列出了典型的组分。

表 1 酶物质典型的组分

典型组分	质量分数
活性酶蛋白质	10%~80%
其他蛋白质+缩氨酸和氨基酸	5%~55%
糖类	3%~40%
脂类	0%~5%
无机盐	1%~45%
总量	100%

5.2.3.3 由于酶的可变和部分未知组分,它应被视为一种"UVCB 物质"。酶蛋白质应被视为 UVCB

物质的一种成分。高纯酶可被认作有准确定义组分(单成分或多成分)的物质,应按有准确定义物质命名。

5.2.3.4 酶的名称按照 IUBMB(国际生物化学和分子生物学联合会)命名法规定命名。

5.2.3.5 IUBMB 分类系统对每种类型的酶和催化反应性质提供了唯一的由 4 个阿拉伯数字组成的编号(如 α-amylase 是 3.2.1.1)。每组编号包含不同的氨基酸次序和来源,但是酶的功能都是一样的。物质的鉴别应使用 IUBMB 命名法中的名称和编号。IUBMB 命名法将酶分为 6 大类:

a) 氧化还原酶类;

b) 转移酶类;

c) 水解酶类;

d) 裂合酶类;

e) 异构酶类;

f) 连接酶类。

ICS 01.040.71
G 04

中华人民共和国国家标准

GB/T 23956—2009

化工产品使用说明书编写规定

Rules for preparation of instructions for use of chemical products

2009-06-02 发布　　2010-02-01 实施

中华人民共和国国家质量监督检验检疫总局
中国国家标准化管理委员会　发布

前言

本标准的附录 A 为资料性附录。

本标准由中国石油和化学工业协会提出。

本标准由全国化学标准化技术委员会(SAC/TC 63)归口。

本标准起草单位:中化化工标准化研究所、中国化工经济技术发展中心。

本标准主要起草人:魏静、钟之万、王琳、潘莉莉、魏乃新。

化工产品使用说明书编写规定

1 范围

本标准规定了化工产品使用说明书(以下简称使用说明书)的基本内容与编写方法。

本标准适用于除军事、化工机械与设备类的化工产品外的使用说明书的编写。

2 规范性引用文件

下列文件中的条款通过本标准的引用而成为本标准的条款,凡是注日期的引用文件,其随后所有的修改单(不包括勘误的内容)或修订版均不适用于本标准,然而,鼓励根据本标准达成协议的各方研究是否可使用这些文件的最新版本。凡是不注日期的引用文件,其最新版本适用于本标准。

GB/T 1.1 标准化工作导则 第1部分:标准的结构和编写规则

GB 9969.1 工业产品使用说明书 总则

3 基本要求与一般规定

3.1 使用说明书的基本要求与一般规定应符合 GB 9969.1 中的规定。

3.2 使用说明书是由文字、图示和表格组成的随产品为用户提供的技术资料与有关规定。

3.3 使用说明书的内容主要包括产品的规格、用途、使用方法、使用条件范围,并根据产品的特点介绍产品的理化特性、技术参数、贮运和包装等规定。

3.4 使用说明书对易燃、易爆、有毒、有腐蚀性、有放射性等性质的产品,应包括注意事项、防护措施和发生意外时紧急处理办法等内容。

3.5 使用说明书应明确规定对危险化学品的安全防范措施、贮存条件、产品报废后的处置办法及事故的处理方法。

3.6 对安全限制有要求或存在有效年限的产品应提供产品的有效期、储存期。

3.7 使用说明书应根据相应的产品牌号、产品系列、产品分级(类)编写或单一产品编写。

3.8 使用说明书中应采用我国法定计量单位。

3.9 使用说明书应与生产、制造者印发的有关同种产品的资料,例如广告或包装上的内容一致。

3.10 若其质量证明书、产品手册等技术文件能满足用户对使用说明书的需求时,可用其代替使用说明书。

3.11 使用说明书按下列等级和警告用语提醒用户:

——“危险”表示对高度危险要警惕;

——“警告”表示对中度危险要警惕;

——“注意”表示对轻度危险要关注。

3.12 使用说明书的文字要简练、叙述要清楚,图示、图片和符号要清晰。

4 使用说明书的印刷

4.1 本标准对使用说明书的印刷方法及幅面不做统一规定。

4.2 供国内用户的化工产品应提供中文使用说明书。

4.3 使用说明书的文本要求如下:

a) 多个产品及单一产品多页的使用说明书应装订成册,不应散页;

b) 使用说明书的文字以中文为主,可以采用其他文种对照;

c) 使用说明书封面应有“使用说明书”字样、生产厂家；封底应有厂址、印刷年月等内容。

4.4 多个产品的使用说明书要编写目录与目次。

4.5 使用说明书中的图、表、公式、数值的表示方法应符合 GB/T 1.1 的有关要求。

4.6 安全警告的内容应用较大的字号或不同的字体表示，或用特殊符号或颜色来强调。

5 使用说明书的一般构成与顺序

5.1 下述构成部分不是每个产品都应全部包括，可根据产品的特点恰当地选择编写。

5.2 封面

使用说明书的封面应有“使用说明书”字样、产品名称（如产品型号、牌号、系列等）、生产企业名称，并可附注册商标等内容。出口产品的使用说明书，应在企业名称前加“中华人民共和国”字样。

5.3 目录或目次

5.4 前言

包括主要产品品种与用途简介等内容。

5.5 主要内容

5.5.1 产品名称、注册商标或标志包括：

a) 名称包括学名、俗称和商品名称；

b) 危险化学品应加危险品标志。

5.5.2 分子式或化学结构式与相对分子质量。

5.5.3 一般理化特性包括：密度、熔点、沸点、水溶性和酸碱性等。

5.5.4 质量规格至少包括下列内容：

a) 产品标准代号；

b) 产品外观和主要技术参数；

c) 产品的包装方法、包装规格（净质量）；

d) 产品有效期，并注明过期产品的处置方法。

5.5.5 主要原材料。

5.5.6 生产方法与简单工艺流程。

5.5.7 用途与使用

5.5.7.1 主要用途、使用范围、用量与使用效果。

5.5.7.2 使用技术条件、使用方法与使用注意事项。

5.5.8 储运条件、储运与使用过程中发生事故的应急措施。

5.5.9 防火、防爆、防震、防辐射与抗腐蚀措施。

5.5.10 售后服务。

5.5.11 封底：封底包括厂址、邮政编码和电话号码、网址、E-mail、印刷年月等内容。

6 使用说明书编写实例

化工产品使用说明书包括的部分内容实例参见附录 A。

附　录　A
（资料性附录）
悬浮分散剂-02 产品使用说明书

A.1　前言

××××××厂是以天然气化工为主的特大型化工化纤联合企业，生产设备成套引进，各种产品质量优良，企业已通过 ISO 9001:2000 质量管理体系认证。××××××厂的主要产品有聚乙烯醇(PVA)、甲醇、乙酸乙烯酯(VAC)、甲醛、维纶纤维、维纶牵切纱等。我厂还可以根据用户的需求开发和生产多品种、多用途或专用的化工化纤系列新产品，并竭诚为用户提供一流的产品和售后服务。

A.2　规格

悬浮分散剂-02 的规格见表 A.1。

表 A.1

名　　称		优　等　品
外观		黄色黏稠液体
黏度/(mPa·s)		7.0～10.0
醇解度，w/%		45.0～51.0
挥发份，w/%	≤	—
pH 值		5.0～7.0
浓度，w/%		M±1.0
注：M 值为 20.0 或 30.0 按用户的要求确定。		

A.3　制造方法

悬浮分散剂-02 产品是以醋酸乙烯酯为原料，经过共聚改性和特殊的醇解方式制成的非水溶性改性聚乙烯醇溶液。依靠特殊的聚合醇解工艺，使其在大分子链上的醋酸基出现序列分布，即获得嵌段特性，从而使本产品的分散能力增强。尤其在氯乙烯悬浮聚合体系中作为辅分散剂，表现出特别优异的表面活性和乳化分散能力。

A.4　物化性质

A.4.1　非水溶性：本品为黄色黏稠液体。

A.4.2　溶液均匀无沉淀物，溶液 pH 值与黏度稳定，不受弱酸、弱碱的影响。

A.5　主要用途

主要用作氯乙烯(PVC)悬浮聚合辅助分散剂，与分散剂-20、以及羟丙基甲基纤维素(HPMC)复合使用，可获得孔隙率高的 PVC 树脂，改进脱单体性及增塑剂吸收性，并能缩短塑化时间，减少鱼眼数。与以往的辅助分散剂相比，不会降低，反而会提高 PVC 的表观密度。

A.6　使用方法

分散剂-02 为液体产品，有效含量根据用户要求为[(20.0 或 30.0)%±1.0%]，由于不需要溶解过程，因而使用方便，可根据配方量和分散剂-02浓度确定加入量。

A.7 贮运事项

A.7.1 包装标志：我厂悬浮分散剂-02产品是10 kg塑料桶包装，每四桶为一箱。每箱净质量40 kg。每批产品应有质量检验报告单，在包装上应有清晰、牢固的标志，包括产品商标、名称、型号、等级、批号、净重和生产厂名等内容。

A.7.2 贮存：悬浮分散剂-02应贮存在干燥、通风良好的室内，室温5 ℃～30 ℃，并以批为单位分开存放。勿靠近热源，严防潮湿，避免日光曝晒。严禁与挥发性化学品共存，以防吸附变质。

A.7.3 运输：悬浮分散剂-02产品运输时，应用清洁有蓬的运输工具，以防潮、防雨、防晒，搬运时要轻拿轻放，防止刮破或摔破包装。

A.8 验收规则

悬浮分散剂-02产品出厂前，由我厂质检部门检验，保证产品符合对应的质量标准或合同标准。用户有权按照对应标准对所收到的悬浮分散剂-02产品进行质量验收。若有异议，应在收到产品一个月内提出，由供需双方协商解决。若该批产品已使用三分之一以上，我厂有权拒绝复验。

A.9 其他信息

1） 企业名称：

2） 地址：

3） 邮政编码：

4） 总机：　　　　销售热线：　　　　电传：

5） 网址：　　　　E-mail：

ICS 71.060.50
G 12

中华人民共和国国家标准

GB/T 23957—2009

牙膏工业用轻质碳酸钙

Light calcium carbonate for tooth-paste industry

2009-06-02 发布　　2010-02-01 实施

中华人民共和国国家质量监督检验检疫总局
中国国家标准化管理委员会　发布

前　言

本标准由中国石油和化学工业协会提出。

本标准由全国化学标准化技术委员会无机化工分会(SAC/TC 63/SC 1)归口。

本标准起草单位:建德市天石碳酸钙有限责任公司、中海油天津化工研究设计院、广西贺州市科隆粉体有限公司、建德市兴隆钙粉有限公司。

本标准主要起草人:周新民、王莹、徐荣珠、李奇洪、张小燕、詹根松、钱雯、刘幽若。

本标准为首次发布。

牙膏工业用轻质碳酸钙

1 范围

本标准规定了牙膏工业用轻质碳酸钙的要求、试验方法、检验规则、标志、标签、包装、运输和贮存。

本标准适用于牙膏工业用轻质碳酸钙，该产品在牙膏中用作摩擦剂。

2 规范性引用文件

下列文件中的条款通过本标准的引用而成为本标准的条款。凡是注日期的引用文件，其随后所有的修改单(不包括勘误的内容)或修订版均不适用于本标准，然而，鼓励根据本标准达成协议的各方研究是否可使用这些文件的最新版本。凡是不注日期的引用文件，其最新版本适用于本标准。

GB/T 191—2008　包装储运图示标志(ISO 780：1997，MOD)

GB/T 3049—2006　工业用化工产品　铁含量测定的通用方法 1，10-菲啰啉分光光度法(ISO 6685：1982，IDT)

GB/T 5009.12—2003　食品中铅的测定

GB/T 5009.17—2003　食品中总汞及有机汞的测定

GB/T 5009.18—2003　食品中氟的测定

GB/T 5009.74—2003　食品添加剂中重金属限量实验

GB/T 5009.75—2003　食品添加剂中铅的测定

GB/T 5009.76—2003　食品添加剂中砷的测定

GB/T 5950—2008　建筑材料及非金属矿产品白度测量方法

GB/T 6003.1—1997　金属丝编织网试验筛(eqv ISO 3310-1：1990)

GB/T 6678　化工产品采样总则

GB/T 6682—2008　分析实验室用水规格和试验方法(ISO 3696：1987，MOD)

GB/T 7918.2—1987　化妆品微生物标准检验方法　细菌总数测定

GB/T 7918.3—1987　化妆品微生物标准检验方法　粪大肠菌群

GB/T 7918.5—1987　化妆品微生物标准检验方法　金黄色葡萄球菌

GB/T 8170　数值修约规则与极限数值的表示和判定

GB/T 19281—2003　碳酸钙分析方法

GB/T 23769—2009　无机化工产品水溶液中 pH 值测定通用方法

GB/T 23774—2009　无机化工产品白度测定的通用方法

HG/T 3696.1　无机化工产品化学分析用标准滴定溶液的制备

HG/T 3696.2　无机化工产品化学分析用杂质标准溶液的制备

HG/T 3696.3　无机化工产品化学分析用制剂及制品的制备

3 分子式和相对分子质量

分子式：$CaCO_3$

相对分子质量：100.9(按 2007 年国际相对原子质量)

4 要求

4.1 外观：白色结晶粉末。

4.2 牙膏工业用轻质碳酸钙应符合表1要求。

表1 要求

项目		指标
碳酸钙($CaCO_3$)(以干基计),w/%	≥	98.5
pH(20%悬浊液)		8.5～10.0
白度/度	≥	94.0
细度(45 μm 筛余物),w/%	≤	0.2
105 ℃挥发物,w/%	≤	0.5
盐酸不溶物,w/%	≤	0.2
铁(Fe),w/%	≤	0.015
镁(Mg),w/%	≤	0.3
氟化物(以F计),w/%	≤	0.005
沉降体积,mL/g		1.7～2.1
钡(Ba),w/%	≤	0.03
重金属(以Pb计),w/%	≤	0.001
砷(As),w/%	≤	0.000 3
铅(Pb),w/%	≤	0.000 3
硫化物		通过试验
细菌总数,个/g	≤	300
类大肠杆菌		不得检出
金黄色葡萄球菌		不得检出
霉菌及酵母菌总数/(个/g)	≤	100

5 试验方法

5.1 安全提示

本试验方法中使用的部分试剂具有毒性或腐蚀性,操作时须小心谨慎!如溅到皮肤或眼睛上应立即用水冲洗,严重者应立即治疗。

5.2 一般规定

本标准所用试剂和水在没有注明其他要求时,均指分析纯试剂和GB/T 6682—2008中规定的三级水。试验中所用标准滴定溶液、杂质标准溶液、制剂及制品,在没有注明其他要求时,均按HG/T 3696.1、HG/T 3696.2、HG/T 3696.3之规定制备。

5.3 碳酸钙含量的测定

5.3.1 方法提要

用三乙醇胺掩蔽少量三价铁、三价铝和二价锰等离子,在pH值大于12的介质中,以钙试剂羧酸钠盐作指示剂,用乙二胺四乙酸二钠标准滴定溶液滴定钙离子。

5.3.2 试剂

5.3.2.1 盐酸溶液:1+1;

5.3.2.2 氢氧化钠溶液:100 g/L;

5.3.2.3 三乙醇胺溶液:1+3;

5.3.2.4 乙二胺四乙酸二钠(EDTA)标准滴定溶液:c(EDTA)≈0.02 mol/L;

5.3.2.5 钙试剂羧酸钠盐指示剂。

5.3.3 分析步骤

称取 0.6 g 预先在 200 ℃±2 ℃下干燥至质量恒定的试样，精确至 0.000 2 g，置于 250 mL 烧杯中。用少量水润湿，盖上表面皿，滴加盐酸溶液至试料完全溶解，全部转移至 250 mL 容量瓶中，加水至刻度，摇匀。用移液管移取 25 mL 试验溶液，置于 250 mL 锥形瓶中。加入 30 mL 水、5 mL 三乙醇胺溶液，摇动下滴加氢氧化钠溶液，加入 0.1 g 钙试剂羧酸钠盐指示剂，继续滴加氢氧化钠溶液至试验溶液由蓝色变为酒红色，过量 0.5 mL。用乙二胺四乙酸二钠标准滴定溶液滴定至溶液由酒红色变为纯蓝色。同时作空白试验。

空白试验除不加试样外，其他操作及加入试剂的种类和量(标准滴定溶液除外)与测定试验相同。

5.3.4 结果计算

碳酸钙含量以碳酸钙($CaCO_3$)的质量分数 w_1 计，数值以%表示，按式(1)计算：

$$w_1 = \frac{(V_1 - V_0)cM}{m \times 25/250 \times 10^3} \times 100 = \frac{(V_1 - V_2)cM}{m} \quad \cdots\cdots\cdots(1)$$

式中：

V_1——滴定试验溶液所消耗的乙二胺四乙酸二钠标准滴定溶液的体积的数值，单位为毫升(mL)；

V_0——滴定空白溶液所消耗的乙二胺四乙酸二钠标准滴定溶液的体积的数值，单位为毫升(mL)；

c——乙二胺四乙酸二钠标准滴定溶液浓度的准确数值，单位为摩尔每升(mol/L)；

m——试料的质量的数值，单位为克(g)；

M——碳酸钙($CaCO_3$)的摩尔质量的数值，单位为克每摩尔(g/mol)(M=100.09)。

取平行测定结果的算术平均值为测定结果，两次平行测定结果的绝对差值不大于 0.2%。

5.4 pH 值的测定

5.4.1 试剂

无二氧化碳的水。

5.4.2 仪器、设备

5.4.2.1 酸度计：分度值为 0.02pH 单位，配有玻璃电极和饱和甘汞电极；

5.4.2.2 磁力搅拌器和搅拌子。

5.4.3 分析步骤

称取 10.0 g±0.1 g 试样，置于 150 mL 烧杯中，再加入 25 ℃ 100 mL 无二氧化碳的水，充分搅拌 10 min 后，以下按 GB/T 23769—2009 的分析步骤测定 pH 值。

取平行测定结果的算术平均值为测定结果，两次平行测定结果的绝对差值不大于 0.2pH。

5.5 白度的测定

5.5.1 方法提要

同 GB/T 5950—2008 第 4 章。

5.5.2 仪器、设备

5.5.2.1 白度仪；

5.5.2.2 工作白板：符合 GB/T 23774—2009 规定的工作白板。

5.5.3 分析步骤

取一定量的试样放入压样器中，压制成表面平整、无纹理、无疵点、无污点的试样板。每批产品需压制 3 件试样板。

按仪器的使用说明预热稳定仪器，调零，用工作白板调校仪器。将试样板置于仪器上测定试样的蓝反白度。

5.5.4 结果计算

按 GB/T 23774—2009 中 6.1 计算出的白度值。

取平行测定结果的算术平均值为测定结果，平行测定结果的绝对差值不大于1。

5.6 细度的测定

5.6.1 仪器、设备

试验筛：R20/3 系列，ϕ200×50-0.045/0.032 GB/T 6003.1—1997。

5.6.2 分析步骤

称取20.0 g试样，精确至0.1 g，置于800 mL烧杯中，先加适量的水，用带橡皮头的玻璃棒搅动助其分散，把分散的悬浮液倒至筛中，将留在筛上的剩余物用水冲回至烧杯中，并再次用同样数量的水进行分散，如前所述倒至筛子中，再重复此操作两次。用水冲出烧杯全部的剩余物，直至洗液澄清为止，将剩余物洗至预先于105 ℃±2 ℃的烘箱内干燥至质量恒定的玻璃砂坩埚中，于105 ℃±2 ℃的烘箱内干燥至质量恒定。

5.6.3 结果计算

细度以筛余物的质量分数 w_2 计，数值以%表示，按式(2)计算：

$$w_2=\frac{m_1}{m}\times 100 \qquad \cdots\cdots(2)$$

式中：

m——试料质量的数值，单位为克(g)；

m_1——试验中筛余物质量的数值，单位为克(g)。

取平行测定结果的算术平均值为测定结果。两次平行测定结果的绝对差值不大于0.2%。

5.7 105 ℃挥发物的测定

按GB/T 19281—2003中3.14规定的方法进行测定。

5.8 盐酸不溶物含量的测定

按GB/T 19281—2003中3.16规定的方法进行测定。

5.9 铁含量的测定

5.9.1 方法提要

同GB/T 3049—2006第3章。

5.9.2 试剂

5.9.2.1 盐酸溶液：1+1；

5.9.2.2 其他试剂同GB/T 3049—2006第4章。

5.9.3 仪器、设备

分光光度计：配有4 cm的比色皿。

5.9.4 分析步骤

5.9.4.1 工作曲线的绘制

按GB/T 3049—2006中6.3的规定，使用4 cm比色皿，绘制铁质量为0.01 mg～0.1 mg工作曲线。

5.9.4.2 测定

称取1 g试样，精确至0.000 2 g，置于100 mL烧杯中，加10 mL水、5 mL盐酸溶液，加热煮沸2 min，取下冷却至室温。全部转移至100 mL容量瓶中，用水稀释至刻度，摇匀。干过滤，弃去20 mL初始滤液，保留滤液。

用移液管移取20 mL滤液，置于100 mL容量瓶中，以下按GB/T 3049—2006中6.4从“必要时，加水至60 mL……”开始进行操作。同时同样处理空白试验溶液。从工作曲线上查出相应的铁的质量。

5.9.5 结果计算

铁含量以铁(Fe)的质量分数 w_3 计，数值以%表示，按式(3)计算：

$$w_3=\frac{(m_1-m_0)\times 10^{-3}}{m\times V/100}\times 100 \qquad \cdots\cdots(3)$$

式中：

m_0——从工作曲线上查出的空白试验溶液中铁的质量的数值，单位为毫克(mg)；

m_1——从工作曲线上查出的试验溶液中铁的质量的数值，单位为毫克(mg)；

m——试料的质量的数值，单位为克(g)；

V——按 5.9.4.2 移取的滤液体积的数值，单位为毫升(mL)。

取平行测定结果的算术平均值为测定结果，两次平行测定结果的绝对差值不大于 0.002%。

5.10 镁含量的测定

按 GB/T 19281—2003 中 3.5 规定的方法进行测定。

5.11 氟含量的测定

称取 1.0 g±0.01 g 试样，置于烧杯中，用水润湿。然后按照 GB/T 5009.18—2003 的第三法 氟离子选择电极法中 13.1“加 10 mL 盐酸(1+11)，……”及其以下步骤操作并计算。

5.12 沉降体积的测定

按 GB/T 19281—2003 中 3.23 规定的方法进行测定。

5.13 钡含量的测定

5.13.1 方法提要

在微酸性介质中，铬酸根离子与钡离子生成铬酸钡沉淀，与标准比浊溶液比较。

5.13.2 试剂

5.13.2.1 乙酸钠；

5.13.2.2 盐酸溶液：1+3；

5.13.2.3 冰乙酸溶液：1+19；

5.13.2.4 铬酸钾溶液：50 g/L；

5.13.2.5 钡标准溶液：1 mL 溶液含钡(Ba)0.1 mg；

配制：用移液管移取 10 mL 按 HG/T 3696.2 配制的钡标准溶液置于 100 mL 容量瓶中，用水稀释至刻度，摇匀。

5.13.3 分析步骤

称取 1.00 g±0.01 g 试样，置于烧杯中。加水润湿后缓慢加入 10 mL 盐酸溶液溶解，加热煮沸 1 min，滴加氨水溶液至 pH 约为 8，再加热煮沸，冷却后用慢速滤纸过滤于 50 mL 比色管中，用适量水洗涤，加入 2 g 乙酸钠、1 mL 冰乙酸溶液和 0.5 mL 铬酸钾溶液，加水至刻度，放置 15 min 后比较其浊度。试验溶液所呈浊度不得深于标准比浊溶液。

标准比浊溶液是移取与标准指标值相对应的钡标准溶液，加 3 mL 盐酸溶液，以下操作按上述从“加热煮沸 1 min，……”开始进行操作，与试样同时同样处理。

5.14 重金属(以 Pb 计)含量的测定

5.14.1 方法提要

同 GB/T 5009.74—2003 第 2 章。

5.14.2 试剂

5.14.2.1 抗坏血酸；

5.14.2.2 乙酸溶液：300 g/L；

5.14.2.3 饱和硫化氢水：使用前配制；

5.14.2.4 盐酸溶液：1+3；

5.14.2.5 氨水溶液：1+1；

5.14.2.6 铅标准溶液：1 mL 溶液含铅(Pb)0.010 mg；

移取 1.00 mL 按 HG/T 3696.2 要求配制的铅标准溶液，置于 100 mL 容量瓶中，用水稀释至刻度，摇匀。

5.14.2.7 酚酞指示液：10 g/L 乙醇溶液。

5.14.3 **分析步骤**

称取 1.00 g±0.01 g 试样，置于烧杯中，用少量水湿润，加 5 mL 盐酸溶液，加热溶解，冷却(必要时过滤)后移入比色管中，加 20 mL 水和 1 滴酚酞指示剂用氨水溶液中和至微红色，加 0.5 mL 冰乙酸溶液和 0.5 g 抗坏血酸，再加入 10 mL 饱和硫化氢水，摇匀。于暗处放置 10 min，其颜色不得深于标准。

标准比色溶液的制备：移取 1 mL 铅标准溶液，除不加试样外，其余于试样同样处理。

5.15 **砷含量的测定**

5.15.1 **方法提要**

同 GB/T 5009.76—2003 第 8 章。

5.15.2 **试剂**

同 GB/T 5009.76—2003 第 9 章。

5.15.3 **仪器**

同 GB/T 5009.76—2003 第 10 章。

5.15.4 **分析步骤**

称取 0.25 g±0.01 g 试样，置于锥形瓶中，用水润湿。用移液管移取 0.75 mL 砷标准溶液(1 mL 溶液含砷(As)0.001 mg 作为标准，置于另一只锥形瓶中。各加入 5 mL 盐酸溶液(1+3)，使试样完全溶解。然后按照 GB/T 5009.76—2003 的第一法　二乙基二硫代氨基甲酸银比色法中 6.2 限量试验进行操作，或按照 GB/T 5009.76—2003 的第二法　砷斑法中 11 测定进行操作。

二乙基二硫代氨基甲酸银比色法为仲裁法。

5.16 **铅含量的测定**

5.16.1 **双硫腙比色法(仲裁法)**

5.16.1.1 **警示：本章中所使用试剂含剧毒，应严格按照有关规定管理，使用时应避免吸入或与皮肤接触，必要时应在通风橱中进行。对于暴露部位有伤口的人员不能接触。**

5.16.1.2 方法提要

样品经处理加入柠檬酸铵、氰化钾和盐酸羟胺等，消除铁、铜、锌等离子干扰，在 pH 值 8.5～9.0 时，铅离子与双硫腙生成红色络合物，用三氯甲烷提取，与标准系列比较作定量试验。

5.16.1.3 分析步骤

称取 2.00 g±0.01 g 试样，置于锥形瓶中，用水润湿。然后按照 GB/T 5009.75—2003 的 6.2 定量测定进行操作。

5.16.2 **原子吸收法**

5.16.2.1 **方法提要**

样品经溶解后，在一定 pH 条件下铅与 DDTC 形成络合物，经 4-甲基戊酮-2 萃取分离，导入原子吸收光谱仪中，火焰原子化后，吸收 283.3 nm 共振线，其吸收量与铅含量成正，与标准系列比较定量。

5.16.2.2 **试剂**

5.16.2.2.1 盐酸溶液：1+1；

5.16.2.2.2 铅标准溶液：1 mL 溶液含铅(Pb)0.001 mg；

配制：用移液管吸取 1.00 mL HG/T 3696.2 中所配置的铅标准溶液，移入 100 mL 容量瓶中，加水至刻度，摇匀。再用移液管吸取 10 mL，移入 100 mL 容量瓶中，加水至刻度，摇匀。使用前配制。

5.16.2.2.3 柠檬酸铵溶液：250 g/L；

5.16.2.2.4 溴百里酚蓝水溶液：250 g/L；

5.16.2.2.5 二乙基二硫代氨基甲酸钠(DDTC)溶液(50 g/L)；

称取 5 g 二乙基二硫代氨基甲酸钠，用水溶解并加水至 100 mL。

5.16.2.2.6 氨水溶液：1+1；

5.16.2.2.7 4-甲基戊酮-2(MIBK);

5.16.2.2.8 二级水:符合 GB/T 6682—2008 中的规定。

5.16.2.3 **仪器**

原子吸收分光光度计。

5.16.2.4 **测定步骤**

5.16.2.4.1 **试样测定溶液的制备**

称取 3.00 g±0.01 g 试样置于 150 mL 烧杯中,用水润湿,(盖上表面皿)滴加盐酸溶液至溶解,加热沸腾,冷却。同时制备空白测定溶液。

5.16.2.4.2 **萃取分离**

将试样测定溶液和空白测定溶液,分别置于 125 mL 分液漏斗中,补加水至 60 mL,以下操作按 GB/T 5009.12—2003 中 17.2 萃取分离"加 2 mL 柠檬酸铵溶液,……,以下操作与试样相同。"进行操作。制得试样萃取液、空白萃取液和铅标准萃取液。

5.16.2.4.3 **测定**

按 GB/T 5009.12—2003 中 17.3.2、17.3.3 进行测定,以铅标准萃取液中铅质量为横坐标,吸收值为纵坐标,绘制工作曲线。

5.16.3 **结果计算**

铅含量以铅(Pb)的质量分数 w_4 计,数值以%表示,按式(4)计算:

$$w_4 = \frac{(m_1 - m_0)/10^3}{m} \times 100 \quad \cdots\cdots(4)$$

式中:

m_1——从工作曲线上查出的试样萃取液中铅的质量的数值,单位为毫克(mg);

m_0——从工作曲线上查出的空白萃取液中铅的质量的数值,单位为毫克(mg);

m——试料的质量的数值,单位为克(g)。

取平行测定结果的算术平均值为测定结果,两次平行测定结果的绝对差值不大于 0.000 05%。

5.17 **硫化物的测定**

5.17.1 **方法提要**

试样中的硫化物与稀盐酸作用产生硫化氢气体,硫化氢与乙酸铅试纸作用,使乙酸铅试纸的颜色发生变化。

5.17.2 **试剂**

5.17.2.1 盐酸溶液:1+9;

5.17.2.2 乙酸铅试纸。

5.17.3 **分析步骤**

称取 1 g 试样,精确至 0.1 g,置于锥形瓶中加 10 mL 水和 10 mL 盐酸溶液,装上带有玻璃管的塞子,玻璃管内事先装好乙酸铅试纸,加热至沸,并保持 5 min。取下玻璃管,冷却至室温,取出乙酸铅试纸,试纸上无任何痕迹即为通过试验。

5.18 **细菌总数的测定**

按照 GB/T 7918.2—1987 的规定进行测定。

5.19 **粪大肠菌群的测定**

按照 GB/T 7918.3—1987 的规定进行测定。

5.20 **金黄色葡萄球菌的测定**

按照 GB/T 7918.5—1987 的规定进行测定。

5.21 **霉菌与酵母菌总数的测定**

5.21.1 **仪器、设备**

5.21.1.1 培养箱:能控温在 28 ℃±2 ℃;

5.21.1.2 振荡器；
5.21.1.3 试管：15 mm×150 mm；
5.21.1.4 灭菌平皿：直径 9 cm；
5.21.1.5 灭菌吸管：1 mL、10 mL；
5.21.1.6 高压灭菌器。

5.21.2 培养基和试剂

5.21.2.1 灭菌生理盐水

称取 8.5 g 氯化钠，加水至 1 000 mL，溶解后，分装到加玻璃珠的三角瓶内，每瓶 90 mL，于 103.43 kPa(121 ℃ 15 lb)高压灭菌 20 min。

5.21.2.2 灭菌虎红培养基

分别将 5 g 蛋白胨、10 g 葡萄糖、1 g 磷酸二氢钾、0.5 g 七水硫酸镁和 20 g 琼脂加入 1 000 mL 蒸馏水中溶解，再加入 100 mL 虎红溶液(1/3 000)。分装后，于 103.43 kPa(121 ℃ 15 lb)高压灭菌 20 min，另用少量乙醇溶解 100 mg 氯霉素，过滤溶解后加入培养基中。

5.21.3 分析步骤

以无菌操作称取 10 g 样品，加入 90 mL 灭菌生理盐水中，充分振荡混匀，使其分散形成均匀的悬乳液，静置后，取上清液，此溶液为 1+10 的稀释液。移取 1 mL 1+10 的稀释液，加入 9 mL 灭菌生理盐水中，此溶液为 1+100 的稀释液。移取 1 mL 1+100 的稀释液，加入 9 mL 灭菌生理盐水中，此溶液为 1+1 000 的稀释液。每个稀释度应换一支吸管。

移取上述 1+10、1+100、1+1 000 的稀释液各 1 mL 分别注入灭菌平皿内，每个稀释度各用 2 个平皿，注入融化并冷至 45 ℃±1 ℃左右的虎红培养基，充分摇匀。凝固后，翻转平板，置于 28 ℃±2 ℃下培养 72 h，计数平板内生长的霉菌和酵母菌数。若有霉菌蔓延生长，为避免影响其他霉菌和酵母菌的计数时，于 48 h 应及时将此平板取出计数。

数出每个平板上生长的霉菌和酵母菌菌落数，求出每个稀释度的平均菌落数。选取菌落数在 5 个～50 个范围之内的平皿计数，乘以稀释倍数后，即为每克样品中所含的霉菌和酵母菌数。

6 检验规则

6.1 本标准分出厂检验和型式检验。

6.1.1 该标准所有项目为型式检验项目，正常生产情况下每六个月进行一次型式检验；在下列情况下必须进行型式检验：

a) 更新关键设备和生产工艺；
b) 主要原料有变化；
c) 停产又恢复生产；
d) 与上次型式检验有较大的差异；
e) 合同规定。

6.1.2 本标准规定碳酸钙含量、pH 值、105 ℃挥发物、盐酸不溶物、白度、铁、细度、沉淀体积、镁、硫化物、钡、氟化物、重金属、砷、细菌总数、金黄色葡萄球菌、类大肠杆菌、霉菌及酵母菌总数为出厂检验项目，应逐批检验。

6.2 生产企业用相同材料，基本相同的生产条件，连续生产或同一班组生产的牙膏工业用轻质碳酸钙为一批，每批产品不超过 60 t。

6.3 按 GB/T 6678 的规定确定采样单元数。采样时将采样器自包装袋的上方垂直插入至料层深度的 3/4 处采样。每袋所取试样不少于 50 g；将所采的样品混匀，用四分法缩分至约 500 g，分装入两个干燥、清洁的广口瓶或塑料袋中，密封，粘贴标签，注明：生产厂名、产品名称、等级、批号和采样日期、采样者姓名。一瓶(袋)用于检验，另一瓶(袋)保存备查，保存时间由生产厂根据实际情况确定。

6.4 牙膏工业用轻质碳酸钙应由生产厂的质量监督检验部门按照本标准的规定进行检验。生产厂应保证每批出厂的产品都符合本标准的要求。

6.5 检验结果如有一项指标不符合本标准要求时，应重新自两倍量的包装中采样进行复验，复验结果即使只有一项指标不符合本标准的要求时，则整批产品为不合格。

6.6 采用 GB/T 8170 规定的修约值比较法判定检验结果是否符合标准。对有毒有害物质采用全数值比较法。

7 标志、标签

7.1 牙膏工业用轻质碳酸钙包装上应有牢固清晰的标志，内容包括：生产厂名、厂址、产品名称、“牙膏工业用”字样、净含量、批号或生产日期、本标准编号和 GB/T 191—2008 中规定的“怕雨”标志。

7.2 每批出厂的牙膏工业用 轻质碳酸钙产品都应附有质量证明书。质量证明书内容包括：生产厂名、厂址、产品名称、“牙膏工业用”字样、净含量、批号或生产日期、产品质量符合本标准的证明和本标准编号。

8 包装、运输、贮存

8.1 牙膏工业用轻质碳酸钙内包装采用聚乙烯薄膜袋，外包装采用塑料编织袋。每袋净含量 25 kg。用户对包装有特殊要求时，可供需协商。

8.2 牙膏工业用轻质碳酸钙的包装，薄膜袋用维尼龙绳或与其质量相当的绳两次扎紧，或用与其相当的其他方式封口；外袋用维尼龙线或其他质量相当的线缝口缝线整齐，针距均匀。无漏缝和跳线现象。

8.3 牙膏工业用轻质碳酸钙在运输过程中应有遮盖物，防止日晒、雨淋、受潮。不得与有毒有害物品混运。

8.4 牙膏工业用轻质碳酸钙应贮存在干燥库房中，防止雨淋、受潮、日晒。不得与有毒有害物品混贮。

8.5 牙膏工业用轻质碳酸钙在符合本标准规定的包装、运输、贮存条件下，自生产之日起保质期至少为2年。

ICS 71.080.30
G 17

中华人民共和国国家标准

GB/T 23958—2009

工业用亚氨基二乙腈

Iminodiacetonitrile for industrial use

2009-06-02 发布　　　　2010-02-01 实施

中华人民共和国国家质量监督检验检疫总局
中国国家标准化管理委员会　发布

前　言

本标准由中国石油和化学工业协会提出。

本标准由全国化学标准化技术委员会有机分会(SAC/TC 63/SC 2)归口。

本标准起草单位:重庆紫光化工股份有限公司、四川天然气化工研究院。

本标准主要起草人:罗延谷、王典池、罗克俊。

工业用亚氨基二乙腈

1 范围

本标准规定了工业用亚氨基二乙腈的要求、试验方法、检验规则及包装、标志、运输和贮存。

本标准适用于工业用亚氨基二乙腈的生产、检验和销售。

分子式：$C_4H_5N_3$

结构式：

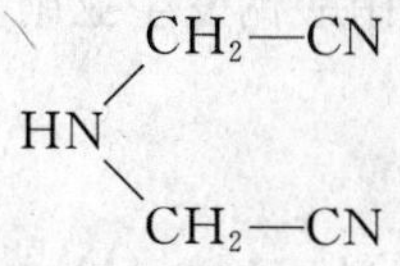

相对分子质量：95.10(按 2007 年国际相对原子质量)

2 规范性引用文件

下列文件中的条款通过本标准的引用而成为本标准的条款。凡是注日期的引用文件，其随后所有的修改单(不包括勘误的内容)或修订版均不适用于本标准，然而，鼓励根据本标准达成协议的各方研究是否可使用这些文件的最新版本。凡是不注日期的引用文件，其最新版本适用于本标准。

GB/T 601—2002 化学试剂 标准滴定溶液的制备

GB/T 602—2002 化学试剂 杂质测定用标准溶液的制备(ISO 6353-1:1982，NEQ)

GB/T 603—2002 化学试剂 试验方法中所用制剂及制品的制备(ISO 6353-1:1982，NEQ)

GB/T 1250 极限数值的表示方法和判定方法

GB/T 6283—2008 化工产品中水分含量测定 卡尔·费休法(通用方法)(ISO 760:1978，NEQ)

GB/T 6678—2003 化工产品采样总则

GB/T 6679—2003 固体化工产品采样通则

GB/T 6682—2008 分析实验室用水规格和试验方法(ISO 3696:1987，MOD)

GB/T 9738—2008 化学试剂 水不溶物测定通用方法(ISO 6353-1:1982，NEQ)

3 性状

浅黄色至褐色结晶。

4 要求

工业用亚氨基二乙腈应符合表 1 所示的技术要求。

表 1 技术要求

项 目		指 标	
		一等品	合格品
亚氨基二乙腈，w/%	⩾	95.0	92.0
水，w/%	⩽	3.0	6.0
硫酸盐(以 SO_4 计)，w/%	⩽	0.5	1.0
水不溶物，w/%	⩽	0.2	0.6

5 试验方法

5.1 警示

试验方法规定的一些试验过程可能导致危险情况，操作者应采取适当的安全和防护措施。

5.2 一般规定

除非另有说明，在分析中仅使用确认为分析纯的试剂和 GB/T 6682—2008 规定的三级水。

分析中所用标准滴定溶液、杂质标准溶液、制剂及制品，在没有注明其他要求时，均按 GB/T 601—2002、GB/T 602—2002 和 GB/T 603—2002 之规定制备。

5.3 亚氨基二乙腈含量的测定

5.3.1 方法提要

在低温酸性条件下，亚氨基二乙腈与亚硝酸钠发生亚硝基化反应，以永停滴定仪指示终点。反应式如下：

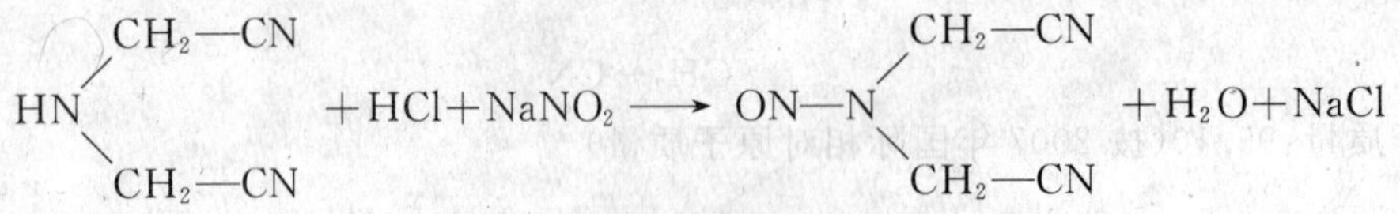

5.3.2 试剂

5.3.2.1 盐酸溶液：1+1。

5.3.2.2 溴化钾溶液：100 g/L。

5.3.2.3 亚硝酸钠标准滴定溶液：$c(NaNO_2)=0.25$ mol/L。

5.3.3 仪器

永停滴定仪：灵敏度为 10^{-8}(A)；容量控制精度为 0.02 mL。

5.3.4 分析步骤

称取约 0.6 g 试样，精确至 0.2 mg，置于 250 mL 烧杯中，加水 30 mL～50 mL，微温使溶解，冷却至室温，加水至 100 mL，加盐酸溶液 10 mL，加溴化钾溶液 10 mL，控制温度在 5 ℃～10 ℃，将烧杯置磁力搅拌器上，将滴定管尖端插入液面下 2/3 处，插入电极，用亚硝酸钠标准滴定溶液迅速滴定，同时搅拌，至近终点时，将滴定管尖端提出液面，用少量水淋洗滴定管尖端，洗液并入溶液中，继续滴定，用永停滴定仪指示终点（以电流计指针突然偏转，30 s 以上不再复位为终点）。

5.3.5 在测定的同时，按与测定相同的步骤，对不加试料而使用相同数量的试剂溶液做空白试验。

5.3.6 结果计算

亚氨基二乙腈的质量分数 w_1，数值以%表示，按式(1)计算

$$w_1=\frac{(V_1-V_2)cM}{1\,000m}\times 100 \qquad \cdots\cdots(1)$$

式中：

V_1——试料消耗的亚硝酸钠标准滴定溶液(5.3.2.3)的体积的数值，单位为毫升(mL)；

V_2——空白消耗的亚硝酸钠标准滴定溶液的体积的数值，单位为毫升(mL)；

c——亚硝酸钠标准滴定溶液浓度的准确数值，单位为摩尔每升(mol/L)；

m——试料的质量数值，单位为克(g)；

M——亚氨基二乙腈的摩尔质量的数值，单位为克每摩尔(g/mol)(M=95.10)；

取平行测定结果的算术平均值为报告结果，两次平行测定结果的绝对差值不大于 0.3%。

5.4 水不溶物含量的测定

称取约 20 g 预先粉碎至 2 mm 以下的试样，精确至 1 mg，加水 200 mL。其余按 GB/T 9738—2008 的规定进行。

取平行测定结果的算术平均值为报告结果。两次平行测定结果的绝对差值不大于 0.02%。

5.5　硫酸盐含量的测定

5.5.1　方法提要

在盐酸介质中，加入氯化钡与试验溶液中的硫酸根离子生成白色沉淀，与同法处理的硫酸盐标准比浊溶液比较。

5.5.2　试剂

5.5.2.1　盐酸溶液：1+1。

5.5.2.2　氯化钡溶液：250 g/L。

5.5.2.3　无水乙醇。

5.5.2.4　硫酸盐标准溶液：1.0 mg/mL。

5.5.3　仪器

比色管：50 mL。

5.5.4　分析步骤

称取约 2 g 实验室样品，精确至 1 mg，置于 250 mL 烧杯中，加水 50 mL，微温加热使完全溶解，冷至室温，转移至 100 mL 容量瓶中，加水至刻度，摇匀，过滤，弃去初滤液，取续滤液 2 mL 为试液，置于比色管中，加盐酸溶液 5 mL，氯化钡溶液 5 mL，无水乙醇 5 mL，所呈浊度与标准比浊溶液比较，不得大于与产品各等级规定相符的标准比浊溶液。即一等品：所显浊度不大于 1 号比色管浊度；合格品：所显浊度不大于 2 号比色管浊度。

标准比浊溶液制备：分别吸取硫酸盐标准溶液 0.2 mL±0.02 mL、0.4 mL±0.02 mL，分别置于 1 号、2 号比色管中，加水稀释至 2 mL，与同体积试液同时同样处理。

5.6　水分含量的测定

称取约 0.2 g 实验室样品，精确至 1 mg，按 GB/T 6283—2008 的规定进行测定。

取平行测定结果的算术平均值为报告结果。两次平行测定结果的绝对差值不大于 0.1%。

6　检验规则

6.1　检验分为出厂检验和型式检验。

6.1.1　出厂检验项目为表 1 中亚氨基二乙腈含量、水分、硫酸盐，应逐批进行检验。

6.1.2　型式检验项目为表 1 中的所有项目，在正常生产的情况下，每月应至少进行一次型式检验。有下列情况之一时，也应进行型式检验。

a)　更新关键生产工艺；

b)　主要原料有变化；

c)　停产后重新恢复生产；

d)　出厂检验结果与上次型式检验结果有较大差异；

e)　合同规定。

6.2　工业用亚氨基二乙腈由生产厂的质量检验部门进行检验。生产厂应保证每批出厂产品都符合本标准的要求，并附有一定格式的质量证明书，内容包括：生产厂名称和厂址、产品名称、生产日期或批号、质量等级、净含量和本标准编号等。

6.3　在原材料、工艺不变的条件下，产品连续生产的实际批为一组批，每批产品不超过 20 t。

6.4　工业用亚氨基二乙腈按 GB/T 6678—2003 和 GB/T 6679—2003 的规定进行采样。将采得的样品装入塑料袋混匀后，并缩分至不少于 400 g。将所采样品分装于两个清洁、干燥的塑料袋中，密封。贴上标签，注明生产厂名、产品名称、批号、采样日期和采样者姓名。一份供检验用，一份保存备查，保存时间根据实际需要确定。

6.5　检验结果的判定应按 GB/T 1250 中规定的修约值比较法进行。检验结果如有一项指标不符合本标准要求时，应重新自两倍量的包装单元中采样进行复验，复验结果即使只有一项指标不符合本标准要求，则整批产品为不合格。

7 标志、包装、运输和贮存

7.1 标志

包装袋上应有牢固、清晰的标志，内容包括：生产厂名称、厂址、产品名称、等级、净含量、批号或生产日期、商标和本标准编号。

7.2 包装

工业用亚氨基二乙腈的内包装采用塑料薄膜袋，外包装采用塑料编织袋。每袋净含量 25 kg，或根据用户的要求并符合有关安全规定进行包装。

7.3 运输

工业用亚氨基二乙腈在运输过程中应有遮盖物，防止雨林和日晒。

7.4 贮存

工业用亚氨基二乙腈应贮存于通风、干燥的仓库内。贮存过程中防止受潮。

ICS 71.080.90
G 17

中华人民共和国国家标准

GB/T 23959—2009

工业用对苯二酚

Hydroquinone for industrial use

2009-06-02 发布

2010-02-01 实施

中华人民共和国国家质量监督检验检疫总局
中国国家标准化管理委员会
发布

前　言

本标准的附录A为规范性附录。

本标准由中国石油和化学工业协会提出。

本标准由全国化学标准化技术委员会有机分会(SAC/TC 63/SC 2)归口。

本标准起草单位:连云港三吉利化学工业有限公司。

本标准参加起草单位:盐城凤阳化工有限公司、罗地亚镇江化学品有限公司。

本标准主要起草人:刘德标、陈素青、徐娟、王恒启。

工业用对苯二酚

1 范围

本标准规定了工业用对苯二酚的技术要求、试验方法、检验规则及标志、包装、运输、贮存和安全。

本标准适用于苯酚羟基化法或苯胺法制得的工业用对苯二酚的生产、检验和销售。

分子式：$C_6H_6O_2$

结构式：

相对分子质量：110.11(按 2007 年国际相对原子质量)

2 规范性引用文件

下列文件中的条款通过本标准的引用而成为本标准的条款。凡是注日期的引用文件，其随后所有的修改单(不包括勘误的内容)或修订版均不适用于本标准，然而，鼓励根据本标准达成协议的各方研究是否可使用这些文件的最新版本。凡是不注日期的引用文件，其最新版本适用于本标准。

GB 190 危险货物包装标志

GB/T 601—2002 化学试剂 标准滴定溶液的制备

GB/T 602—2002 化学试剂 杂质测定用标准溶液的制备(ISO 6353-1:1982,NEQ)

GB/T 603—2002 化学试剂 试验方法中所用制剂及制品的制备(ISO 6353-1:1982,NEQ)

GB/T 617—2006 化学试剂 熔点范围测定通用方法

GB/T 1250 极限数值的表示方法和判定方法

GB/T 6678—2003 化工产品采样总则

GB/T 6679—2003 固体化工产品采样通则

GB/T 6682—2008 分析实验室用水规格和试验方法(ISO 3696:1987,MOD)

3 要求

3.1 外观：优等品为白色或近白色固体，合格品为白色或浅色固体。

3.2 工业用对苯二酚应符合表 1 所示的技术要求。

表 1 技术要求

项目		指标	
		优等品	合格品
对苯二酚，w/%		99.0～100.5	
邻苯二酚，w/%	≤	0.05	
终熔点/℃		171～175	
灼烧残渣，w/%	≤	0.10	0.30
重金属(以 Pb 计)，w/%	≤	0.002	—

表 1（续）

项　　目	指　　标	
	优等品	合格品
铁(以 Fe 计)，w/%　　　　$\leqslant$	0.002	—
溶解性试验	通过试验	—

4 试验方法

4.1 警示

试验方法规定的一些试验过程可能导致危险情况，操作者应采取适当的安全和防护措施。

标准所用盐酸、硫酸、氨水等化学品具有腐蚀性，应小心操作，避免皮肤接触。

4.2 一般规定

除非另有说明，在分析中仅使用确认为分析纯的试剂和符合 GB/T 6682—2008 中规定的三级水。

分析中所用标准滴定溶液、制剂及制品，在没有注明其他要求时，均按 GB/T 601—2002、GB/T 602—2002、GB/T 603—2002 之规定制备。

4.3 外观的测定

取适量实验室样品摊平在干净的白纸上，在充足光线下目测。

4.4 对苯二酚含量的测定

4.4.1 方法提要

氧化还原滴定法。对苯二酚与硫酸铈或硫酸铈铵发生氧化还原反应，四价铈被还原成三价铈，以二苯胺做指示剂，计算得到对苯二酚含量。

4.4.2 试剂

4.4.2.1 硫酸溶液：0.5%。

4.4.2.2 硫酸铈或硫酸铈铵标准滴定溶液：$c[Ce(SO_4)_2]=0.1$ mol/L 或 $c[2(NH_4)_2(SO_4)_4 \cdot Ce(SO_4)_2]=0.1$ mol/L。

4.4.2.3 二苯胺指示液：10 g/L。

称取 1.0 g 二苯胺，溶于 100 mL 浓硫酸中。

4.4.3 试验步骤

称取 0.15 g 实验室样品，精确至 0.000 1 g，置于 250 mL 锥形瓶中，加入 100 mL 水、10 mL 硫酸溶液(4.4.2.1)，加 1～2 滴二苯胺指示液，用硫酸铈或硫酸铈铵标准滴定溶液滴定，至溶液由浅黄色变为紫色。

在测定的同时，按与测定相同的步骤，对不加试料而使用相同数量的试剂溶液做空白试验。

4.4.4 结果计算

对苯二酚的质量分数 w_1，数值以%表示，按式(1)计算：

$$w_1=\frac{(V_1-V_2)cM}{1\,000m}\times 100 \qquad \cdots\cdots(1)$$

式中：

V_1——试料消耗硫酸铈或硫酸铈铵标准滴定溶液(4.4.2.2)的体积的数值，单位为毫升(mL)；

V_2——空白试验消耗硫酸铈或硫酸铈铵标准滴定溶液的体积的数值，单位为毫升(mL)；

c——硫酸铈或硫酸铈铵标准滴定溶液的浓度的准确数值，单位为摩尔每升(mol/L)；

m——试料的质量的数值，单位为克(g)；

M——对苯二酚($1/2C_6H_6O_2$)的摩尔质量的数值，单位为克每摩尔(g/mol)(M=55.055)。

取两次平行测定结果的算术平均值为报告结果。两次平行测定结果的绝对差值不大于 0.3%。

4.5 邻苯二酚含量的测定

4.5.1 方法提要

高效液相色谱法。样品用流动相(甲醇-乙酸水溶液)溶解,使用定量进样阀将样品溶液注入色谱系统,通过色谱柱使样品溶液中各组分分离,用紫外吸收检测器检测,外标法定量,计算样品中邻苯二酚含量。

4.5.2 试剂

4.5.2.1 邻苯二酚标准品:质量分数不小于98.0%;

4.5.2.2 甲醇-乙酸水溶液:称取1.0 g冰乙酸,加500 mL水(GB/T 6682—2008中规定的一级水)混匀,为乙酸水溶液。分别取等体积的甲醇(HPLC级试剂)和乙酸水溶液混匀,pH在3~3.5。

4.5.3 仪器

4.5.3.1 高效液相色谱仪:配有可变波长的紫外吸收检测器。

4.5.3.2 色谱工作站。

4.5.3.3 定量进样阀:20 μL。

4.5.3.4 微量注射器:1 mL。

4.5.4 色谱分析条件

推荐的色谱柱及典型操作条件见表2,邻苯二酚含量测定的典型高效液相色谱图见图A.1,各组分的保留时间见表A.1。其他能达到同等分离程度的色谱柱和色谱操作条件均可使用。

表2 推荐的色谱柱和色谱操作条件

色谱柱	250 mm×4.6 mm(柱长×柱内径)不锈钢柱。填充以多孔球型硅胶为基质,表面键合18烷基官能团的非极性填料,填料粒径5 μm
柱温	室温
流动相	甲醇-乙酸水溶液
流动速度/(mL/min)	0.8
检测器检测波长/nm	277
进样量/μL	20μL

4.5.5 分析步骤

4.5.5.1 标准样品溶液的制备

称取0.05 g邻苯二酚标准品,精确至0.000 1 g,置于100 mL容量瓶中,用甲醇-乙酸水溶液溶解并稀释至刻度,摇匀。用移液管准确吸取该溶液2 mL于100 mL容量瓶中,用甲醇-乙酸水溶液稀释至刻度,摇匀(该溶液含邻苯二酚标准品10 μg/mL)。

4.5.5.2 样品溶液的制备

称取0.2 g实验室样品,精确至0.000 1 g,置于100 mL容量瓶中,用甲醇-乙酸水溶液溶解并稀释至刻度,摇匀。

4.5.5.3 测定

在选定色谱条件下,仪器基线稳定后,重复注入标准样品溶液,待相邻两针的相对响应值变化小于1.5%,进行高效液相色谱分析,按下列顺序进样:标准样品溶液,样品溶液,样品溶液,标准样品溶液。将得到的两次样品溶液及前后两次标准样品溶液的峰面积进行平均,外标法定量,计算邻苯二酚含量。

4.5.6 结果计算

邻苯二酚的质量分数 w_2,数值以%表示,按式(2)计算:

$$w_2 = \frac{A_1 m_2 P}{50 A_2 m_1} \qquad \cdots\cdots(2)$$

式中：

A_1——相邻两针样品溶液中邻苯二酚峰面积的平均值；

A_2——样品溶液前后两针标准样品溶液中邻苯二酚峰面积的平均值；

m_1——样品溶液中试料的质量的数值，单位为克(g)；

m_2——标准样品溶液中邻苯二酚标准品的质量的数值，单位为克(g)；

P——邻苯二酚标准品含量的质量分数，%；

50——标准溶液的稀释倍数。

取两次平行测定结果的算术平均值为报告结果。两次平行测定结果的绝对差值不大于0.02%。

4.6 熔点的测定

按GB/T 617—2006规定的方法进行测定。以仪器法作为仲裁法。

4.7 灼烧残渣的测定

4.7.1 仪器

4.7.1.1 坩埚：容积100 mL。

4.7.1.2 高温炉：可控制温度(600±50)℃。

4.7.1.3 干燥器：内装变色硅胶或无水氯化钙。

4.7.2 分析步骤

称取约5.0 g试样，精确至0.01 g，置于预先已在600 ℃恒量的坩埚中。将盛有试样的坩埚，放在电炉上缓慢加热，直到试样全部碳化，转入高温炉中，在600 ℃下灼烧4 h。取出于干燥器中冷却至室温，称量，精确至0.000 1 g。保留该残余物为A，用于重金属和铁含量的测定。

4.7.3 结果计算

灼烧残渣的质量分数w_3，数值以%表示，按式(3)计算：

$$w_3 = \frac{m_2 - m_1}{m} \times 100 \qquad (3)$$

式中：

m_2——坩埚和灼烧后残余物的质量的数值，单位为克(g)；

m_1——坩埚的质量的数值，单位为克(g)；

m——试料的质量的数值，单位为克(g)。

取两次平行测定结果的算术平均值为报告结果。两次平行测定结果的绝对差值不大于0.02%。

4.8 重金属(铅)含量的测定

4.8.1 方法提要

在弱酸性条件下，样品中的重金属(铅)离子与硫化钠作用，生成硫化铅，与同法处理的铅标准溶液比较，做限量试验。

4.8.2 试剂

4.8.2.1 盐酸溶液：1+3。

4.8.2.2 盐酸溶液：1+99。

4.8.2.3 氨水溶液：1+9。

4.8.2.4 硫化钠溶液：用水冲洗几粒硫化钠($Na_2S \cdot 9H_2O$)结晶体，用纸巾吸干水，用100 mL水溶解5.0 g此结晶体。

4.8.2.5 乙酸-乙酸钠缓冲溶液：pH4～5。

4.8.2.6 对硝基酚指示液：2.5 g/L。

4.8.2.7 铅(Pb)标准溶液：0.01 mg/mL。临用前用水将0.1 mg/mL的铅(Pb)标准溶液稀释而成。

4.8.3 仪器

比色管：50 mL。

4.8.4 分析步骤

4.8.4.1 试样溶液的制备

将4.7.2中保留的灼烧后残余物A加2 mL盐酸溶液(4.8.2.1)溶解,用水定量转移至25 mL容量瓶中,稀释至刻度,摇匀。

4.8.4.2 测定

量取(5.0±0.05)mL试样溶液和(2.0±0.05)mL铅(Pb)标准溶液于两个50 mL烧杯中。各加2滴对硝基酚指示液,如果溶液无色,加氨水溶液至溶液变为黄色,再加盐酸溶液(4.8.2.2)至溶液变为无色,并过量1 mL,分别定量转移至两个50 mL容量瓶中,用水稀释至刻度,充分混匀。量取上述两个溶液(20.0±0.05)mL于两个比色管中。在两个比色管中各加10 mL硫化钠溶液,用水稀释至50 mL,混匀。试样溶液产生的颜色不应深于铅(Pb)标准溶液产生的颜色。

4.9 铁(Fe)含量的测定

4.9.1 方法提要

在弱酸性条件下,样品中的铁(Ⅱ)离子与1,10-菲啰啉作用,生成橙红色络合物,与同法处理的铁(Ⅱ)标准溶液比较,做限量试验。

4.9.2 试剂

4.9.2.1 1,10-菲啰啉溶液:分别取等量的1,10-菲啰啉水溶液(1.0 g/L)和盐酸羟胺水溶液(100 g/L)和乙酸-乙酸钠缓冲溶液混合均匀。

4.9.2.2 铁[Fe(Ⅱ)]标准溶液:0.01 mg/mL。

4.9.3 仪器

同4.8.3。

4.9.4 分析步骤

量取(5.0±0.05)mL试样溶液和(2.0±0.05)mL铁[Fe(Ⅱ)]标准溶液于两个50 mL烧杯中。以下步骤同4.8.4.2。在两个比色管中各加入5 mL1,10-菲啰啉溶液,用水稀释至50 mL,混匀。试样溶液产生的颜色不应深于铁[Fe(Ⅱ)]标准溶液产生的颜色。

4.10 溶解性试验

4.10.1 试剂

乙酸溶液:1 + 9,用冰乙酸制备。

4.10.2 分析步骤

称取2.5 g实验室样品,精确至0.01 g,置于50 mL具塞比色管中,加乙酸溶液至刻度,混匀。目视观察,试验溶液应透明无不溶物。

5 检验规则

5.1 检验分为出厂检验和型式检验。

5.1.1 出厂检验项目为外观和表1中的对苯二酚的质量分数、终熔点、溶解性试验,应逐批进行检验。

5.1.2 型式检验项目为3.1外观和表1中规定的所有项目,在正常生产情况下每六个月至少进行一次型式检验。当遇到下列情况之一时,应进行型式检验:

a) 更新关键生产工艺;

b) 主要原料有变化;

c) 停产后重新恢复生产;

d) 出厂检验结果与上次型式检验结果有较大差异;

e) 合同规定。

5.2 在原材料、工艺不变的条件下,产品连续生产的实际批为一组批,但若干个生产批构成一个检验批的时间通常不超过1天。

5.3 工业用对苯二酚的采样按 GB/T 6678—2003 和 GB/T 6679—2003 的规定进行。所采试样总量不得少于 100 g。将样品混合均匀后分别装于两个清洁、干燥的避光样品袋中，贴上标签并注明：产品名称、批号、采样日期、采样人姓名。一袋送检，一袋留样，留样时间六个月。

5.4 工业用对苯二酚应由生产厂的质量检验部门进行检验。生产厂应保证每批出厂产品都符合本标准的要求，并附有一定格式的质量证明书，内容包括：生产厂名称和厂址、产品名称、产品等级、生产日期或批号、质量等级、净含量和本标准编号等。

5.5 检验结果的判定按 GB/T 1250 中修约值比较法进行。检验结果中如有一项指标不符合本标准要求时，应重新自两倍量的包装单元中采样进行检验。重新检验的结果即使只有一项指标不符合本标准要求，则整批产品为不合格。

6 标志、包装、运输和贮存

6.1 标志

工业用对苯二酚产品包装容器上应有牢固清晰的标志，标明产品名称、生产厂名称、厂址、商标、批号或生产日期、产品等级、净含量、本标准编号以及 GB 190 中规定的“有毒品”标志。

6.2 包装

工业用对苯二酚的包装采用塑料袋和复合袋双层包装。每包净含量为 25 kg。或按照用户要求并符合安全规定的包装。

6.3 运输

工业用对苯二酚运输过程中应轻装、轻卸、防热、防雨、防潮、防止破损，避免阳光照射。

6.4 贮存

工业用对苯二酚应贮存于干燥、避免阳光照射的阴凉处。

7 安全

对苯二酚在与眼睛和皮肤接触时，能引起眼睛损伤和皮肤炎。避免皮肤接触，不要吸入其细尘或蒸气。处理产品时戴好眼睛防护装置和手套。

附　录　A
（规范性附录）
对苯二酚中邻苯二酚含量测定典型高效液相色谱图和参考保留时间

A.1　对苯二酚中邻苯二酚含量测定典型高效液相色谱图

典型色谱图见图A.1。

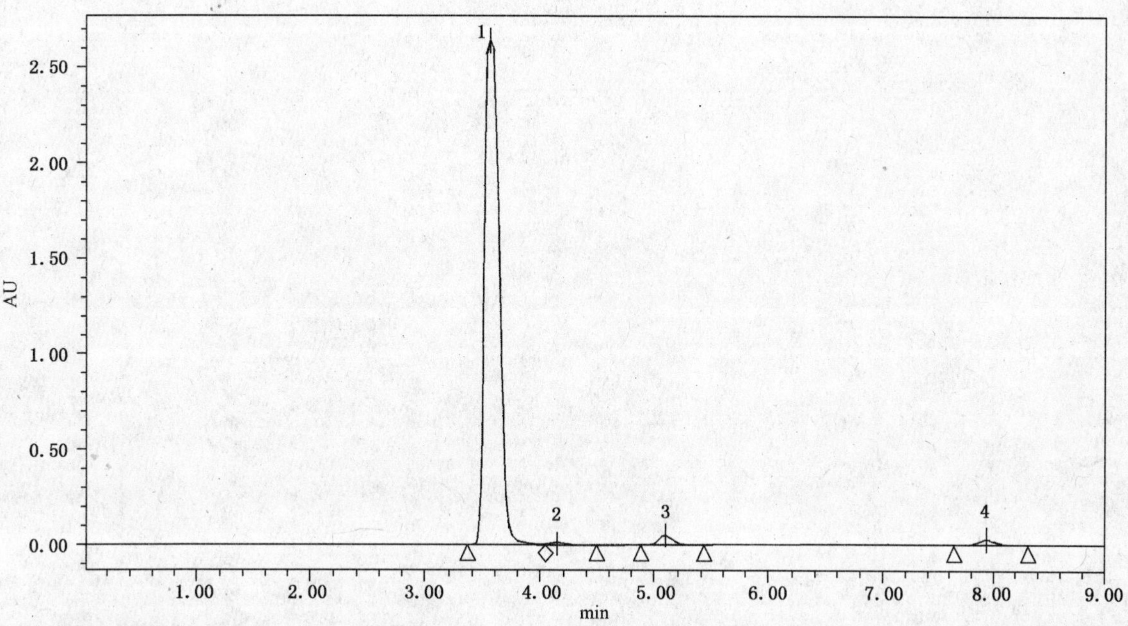

1——对苯二酚；

2——未知峰；

3——邻苯二酚；

4——苯酚。

图A.1　对苯二酚中邻苯二酚含量测定典型高效液相色谱图

A.2　各组分的参考保留时间

各组分的参考保留时间见表A.1。

表A.1　各组分的参考保留时间

峰序	组分名称	保留时间/min
1	对苯二酚	3.577
2	未知峰	4.151
3	邻苯二酚	5.098
4	苯酚	7.937

ICS 71.080.90
G 17

中华人民共和国国家标准

GB/T 23960—2009

工业用邻苯二酚

Catechol for industrial use

2009-06-02 发布　　2010-02-01 实施

中华人民共和国国家质量监督检验检疫总局
中国国家标准化管理委员会　发布

前　言

本标准的附录 A 为规范性附录。

本标准由中国石油和化学工业协会提出。

本标准由全国化学标准化技术委员会有机分会(SAC/TC 63/SC 2)归口。

本标准起草单位:连云港三吉利化学工业有限公司。

本标准参加起草单位:罗地亚镇江化学品有限公司。

本标准主要起草人:刘德标、陈素青、徐娟、王恒启。

工业用邻苯二酚

1 范围

本标准规定了工业用邻苯二酚的要求、试验方法、检验规则、标志、包装、运输、贮存和安全。

本标准适用于以苯酚羟基化法制得的工业用邻苯二酚的生产、检验和销售。

分子式：$C_6H_6O_2$

结构式：

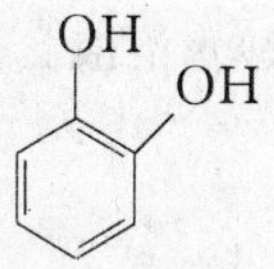

相对分子质量：110.11（按2007年国际相对原子质量）

2 规范性引用文件

下列文件中的条款通过本标准的引用而成为本标准的条款。凡是注日期的引用文件，其随后所有的修改单（不包括勘误的内容）或修订版均不适用于本标准，然而，鼓励根据本标准达成协议的各方研究是否可使用这些文件的最新版本。凡是不注日期的引用文件，其最新版本适用于本标准。

GB 190　危险货物包装标志

GB/T 617—2006　化学试剂　熔点范围测定通用方法

GB/T 1250　极限数值的表示方法和判定方法

GB/T 6678—2003　化工产品采样总则

GB/T 6679—2003　固体化工产品采样通则

GB/T 6682—2008　分析实验室用水规格和试验方法（ISO 3696:1987，MOD）

GB/T 7531—2008　有机化工产品灼烧残渣的测定（ISO 6353-1:1982，NEQ）

3 要求

3.1 外观：浅灰色至浅棕色晶体。

3.2 工业用邻苯二酚应符合表1所示的技术要求。

表1　技术要求

项　　目		指　　标	
		优等品	合格品
邻苯二酚，w/%	≥	99.0	98.0
终熔点/℃		103～106	
灼烧残渣，w/%	≤	0.04	

4 试验方法

4.1 警示

试验方法规定的一些试验过程可能导致危险情况，操作者应采取适当的安全和防护措施。

标准所用硝酸、盐酸等化学品具有腐蚀性，应小心操作，避免皮肤接触。

4.2 一般规定

除非另有说明，在分析中仅使用确认为分析纯的试剂和符合GB/T 6682—2008中规定的一级水。

4.3 外观

取适量实验室样品摊平在干净的白纸上，在充足光线下目视观察。

4.4 邻苯二酚含量的测定

4.4.1 方法提要

高效液相色谱法。样品用流动相(甲醇-乙酸水溶液)溶解，使用定量进样阀将样品溶液注入色谱系统，通过色谱柱使样品溶液中各组分分离，用紫外吸收检测器检测，外标法定量，计算样品中邻苯二酚含量。

4.4.2 试剂

4.4.2.1 邻苯二酚标准品：质量分数不小于98.0%。

4.4.2.2 甲醇-乙酸水溶液：称取1.0 g冰乙酸，加500 mL水混匀，为乙酸水溶液。分别取等体积的甲醇(HPLC级试剂)和乙酸水溶液混匀，pH在3～3.5。

4.4.3 仪器

4.4.3.1 高效液相色谱仪：配有可变波长的紫外吸收检测器。

4.4.3.2 色谱工作站。

4.4.3.3 定量进样阀：20 μL。

4.4.3.4 微量注射器：1 mL。

4.4.4 色谱分析条件

推荐的色谱柱及典型操作条件见表2，邻苯二酚含量测定的典型高效液相色谱图见图A.1，各组分的参考保留时间见表A.1。其他能达到同等分离程度的色谱柱和色谱操作条件均可使用。

表2 推荐的色谱柱和色谱操作条件

色谱柱	250 mm×4.6 mm(柱长×柱内径)不锈钢柱。填充以多孔球型硅胶为基质，表面键合18烷基官能团的非极性填料，填料粒径5 μm
柱温	室温
流动相	甲醇-乙酸水溶液
流动速度/(mL/min)	0.8
检测器检测波长/nm	277
进样量/μL	20 μL

4.4.5 分析步骤

4.4.5.1 标准样品溶液的制备

称取0.1 g邻苯二酚标准品，精确至0.000 1 g，置于100 mL容量瓶中，用甲醇-乙酸水溶液溶解并稀释至刻度，摇匀。用移液管准确吸取该溶液2 mL于50 mL容量瓶中，用甲醇-乙酸水溶液稀释至刻度，摇匀(该溶液含邻苯二酚标准品40 μg/mL)。

4.4.5.2 样品溶液的制备

称取0.1 g实验室样品，精确至0.000 1 g，置于100 mL容量瓶中，用甲醇-乙酸水溶液溶解并稀释至刻度，摇匀。用移液管准确吸取2 mL溶液于50 mL容量瓶中，用甲醇-乙酸水溶液稀释至刻度，摇匀。

4.4.5.3 测定

在选定色谱条件下，仪器基线稳定后，重复注入标准样品溶液，待相邻两针的相对响应值变化小于1.5%，进行高效液相色谱分析，按下列顺序进样：标准样品溶液，样品溶液，样品溶液，标准样品溶液。将得到的两次样品溶液及前后两次标准样品溶液的峰面积进行平均，外标法定量，计算得到邻苯二酚含量。

4.4.6 **结果计算**

邻苯二酚的质量分数 w_1，数值以%表示，按式(1)计算：

$$w_1=\frac{A_1 m_2 P}{A_2 m_1} \qquad \cdots\cdots(1)$$

式中：

A_1——相邻两针样品溶液中邻苯二酚峰面积的平均值；

A_2——样品溶液前后两针标准样品溶液中邻苯二酚峰面积的平均值；

m_1——样品溶液中试料的质量的数值，单位为克(g)；

m_2——标准样品溶液中邻苯二酚标准品的质量的数值，单位为克(g)；

P——邻苯二酚标准品含量的质量分数，单位为%。

取两次平行测定结果的算术平均值为报告结果，两次平行测定结果的绝对差值不大于0.7%。

4.5 **熔点的测定**

按 GB/T 617—2006 规定的方法进行测定。以仪器法作为仲裁法。

4.6 **灼烧残渣的测定**

按 GB/T 7531—2008 的规定进行。灼烧温度 650 ℃。

取两次平行测定结果的算术平均值为报告结果，两次平行测定结果的绝对差值不大于0.01%。

5 检验规则

5.1 检验分类分为出厂检验和型式检验。

5.1.1 出厂检验项目为外观(见3.1)和表1中的邻苯二酚的质量分数、终熔点，应逐批进行检验。

5.1.2 型式检验项目为外观(见3.1)和表1中规定的所有项目，在正常生产情况下每六个月至少进行一次型式检验。当遇到下列情况之一时，应进行型式检验：

a) 更新关键生产工艺；

b) 主要原料有变化；

c) 停产后重新恢复生产；

d) 出厂检验结果与上次型式检验结果有较大差异；

e) 合同规定。

5.2 在原材料、工艺不变的条件下，产品连续生产的实际批为一组批，但若干个生产批构成一个检验批的时间通常不超过1天。

5.3 工业用邻苯二酚的采样按 GB/T 6678—2003 和 GB/T 6679—2003 的规定进行。所采试样总量不得少于100 g。将样品混合均匀后分别装于两个清洁、干燥的避光样品袋中，贴上标签并注明：产品名称、批号、采样日期、采样人姓名。一袋送检，一袋留样，留样时间六个月。

5.4 工业用邻苯二酚应由生产厂的质量检验部门进行检验。生产厂应保证每批出厂产品都符合本标准的要求，并附有一定格式的质量证明书，内容包括：生产厂名称和厂址、产品名称、产品等级、生产日期或批号、质量等级、净含量和本标准编号等。

5.5 检验结果的判定按 GB/T 1250 中修约值比较法进行。检验结果中如有一项指标不符合本标准要求时，应重新自两倍量的包装单元中采样进行检验。重新检验的结果即使只有一项指标不符合本标准要求，则整批产品为不合格。

6 标志、包装、运输、贮存

6.1 **标志**

工业用邻苯二酚产品包装容器上应有牢固清晰的标志，内容包括：产品名称、生产厂名称、厂址、商标、批号或生产日期、产品等级、净含量、本标准编号以及符合 GB 190 中规定的“有毒品”标志。

6.2 包装

工业用邻苯二酚的包装采用塑料袋和复合袋双层包装。每包净含量为25 kg。或按照用户要求并符合安全规定的包装。

6.3 运输

工业用邻苯二酚运输过程中应轻装、轻卸、防热、防雨、防潮、防止破损,避免阳光照射。

6.4 贮存

工业用邻苯二酚应贮存于干燥、避免阳光照射的阴凉处。

7 安全

邻苯二酚可燃,有毒。受高热分解放出有毒的气体。与强氧化剂接触可发生化学反应。空气中粉尘浓度超标时,佩戴自吸过滤式防尘口罩。紧急事态抢救或撤离时,应该佩戴空气呼吸器。

附 录 A
（规范性附录）
邻苯二酚含量测定典型高效液相色谱图和参考保留时间

A.1 邻苯二酚含量测定典型高效液相色谱图

典型色谱图见图 A.1。

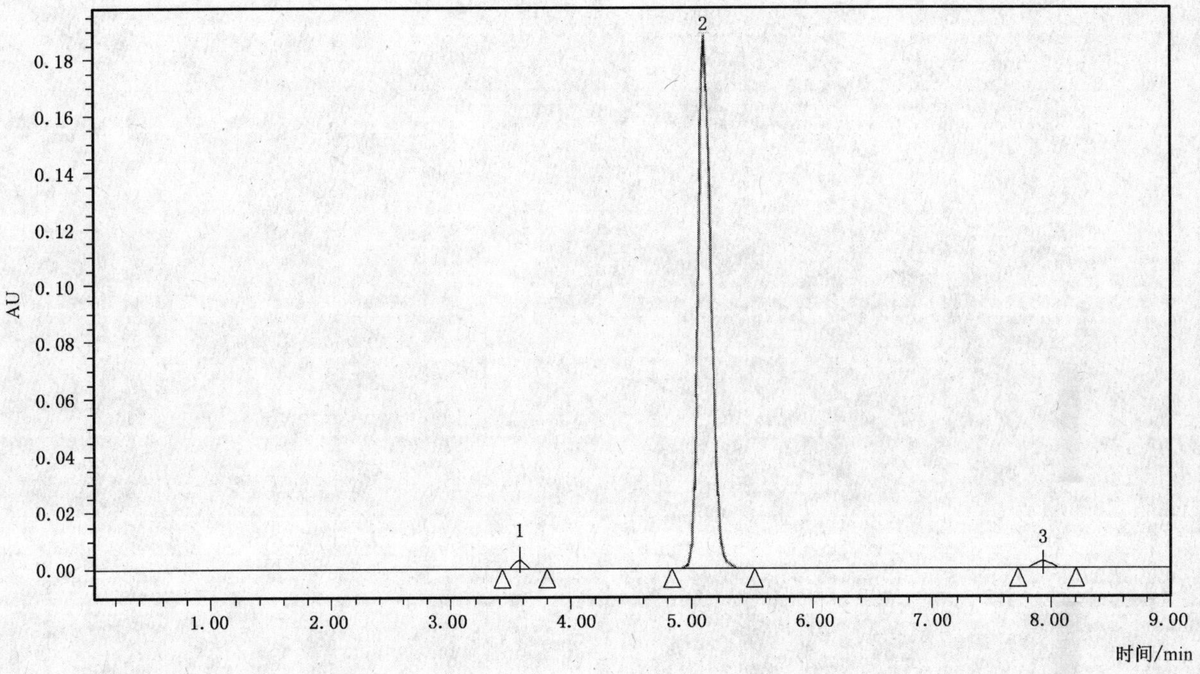

1——对苯二酚；
2——邻苯二酚；
3——苯酚。

图 A.1 邻苯二酚含量测定典型高效液相色谱图

A.2 各组分的参考保留时间

各组分的参考保留时间见表 A.1。

表 A.1 各组分的参考保留时间

峰序	组分名称	保留时间/min
1	对苯二酚	3.574
2	邻苯二酚	5.094
3	苯酚	7.930

ICS 71.040.99;71.080.30
G 15

中华人民共和国国家标准

GB/T 23961—2009

低碳脂肪胺含量的测定 气相色谱法

Determination of low carbon aliaphatic amines—Gas chromatographic method

2009-06-02 发布　　2010-02-01 实施

中华人民共和国国家质量监督检验检疫总局
中国国家标准化管理委员会 发布

前言

本标准的附录 A 为规范性附录,附录 B 为资料性附录。

本标准由中国石油和化学工业协会提出。

本标准由全国化学标准化技术委员会有机分会(SAC/TC 63/SC 2)归口。

本标准负责起草单位:浙江建德建业有机化工有限公司、中科院大连化学物理研究所。

本标准参加起草单位:德州德田化工有限公司、浙江新化化工股份有限公司。

本标准主要起草人:王讯文、侯晓莉、郑丰平、张桐凤、钱剑、李艳丽、周红英、路鑫、许国旺、史兰英、黎晓华。

低碳脂肪胺含量的测定 气相色谱法

1 范围

本标准规定了用气相色谱法测定下列低碳脂肪胺类产品含量的试验方法。

本标准适用于醇氨化工艺制得的一乙胺、二乙胺、三乙胺、一异丙胺、二异丙胺、一正丙胺、二正丙胺、三正丙胺、一正丁胺、二正丁胺、三正丁胺、一异丁胺、二异丁胺、一仲丁胺、二仲丁胺及酮氨化加氢工艺制得的一异丙胺、二异丙胺、一仲丁胺、二仲丁胺含量的测定。

2 规范性引用文件

下列文件中的条款通过本标准的引用而成为本标准的条款。凡是注日期的引用文件，其随后所有的修改单(不包括勘误的内容)或修订版均不适用于本标准，然而，鼓励根据本标准达成协议的各方研究是否可使用这些文件的最新版本。凡是不注日期的引用文件，其最新版本适用于本标准。

GB/T 6682—2008 分析实验室用水规格和试验方法(ISO 3696:1987,MOD)

GB/T 8170 数值修约规则与极限数值的表示和判定

GB/T 9722—2006 化学试剂 气相色谱法通则

3 试验方法

3.1 一般规定

除非另有说明，在分析中仅使用确认为分析纯的试剂和 GB/T 6682—2008 规定的三级水。

3.2 方法提要

在选定的工作条件下，样品在汽化室汽化后通过毛细管色谱柱，使样品中的各组份得到分离，用火焰离子化检测器检测，采用校正面积归一法定量。

3.3 试剂

3.3.1 氢气：体积分数不低于 99.99%，使用前经脱水、脱氧、除有机物等净化处理。

3.3.2 空气：不含腐蚀性杂质。使用前进行脱油、脱水处理。

3.4 仪器

3.4.1 气相色谱仪：配有火焰离子化检测器，整机灵敏度和稳定性符合 GB/T 9722—2006 中的有关规定。

3.4.2 记录系统：积分仪、色谱数据处理机或色谱工作站。

3.4.3 微量进样器：1 μL 或 5 μL。

3.5 色谱分析条件

推荐的色谱柱和典型色谱操作条件见表 1。典型色谱图见图 A.1～图 A.17。其他能达到同等分离程度的色谱柱和色谱操作条件均可使用。

表 1　色谱柱及典型色谱操作条件

样品	色谱柱规格 固定液/柱长/柱内径/液膜厚度	柱温	汽化室温度/℃	检测器温度/℃	分流比	载气流量/(mL/min)	载气线速度/(cm/s)	进样量/μL
一乙胺 二乙胺 三乙胺	SE-30 30 m×0.53 mm×7 μm	60 ℃	280	280	10∶1	5.9	50	1.0
异丙胺 二异丙胺	PEG-20M 30 m×0.53 mm×1 μm	50 ℃	240	240	10∶1	4.5	35	1.0
一正丙胺 二正丙胺 三正丙胺	SE-30 30 m×0.53 mm×1 μm	50 ℃(5 min) $\xrightarrow{10\ ℃/min}$ 150 ℃(2 min)	280	280	10∶1	4.6	30	1.0
一正丁胺 二正丁胺	SE-30 30 m×0.53 mm×1 μm	50 ℃(5 min) $\xrightarrow{10\ ℃/min}$ 180 ℃	280	280	10∶1	4.6	30	1.0
三正丁胺 一异丁胺 二异丁胺	SE-30 30 m×0.53 mm×1 μm	50 ℃(5 min) $\xrightarrow{10\ ℃/min}$ 180 ℃(2 min)	280	280	10∶1	4.6	30	1.0
一仲丁胺	PEG-20M 30 m×0.53 mm×1 μm	50 ℃(6 min) $\xrightarrow{10\ ℃/min}$ 150 ℃	240	240	10∶1	4.8	35	1.0
二仲丁胺	PEG-20M 30 m×0.53 mm×1 μm	50 ℃(6 min) $\xrightarrow{10\ ℃/min}$ 100 ℃(1 min)	240	240	10∶1	4.8	35	1.0

3.6 分析步骤

3.6.1 相对校正因子的测定

相对校正因子的测定方法参见附录B。

3.6.2 样品测定

启动气相色谱仪，按表1所列色谱操作条件或其他合适的条件调试仪器，基线稳定后进行色谱分析，用积分仪、色谱数据处理机或色谱工作站计算结果。

3.7 结果计算

各组分的质量分数 w_i，数值以%表示，按式(1)计算：

$$w_i = (100 - w_a - w_b) \times \frac{f_i A_i}{\sum f_i A_i} \qquad \cdots\cdots(1)$$

式中：

f_i——i 组份的相对质量校正因子；

A_i——i 组份峰面积，单位为平方厘米(cm^2)或为毫伏分(mV·min)；

w_a——产品标准中测得的以质量分数表示的水分的数值，对水溶液产品 w_a＝100－总碱度；

w_b——产品标准中测得的以质量分数表示的氨含量的数值。

以两次重复测定结果的算术平均值为测定结果。测定结果的数值修约按GB/T 8170的规定进行。

4 重复性

在同一实验室，由同一操作员使用相同设备，按相同的测试方法，并在短时间内对同一被测对象相互独立进行测试获得的二次独立测试结果的绝对差值，主胺含量不大于0.1%，杂质含量不大于0.02%，取二次重复测定的算术平均值为测定结果。

附 录 A
（规范性附录）
低碳脂肪胺类样品典型色谱图

A.1 图 A.1～图 A.17 给出了低碳脂肪胺类样品主含量和有机杂质含量测定典型色谱图。

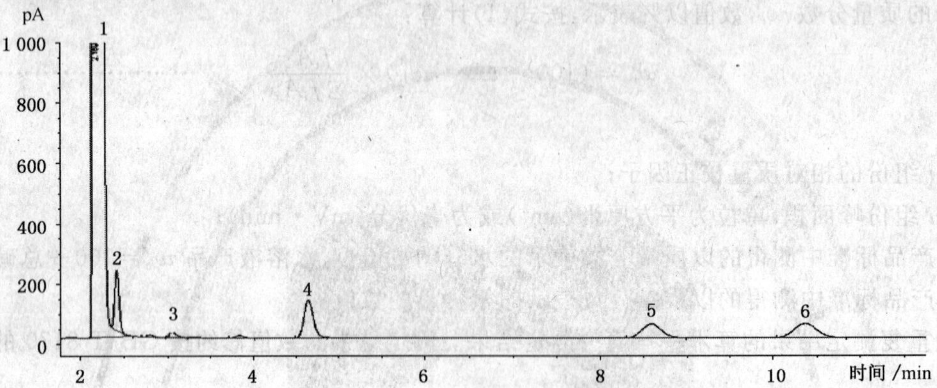

1——一乙胺；
2——乙醇；
3——未知 1；
4——二乙胺；
5——未知 2；
6——三乙胺。

图 A.1 一乙胺典型色谱图(SE-30 柱)

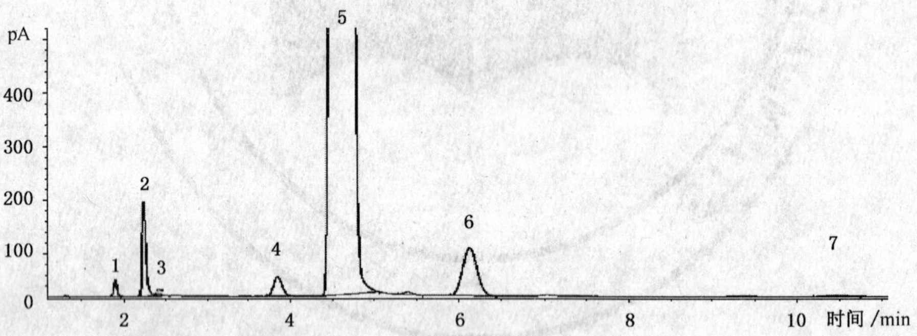

1——未知 1；
2——一乙胺；
3——乙醇；
4——未知 2；
5——二乙胺；
6——未知 3；
7——三乙胺。

图 A.2 二乙胺典型色谱图(SE-30 柱)

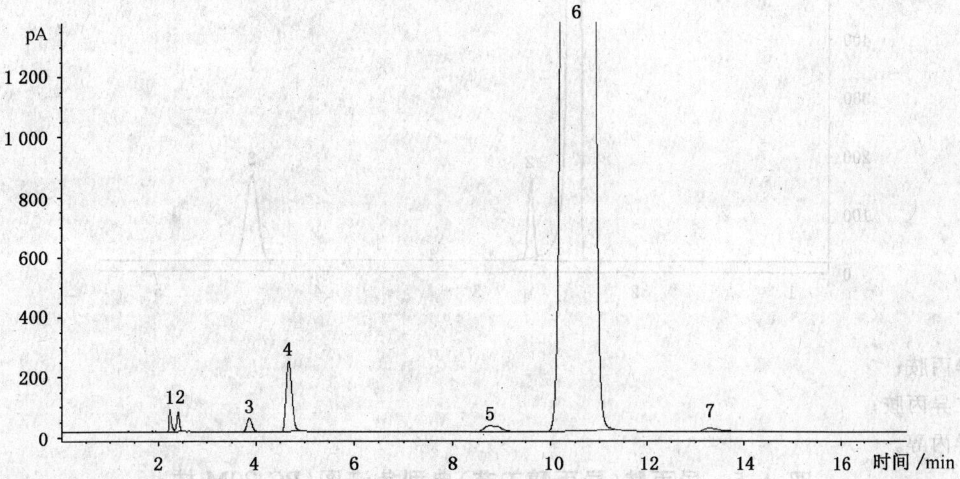

1——一乙胺；
2——乙醇；
3——未知；
4——二乙胺；
5——二异丙胺；
6——三乙胺；
7——N-乙基-N 甲基-丙胺。

图 A.3　三乙胺典型色谱图(SE-30 柱)

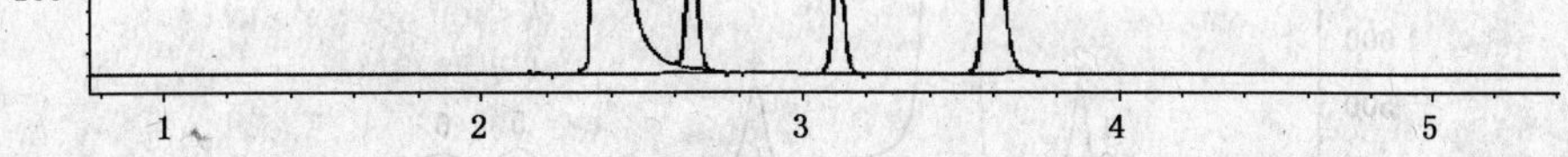

1——异丙胺；
2——二异丙胺；
3——丙酮；
4——异丙基叉异丙胺。

图 A.4　异丙胺(丙酮工艺)典型色谱图(PG-20M 柱)

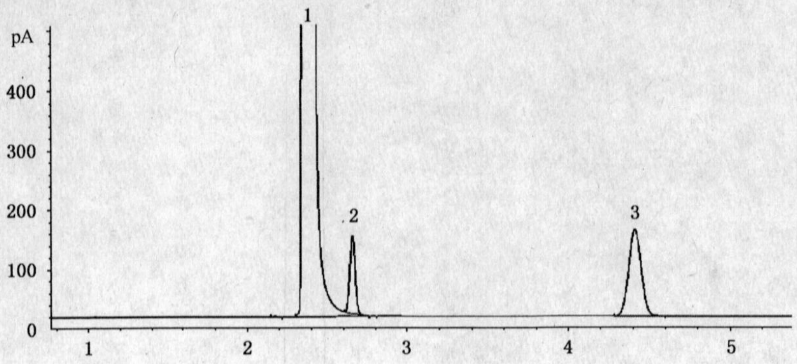

1——异丙胺；

2——二异丙胺；

3——异丙醇。

图 A.5 异丙胺(异丙醇工艺)典型色谱图(PG-20M 柱)

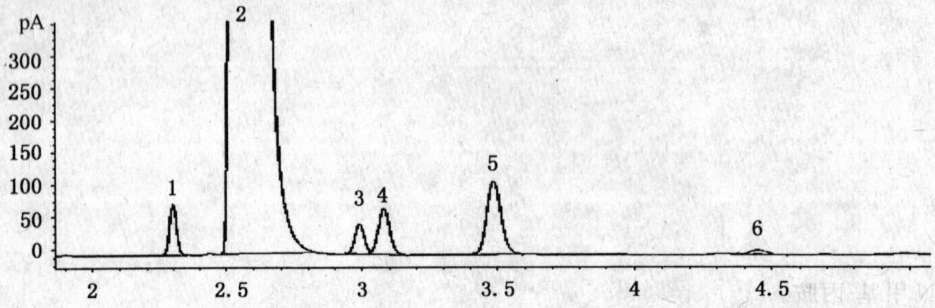

1——异丙胺；

2——二异丙胺；

3,4,5——未知 1,2,3；

6——异丙醇。

图 A.6 二异丙胺(异丙醇工艺)典型色谱图(PG-20M 柱)

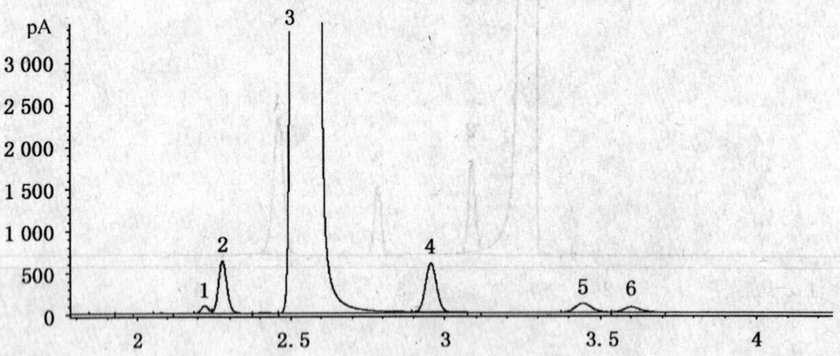

1——未知 1；

2——异丙胺；

3——二异丙胺；

4——丙酮；

5——异丙基叉异丙胺；

6——未知 2。

图 A.7 二异丙胺(丙酮工艺)典型色谱图(PG-20M 柱)

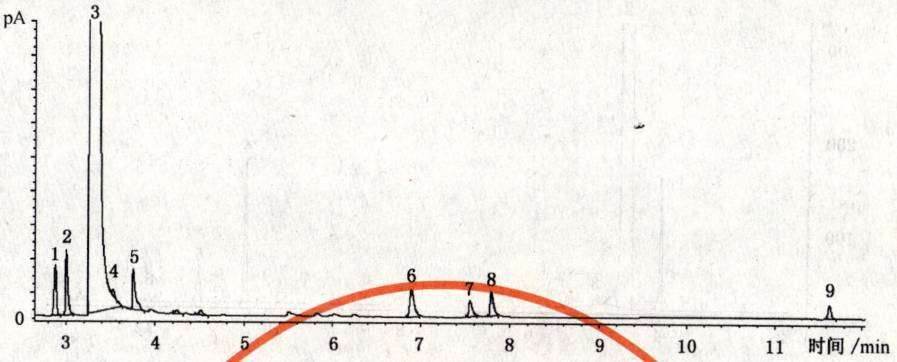

1——未知 1；
2——未知 2；
3——一正丙胺；
4——正丙醇；
5,6,7——未知；
8——二正丙胺；
9——三正丙胺。

图 A.8　一正丙胺典型色谱图(SE-30 柱)

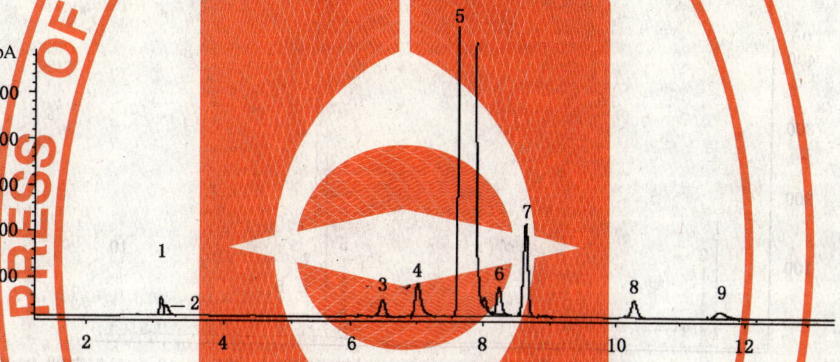

1——一正丙胺；
2——正丙醇；
3——未知 1；
4——未知 2；
5——二正丙胺；
6,7,8——未知；
9——三正丙胺。

图 A.9　二正丙胺典型色谱图(SE-30 柱)

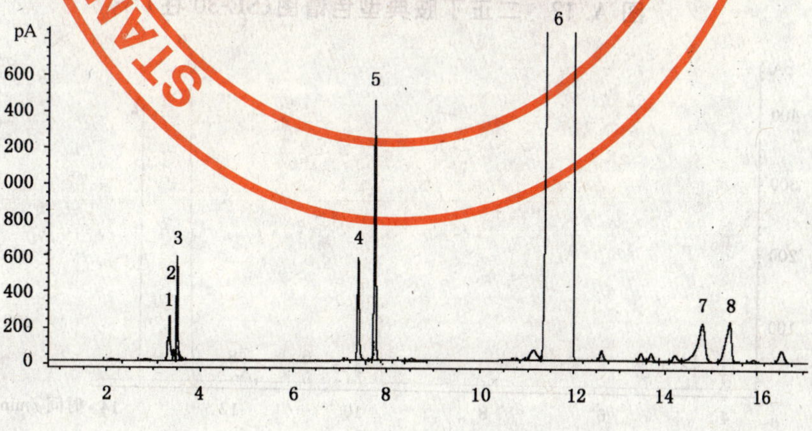

1——一正丙胺；
2——正丙醇；
3——未知 1；
4——未知 2；
5——二正丙胺；
6——三正丙胺；
7,8——未知。

图 A.10　三正丙胺典型色谱图(SE-30 柱)

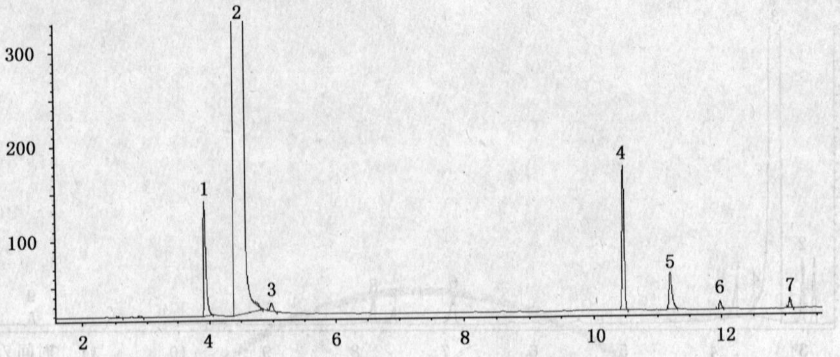

1——未知 1；
2——一正丁胺；
3——正丁醇；
4——二正丁胺；
5——未知 2；
6——未知 3；
7——三正丁胺。

图 A.11　一正丁胺典型色谱图(SE-30 柱)

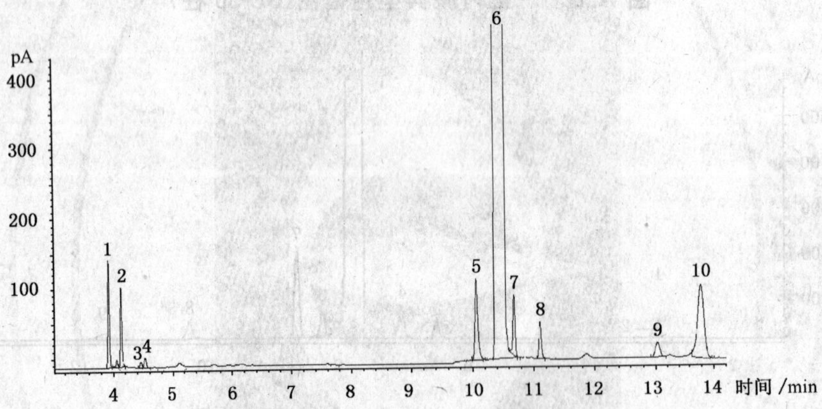

1,2——未知；
3——一正丁胺；
4——正丁醇；
5——未知 3；
6——二正丁胺；
7,8,10——未知；
9——三正丁胺。

图 A.12　二正丁胺典型色谱图(SE-30 柱)

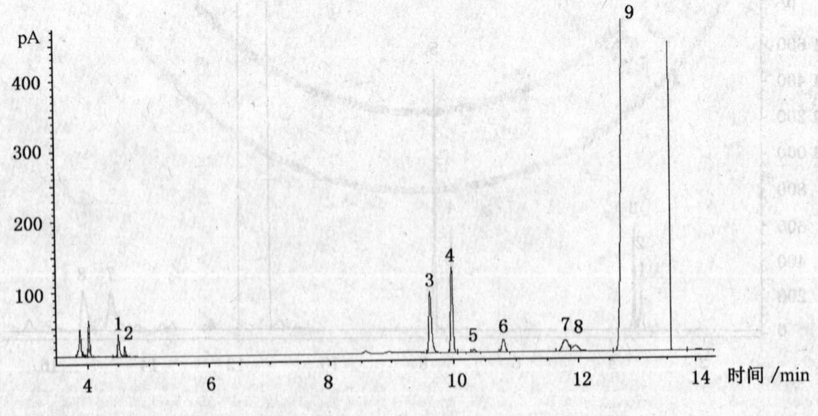

1——一正丁胺；
2——正丁醇；
3,4——未知；
5——二正丁胺；
6,7,8——未知；
9——三正丁胺。

图 A.13　三正丁胺典型色谱图(SE-30 柱)

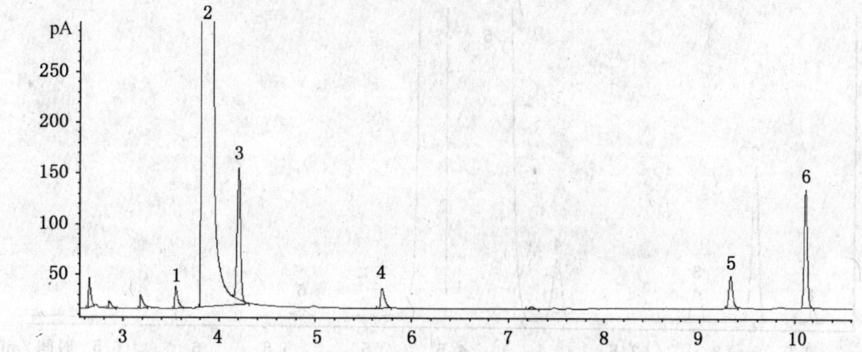

1——未知 1；
2——异丁胺；
3——异丁醇；
4——未知 2；
5——未知 3；
6——二异丁胺。

图 A.14　一异丁胺典型色谱图(SE-30 柱)

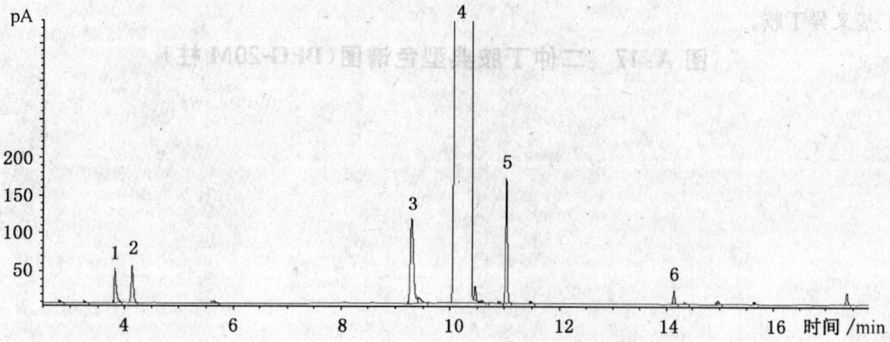

1——一异丁胺；
2——异丁醇；
3——未知 1；
4——二异丁胺；
5——未知 2；
6——未知 3。

图 A.15　二异丁胺典型色谱图(SE-30 柱)

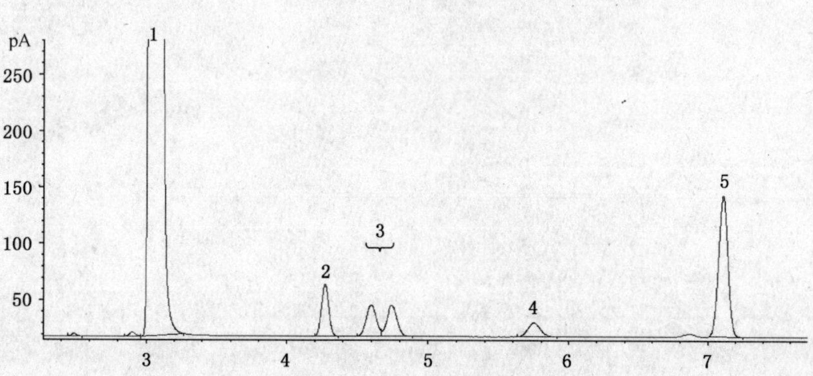

1——一仲丁胺；
2——丁酮；
3——二仲丁胺；
4——异丁基叉异丁胺；
5——仲丁醇。

图 A.16　配制有丁酮及仲丁醇同时存在一仲丁胺典型色谱图(PEG-20M 柱)

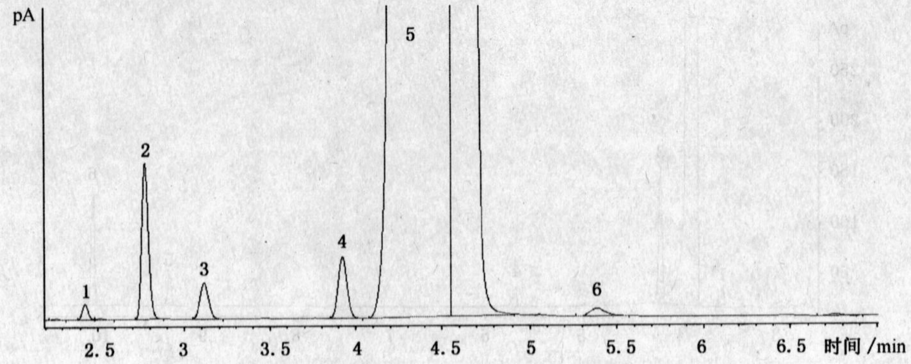

1——未知 1；

2——一仲丁胺；

3——未知 2；

4——丁酮；

5——二仲丁胺；

6——异丁基叉异丁胺。

图 A.17 二仲丁胺典型色谱图(PEG-20M 柱)

附 录 B
（资料性附录）
相对校正因子的测定

B.1 方法提要

通过测定已知质量比的主体和样品中杂质组分组成的校准用标准样品，各杂质组分与主体响应值之比即为其相对质量校正因子。

B.2 试剂

用于配制校准用标准样品的试剂应为色谱纯，本底样品的质量分数应不小于99.5%。

B.3 相对校正因子的测定

在预先称量的可以密封的磨口瓶中加入适量被测组分，用本底样品稀释，充分摇匀，其加入量均称量精确至0.000 2 g，配制成与样品各组分含量相近的校准用标准样品（扣除本底样品中含有的所配杂质）。

在与测定样品相同的色谱操作条件下，将上述校准用标准样品和本底样品分别重复测定4次，测得各组分的峰面积。取连续测定的算术平均值用于各组分相对校正因子 f_i 的计算。

B.4 相对校正因子的计算

各组分相对主体的校正因子 f_i 按式(B.1)计算：

$$f_i = \frac{A_s m_i}{(A_i - A_{io}) m_s} \quad \cdots\cdots\cdots\cdots (B.1)$$

式中：

A_s——校准用标准样品中主体峰面积的数值，单位为平方厘米（cm^2）或为毫伏分（mV·min）；

m_i——校准用标准样品中组分 i 质量的数值，单位为克（g）；

A_i——校准用标准样品中组分 i 峰面积的数值，单位为平方厘米（cm^2）或为毫伏分（mV·min）；

A_{io}——本底样品中组分 i 峰面积的数值，单位为平方厘米（cm^2）或为毫伏分（mV·min）；

m_s——校准用标准样品中本底样品量的数值，单位为克（g）。

注：出现未知组分时，以邻近组分相对校正因子计算。

B.5 相对校正因子校验

相对校正因子应实际测定，并应定期进行校验。

ICS 71.080.30
G 17

中华人民共和国国家标准

GB/T 23962—2009

工业用一乙胺

Ethylamine for industrial use

2009-06-02 发布　　2010-02-01 实施

中华人民共和国国家质量监督检验检疫总局
中国国家标准化管理委员会　发布

前　言

本标准的附录 A 为规范性附录。

本标准由中国石油和化学工业协会提出。

本标准由全国化学标准化技术委员会有机分会(SAC/TC 63/SC 2)归口。

本标准起草单位:浙江建德建业有机化工有限公司。

本标准参加起草单位:德州市德化化工有限公司、浙江新化化工股份有限公司。

本标准主要起草人:郑丰平、周红英、张有忠、方祖祥、胡孙清。

工业用一乙胺

1 范围

本标准规定了工业用一乙胺的要求、试验方法、检验规则以及标志、包装、运输、贮存和安全等。

本标准适用于在氢气存在下，以乙醇为原料通过触媒氨化法制得的工业用一乙胺的生产、检验和销售。

分子式：C_2H_7N

结构式：$CH_3—CH_2—NH_2$

相对分子质量：45.08(按2007年国际相对原子质量)

2 规范性引用文件

下列文件中的条款通过本标准的引用而成为本标准的条款。凡是注日期的引用文件，其随后所有的修改单(不包括勘误的内容)或修订版均不适用于本标准，然而，鼓励根据本标准达成协议的各方研究是否可使用这些文件的最新版本。凡是不注日期的引用文件，其最新版本适用于本标准。

GB 190　危险货物包装标志

GB/T 601—2002　化学试剂　标准滴定溶液的制备

GB/T 603—2002　化学试剂　试验方法中所用制剂及制品的制备(ISO 6353-1:1982，NEQ)

GB/T 1250　极限数值的表示方法和判定方法

GB/T 3143—1982　液体化学产品颜色测定法(Hazen单位—铂-钴色号)

GB/T 6283—2008　化工产品中水分含量的测定　卡尔·费休法(通用方法)(ISO 760:1978，NEQ)

GB/T 6678—2003　化工产品采样总则

GB/T 6680—2003　液体化工产品采样通则

GB/T 6682—2008　分析实验室用水规格和试验方法(ISO 3696:1987，MOD)

GB/T 9722—2006　化学试剂　气相色谱法通则

GB/T 23961—2009　低碳脂肪胺含量的测定　气相色谱法

3 分类和命名

工业用一乙胺按产品纯度分型，命名为一乙胺(无水)和一乙胺(70%水溶液)。

4 要求

4.1　工业用一乙胺的外观为透明液体，无机械杂质。

4.2　工业用一乙胺应符合表1所示的技术要求。

表1　技术要求

<table>
<tr><td rowspan="3">项　目</td><td colspan="4">指　标</td></tr>
<tr><td colspan="2">一乙胺(无水)</td><td colspan="2">一乙胺(70%水溶液)</td></tr>
<tr><td>优等品</td><td>合格品</td><td>优等品</td><td>合格品</td></tr>
<tr><td>一乙胺，w/%　≥</td><td>99.5</td><td>99.2</td><td colspan="2">70.0</td></tr>
</table>

表 1（续）

项　　目		指　　标			
		一乙胺（无水）		一乙胺（70%水溶液）	
		优等品	合格品	优等品	合格品
二乙胺，w/%	≤	0.15	0.20	0.10	0.15
三乙胺，w/%	≤	0.10	0.15	0.05	0.10
乙醇，w/%	≤	0.1	0.2	0.07	0.15
氨，w/%	≤	0.1	0.2	0.07	0.15
水，w/%	≤	0.1		—	—
色度/Hazen 单位（铂-钴色号）	≤	15	30	15	30

5　试验方法

5.1　警示

试验方法规定的一些试验过程可能导致危险情况，操作者应采取适当的安全和防护措施。

5.2　一般规定

本标准所用的试剂和水，在没有注明其他要求时均指分析纯试剂和 GB/T 6682—2008 中规定的三级水。

分析中所用标准滴定溶液、制剂及制品，在没有注明其他要求时，均按 GB/T 601—2002 和 GB/T 603—2002 之规定制备。

5.3　外观的测定

取适量实验室样品，加入具塞比色管，在足够的光线下目视观察。

5.4　一乙胺（无水）样品的制备

5.4.1　试剂

正丙醇：已知水的质量分数 w_A，%。

5.4.2　仪器

5.4.2.1　双阀型钢瓶：体积约 500 mL，工作压力大于 3.0 MPa，双阀型钢瓶示意图见图 1。

5.4.2.2　不锈钢管：内径 6 mm。

图 1　双阀型钢瓶示意图

5.4.3　操作步骤

5.4.3.1　将双阀型钢瓶进口 A 用不锈钢管与一乙胺钢瓶出口连接，出口 B 连接聚乙烯软管并通入收集桶内，抬高出口 B，打开一乙胺钢瓶出口阀门、双阀型钢瓶进口 A 阀门、出口 B 阀门，一乙胺采样量约为双阀型钢瓶容积的 2/3 时，关闭一乙胺钢瓶出口阀门、双阀型钢瓶进口 A 和出口 B 阀门。卸下双阀型钢瓶，冷却至 10 ℃以下。

5.4.3.2　开启双阀型钢瓶，将一乙胺缓慢通入盛有冷水（已知质量，精确至 0.5 g）的玻璃样品瓶中，通入过程中称量一乙胺，精确至 0.5 g，直至制备成一乙胺质量分数约为 70%的一乙胺水溶液。

5.4.3.3　重复上述步骤对 6.4 所确定的各一乙胺钢瓶进行采样，按等体积混合得到样品溶液 A，并取各质量分数的平均值为样品溶液 A 的一乙胺质量分数 w_B，样品溶液 A 供 5.5、5.8 和 5.10 分析用。

5.4.3.4　开启双阀型钢瓶，将一乙胺缓慢通入盛有约 100 g 正丙醇（精确至 0.5 g）的玻璃样品瓶中，通入过程中称量一乙胺，精确至 0.5 g，直至制备成一乙胺质量分数约为 50% 的一乙胺正丙醇溶液。

5.4.3.5 重复上述步骤对 6.4 所确定的各一乙胺钢瓶进行采样，按等体积混合得到样品溶液 B，并取各质量分数的平均值为样品溶液 B 的一乙胺质量分数 w_C，样品溶液 B 供 5.9 分析用。

5.5 一乙胺(无水)中一乙胺含量、二乙胺含量、三乙胺含量和乙醇含量的测定

试料为 5.4.3.3 样品溶液 A。其他按 GB/T 23961—2009 的规定进行。

5.6 一乙胺(70%水溶液)中一乙胺含量的测定

5.6.1 方法提要

用盐酸标准滴定溶液滴定样品中的总碱度(以一乙胺计)，用气相色谱法分别测定样品中二乙胺、三乙胺和氨并换算为以一乙胺计的含量，用总碱度减去这些杂质含量为样品一乙胺含量。

5.6.2 总碱度的测定

5.6.2.1 试剂

5.6.2.1.1 盐酸标准滴定溶液：$c(HCl)=0.2$ mol/L。

5.6.2.1.2 甲基红指示液：2 g/L。

5.6.2.2 分析步骤

用配有 5 号封闭针头的 1 mL 注射器，吸取约 0.5 g 实验室样品，擦干针头，立即用硅橡胶垫堵住，称量，精确至 0.000 2 g，取下硅橡胶垫，立即插入盛有约 25 mL 水的锥形瓶中，缓慢注入样品，注入后立即用硅橡胶垫堵住针头，称量，精确至 0.000 2 g，两次称量之差为样品质量。在锥形瓶中加入甲基红指示液(2～3)滴，用盐酸标准滴定溶液滴定至微红色即为终点。

5.6.2.3 结果计算

总碱度的质量分数 w_1，数值以%表示，按式(1)计算：

$$w_1=\frac{(V/1\,000)cM}{m}\times 100 \qquad \cdots\cdots(1)$$

式中：

V——试料消耗盐酸标准滴定溶液(5.6.2.1.1)体积的数值，单位为毫升(mL)；

c——盐酸标准滴定溶液浓度的准确数值，单位为摩尔每升(mol/L)；

m——试料质量的数值，单位为克(g)；

M——一乙胺的摩尔质量的数值，单位为克每摩尔(g/mol)($M=45.08$)。

取两次平行测定结果的算术平均值为测定结果。两次平行测定结果的绝对差值不大于 0.2%。

5.6.3 一乙胺(70%水溶液)中一乙胺含量的计算

一乙胺的质量分数 w_2，数值以%表示，按式(2)计算：

$$w_2=w_1-w_3\frac{M_a}{M_b}-w_4\frac{M_a}{M_c}-w_5\frac{M_a}{M_d} \qquad \cdots\cdots(2)$$

式中：

w_1——5.6.2 测得的总碱度的质量分数，%；

w_3——5.8 测得的氨的质量分数，%；

w_4——5.7 测得的二乙胺的质量分数，%；

w_5——5.7 测得的三乙胺的质量分数，%；

M_a——一乙胺的摩尔质量的数值，单位为克每摩尔(g/mol)($M=45.08$)；

M_b——氨的摩尔质量的数值，单位为克每摩尔(g/mol)($M=17.0$)；

M_c——二乙胺的摩尔质量的数值，单位为克每摩尔(g/mol)($M=73.14$)；

M_d——三乙胺的摩尔质量的数值，单位为克每摩尔(g/mol)($M=101.19$)。

取两次平行测定结果的算术平均值为测定结果。两次平行测定结果的绝对差值不大于 0.2%。

5.7 一乙胺(70%水溶液)中二乙胺含量、三乙胺含量和乙醇含量的测定

按 GB/T 23961—2009 的规定进行。

5.8 氨含量的测定

5.8.1 方法提要

在选定的工作条件下，使样品气化后经色谱柱分离，用热导检测器检测，采用外标法定量。

5.8.2 试剂

5.8.2.1 氨水：已知质量分数。

5.8.2.2 载气：体积分数不低于99.99%，使用前经脱水、脱氧、除有机物等净化处理。

5.8.3 仪器

5.8.3.1 气相色谱仪：配有热导检测器，整机灵敏度和稳定性应符合GB/T 9722—2006中的有关规定。

5.8.3.2 色谱数据处理机或色谱工作站。

5.8.3.3 进样器：自动进样器或微量注射器，5 μL或10 μL。

5.8.4 色谱分析条件

本标准推荐的色谱柱和典型色谱操作条件见表2。典型色谱图见附录A图A.1，相对保留值见附录A表A.1。其他能达到同等分离程度的色谱柱和色谱操作条件均可使用。

表2 氨含量测定色谱柱及典型色谱操作条件

色谱柱	∮3 mm×1.5 m不锈钢填充柱
载体	Porapak QS 0.18 mm～0.25 mm
固定液	四乙烯五胺＋氢氧化钾
固定液质量比	Porapak QS：四乙烯五胺：氢氧化钾＝90：9：1
桥流/mA	150
汽化室温度/℃	200
柱箱温度/℃	90
检测器温度/℃	180
载气(氢气)流量/(mL/min)	24
进样量/μL	1

5.8.5 分析步骤

5.8.5.1 氨标准样品溶液的配制

在各标样瓶中分别称取100 g水，称取适量氨水加入其中，以上称量均精确至0.000 2 g，配制成与样品氨质量分数相近的氨标准样品溶液。氨标准样品溶液保存在冰箱中备用。

5.8.5.2 测定

启动气相色谱仪，按表2所列色谱操作条件或其他合适的条件调试仪器，基线稳定后在同样条件下对样品和氨标准样品溶液进行色谱分析。一乙胺(无水)试样为样品溶液A(5.4.3.3)。一乙胺(70%水溶液)直接进样。用色谱数据处理机或色谱工作站计算结果。

5.8.6 结果计算

5.8.6.1 一乙胺(无水)中氨的质量分数 w_3，数值以%表示，按式(3)计算：

$$w_3=\frac{c_sA}{A_sw_B}\times 100 \quad \cdots\cdots(3)$$

式中：

A_s——氨标准样品溶液中的氨峰面积；

A——试料中的氨峰面积；

c_s——氨标准样品溶液氨质量分数的准确数值，%；

w_B——样品溶液 A(5.4.3.3)的一乙胺质量分数。

取两次平行测定结果的算术平均值为测定结果。两次平行测定结果的绝对差值不大于 0.02%。

5.8.6.2 一乙胺(70%水溶液)中氨的质量分数 w_3，数值以%表示，按式(4)计算：

$$w_3 = \frac{c_s A}{A_s} \times 100 \quad \cdots\cdots\cdots (4)$$

式中：

A_s——氨标准样品溶液中的氨峰面积；

A——试料中的氨峰面积；

c_s——氨标准样品溶液氨质量分数的准确数值，%。

取两次平行测定结果的算术平均值为测定结果。两次平行测定结果的绝对差值不大于 0.02%。

5.9 一乙胺(无水)水含量的测定

5.9.1 方法提要

用卡尔·费休库仑法或卡尔·费休直接电量法测定一乙胺(无水)样品的正丙醇溶液中水的质量分数，减去正丙醇试剂中水的质量分数，计算得到一乙胺(无水)样品中水的质量分数。

5.9.2 一乙胺正丙醇溶液中水含量的测定

5.9.2.1 卡尔·费休库仑法(仲裁法)

5.9.2.1.1 方法提要

一乙胺正丙醇溶液中的水分与电解液中的碘和二氧化硫发生定量反应，反应式为：

$$I_2 + SO_2 + H_2O \longrightarrow 2HI + SO_3$$

$$2I^- - 2e \longrightarrow I_2$$

参加反应的碘分子数等于水的分子数，而电解生成的碘与所消耗的电量成正比，依据法拉第定律，用测量消耗的电量得出一乙胺正丙醇溶液水的量。

5.9.2.1.2 试剂

电解液：卡尔·费休试剂或与卡尔·费休库仑法水分测定仪配套使用的电解液(市售试剂)。

5.9.2.1.3 仪器

5.9.2.1.3.1 卡尔·费休库仑法微量水分测定仪：配有电解电极和检测电极等。示值误差：10 μg～1 000 μg 水，不大于±3 μg；大于 1 000 μg 水，不大于±0.3%。其他能满足分析要求的库仑法微量水分测定仪也可使用。

5.9.2.1.3.2 微量进样器：适宜容量的进样器。

5.9.2.1.4 操作步骤

加入电解液，按仪器说明书调节水分测定仪至工作状态后，按仪器说明书要求进行标定。

用注射器称取 50 μL 5.4.3.5 样品溶液 B，精确至 0.000 2 g，注入水分测定仪，待反应完毕后在显示屏上读取水的质量数值。

5.9.2.1.5 结果计算

一乙胺正丙醇溶液水的质量分数 w_6，数值以%表示，按式(5)计算：

$$w_6 = \frac{m_2}{m_1 \times 10^6} \times 100 \quad \cdots\cdots\cdots (5)$$

式中：

m_2——读取的水的质量的数值，单位为微克(μg)；

m_1——一乙胺正丙醇溶液试料质量的数值，单位为克(g)。

取两次平行测定结果的算术平均值为测定结果。两次平行测定结果的绝对差值不大于 0.02%。

5.9.2.2 卡尔·费休直接电量法

按 GB/T 6283—2008 规定的直接电量法进行。

用注射器称取1.5 g～3 g样品溶液B(5.4.3.5)为一乙胺正丙醇溶液试料 m_1，精确至0.001 g，进行分析得到一乙胺正丙醇溶液水的质量分数为 w_6。

取两次平行测定结果的算术平均值为测定结果。两次平行测定结果的绝对差值不大于0.02%。

5.9.3 一乙胺(无水)水含量的计算

一乙胺(无水)水的质量分数 w_7，数值以%表示，按式(6)计算：

$$w_7 = \frac{m_1 w_6 - m_1(1 - w_C)w_A}{m_1 w_C} \times 100 \quad \cdots\cdots(6)$$

式中：

m_1——一乙胺正丙醇溶液试料质量的数值，单位为克(g)；

w_6——5.9.2或5.9.3中测得的一乙胺正丙醇溶液水的质量分数，%；

w_A——正丙醇(5.4.1)中水的质量分数，%；

w_C——样品溶液B(5.4.3.5)的一乙胺质量分数，%。

5.10 色度的测定

按GB/T 3143—1982的规定进行。一乙胺(无水)试料为样品溶液A(5.4.3.3)。

6 检验规则

6.1 本标准采用出厂检验。第4章要求中规定的所有项目均为出厂检验项目。

6.2 工业用一乙胺应由生产厂的质量检验部门进行检验。生产厂应保证每批出厂产品都符合本标准的要求，并附有一定格式的质量证明书，内容包括：生产厂名称和厂址、产品名称、产品等级、生产日期或批号、净含量和本标准编号等。

6.3 工业用一乙胺产品以同等质量的均匀产品为一批。一乙胺桶装或钢瓶包装产品以不大于100 t为一批，或以一贮槽、一槽罐的产品量为一批。

6.4 工业用一乙胺(70%水溶液)按GB/T 6678—2003的规定确定采样单元数，按GB/T 6680—2003的规定进行采样。一乙胺(无水)采样单元数100瓶以上按总数的2%取样；(30～100)瓶不少于2瓶取样；30瓶以下不少于1瓶取样。所采一乙胺(无水)钢瓶供5.4制备样品。采样的总量应保证检验的需要。

6.5 将所采样品分装于两个清洁、干燥的带内塞的试剂瓶中。瓶上粘贴标签，注明产品名称、生产日期、批号、等级、采样日期和采样人姓名。一瓶供质量检验用，另一瓶密封保存三个月，以备查验。一乙胺(无水)以5.4制得的样品水溶液保存。

6.6 检验结果的判定按GB/T 1250中规定的修约值比较法进行。检验结果如有任何一项指标不符合本标准要求时，则应重新自两倍数量的采样单元中采样进行检验。重新检验的结果即使只有一项指标不符合本标准的要求，则整批产品为不合格。

7 标志、包装、运输和贮存

7.1 标志

工业用一乙胺包装容器应有牢固、清晰的标志，其内容包括：生产厂名称、厂址、产品名称、型号、商标、本标准编号、工业产品生产许可证编号、生产日期、批号和净含量。一乙胺(70%水溶液)还应有符合GB 190规定的“易燃液体”标志。

7.2 包装

工业用一乙胺(70%水溶液)用闭口钢桶、槽车、罐车包装；工业用一乙胺(无水)用液化气钢瓶包装；或采用按供需双方协商并符合安全规定的包装。

7.3 运输

工业用一乙胺在装卸、运输时应避免静电火花产生，搬运时不可与皮肤接触。

7.4 贮存

工业用一乙胺应贮存在清洁、阴凉、干燥、远离火源的库房内，防止日晒、雨淋。

8 安全

工业用一乙胺遇明火、高温可燃烧或发生爆炸，与强酸、强氧化剂激烈反应有着火和爆炸的危险，产生有毒的氮氧化物气体。接触或使用工业用一乙胺时，应配戴必要的防护用品。当皮肤接触时用肥皂水和清水彻底冲洗皮肤 15 min 以上；眼睛接触时，用流动清水或生理盐水冲洗，就医。

附 录 A
（规范性附录）
氨含量的测定典型色谱图及相对保留值

A.1 图 A.1 给出了氨含量测定典型色谱图。

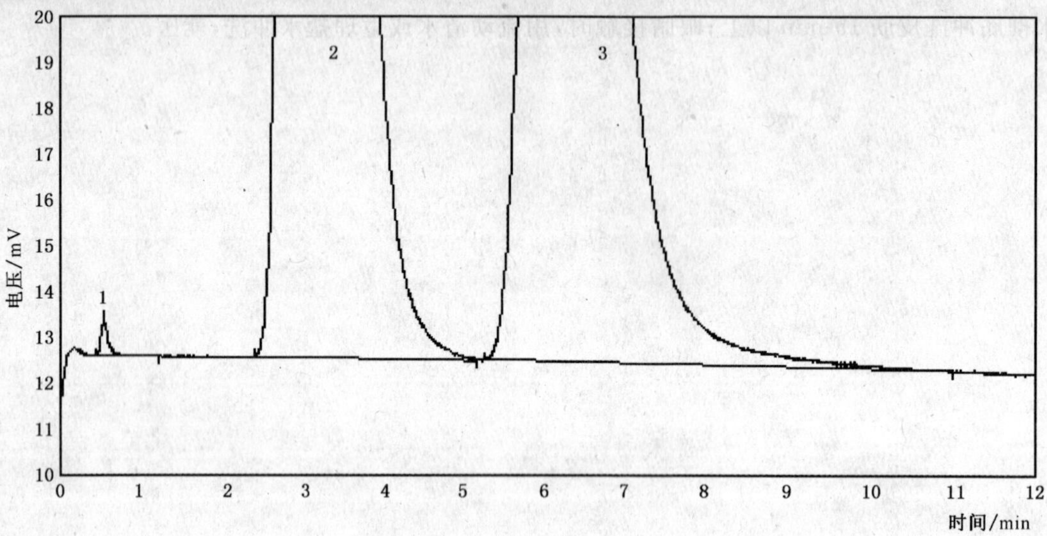

1——氨；
2——水；
3——一乙胺。

图 A.1 氨含量测定典型色谱图

A.2 表 A.1 给出了相对保留值。

表 A.1 相对保留值

峰名	保留时间/min	相对保留值
氨	0.53	1
水	3.0	5.7
一乙胺	6.2	11.7

ICS 71.080.30
G 17

中华人民共和国国家标准

GB/T 23963—2009

工业用二乙胺

Diethylamine for industrial use

2009-06-02 发布

2010-02-01 实施

中华人民共和国国家质量监督检验检疫总局
中国国家标准化管理委员会 发布

前言

本标准由中国石油和化学工业协会提出。

本标准由全国化学标准化技术委员会有机分会(SAC/TC 63/SC 2)归口。

本标准起草单位:浙江建德建业有机化工有限公司。

本标准参加起草单位:德州市德化化工有限公司、浙江新化化工股份有限公司。

本标准主要起草人:郑丰平、张有忠、钱剑、王烈锋、孙祺。

工业用二乙胺

1 范围

本标准规定了工业用二乙胺的要求、试验方法、检验规则以及标志、包装、运输、贮存和安全等。

本标准适用于在氢气存在下，以乙醇为原料通过触媒氨化法制得的工业用二乙胺的生产、检验和销售。

分子式：$C_4H_{11}N$

结构式：$CH_3—CH_2—NH—CH_2—CH_3$

相对分子质量：73.14（按2007年国际相对原子质量）

2 规范性引用文件

下列文件中的条款通过本标准的引用而成为本标准的条款。凡是注日期的引用文件，其随后所有的修改单（不包括勘误的内容）或修订版均不适用于本标准，然而，鼓励根据本标准达成协议的各方研究是否可使用这些文件的最新版本。凡是不注日期的引用文件，其最新版本适用于本标准。

GB 190 危险货物包装标志

GB/T 1250 极限数值的表示方法和判定方法

GB/T 3143—1982 液体化学产品颜色测定法（Hazen单位—铂-钴色号）

GB/T 6283—2008 化工产品中水分含量的测定 卡尔·费休法（通用方法）（ISO 760:1978，NEQ）

GB/T 6678—2003 化工产品采样总则

GB/T 6680—2003 液体化工产品采样通则

GB/T 6682—2008 分析实验室用水规格和试验方法（ISO 3696:1987，MOD）

GB/T 23961—2009 低碳脂肪胺含量的测定 气相色谱法

3 要求

3.1 工业用二乙胺外观为透明液体，无机械杂质。

3.2 工业用二乙胺质量应符合表1所示的技术要求。

表1 技术要求

项目		指标	
		优等品	合格品
二乙胺，w/%	≥	99.5	99.2
一乙胺，w/%	≤	0.05	0.10
三乙胺，w/%	≤	0.1	
乙醇，w/%	≤	0.1	
水，w/%	≤	0.1	0.2
色度/Hazen单位（铂-钴色号）	≤	15	30

4 试验方法

4.1 警示

试验方法规定的一些试验过程可能导致危险情况，操作者应采取适当的安全和防护措施。

4.2 一般规定

本标准所用的试剂和水，在没有注明其他要求时均指分析纯试剂和 GB/T 6682—2008 中规定的三级水。

4.3 外观的测定

取适量实验室样品，加入具塞比色管，在足够的光线下目视观察。

4.4 二乙胺含量、一乙胺含量、三乙胺含量和乙醇含量的测定

按 GB/T 23961—2009 的规定进行。

4.5 水含量的测定

4.5.1 卡尔·费休库仑法（仲裁法）

4.5.1.1 方法提要

样品中的水分与电解液中的碘和二氧化硫发生定量反应，反应式为：

$$I_2 + SO_2 + H_2O \longrightarrow 2HI + SO_3$$

$$2I^- - 2e \longrightarrow I_2$$

参加反应的碘分子数等于水的分子数，而电解生成的碘与所消耗的电量成正比，依据法拉第定律，用测量消耗的电量得出水的量。

4.5.1.2 试剂

电解液：卡尔·费休试剂或与卡尔·费休库仑法水分测定仪配套使用的电解液（市售试剂）。

4.5.1.3 仪器

4.5.1.3.1 卡尔·费休库仑法水分测定仪：配有电解电极和检测电极等。示值误差：10 μg～1 000 μg 水，不大于±3 μg；大于 1 000 μg 水，不大于±0.3%。其他能满足分析要求的库仑法微量水分测定仪也可使用。

4.5.1.3.2 微量进样器：适宜容量的进样器。

4.5.1.4 分析步骤

加入电解液，按仪器说明书调节水分测定仪至工作状态后，按仪器说明书要求进行标定。

用注射器称取 50 μL 实验室样品，精确至 0.000 2 g，注入水分测定仪，待反应完毕后在显示屏上读取水的质量数值。

4.5.1.5 结果计算

水的质量分数 w，数值以%表示，按式(1)计算：

$$w = \frac{m_1}{m \times 10^6} \times 100 \quad \cdots\cdots(1)$$

式中：

m_1——读取的水的质量的数值，单位为微克（μg）；

m——试料质量的数值，单位为克（g）。

取两次平行测定结果的算术平均值为测定结果。两次平行测定结果的绝对差值不大于 0.02%。

4.5.2 卡尔·费休直接电量法

按 GB/T 6283—2008 规定的直接电量法进行。

用注射器称取 1.5 g～3 g 实验室样品，精确至 0.001 g。

取两次平行测定结果的算术平均值为测定结果。两次平行测定结果的绝对差值不大于0.02%。

4.6 色度的测定

按GB/T 3143—1982的规定进行。

5 检验规则

5.1 本标准采用出厂检验。第3章要求中规定的所有项目均为出厂检验项目。

5.2 工业用二乙胺应由生产厂的质量检验部门进行检验。生产厂应保证每批出厂产品都符合本标准的要求，并附有一定格式的质量证明书，内容包括：生产厂名称和厂址、产品名称、产品等级、生产日期或批号、净含量和本标准编号等。

5.3 工业用二乙胺以同等质量的均匀产品为一批。桶装产品以不大于100 t为一批，或以一贮槽、一槽罐的产品量为一批。

5.4 工业用二乙胺的采样按GB/T 6680—2003规定进行。桶装产品采样单元数按GB/T 6678—2003规定进行。采样的总量应保证检验的需要。

5.5 将所采样品分装于两个清洁、干燥的带内塞的试剂瓶中。瓶上粘贴标签，注明产品名称、生产日期、批号、等级、采样日期和采样人姓名。一瓶供质量检验用，另一瓶密封保存三个月，以备查验。

5.6 检验结果的判定按GB/T 1250中规定的修约值比较法进行。检验结果如有任何一项指标不符合本标准要求时，则应重新自两倍数量的采样单元中采样进行检验。重新检验的结果即使只有一项指标不符合本标准的要求，则整批产品为不合格。

6 标志、包装、运输和贮存

6.1 标志

工业用二乙胺包装容器应有牢固、清晰的标志，其内容包括：生产厂名称、厂址、产品名称、商标、本标准编号、工业产品生产许可证编号、生产日期、批号、净含量以及符合GB 190规定的"易燃液体"标志。

6.2 包装

工业用二乙胺的包装采用闭口钢桶、槽车或罐车，或采用按供需双方协商并符合安全规定的包装。

6.3 运输

工业用二乙胺在装卸、运输时应避免静电火花产生，搬运时不可与皮肤直接接触。

6.4 贮存

工业用二乙胺应贮存在清洁、阴凉、干燥、远离火源的库房内，防止日晒、雨淋。

7 安全

工业用二乙胺遇明火、高温可燃烧或发生爆炸，与强酸、强氧化剂激烈反应有着火和爆炸的危险，产生有毒的氮氧化物气体。接触或使用工业用二乙胺时，应配戴必要的防护用品。当皮肤接触时用肥皂水和清水彻底冲洗皮肤15 min以上；眼睛接触时，用流动清水或生理盐水冲洗，就医。

ICS 71.080.30
G 17

中华人民共和国国家标准

GB/T 23964—2009

工业用三乙胺

Triethylamine for industrial use

2009-06-02 发布　　2010-02-01 实施

中华人民共和国国家质量监督检验检疫总局
中国国家标准化管理委员会　发布

前言

本标准由中国石油和化学工业协会提出。

本标准由全国化学标准化技术委员会有机分会(SAC/TC 63/SC 2)归口。

本标准起草单位:浙江建德建业有机化工有限公司。

本标准参加起草单位:德州市德化化工有限公司、浙江新化化工股份有限公司。

本标准主要起草人:郑丰平、张有忠、钟九生、罗翔、何帆。

工业用三乙胺

1 范围

本标准规定了工业用三乙胺的要求、试验方法、检验规则以及标志、包装、运输、贮存和安全等要求。

本标准适用于在氢气存在下，以乙醇为原料通过触媒氨化法制得的工业用三乙胺的生产、检验和销售。

分子式：$C_6H_{15}N$

结构式：$CH_3—CH_2—N—CH_2—CH_3$

　　　　　　　　　　|
　　　　　　　　　CH_2
　　　　　　　　　　|
　　　　　　　　　CH_3

相对分子质量：101.19（按2007年国际相对原子质量）

2 规范性引用文件

下列文件中的条款通过本标准的引用而成为本标准的条款。凡是注日期的引用文件，其随后所有的修改单（不包括勘误的内容）或修订版均不适用于本标准，然而，鼓励根据本标准达成协议的各方研究是否可使用这些文件的最新版本。凡是不注日期的引用文件，其最新版本适用于本标准。

GB 190　危险货物包装标志

GB/T 1250　极限数值的表示方法和判定方法

GB/T 3143—1982　液体化学产品颜色测定法（Hazen单位—铂-钴色号）

GB/T 6283—2008　化工产品中水分含量的测定　卡尔·费休法（通用方法）（ISO 760:1978，NEQ）

GB/T 6678—2003　化工产品采样总则

GB/T 6680—2003　液体化工产品采样通则

GB/T 6682—2008　分析实验室用水规格和试验方法（ISO 3696:1987，MOD）

GB/T 23961—2009　低碳脂肪胺含量的测定　气相色谱法

3 要求

3.1 工业用三乙胺的外观为透明液体，无机械杂质。

3.2 工业用三乙胺应符合表1所示的技术要求。

表1 技术要求

项目		指标	
		优等品	合格品
三乙胺，w/%	≥	99.5	99.2
一乙胺，w/%	≤	0.1	0.1
二乙胺，w/%	≤	0.1	0.2
乙醇，w/%	≤	0.1	0.2
水，w/%	≤	0.1	0.2
色度/Hazen单位（铂-钴色号）	≤	15	30

4 试验方法

4.1 警示

试验方法规定的一些试验过程可能导致危险情况，操作者应采取适当的安全和防护措施。

4.2 一般规定

本标准所用的试剂和水，在没有注明其他要求时均指分析纯试剂和GB/T 6682—2008中规定的三级水。

4.3 外观的测定

取适量实验室样品，加入具塞比色管，在足够的光线下目视观察。

4.4 三乙胺含量、一乙胺含量、二乙胺含量和乙醇含量的测定

按GB/T 23961—2009的规定进行。

4.5 水含量的测定

4.5.1 卡尔·费休库仑法(仲裁法)

4.5.1.1 方法提要

样品中的水分与电解液中的碘和二氧化硫发生定量反应，反应式为：

$$I_2 + SO_2 + H_2O \longrightarrow 2HI + SO_3$$

$$2I^- - 2e \longrightarrow I_2$$

参加反应的碘分子数等于水的分子数，而电解生成的碘与所消耗的电量成正比，依据法拉第定律，用测量消耗的电量得出水的量。

4.5.1.2 试剂

电解液：卡尔·费休试剂或与卡尔·费休库仑法水分测定仪配套使用的电解液(市售试剂)。

4.5.1.3 仪器

4.5.1.3.1 卡尔·费休库仑法水分测定仪：配有电解电极和检测电极等。示值误差：10 μg～1 000 μg水，不大于±3 μg；大于1 000 μg水，不大于±0.3%。其他能满足分析要求的库仑法微量水分测定仪也可使用。

4.5.1.3.2 微量进样器：适宜容量的进样器。

4.5.1.4 分析步骤

加入电解液，按仪器说明书调节水分测定仪至工作状态后，按仪器说明书要求进行标定。

用注射器移取并称量50 μL实验室样品，精确至0.000 2 g，注入水分测定仪，待反应完毕后在显示屏上读取水的质量数值。

4.5.1.5 结果计算

水的质量分数w，数值以%表示，按式(1)计算：

$$w = \frac{m_1}{m \times 10^6} \times 100 \quad \cdots\cdots (1)$$

式中：

m_1——读取的水的质量的数值，单位为微克(μg)；

m——试料质量的数值，单位为克(g)。

取两次平行测定结果的算术平均值为测定结果。两次平行测定结果的绝对差值不大于0.02%。

4.5.2 卡尔·费休直接电量法

按GB/T 6283—2008规定的直接电量法进行。

用注射器称取1.5 g～3 g实验室样品，精确至0.001 g。

取两次平行测定结果的算术平均值为测定结果。两次平行测定结果的绝对差值不大于0.02%。

4.6 色度的测定

按GB/T 3143—1982的规定进行。

5 检验规则

5.1 本标准采用出厂检验。第3章要求中规定的所有项目均为出厂检验项目。

5.2 工业用三乙胺应由生产厂的质量检验部门进行检验。生产厂应保证每批出厂产品都符合本标准的要求，并附有一定格式的质量证明书，内容包括：生产厂名称和厂址、产品名称、产品等级、生产日期或批号、净含量和本标准编号等。

5.3 工业用三乙胺以同等质量的均匀产品为一批。桶装产品以不大于100 t为一批，或以一贮槽、一槽罐的产品量为一批。

5.4 工业用三乙胺的采样按GB/T 6680—2003规定进行。桶装产品采样单元数按GB/T 6678—2003规定进行。采样的总量应保证检验的需要。

5.5 将所采样品分装于两个清洁、干燥的带内塞的试剂瓶中。瓶上粘贴标签，注明产品名称、生产日期、批号、等级、采样日期和采样人姓名。一瓶供质量检验用，另一瓶密封保存三个月，以备查验。

5.6 检验结果的判定按GB/T 1250中规定的修约值比较法进行。检验结果如有任何一项指标不符合本标准要求时，则应重新自两倍数量的采样单元中采样进行检验。重新检验的结果即使只有一项指标不符合本标准的要求，则整批产品为不合格。

6 标志、包装、运输和贮存

6.1 标志

工业用三乙胺包装容器应有牢固、清晰的标志，其内容包括：生产厂名称、厂址、产品名称、商标、本标准编号、工业产品生产许可证编号、生产日期、批号、净含量以及符合GB 190规定的“易燃液体”标志。

6.2 包装

工业用三乙胺的包装采用闭口钢桶、槽车或罐车，或采用按供需双方协商并符合安全规定的包装。

6.3 运输

工业用三乙胺在装卸、运输时应避免静电火花产生，搬运时不可与皮肤直接接触。

6.4 贮存

工业用三乙胺应贮存在清洁、阴凉、干燥、远离火源的库房内，防止日晒、雨淋。

7 安全

工业用三乙胺遇明火、高温可燃烧或发生爆炸，与强酸、强氧化剂激烈反应有着火和爆炸的危险，产生有毒的氮氧化物气体。接触或使用三乙胺时，应配戴必要的防护用品。当皮肤接触时用肥皂水和清水彻底冲洗皮肤15 min以上；眼睛接触时，用流动清水或生理盐水冲洗，就医。

ICS 71.080.30
G 17

中华人民共和国国家标准

GB/T 23965—2009

工业用一异丙胺

Monoisopropylamine for industrial use

2009-06-02 发布 2010-02-01 实施

中华人民共和国国家质量监督检验检疫总局
中国国家标准化管理委员会 发布

前言

本标准的附录A为规范性附录。

本标准由中国石油和化学工业协会提出。

本标准由全国化学标准化技术委员会有机分会(SAC/TC 63/SC 2)归口。

本标准负责起草单位:浙江建德建业有机化工有限公司、德州德田化工有限公司、浙江新化化工股份有限公司。

本标准参加起草单位:浙江建德市新安质量技术服务中心。

本标准主要起草人:郑丰平、钱剑、辛志国、黎晓华、张琴、蒋宏。

工业用一异丙胺

1 范围

本标准规定了工业用一异丙胺的要求、试验方法、检验规则以及标志、包装、运输、贮存和安全等。

本标准适用于在氢气存在下，以异丙醇为原料通过触媒氨化法或丙酮氨化法制得的工业用一异丙胺的生产、检验和销售。

分子式：C_3H_9N

结构式：

$$CH_3—\underset{\displaystyle NH_2}{\underset{|}{CH}}—CH_3$$

相对分子质量：59.11（按2007年国际相对原子质量）

2 规范性引用文件

下列文件中的条款通过本标准的引用而成为本标准的条款。凡是注日期的引用文件，其随后所有的修改单（不包括勘误的内容）或修订版均不适用于本标准，然而，鼓励根据本标准达成协议的各方研究是否可使用这些文件的最新版本。凡是不注日期的引用文件，其最新版本适用于本标准。

GB 190 危险货物包装标志

GB/T 601—2002 化学试剂 标准滴定溶液的制备

GB/T 603—2002 化学试剂 试验方法中所用制剂及制品的制备（ISO 6353-1:1982，NEQ）

GB/T 3143—1982 液体化学产品颜色测定法（Hazen单位-铂-钴色号）

GB/T 6283—2008 化工产品中水分含量的测定 卡尔·费休法（通用方法）（ISO 760:1978，NEQ）

GB/T 6678—2003 化工产品采样总则

GB/T 6680—2003 液体化工产品采样通则

GB/T 6682—2008 分析实验室用水规格和试验方法（ISO 3696:1987，MOD）

GB/T 8170 数值修约规则与极限数值的表示和判定

GB/T 9722—2006 化学试剂 气相色谱法通则

GB/T 23961—2009 低碳脂肪胺含量的测定 气相色谱法

3 分类和命名

工业用一异丙胺按产品纯度分型，命名为一异丙胺（无水）和一异丙胺（70%水溶液）。

4 要求

4.1 工业用一异丙胺的外观为透明液体，无机械杂质。

4.2 工业用一异丙胺质量应符合表1所示的技术要求。

表 1 技术要求

项目		指标			
		一异丙胺(无水)		一异丙胺(70%水溶液)	
		优等品	合格品	优等品	合格品
一异丙胺，w/%	≥	99.5	99.2	70.0	
二异丙胺，w/%	≤	0.1	0.2	0.1	0.2
异丙醇，w/%	≤	0.1	0.2	0.1	0.2
丙酮+异丙基叉异丙胺，w/%	≤	0.2	0.3	0.1	0.2
氨，w/%	≤	0.1	0.2	0.07	0.15
水，w/%	≤	0.1	0.2	—	
色度/Hazen 单位(铂-钴色号)	≤	15	30	15	30

5 试验方法

5.1 警示

试验方法规定的一些试验过程可能导致危险情况，操作者应采取适当的安全和防护措施。

5.2 一般规定

本标准所用的试剂和水，在没有注明其他要求时均指分析纯试剂和 GB/T 6682—2008 中规定的三级水。

分析中所用标准滴定溶液、制剂及制品，在没有注明其他要求时，均按 GB/T 601—2002 和 GB/T 603—2002 之规定制备。

5.3 外观的测定

取适量实验室样品，加入具塞比色管，在足够的光线下目视观察。

5.4 一异丙胺(无水)中一异丙胺含量、二异丙胺含量、异丙醇含量和丙酮+异丙基叉异丙胺含量的测定

按 GB/T 23961—2009 的规定进行。

5.5 一异丙胺(70%水溶液)中一异丙胺含量的测定

5.5.1 方法提要

用盐酸标准滴定溶液滴定样品中的总碱度(以一异丙胺计)，用气相色谱法分别测定样品中二异丙胺、异丙基叉异丙胺和氨并换算为以一异丙胺计的含量，用总碱度减去这些杂质含量为样品一异丙胺含量。

5.5.2 总碱度的测定

5.5.2.1 试剂

5.5.2.1.1 盐酸标准滴定溶液：$c(HCl)=0.2$ mol/L。

5.5.2.1.2 甲基红指示液：2 g/L。

5.5.2.2 分析步骤

用配有 5 号封闭针头的 1 mL 注射器，吸取约 0.65 g 实验室样品，擦干针头，立即用硅橡胶垫堵住，称量，精确至 0.000 2 g，取下硅橡胶垫，立即插入盛有约 25 mL 水的锥形瓶中，缓慢注入样品，注入后立即用硅橡胶垫堵住针头，称量，精确至 0.000 2 g，两次称量之差为样品质量。在锥形瓶中加入甲基红指示液(2～3)滴，用盐酸标准滴定溶液滴定至微红色即为终点。

5.5.2.3 结果计算

总碱度的质量分数 w_1，数值以%表示，按式(1)计算：

$$w_1=\frac{(V/1\,000)cM}{m}\times 100 \qquad \cdots\cdots(1)$$

式中：

V——试料消耗盐酸标准滴定溶液(5.5.2.1.1)体积的数值，单位为毫升(mL)；

c——盐酸标准滴定溶液浓度的准确数值，单位为摩尔每升(mol/L)；

m——试料质量的数值，单位为克(g)；

M——一异丙胺的摩尔质量的数值，单位为克每摩尔(g/mol)(M=59.11)。

取两次平行测定结果的算术平均值为测定结果。两次平行测定结果的绝对差值不大于0.2%。

5.5.3 一异丙胺(70%水溶液)中一异丙胺含量的计算

一异丙胺的质量分数 w_4，数值以%表示，按式(2)计算：

$$w_4=w_1-w_2\frac{M_a}{M_b}-w_3\frac{M_a}{M_c}-w_5\frac{M_a}{M_d} \qquad \cdots\cdots(2)$$

式中：

w_1——5.5.2测得的总碱度的质量分数，%；

w_2——5.7测得的氨的质量分数，%；

w_3——5.6测得的二异丙胺的质量分数，%；

w_5——5.6测得的异丙基叉异丙胺的质量分数，%；

M_a——一异丙胺的摩尔质量的数值，单位为克每摩尔(g/mol)(M=59.11)；

M_b——氨的摩尔质量的数值，单位为克每摩尔(g/mol)(M=17.0)；

M_c——二异丙胺的摩尔质量的数值，单位为克每摩尔(g/mol)(M=101.19)；

M_d——异丙基叉异丙胺二异丙胺的摩尔质量数值，单位为克每摩尔(g/mol)(M=99.17)。

取两次平行测定结果的算术平均值为测定结果。两次平行测定结果的绝对差值不大于0.2%。

5.6 一异丙胺(70%水溶液)中二异丙胺含量、异丙醇含量和丙酮＋异丙基叉异丙胺含量的测定

按GB/T 23961—2009的规定进行。

5.7 氨含量的测定

5.7.1 方法提要

在选定的工作条件下，使样品汽化后经色谱柱分离，用热导检测器检测，采用外标法定量。

5.7.2 试剂

5.7.2.1 氨水：已知质量分数。

5.7.2.2 载气：体积分数不低于99.99%，使用前经脱水、脱氧、除有机物等净化处理。

5.7.3 仪器

5.7.3.1 气相色谱仪：配有热导检测器，整机灵敏度和稳定性应符合GB/T 9722—2006中的有关规定。

5.7.3.2 色谱数据处理机或色谱工作站。

5.7.3.3 进样器：自动进样器或微量注射器，5 μL或10 μL。

5.7.4 色谱分析条件

本标准推荐的色谱柱和典型色谱操作条件见表2。典型色谱图见图A.1，相对保留值见表A.1。其他能达到同等分离程度的色谱柱和色谱操作条件均可使用。

表2 氨含量测定色谱柱及典型色谱操作条件

色谱柱	φ3 mm×1.5 m不锈钢填充柱
载体	Porapak QS 0.18 mm～0.25 mm
固定液	四乙烯五胺＋氢氧化钾

表 2（续）

固定液质量比	Porapak QS：四乙烯五胺：氢氧化钾＝90：9：1
桥流/mA	150
汽化室温度/℃	200
柱箱温度/℃	90
检测器温度/℃	180
载气(氢气)流量/(mL/min)	24
进样量/μL	1

5.7.5　分析步骤

5.7.5.1　氨标准样品溶液的配制

在各标样瓶中分别称取 100 g 水，称取适量氨水加入其中，以上称量均精确至 0.000 2 g，配制成与样品氨质量分数相近的氨标准样品溶液。氨标准样品溶液保存在冰箱中备用。

5.7.5.2　测定

启动气相色谱仪，按表 2 所列色谱操作条件或其他合适的条件调试仪器，基线稳定后在同样条件下对样品和氨标准样品溶液进行色谱分析。用色谱数据处理机或色谱工作站计算结果。

5.7.6　结果计算

氨的质量分数 w_5，数值以%表示，按式(3)计算：

$$w_5 = \frac{c_s A}{A_s} \times 100 \qquad \cdots\cdots(3)$$

式中：

A_s——氨标准样品溶液中的氨峰面积；

A——试料中的氨峰面积；

c_s——氨标准样品溶液氨质量分数的准确数值，%。

取两次平行测定结果的算术平均值为测定结果。两次平行测定结果的绝对差值不大于 0.02%。

5.8　一异丙胺(无水)中水含量的测定

5.8.1　卡尔·费休库仑法(仲裁法)

5.8.1.1　方法提要

样品中的水分与电解液中的碘和二氧化硫发生定量反应，反应式为：

$$I_2 + SO_2 + H_2O \longrightarrow 2HI + SO_3$$

$$2I^- - 2e \longrightarrow I_2$$

参加反应的碘分子数等于水的分子数，而电解生成的碘与所消耗的电量成正比，依据法拉第定律，用测量消耗的电量得出水的量。

5.8.1.2　试剂

电解液：卡尔·费休试剂或与卡尔·费休库仑法水分测定仪配套使用的电解液(市售试剂)。

5.8.1.3　仪器

5.8.1.3.1　卡尔·费休库仑法水分测定仪：配有电解电极和检测电极等。示值误差：10 μg～1 000 μg 水，不大于±3 μg；大于 1 000 μg 水，不大于±0.3%。其他能满足分析要求的库仑法微量水分测定仪也可使用。

5.8.1.3.2　微量进样器：适宜容量的进样器。

5.8.1.4　分析步骤

加入电解液，按仪器说明书调节水分测定仪至工作状态后，按仪器说明书要求进行标定。

用注射器称取 50 μL 实验室样品，精确至 0.000 2 g，注入水分测定仪，待反应完毕后在显示屏上读取水的质量数值。

5.8.1.5　结果计算

水的质量分数 w，数值以%表示，按式(4)计算：

$$w = \frac{m_1}{m \times 10^6} \times 100 \qquad \cdots\cdots(4)$$

式中：

m_1——读取的水的质量的数值，单位为微克(μg)；

m——试料质量的数值，单位为克(g)。

取两次平行测定结果的算术平均值为测定结果。两次平行测定结果的绝对差值不大于0.02%。

5.8.2　卡尔·费休直接电量法

按GB/T 6283—2008规定的直接电量法进行。用注射器称取(1.5～3)g实验室样品，精确至0.001 g。

取两次平行测定结果的算术平均值为测定结果。两次平行测定结果的绝对差值不大于0.02%。

5.9　色度的测定

按GB/T 3143—1982的规定进行。

6　检验规则

6.1　本标准采用出厂检验。第4章要求中规定的所有项目均为出厂检验项目。

6.2　工业用一异丙胺应由生产厂的质量检验部门进行检验。生产厂应保证每批出厂产品都符合本标准的要求，并附有一定格式的质量证明书，内容包括：生产厂名称和厂址、产品名称、产品等级、生产日期或批号、净含量和本标准编号等。

6.3　工业用一异丙胺产品以同等质量的均匀产品为一批。一异丙胺桶装产品以不大于100 t为一批，或以一贮槽、一槽罐的产品量为一批。

6.4　工业用一异丙胺产品的采样按GB/T 6680—2003规定进行。桶装产品采样单元数按GB/T 6678—2003的规定进行。采样的总量应保证检验的需要。

6.5　将所采样品分装于两个清洁、干燥的带内塞的试剂瓶中。瓶上粘贴标签，注明产品名称、生产日期、批号、等级、采样日期和采样人姓名。一瓶供质量检验用，另一瓶密封保存三个月，以备查验。

6.6　检验结果的判定按GB/T 8170中规定的修约值比较法进行。检验结果如有任何一项指标不符合本标准要求时，则应重新自两倍数量的采样单元中采样进行检验。重新检验的结果即使只有一项指标不符合本标准的要求，则整批产品为不合格。

7　标志、包装、运输和贮存

7.1　标志

工业用一异丙胺包装容器应有牢固、清晰的标志，其内容包括：生产厂名称、厂址、产品名称、型号、商标、本标准编号、生产日期、批号、净含量以及符合GB 190规定的"易燃液体"标志。

7.2　包装

工业用一异丙胺(70%水溶液)用闭口钢桶、槽车、罐车包装；工业用一异丙胺(无水)用液化气钢瓶包装；或采用按供需双方协商并符合安全规定的包装。

7.3　运输

工业用一异丙胺在装卸、运输时应避免静电火花产生，搬运时不可与皮肤直接接触。

7.4　贮存

工业用一异丙胺应贮存在清洁、阴凉、干燥、远离火源的库房内，防止日晒、雨淋。

8 安全

工业用一异丙胺遇明火、高温可燃烧或发生爆炸，与强酸、强氧化剂激烈反应有着火和爆炸的危险，产生有毒的氮氧化物气体。接触或使用一异丙胺时，应配戴必要的防护用品。当皮肤接触时用肥皂水和清水彻底冲洗皮肤 15 min 以上；眼睛接触时，用流动清水或生理盐水冲洗，就医。

附 录 A
（规范性附录）
氨含量的测定典型色谱图及相对保留值

A.1 图 A.1 给出了氨含量的测定填充柱典型色谱图。

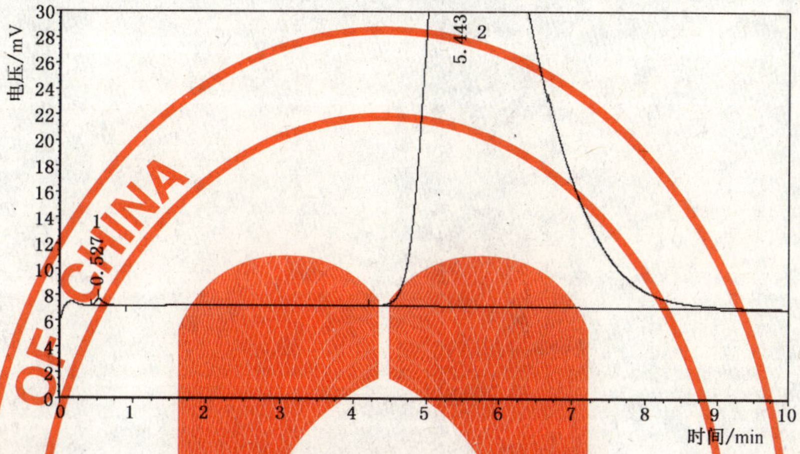

1——氨；

2——一异丙胺。

图 A.1 氨含量的测定填充柱典型色谱图

A.2 表 A.1 给出了相对保留值。

表 A.1 相对保留值

峰 名	保留时间/min	相对保留值
氨	0.53	1
一异丙胺	5.4	10.2

ICS 71.080.30
G 17

中华人民共和国国家标准

GB/T 23966—2009

工业用二异丙胺

Diisopropylamine for industrial use

2009-06-02 发布　　2010-02-01 实施

中华人民共和国国家质量监督检验检疫总局
中国国家标准化管理委员会　发布

前言

本标准由中国石油和化学工业协会提出。

本标准由全国化学标准化技术委员会有机分会(SAC/TC 63/SC 2)归口。

本标准起草单位:浙江建德建业有机化工有限公司。

本标准参加起草单位:德州德田化工有限公司、浙江新化化工股份有限公司、浙江建德市新安质量技术服务中心。

本标准主要起草人:郑丰平、周红英、刘忠发、钱剑、毛磊。

工业用二异丙胺

1 范围

本标准规定了工业用二异丙胺的要求、试验方法、检验规则以及标志、包装、运输、贮存和安全等。

本标准适用于在氢气存在下,以异丙醇或丙酮为原料通过触媒氨化法制得的工业用二异丙胺的生产、检验和销售。

分子式:$C_6H_{15}N$

结构式:

$$
\begin{array}{c}
CH_3—CH—CH_3 \\
| \\
NH \\
| \\
CH_3—CH—CH_3
\end{array}
$$

相对分子量:101.19(按2007年国际相对原子质量计)

2 规范性引用文件

下列文件中的条款通过本标准的引用而成为本标准的条款。凡是注日期的引用文件,其随后所有的修改单(不包括勘误的内容)或修订版均不适用于本标准,然而,鼓励根据本标准达成协议的各方研究是否可使用这些文件的最新版本。凡是不注日期的引用文件,其最新版本适用于本标准。

GB 190 危险货物包装标志

GB/T 1250 极限数值的表示方法和判定方法

GB/T 3143—1982 液体化学产品颜色测定法(Hazen单位—铂-钴色号)

GB/T 6283—2008 化工产品中水分含量的测定 卡尔·费休法(通用方法)(ISO 760:1978,NEQ)

GB/T 6678—2003 化工产品采样总则

GB/T 6680—2003 液体化工产品采样通则

GB/T 6682—2008 分析实验室用水规格和试验方法(ISO 3696:1987,MOD)

GB/T 23961—2009 低碳脂肪胺含量的测定 气相色谱法

3 要求

3.1 工业用二异丙胺的外观为透明液体,无机械杂质。

3.2 工业用二异丙胺质量应符合表1所示的技术要求。

表1 技术要求

项目		指标	
		优等品	合格品
二异丙胺,w/%	≥	99.5	99.2
有机杂质,w/%	≤	0.3	0.5
水,w/%	≤	0.2	0.3
色度/Hazen单位(铂-钴色号)	≤	15	30

4 试验方法

4.1 警示

试验方法规定的一些试验过程可能导致危险情况，操作者应采取适当的安全和防护措施。

4.2 一般规定

本标准所用的试剂和水，在没有注明其他要求时均指分析纯试剂和 GB/T 6682—2008 中规定的三级水。

4.3 外观的测定

取适量实验室样品，加入具塞比色管，在足够的光线下目视观察。

4.4 二异丙胺含量和其他有机物含量的测定

按 GB/T 23961—2009 的规定进行。

4.5 水含量的测定

4.5.1 卡尔·费休库仑法（仲裁法）

4.5.1.1 方法提要

样品中的水分与电解液中的碘和二氧化硫发生定量反应，反应式为：

$$I_2 + SO_2 + H_2O \longrightarrow 2HI + SO_3$$

$$2I^- - 2e \longrightarrow I_2$$

参加反应的碘分子数等于水的分子数，而电解生成的碘与所消耗的电量成正比，依据法拉第定律，用测量消耗的电量得出水的量。

4.5.1.2 试剂

电解液：卡尔·费休试剂或与卡尔·费休库仑法水分测定仪配套使用的电解液（市售试剂）。

4.5.1.3 仪器

4.5.1.3.1 卡尔·费休库仑法水分测定仪：配有电解电极和检测电极等。示值误差：10 μg～1 000 μg 水，不大于±3 μg；大于 1 000 μg 水，不大于±0.3%。其他能满足分析要求的库仑法微量水分测定仪也可使用。

4.5.1.3.2 微量进样器：适宜容量的进样器。

4.5.1.4 分析步骤

加入电解液，按仪器说明书调节水分测定仪至工作状态后，按仪器说明书要求进行标定。

用注射器称取 50 μL 实验室样品，精确至 0.000 2 g，注入水分测定仪，待反应完毕后在显示屏上读取水的质量数值。

4.5.1.5 结果计算

水的质量分数 w，数值以%表示，按式(1)计算：

$$w = \frac{m_1}{m \times 10^6} \times 100 \quad \cdots\cdots\cdots\cdots (1)$$

式中：

m_1——读取的水的质量的数值，单位为微克(μg)；

m——试料质量的数值，单位为克(g)。

取两次平行测定结果的算术平均值为测定结果。两次平行测定结果的绝对差值不大于 0.02%。

4.5.2 卡尔·费休直接电量法

按 GB/T 6283—2008 规定的直接电量法进行。

用注射器称取 1.5 g～3 g 实验室样品，精确至 0.001 g。

取两次平行测定结果的算术平均值为测定结果。两次平行测定结果的绝对差值不大于 0.02%。

4.6 色度的测定

按 GB/T 3143—1982 的规定进行。

5 检验规则

5.1 本标准采用出厂检验。第3章要求中规定的所有项目均为出厂检验项目。

5.2 工业用二异丙胺应由生产厂的质量检验部门进行检验。生产厂应保证每批出厂产品都符合本标准的要求，并附有一定格式的质量证明书，内容包括：生产厂名称和厂址、产品名称、产品等级、生产日期或批号、净含量和本标准编号等。

5.3 工业用二异丙胺以同等质量的均匀产品为一批。桶装产品以不大于100 t为一批，或以一贮槽、一槽罐的产品量为一批。

5.4 工业用二异丙胺的采样按GB/T 6680—2003规定进行。桶装产品采样单元数按GB/T 6678—2003规定进行。采样的总量应保证检验的需要。

5.5 将所采样品分装于两个清洁、干燥的带内塞的试剂瓶中。瓶上粘贴标签，注明产品名称、生产日期、批号、等级、采样日期和采样人姓名。一瓶供质量检验用，另一瓶密封保存三个月，以备查验。

5.6 检验结果的判定按GB/T 1250中规定的修约值比较法进行。检验结果如有任何一项指标不符合本标准要求时，则应重新自两倍数量的采样单元中采样进行检验。重新检验的结果即使只有一项指标不符合本标准的要求，则整批产品为不合格。

6 标志、包装、运输和贮存

6.1 标志

工业用二异丙胺包装容器应有牢固、清晰的标志，其内容包括：生产厂名称、厂址、产品名称、商标、本标准编号、生产日期、批号、净含量以及符合GB 190规定的“易燃液体”标志。

6.2 包装

工业用二异丙胺的包装采用闭口钢桶、槽车或罐车，或采用按供需双方协商并符合安全规定的包装。

6.3 运输

工业用二异丙胺在装卸、运输时应避免静电火花产生，搬运时不可与皮肤直接接触。

6.4 贮存

工业用二异丙胺应贮存在清洁、阴凉、干燥、远离火源的库房内，防止日晒、雨淋。

7 安全

工业用二异丙胺遇明火、高温可燃烧或发生爆炸，与强酸、强氧化剂激烈反应有着火和爆炸的危险，产生有毒的氮氧化物气体。接触或使用二异丙胺时，应配戴必要的防护用品。当皮肤接触时用肥皂水和清水彻底冲洗皮肤15 min以上；眼睛接触时，用流动清水或生理盐水冲洗，就医。

ICS 71.080.50
G 17

中华人民共和国国家标准

GB/T 23967—2009

工业用偏苯三酸酐

Trimellitic anhydride for industrial use

2009-06-02 发布　　2010-02-01 实施

中华人民共和国国家质量监督检验检疫总局
中国国家标准化管理委员会　发布

前　言

本标准的附录A为资料性附录，附录B为规范性附录。

本标准由中国石油和化学工业协会提出。

本标准由全国化学标准化技术委员会有机分会(SAC/TC 63/SC 2)归口。

本标准负责起草单位：无锡百川化工股份有限公司。

本标准参加起草单位：波林化工(常州)有限公司。

本标准主要起草人：郑铁江、蒋国强、薛建军、郑立新、吕坚。

工业用偏苯三酸酐

1 范围

本标准规定了工业用偏苯三酸酐的要求、试验方法、检验规则及标志、包装、运输、贮存。

本标准适用于工业用偏苯三酸酐的生产、检验和销售。

化学名称：1,2,4-苯三羧酸-1,2-酐

分子式：$C_9H_4O_5$

结构式：

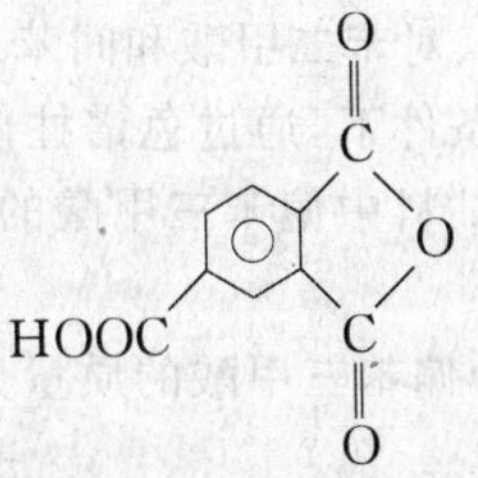

相对分子质量：192.13(按 2007 年国际相对原子质量)

2 规范性引用文件

下列文件中的条款通过本标准的引用而成为本标准的条款。凡是注日期的引用文件，其随后所有的修改单(不包括勘误的内容)或修订版均不适用于本标准，然而，鼓励根据本标准达成协议的各方研究是否可使用这些文件的最新版本。凡是不注日期的引用文件，其最新版本适用于本标准。

GB/T 191 包装储运图示标志(GB/T 191—2008,ISO 780:1997,MOD)

GB/T 601—2002 化学试剂 标准滴定溶液的制备

GB/T 603—2002 化学试剂 试验方法中所用制剂及制品的制备(ISO 6353-1:1982,NEQ)

GB/T 1250 极限数值的表示方法和判定方法

GB/T 3143—1982 液体化学产品颜色测定法(Hazen单位—铂-钴色号)

GB/T 3723 工业用化学产品采样安全通则(GB/T 3723—1999,idt ISO 3165:1976)

GB/T 6678—2003 化工产品采样总则

GB/T 6679—2003 固体化工产品采样通则

GB/T 6682—2008 分析实验室用水规格和试验方法(ISO 3696:1987,MOD)

GB/T 7533—1993 有机化工产品结晶点的测定方法(neq ISO 1392:1977)

3 要求

工业用偏苯三酸酐应符合表1所示的技术要求。

表 1 技术要求

项目		指标
外观		白色或微带色片状固体
偏苯三酸酐，w/%	≥	95.0
酸值/(mgKOH/g)	≥	865
熔融色度/Hazen 单位(铂-钴色号)	≤	150
结晶点/℃	≥	164.0

4 试验方法

4.1 警示

试验方法规定的一些试验过程可能导致危险情况，操作者应采取适当的安全和防护措施。

4.2 一般规定

除非另有说明，在分析中仅使用确认为分析纯的试剂和符合 GB/T 6682—2008 规定的三级水。

分析中所用标准滴定溶液、制剂及制品，在没有注明其他要求时，均按 GB/T 601—2002、GB/T 603—2002之规定制备。

4.3 外观的测定

于具塞比色管中，加入实验室样品，在日光灯或日光下目测。

4.4 偏苯三酸酐含量的测定

4.4.1 方法提要

实验室样品中的偏苯三酸酐及均苯四甲酸二酐、偏苯三甲酸、对苯二甲酸和间苯二甲酸等杂质组分溶于水后，转化为相应的酸。用高效液相色谱法，在选定的工作条件下，通过色谱柱使试料中的各组分分离，用紫外/可见检测器检测，用校正面积归一化法定量，得到试料中偏苯三甲酸的含量，通过换算求得实验室样品中偏苯三酸酐的含量。

在偏苯三甲酸的质量分数大于等于 95%的情况下，用试料中偏苯三甲酸的质量分数近似表示实验室样品中偏苯三酸酐的质量分数，其相对偏差不超过 0.1%。

4.4.2 试剂

4.4.2.1 甲醇：液相色谱级。

4.4.2.2 水：符合 GB/T 6682－2008 规定的一级水。

4.4.3 仪器

4.4.3.1 液相色谱仪：配有紫外/可见检测器的高效液相色谱仪。

4.4.3.2 记录仪：色谱数据工作站或色谱数据处理机。

4.4.3.3 微量进样器：5 μL 或合适容量。

4.4.4 色谱柱及典型的色谱操作条件

推荐的色谱柱及典型操作条件见表 2，典型高效液相色谱图参见附录 A 图 A.1，各组分的保留时间参见附录 A 表 A.1。其他能达到同等分离程度的色谱柱和色谱操作条件均可使用。

表 2 色谱柱和典型色谱操作条件

色谱柱	不锈钢材质，长 250 mm，内径 4.6 mm
固定相	十八烷基化学键合相型硅胶，粒度 5 μm
流动相	甲醇：水＝1：1(体积比)
流动相流量	0.6 mL/min
柱温	35 ℃
检测波长	240 nm
进样量	5 μL

4.4.5 分析步骤

称取实验室样品 0.1 g，精确至 0.000 1 g，置于 250 mL 锥形瓶或烧杯中，加 20mL 水，移入(70±5)℃的水浴中加热约 20 min，摇晃，使试样溶解，加入流动相将溶液稀释到合适的浓度，使测得的组分色谱峰有合适的高度。用微量进样器抽取试料，注入液相色谱仪进行测定。

4.4.6 定量方法

校正面积归一化法。相对质量校正因子的测定见附录 B。

4.4.7 **结果计算**

试料中偏苯三甲酸以及其他各组分的质量分数 w_i，数值以%表示，分别按式(1)计算：

$$w_i = \frac{f_i A_i}{\sum f_i A_i} \times 100 \qquad \cdots\cdots(1)$$

式中：

f_i——被测组分 i 的相对质量校正因子；

A_i——被测组分 i 的峰面积；

$\sum f_i A_i$——各组分的校正峰面积之和。

将试料中各组分的质量分数除以相应组分的分子量，即得相应组分的摩尔分数。根据试样在水解前后各组分摩尔分数的变化情况可得出实验室样品中各组分的摩尔分数，然后再根据实验室样品中各组分的分子量换算出相应组分的质量分数。

对于试料中一些质量分数很小的未知杂质，可将它们的质量分数近似为它们在实验室样品中的质量分数。

对于偏苯三酸酐的含量，在重复性条件下获得的两次独立测试结果的绝对差值不大于0.02%，以大于0.02%的情况不超过5%为前提。

4.5 **酸值的测定**

4.5.1 **方法提要**

试样溶于水后，酸、酐组分转化为相应的酸，用碱标准滴定溶液滴定试料的总酸量。以每克试料消耗氢氧化钾的质量(mg)表示酸值。

4.5.2 **试剂**

4.5.2.1 氢氧化钠标准滴定溶液：$c(NaOH)=0.5 mol/L$。

4.5.2.2 酚酞指示液：10 g/L。

4.5.3 **分析步骤**

4.5.3.1 称取实验室样品0.8 g，精确至0.000 1 g，置于250 mL锥形瓶中，加入80 mL无二氧化碳的水，移入(70±5)℃的水浴中加热约20 min，摇晃，使试料完全溶解。冷却，加2滴酚酞指示液，用氢氧化钠标准滴定溶液滴定至刚出现浅红色并在15 s内不褪色为终点。记录下滴定消耗的氢氧化钠标准滴定溶液的体积 V_1。

4.5.3.2 在测定的同时，按相同的步骤，不加试料而使用相同数量的试剂溶液做空白试验。

4.5.4 **结果计算**

以滴定每克试料消耗氢氧化钾的质量(mg)表示的酸值 A，数值以mgKOH/g表示，按式(2)计算：

$$A = \frac{cM(V_1 - V_1')}{m} \qquad \cdots\cdots(2)$$

式中：

c——氢氧化钠标准滴定溶液(4.5.2.1)的浓度的准确数值，单位为摩尔每升(mol/L)；

M——氢氧化钾的摩尔质量的数值，单位为克每摩尔(g/mol)(M=56.11)；

V_1——滴定试料消耗的氢氧化钠标准滴定溶液的体积的数值，单位为毫升(mL)；

V_1'——空白试验消耗的氢氧化钠标准滴定溶液的体积的数值，单位为毫升(mL)；

m——试料的质量的数值，单位为克(g)。

在重复性条件下获得的两次独立测试结果的绝对差值不大于1.9 mgKOH/g，以大于1.9 mgKOH/g的情况不超过5%为前提。

4.6 **熔融色度的测定**

称取(50～55)g实验室样品(其熔融后的体积相当于50 mL)，置于比色管中。将此比色管放入预先加热到约200 ℃的油浴中，保持约20 min，使试料完全熔融。取出比色管，尽快按GB/T 3143—1982

的规定进行测定。

4.7 结晶点的测定

按 GB/T 7533—1993 中规定的方法进行。冷却浴的温度为(159±1)℃。

在重复性条件下获得的两次独立测试结果的绝对差值不大于 0.21 ℃,以大于 0.21 ℃的情况不超过 5%为前提。

5 检验规则

5.1 表 1 所列的项目均为出厂检验项目,应逐批进行检验。

5.2 工业用偏苯三酸酐由生产厂的质量检验部门进行检验。生产厂应保证每批出厂产品都符合本标准的要求,并附有一定格式的质量证明书,内容包括:生产厂名称和联系方式、产品名称、生产日期或批号、净含量和本标准编号等。

5.3 在原材料、工艺不变的条件下,产品连续生产的实际批为一个组批,但若干个生产批构成一个检验批的时间通常不超过 1 d。

5.4 采样按 GB/T 3723、GB/T 6678—2003 和 GB/T 6679—2003 的规定进行。所采样品总量不得少于 500 g。将样品充分混合后,分装于两个清洁、干燥、带封口的塑料瓶或磨口玻璃瓶中,贴上标签,注明生产厂名称、产品名称、批号、采样日期和采样者,一瓶供分析检验用,另一瓶保存备查。

5.5 检验结果的判定按 GB/T 1250 中规定的修约值比较法进行。检验结果中如有一项指标不符合本标准的要求时,应重新自双倍数量的包装单元中采样进行检验。重新检验的结果即使只有一项指标不符合本标准要求,整批产品应作不合格处理。

6 标志、包装、运输、贮存

6.1 标志

工业用偏苯三酸酐的包装袋上应有明显的标志,其内容包括:生产厂名称和联系方式、产品名称、批号或生产日期、净含量、本标准编号、GB/T 191 中规定的"怕雨"标志等。也可以根据顾客的合理要求,采用有其他特殊内容的标志。

6.2 包装

工业用偏苯三酸酐可采用下列三种方式包装:

a) 用内衬塑料袋的复合纸袋包装,每袋 25 kg;

b) 用内衬塑料袋的复合编织袋包装,每袋 500 kg 或 1 000 kg;

c) 经供需双方协商,可根据顾客的合理要求,采用其他符合安全规定的形式包装。

6.3 运输

运输、装卸工作中应防止雨淋、日光曝晒,避免包装破损。

6.4 贮存

工业用偏苯三酸酐应贮存在阴凉、通风、干燥的仓库内,与碱性物质、强氧化剂分开存放。防止日光直射、受潮,并远离热源。

7 安全

偏苯三酸酐可燃,其微细分散的颗粒物在空气中可形成爆炸性混合物,在干燥状态,由于搅拌、空气输送、注入等能够产生静电。发生火灾时应采用雾状水、干粉灭火。

吸入该物质粉尘后,可能会引起咳嗽、头痛、恶心、呼吸短促、喘息。某些症状可能会推迟出现。皮肤接触该物质,会引起发红。眼睛接触该物质,会引起发红、疼痛。食入该物质会出现恶心、腹部疼痛、有灼烧感,甚至会出现呕吐、腹泻。防护采用适用于有毒颗粒物的过滤呼吸器。

附　录　A
（资料性附录）
偏苯三酸酐含量测定的典型高效液相色谱图和保留时间

A.1　偏苯三酸酐含量测定的典型高效液相色谱图

偏苯三酸酐含量测定的典型高效液相色谱图如图 A.1。

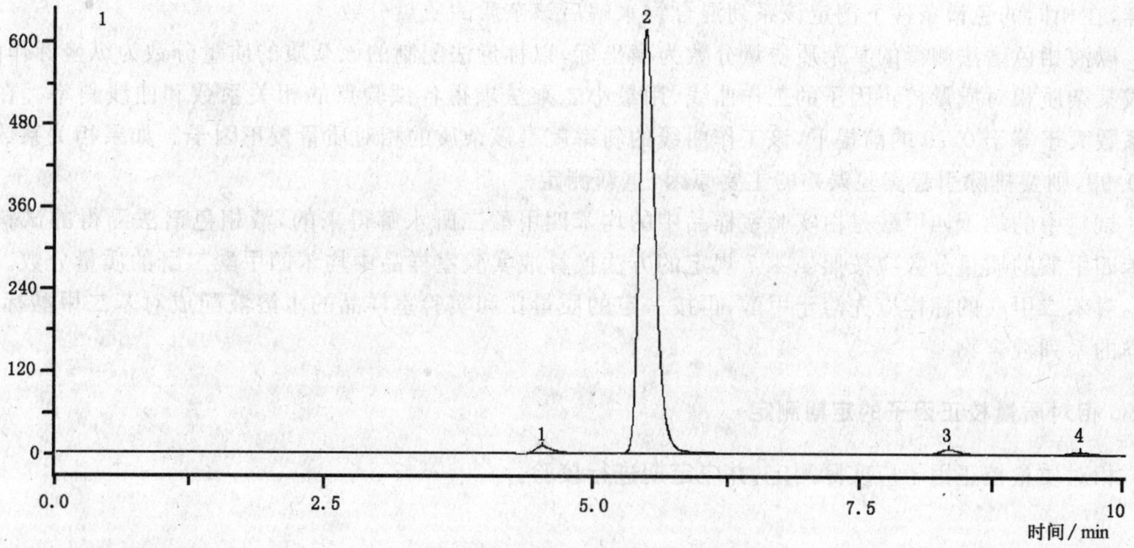

1——均苯四甲酸；
2——偏苯三甲酸；
3——对苯二甲酸；
4——间苯二甲酸。

图 A.1　典型的高效液相色谱图

A.2　各组分的保留时间

各组分的保留时间如表 A.1。

表 A.1　各组分的保留时间

峰序号	组分名称	保留时间/min
1	均苯四甲酸	4.53
2	偏苯三甲酸	5.48
3	对苯二甲酸	8.33
4	间苯二甲酸	9.56

附 录 B
（规范性附录）
相对质量校正因子的测定

B.1 测定步骤

以试料中偏苯三甲酸的相对质量校正因子为1.00，选取可以获得的某杂质的高纯度标准样品，用称量法在试料中该杂质的质量分数附近配成一系列已知质量比的标样-试样混合物，按规定的条件制成试样，在相同的色谱条件下测定该系列混合物水解后该杂质的质量分数。

以液相色谱法测得的某杂质质量分数为横坐标，以称量法配制的该杂质的质量分数为纵坐标作图，形成某杂质相对质量校正因子的工作曲线，用最小二乘法求得各试验点的相关系数和曲线斜率。在相关系数大于等于0.99的前提下，该工作曲线的斜率就是该杂质的相对质量校正因子。如果相关系数小于0.99，则要排除引起实验误差的主要原因，重新测定。

试料中的均苯四甲酸是由实验室样品中的均苯四甲酸二酐水解得来的，液相色谱法测得的试料中均苯四甲酸的质量分数应按照4.4.7规定的方法换算成实验室样品中均苯四甲酸二酐的质量分数。

对苯二甲酸的标样应先溶于甲醇，再按一定的质量比和实验室样品的水溶液配成对苯二甲酸标样-试样的系列混合物。

B.2 相对质量校正因子的定期测定

相对质量校正因子应实际测定，并应定期进行校验。

ICS 67.120.10
X 22

GB

中华人民共和国国家标准

GB/T 23968—2009

肉 松

Dried meat floss

2009-06-12 发布　　　　2009-12-01 实施

中华人民共和国国家质量监督检验检疫总局
中国国家标准化管理委员会　发布

前言

本标准由全国肉禽蛋制品标准化技术委员会提出并归口。

本标准主要起草单位:中国商业联合会商业标准中心,福建省厨师食品集团有限公司、万里香食品有限公司。

本标准参与起草单位:靖江双鱼食品有限公司、江苏三鸿食品有限公司、广东真美食品集团有限公司、中国肉类协会等。

本标准主要起草人:陈清松、王鹏程、李燕秋、褚洁明、赵健荣、庄沛锐、邓富江、靳晓蕾、刘振宇。

肉　松

1　范围

本标准规定了肉松的相关术语和定义、产品分类、技术要求、检验方法、检验规则及标签和标志、包装、运输、贮存、召回的要求。

本标准适用于3.1、3.2定义产品的生产、检验和销售。

2　规范性引用文件

下列文件中的条款通过本标准的引用而成为本标准的条款。凡是注日期的引用文件，其随后所有的修改单(不包括勘误的内容)或修订版均不适用于本标准，然而，鼓励根据本标准达成协议的各方研究是否可使用这些文件的最新版本。凡是不注日期的引用文件，其最新版本适用于本标准。

GB 317　白砂糖(GB 317—2006，Codex Stan 212—1999，NEQ)
GB 2716　食用植物油卫生标准
GB 2717　酱油卫生标准
GB 2726　熟肉制品卫生标准
GB 2760　食品添加剂使用卫生标准
GB/T 4789.2　食品卫生微生物检验　菌落总数测定
GB/T 4789.3　食品卫生微生物检验　大肠菌群测定
GB/T 4789.4　食品卫生微生物检验　沙门氏菌检验
GB/T 4789.5　食品卫生微生物检验　志贺氏菌检验
GB/T 4789.10　食品卫生微生物检验　金黄色葡萄球菌检验
GB/T 5009.8　食品中蔗糖的测定
GB/T 5009.11　食品中总砷及无机砷的测定
GB/T 5009.12　食品中铅的测定
GB/T 5009.15　食品中镉的测定
GB/T 5009.17　食品中总汞及有机汞的测定
GB 5461　食用盐
GB 6388　运输包装收发货标志
GB/T 6543　运输包装用单瓦楞纸箱和双瓦楞纸箱
GB 7718　预包装食品标签通则
GB/T 8967　谷氨酸钠(味精)
GB 9681　食品包装用聚氯乙烯成型品卫生标准
GB 9687　食品包装用聚乙烯成型品卫生标准
GB 9688　食品包装用聚丙烯成型品卫生标准
GB 9689　食品包装用聚苯乙烯成型品卫生标准
GB/T 9695.7　肉与肉制品　总脂肪含量的测定
GB/T 9695.8　肉与肉制品　氯化物含量测定
GB/T 9695.11　肉与肉制品　氮含量测定
GB/T 9695.14　肉与肉制品　淀粉含量测定
GB/T 9695.15　肉与肉制品　水分含量测定

GB/T 9959.2　分割鲜、冻猪瘦肉

GB 9961　鲜、冻胴体羊肉

GB 16869　鲜、冻禽产品

GB/T 17238　鲜、冻分割牛肉

GB 19303　熟肉制品企业生产加工过程卫生要求

JJF 1070　定量包装商品净含量计量检验规则

国家质量监督检验检疫总局令第75号[2005]　定量包装商品计量监督管理办法

国家质量监督检验检疫总局令第98号[2007]　食品召回管理规定

国家质量监督检验检疫总局令第102号[2007]　食品标识管理规定

3　术语和定义

下列术语和定义适用本标准。

3.1

肉松　dried meat floss

以畜禽瘦肉为主要原料，经修整、切块、煮制、撇油、调味、收汤、炒松、搓松制成的肌肉纤维蓬松成絮状的熟肉制品。

3.2

油酥肉松　short dried meat floss

以畜禽瘦肉为主要原料，经修整、切块、煮制、撇油、压松、调味、收汤、炒松再加入植物油脂炒制成颗粒状或短纤维状的熟肉制品。

3.3

焦头　burnt lump

畜禽肉在炒制过程中，受热不均匀，呈黄褐色焦糊状的碎块(粒)。

3.4

结头　knot

肌肉纤维未松散部分及肌腱碎块。

3.5

搓松　twist

用搓松机或搓松板将煮透的瘦肉在调味炒制后搓擦成蓬松的肉纤维。

3.6

收汤　concentrate

在煮透的瘦肉和肉汤中加入辅料加热，不断翻炒至汤汁基本收干。

4　产品分类

4.1　肉松。

4.2　油酥肉松。

5　技术要求

5.1　原料

原料肉应分别符合GB 16869、GB/T 9959.2、GB/T 17238和GB/T 9961的规定，并是经去皮、骨、肥膘、筋腱和肌膜的纯瘦肉。

5.2 辅料

5.2.1 食用盐

应符合 GB 5461 的规定。

5.2.2 白砂糖

应符合 GB 317 的规定。

5.2.3 酱油

应符合 GB 2717 的规定。

5.2.4 味精

应符合 GB/T 8967 的规定。

5.2.5 植物油

应符合 GB 2716 的规定。

5.2.6 其他辅料

应符合相关的国家标准和行业标准的规定。

5.2.7 食品添加剂

5.2.7.1 食品添加剂的质量应符合相关国家标准的规定。

5.2.7.2 食品添加剂的用量和范围应符合 GB 2760 的规定。

5.3 感官要求

应符合表 1 的规定。

表 1 感官要求

项 目	指 标	
	肉 松	油 酥 肉 松
形态	呈絮状，纤维柔软蓬松，允许有少量结头，无焦头	呈疏松颗粒状或短纤维状，无焦头
色泽	呈浅黄色或金黄色，色泽基本均匀	呈棕褐色或黄褐色，色泽基本均匀，稍有光泽
滋味与气味	味鲜美，甜咸适中，具有肉松固有的香味，无其他不良气味	具有酥、香特色，味鲜美，甜咸适中，油而不腻，具有油酥肉松固有的香味，无其他不良气味
杂质	无肉眼可见杂质	

5.4 理化指标

应符合表 2 的规定。

表 2 理化指标

项 目		指 标	
		肉 松	油酥肉松
水分/(g/100 g)	≤	20	符合 GB 2726 的规定
脂肪/(g/100 g)	≤	10	30
蛋白质/(g/100 g)	≥	32	25
氯化物(以 NaCl 计)/(g/100 g)	≤	7	
总糖(以蔗糖计)/(g/100 g)	≤	35	

表 2（续）

项　目		指　标	
		肉　松	油酥肉松
淀粉/(g/100 g)	≤	2	
铅(Pb)/(mg/kg)		符合 GB 2726 的规定	
无机砷/(mg/kg)			
镉(Cd)/(mg/kg)			
总汞(以 Hg 计)/(mg/kg)			

5.5　微生物指标

应符合表 3 的规定。

表 3　微生物指标

项　目	指　标	
	肉　松	油酥肉松
菌落总数/(CFU/g)	符合 GB 2726 的规定	
大肠菌群/(MPN/100 g)		
致病菌(沙门氏菌、志贺氏菌、金黄色葡萄球菌)		

5.6　净含量

应符合《定量包装商品计量监督管理办法》的规定。

5.7　生产加工过程的卫生要求

应符合 GB 19303 的规定。

6　检验方法

6.1　感官检验

按感官要求进行目测、味觉、嗅觉检验。

6.2　理化检验

6.2.1　水分：按 GB/T 9695.15 规定的方法测定。

6.2.2　脂肪：按 GB/T 9695.7 规定的方法测定。

6.2.3　蛋白质：按 GB/T 9695.11 规定的方法测定。

6.2.4　氯化物：按 GB/T 9695.8 规定的方法测定。

6.2.5　总糖：按 GB/T 5009.8 规定的方法测定。

6.2.6　淀粉：按 GB/T 9695.14 规定的方法测定。

6.2.7　铅：按 GB/T 5009.12 规定的方法测定。

6.2.8　无机砷：按 GB/T 5009.11 规定的方法测定。

6.2.9　镉：按 GB/T 5009.15 规定的方法测定。

6.2.10　总汞：按 GB/T 5009.17 规定的方法测定。

6.3　微生物检验

6.3.1　菌落总数

按 GB/T 4789.2 规定的方法测定。

6.3.2　大肠菌群

按 GB/T 4789.3 规定的方法测定。

6.3.3 致病菌

6.3.3.1 沙门氏菌按 GB/T 4789.4 规定的方法测定。

6.3.3.2 志贺氏菌按 GB/T 4789.5 规定的方法测定。

6.3.3.3 金黄色葡萄球菌按 GB/T 4789.10 规定的方法测定。

6.4 净含量

按 JJF 1070 规定的方法测定。

7 检验规则

7.1 组批

以同一班次、同一品种生产的产品为一货批。

7.2 抽样

随机按表 4 抽取样本,并将 1/3 样品进行封存,保留备查。

表 4 抽样表

批量范围/包	样本数量/包
≤1 000	6
1 001～3 000	7～12
≥3 001	13～21

7.3 检验

7.3.1 出厂检验

7.3.1.1 每批产品出厂前,须经企业质量检验部门按本标准规定进行检验,合格后签发质量证书方可出厂。

7.3.1.2 出厂检验项目:感官、包装、标签、净含量、菌落总数、大肠菌群。

7.3.2 出厂检验判定

7.3.2.1 出厂检验项目符合标准,判为合格产品。

7.3.2.2 出厂检验项目不超过二项(微生物项目除外)不符合标准,可以从同批产品中加倍抽样复验,复验后仍有一项不符合标准,判该批产品为不合格品。

7.3.2.3 微生物项目有一项不符合标准,不得复验,判该批产品为不合格品。

7.3.3 型式检验

7.3.3.1 每年至少进行一次型式检验,有下列情况之一者,亦须进行型式检验:

a) 更换设备或长期停产再恢复生产时;

b) 原料出现大的波动时;

c) 出厂检验结果与上次型式检验有较大差异时;

d) 国家质量监督机构进行抽查时。

7.3.3.2 型式检验项目:本标准中 5.3、5.4、5.5 和 5.6 的项目。

7.3.4 型式检验判定

7.3.4.1 型式检验项目全部符合标准的,判为合格品。

7.3.4.2 型式检验项目不超过二项不符合本标准(微生物项目除外)的,可以加倍抽样复验,复验后仍有一项不符合本标准,判为不合格品。

7.3.4.3 微生物项目有一项不符合本标准的,不得复验,判为不合格品。

8 标签和标志、包装、运输、贮存

8.1 标签和标志

8.1.1 内包装标签应符合 GB 7718 和《食品标识管理规定》的规定。

8.1.2 外包装标志应符合 GB 6388 的规定。

8.2 包装

8.2.1 外包装:应符合 GB/T 6543 的规定。

8.2.2 内包装:应符合 GB 9681、GB 9687、GB 9688、GB 9689 等标准的规定。

8.3 运输

运输工具必须清洁、卫生、防雨、防潮、防晒,不得与有毒、有害、有异味物品混装。

8.4 贮存

成品在常温干燥库内保存。成品库应清洁、卫生、通风、干燥,不得兼存有毒、有异味的物品,并防止阳光直接照射。

9 召回

应符合《食品召回管理规定》。

ICS 67.120.10
X 22

中华人民共和国国家标准

GB/T 23969—2009

肉干

Dried meat dice

2009-06-12 发布　　　　2009-12-01 实施

中华人民共和国国家质量监督检验检疫总局
中国国家标准化管理委员会　发布

前言

本标准由全国肉禽蛋制品标准化技术委员会提出并归口。

本标准主要起草单位：中国商业联合会商业标准中心，福建省厨师食品集团有限公司、万里香食品有限公司。

本标准参与起草单位：靖江双鱼食品有限公司、江苏三鸿食品有限公司、中国肉类协会等。

本标准主要起草人：陈清松、王鹏程、李燕秋、褚洁明、赵健荣、邓富江、靳晓蕾、刘振宇。

肉　　干

1　范围

本标准规定了肉干的术语和定义、产品分类、技术要求、检验方法、检验规则及标签和标志、包装、运输、贮存和召回的要求。

本标准适用于以3.1、3.2定义产品的生产、检验和销售。

2　规范性引用文件

下列文件中的条款通过本标准的引用而成为本标准的条款。凡是注日期的引用文件，其随后所有的修改单(不包括勘误的内容)或修订版均不适用于本标准，然而，鼓励根据本标准达成协议的各方研究是否可使用这些文件的最新版本。凡是不注日期的引用文件，其最新版本适用于本标准。

GB 317　白砂糖(GB 317—2006,Codex Stan 212—1999,NEQ)

GB 2707　鲜(冻)畜肉卫生标准

GB 2717　酱油卫生标准

GB 2720　味精卫生标准

GB 2726　熟肉制品卫生标准

GB 2760　食品添加剂使用卫生标准

GB/T 4789.2　食品卫生微生物检验　菌落总数测定

GB/T 4789.3　食品卫生微生物检验　大肠菌群计数

GB/T 4789.4　食品卫生微生物检验　沙门氏菌检验

GB/T 4789.5　食品卫生微生物检验　志贺氏菌检验

GB/T 4789.10　食品卫生微生物检验　金黄色葡萄球菌检验

GB/T 5009.8　食品中蔗糖的测定

GB/T 5009.11　食品中总砷及无机砷的测定

GB/T 5009.12　食品中铅的测定

GB/T 5009.15　食品中镉的测定

GB/T 5009.17　食品中总汞及有机汞的测定

GB 5461　食用盐

GB 6388　运输包装收发货标志

GB/T 6543　运输包装用单瓦楞纸箱和双瓦楞纸箱

GB 7718　预包装食品标签通则

GB 9681　食品包装用聚氯乙烯成型品卫生标准

GB 9687　食品包装用聚乙烯成型品卫生标准

GB 9688　食品包装用聚丙烯成型品卫生标准

GB 9689　食品包装用聚苯乙烯成型品卫生标准

GB/T 9695.7　肉与肉制品　总脂肪含量的测定

GB/T 9695.8　肉与肉制品　氯化物含量测定

GB/T 9695.11　肉与肉制品　氮含量测定

GB/T 9695.15 肉与肉制品 水分含量测定

GB 9959.1 鲜、冻片猪肉

GB/T 9959.2 分割鲜、冻猪瘦肉

GB 16869 鲜、冻禽产品

GB/T 17238 鲜、冻分割牛肉

GB 19303 熟肉制品企业生产卫生要求

JJF 1070 定量包装商品净含量计量检验规则

定量包装商品计量监督管理办法 国家质量监督检验检疫总局令[2005]第75号

食品召回管理规定 国家质量监督检验检疫总局令[2007]第98号

食品标识管理规定 国家质量监督检验检疫总局令[2007]第102号

3 术语和定义

下列术语和定义适用于本标准。

3.1

肉干 dried meat dice

以畜禽瘦肉为原料，经修割、预煮、切丁(或片、条)、调味、复煮、收汤、干燥制成的熟肉制品。

3.2

肉糜干 dried meat gruel dice

以畜禽瘦肉为主要原料，经修割、预煮、切丁(或片、条)、调味、复煮、收汤、干燥、斩碎、拌料、成型、烘干制成的熟肉制品。

3.3

收汤 concentrate

将调味后的物料在复煮过程中，不断翻炒使汤汁吸收蒸发的过程。

4 产品分类

4.1 肉干

4.1.1 牛肉干。

4.1.2 猪肉干。

4.1.3 其他肉干。

4.2 肉糜干

4.2.1 牛肉糜干。

4.2.2 猪肉糜干。

4.2.3 其他肉糜干。

5 技术要求

5.1 原料

原料肉应分别符合 GB 2707、GB/T 17238、GB 9959.1、GB/T 9959.2、GB 16869 的要求，并是经去皮、骨、肥膘、筋腱、肌膜的纯瘦肉。

5.2 辅料

5.2.1 食用盐

应符合 GB 5461 的规定。

5.2.2 白砂糖

应符合 GB 317 的规定。

5.2.3 味精

应符合 GB 2720 的规定。

5.2.4 酱油

应符合 GB 2717 的规定。

5.2.5 其他辅料

应符合相应的标准规定。

5.2.6 食品添加剂

5.2.6.1 使用的食品添加剂品质应符合相关标准要求。

5.2.6.2 食品添加剂的使用范围和使用量应符合 GB 2760 的规定。

5.3 感官要求

应符合表 1 的规定。

表 1 感官要求

项目	指标	
	肉干	肉糜干
形态	呈片、条、粒状,同一品种大小基本均匀,表面可带有细小纤维或香辛料	呈片、粒状或其他规则形状,同一品种大小基本均匀
色泽	呈棕黄色、褐色或黄褐色,色泽基本均匀	呈棕黄色、棕红色或黄褐色,色泽基本均匀
滋味与气味	具有该品种特有的香气和滋味,甜咸适中	
杂质	无肉眼可见杂质	

5.4 理化指标

应符合表 2 的规定。

表 2 理化指标

项目	指标					
	肉干			肉糜干		
	牛肉干	猪肉干	其他肉干	牛肉糜干	猪肉糜干	其他肉糜干
水分/(g/100 g) ≤	20					
脂肪/(g/100 g) ≤	10	12	12	10	10	
蛋白质/(g/100 g) ≥	30	28	26	23	20	
氯化物(以 NaCl 计)/(g/100 g) ≤	5					
总糖(以蔗糖计)/(g/100 g) ≤	35					
铅(Pb)/(mg/kg)	符合 GB 2726 的规定					
无机砷/(mg/kg)						
镉(Cd)/(mg/kg)						
总汞(以 Hg 计)/(mg/kg)						

5.5 微生物指标

应符合表 3 的规定。

表 3 微生物指标

项 目	指 标
菌落总数/(CFU/g)	符合 GB 2726 的规定
大肠菌群/(MPN/100 g)	
致病菌(沙门氏菌、金黄色葡萄球菌、志贺氏菌)	

5.6 净含量

应符合《定量包装商品计量监督管理办法》的规定。

5.7 生产加工过程的卫生要求

应符合 GB 19303 的规定。

6 检验方法

6.1 感官检验

按感官指标进行目测、味觉、嗅觉检验。

6.2 理化检验

6.2.1 水分:按 GB/T 9695.15 规定的方法测定。

6.2.2 脂肪:按 GB/T 9695.7 规定的方法测定。

6.2.3 蛋白质:按 GB/T 9695.11 规定的方法测定。

6.2.4 氯化物:按 GB/T 9695.8 规定的方法测定。

6.2.5 总糖:按 GB/T 5009.8 规定的方法测定。

6.2.6 铅:按 GB/T 5009.12 规定的方法测定。

6.2.7 无机砷:按 GB/T 5009.11 规定的方法测定。

6.2.8 镉:按 GB/T 5009.15 规定的方法测定。

6.2.9 总汞:按 GB/T 5009.17 规定的方法测定。

6.3 微生物检验

6.3.1 菌落总数

按 GB/T 4789.2 规定的方法测定。

6.3.2 大肠菌群

按 GB/T 4789.3 规定的方法测定。

6.3.3 致病菌

6.3.3.1 沙门氏菌按 GB/T 4789.4 规定的方法测定。

6.3.3.2 志贺氏菌按 GB/T 4789.5 规定的方法测定。

6.3.3.3 金黄色葡萄球菌按 GB/T 4789.10 规定的方法测定。

6.4 净含量

按 JJF 1070 规定的方法测定。

7 检验规则

7.1 组批

同一班次、同一品种的产品为一批。

7.2 抽样

随机按表 4 抽取样本,并将 1/3 样品进行封存,保留备查。

表 4 抽样表

批量范围/包	样本数量/包
≤1 000	6
1 001～3 000	7～12
≥3 001	13～21

7.3 检验

7.3.1 出厂检验

产品出厂前，须经企业质量检验部门按本标准规定逐批进行检验，检验合格后签发质量证书方可出厂。

出厂检验项目：感官、包装、净含量、水分、菌落总数、大肠菌群。

7.3.2 型式检验

每年至少进行一次型式检验，有下列情况之一者，亦须进行型式检验：

a) 更换设备或长期停产再恢复生产时；

b) 原料出现大的波动时；

c) 出厂检验结果与上次型式检验有较大差异时；

d) 国家质量监督机构进行抽查时。

7.3.3 型式检验项目

本标准中 5.3、5.4、5.5 和 5.6 中的全部项目。

7.4 判定规则

7.4.1 出厂检验判定与复检

7.4.1.1 全部符合 7.3.1 规定的项目，判为合格品。

7.4.1.2 出厂检验项目有一项（微生物项目除外）不符合本标准，可以从同批产品中加倍抽样进行该项目的复检，复检后仍不符合本标准的，判该批产品为不合格品。

7.4.1.3 微生物项目有一项不符合本标准的，不得复检，判该批产品为不合格品。

7.4.2 型式检验判定与复检

7.4.2.1 型式检验项目全部符合标准的，判为合格品。

7.4.2.2 型式检验项目不超过两项（微生物项目除外）不符合本标准，可以从同批产品中加倍抽样复检，复检后仍有一项不符合本标准的，判该批产品为不合格品。

7.4.2.3 微生物项目有一项不符合本标准的，不得复检，判该批产品为不合格品。

8 标签和标志、包装、运输、贮存

8.1 标签和标志

8.1.1 内包装标签应符合 GB 7718 和《食品标识管理规定》的规定。

8.1.2 外包装标志应符合 GB 6388 规定。

8.2 包装

8.2.1 外包装应符合 GB/T 6543 的规定。

8.2.2 内包装应符合 GB 9681、GB 9687、GB 9688、GB 9689 等的规定。

8.3 运输

运输工具应符合卫生要求，运输时不应与有毒、有害、有异味物、有腐蚀性的货物混装。运输过程中应防挤压、防雨、防潮、防晒，装卸时应轻搬、轻放。

8.4 贮存

成品在常温常湿的库内保存，成品库应清洁、卫生、通风、干燥，不应兼存有毒、有异味、易挥发、易腐蚀的物品，并防止阳光直接照射。

9 召回

应符合《食品召回管理规定》。

ICS 67.120.20
X 02

中华人民共和国国家标准

GB/T 23970—2009

卤蛋

Pot-roast egg

2009-06-12 发布 2009-12-01 实施

中华人民共和国国家质量监督检验检疫总局
中国国家标准化管理委员会 发布

前　言

本标准由全国肉禽蛋制品标准化技术委员会提出并归口。

本标准起草单位：福建省红太阳精品有限公司、福建省莆田市产品质量监督检验所。

本标准主要起草人：严国圣、郭鸿华、梁向群、黄国春。

卤　蛋

1　范围

本标准规定了卤蛋的术语和定义、技术要求、加工过程的卫生要求、试验方法、检验规则、标志、包装、运输及贮存的要求。

本标准适用于3.1定义产品的生产、销售和检验。

2　规范性引用文件

下列文件中的条款通过本标准的引用而成为本标准的条款。凡是注日期的引用文件，其随后所有的修改单(不包括勘误的内容)或修订版均不适用于本标准，然而，鼓励根据本标准达成协议的各方研究是否可使用这些文件的最新版本。凡是不注日期的引用文件，其最新版本适用于本标准。

GB/T 191　包装储运图示标志

GB 317　白砂糖(GB 317—2006，Codex Stan 212—1999，NEQ)

GB 2717　酱油卫生标准

GB 2721　食用盐卫生标准

GB 2748　鲜蛋卫生标准

GB 2749　蛋制品卫生标准

GB 2760　食品添加剂使用卫生标准

GB/T 4789.26　食品卫生微生物学检验　罐头食品商业无菌的检验

GB/T 5009.3　食品中水分的测定

GB/T 5009.11　食品中总砷及无机砷的测定

GB/T 5009.12　食品中铅的测定

GB/T 5009.14　食品中锌的测定

GB/T 5009.17　食品中总汞及有机汞的测定

GB 7718　预包装食品标签通则

GB 14881　食品企业通用卫生规范

JJF 1070　定量包装商品净含量计量检验规则

定量包装商品计量监督管理办法　国家质量监督检验检疫总局[2005]第75号令

3　术语和定义

下列术语和定义适用于本标准。

3.1

卤蛋　pot-roast egg

以生鲜禽蛋为原料，经清洗、煮制、去壳、卤制、包装、杀菌、冷却等工艺加工而成的蛋制品。

4　技术要求

4.1　原辅料

4.1.1　原料蛋：应符合GB 2748及国家相应的产品标准的的规定。

4.1.2　酱油：应符合GB 2717的规定。

4.1.3　白砂糖：应符合GB 317的规定。

4.1.4 食盐:应符合 GB 2721 的规定。

4.1.5 其他辅料:应符合国家相应的标准和有关规定。

4.2 感官要求

应符合表 1 的规定。

表 1 感官要求

项　目	要　求
色泽	蛋白呈浅棕色至深褐色,蛋黄呈黄褐色至棕褐色
滋气味	具有该产品应有的滋气味,无异味
组织形态	蛋粒基本完整,肉质结实,有弹性,有韧性
杂质	无可见外来杂质

4.3 理化指标

应符合表 2 规定。

表 2 理化指标

项　目		指　标
水分/%	≤	70

4.4 卫生指标

应符合表 3 的规定。

表 3 卫生指标

项　目		指　标
无机砷/(mg/kg)	≤	符合 GB 2749 的规定
铅(Pb)/(mg/kg)	≤	符合 GB 2749 的规定
锌(Zn)/(mg/kg)	≤	符合 GB 2749 的规定
总汞(以 Hg 计)/(mg/kg)	≤	符合 GB 2749 的规定
微生物		应符合罐头食品商业无菌要求

4.5 食品添加剂

4.5.1 食品添加剂质量应符合相应的标准和有关规定。

4.5.2 食品添加剂的使用品种和使用量应符合 GB 2760 的规定。

4.6 净含量

应符合《定量包装商品计量监督管理办法》的规定。

5 加工过程的卫生要求

应符合 GB 14881 的规定。

6 试验方法

6.1 感官要求

按目测、口尝、鼻嗅、手摸的方法测定。

6.2 水分

按 GB/T 5009.3 规定的方法检验。

6.3 卫生指标

6.3.1 无机砷

按 GB/T 5009.11 规定的方法检验。

6.3.2 铅

按 GB/T 5009.12 规定的方法检验。

6.3.3 锌

按 GB/T 5009.14 规定的方法检验。

6.3.4 总汞

按 GB/T 5009.17 规定的方法检验。

6.3.5 微生物

按 GB/T 4789.26 规定的方法检验。

6.4 净含量

按 JJF 1070 规定的方法检验。

7 检验规则

7.1 组批

同一批原料、同一包装规格，以一个班次生产的产品为一批。

7.2 出厂检验

7.2.1 产品需经生产厂检验合格并附合格证后方可出厂。

7.2.2 出厂检验项目：标签、感官要求、水分、净含量、微生物。

7.2.3 抽样：同一批次成品中随机抽样，最低不少于 8 袋(不含净含量抽样)，样品量不少于 240 g，等量分成检验试样和备检样。

7.3 型式检验

7.3.1 每半年对产品质量进行型式检验，发生以下情况之一时亦进行型式检验：

a) 产品试制鉴定投产时；

b) 更改关键工艺及原料产地时；

c) 产品长期停产后，恢复生产时；

d) 国家质量监督机构提出进行型式检验要求时。

7.3.2 型式检验项目为本标准第 4 章规定的全部项目要求。

7.3.3 抽样：从经出厂检验合格入库的产品中随机抽取检验样品，所抽样品须为同一批次的产品，抽样基数不得少于 200 袋，随机抽取 18 袋，样品等量分成 2 份，1 份检验，1 份备查。

7.4 判定

检验结果全部符合本标准要求时，判定为合格；检验结果有一项或一项以上不符合本标准要求时，使用备检样品对不合格项目复检(微生物指标不合格不得复检)，复检结果符合本标准要求则判定为合格；如复检结果仍不合格，则该批产品判定为不合格。

8 标志、包装、运输及贮存

8.1 产品预包装标签应符合 GB 7718 的规定。

8.2 包装储运图示应符合 GB/T 191 的规定。

8.3 包装材料应符合有关食品包装卫生要求。

8.4 运输：

运输产品时应避免日晒、雨淋。不得与有毒、有害、有异味或影响产品质量的物品混装运输，搬运过程应轻拿轻放。

8.5 贮存：

产品应贮存在阴凉、干燥、通风良好的场所。不得与有毒、有害、有异味、易挥发、易腐蚀的物品同处贮存。

ICS 75.100
E 34

中华人民共和国国家标准

GB 23971—2009

有机热载体

Heat transfer fluids

2009-06-12 发布 2010-01-01 实施

中华人民共和国国家质量监督检验检疫总局
中国国家标准化管理委员会 发布

前言

本标准第4.2.1、第5章和第6章为强制性的，其余为推荐性的。

本标准修改采用德国工业标准DIN 51522—1998《热传导液性能和试验要求》(英文版)。本标准与DIN 51522—1998的结构差异参见附录A。

本标准与DIN 51522—1998的主要差异如下：

——增加表1有机热载体产品分类；

——规定了热稳定性指标值；

——规定了自燃点指标值；

——规定了残炭指标值；

——增加了水溶性酸碱指标；

——酸值指标由“不大于0.2 mg KOH/g”修改为“不大于0.05 mg/g(以KOH计)”；

——氯含量由“不大于0.01%”修改为“不大于20 mg/kg”；

——开式系统使用的产品增加热氧化安定性指标；

——增加了附录D，以助于对本标准的理解。

本标准的附录B和附录C为规范性附录；附录A和附录D为资料性附录。

本标准由全国石油产品和润滑剂标准化技术委员会提出(SAC/TC 280)。

本标准由全国石油产品和润滑剂标准化技术委员会石油燃料和润滑剂分技术委员会(SAC/TC 280/SC 1)归口。

本标准起草单位：中国石油化工股份有限公司石油化工科学研究院、中国锅炉水处理协会、宁波特种设备检验检测中心、广州市特种承压设备检测研究院、上海工业锅炉研究所。

本标准主要起草人：梁红、王骄凌、周英、杨麟、范兵兵。

本标准为首次发布。

本标准自实施之日起，石油化工行业标准SH/T 0677—1999《热传导液》废止。

有 机 热 载 体

1 范围

本标准规定了未使用过的矿物油型和合成型有机热载体的术语和定义、分类与标记、要求和试验方法、检验规则、标志、包装、运输和贮存。

本标准所属产品包括L-QB、L-QC和L-QD有机热载体，主要适用于各种类型的间接式传热系统。但不得直接用于加热或冷却具有氧化作用的化学品。

本标准不适用于回收处理油生产的有机热载体。

植物油脂和动物油脂或其加工的产品不能作为有机热载体。

根据GB/T 7631.12划分为L-QA类的产品不适用于有机热载体锅炉。

本标准涉及某些有危险性的物质、操作和设备，无意对与此有关的所有安全问题提出建议。因此，用户在使用本标准之前应建立适当的安全和防护措施并确定有适用性的管理制度。

2 规范性引用文件

下列文件中的条款通过本标准的引用而成为本标准的条款。凡是注日期的引用文件，其随后所有的修改单(不包括勘误的内容)或修订版均不适用于本标准，然而，鼓励根据本标准达成协议的各方研究是否可使用这些文件的最新版本。凡是不注日期的引用文件，其最新版本适用于本标准。

GB/T 259 石油产品水溶性酸及碱测定法

GB/T 261 闪点的测定 宾斯基-马丁闭口杯法(GB/T 261—2008,ISO 2719:2002,MOD)

GB/T 265 石油产品运动粘度测定法和动力粘度计算法

GB/T 268 石油产品残炭测定法(康氏法)(GB/T 268—1987,neq ISO 6615:1983)

GB/T 388 石油产品硫含量测定法(氧弹法)

GB/T 508 石油产品灰分测定法(GB/T 508—1985,neq ISO 6245:1982)

GB/T 1884 原油和液体石油产品密度实验室测定法(密度计法)(GB/T 1884—2000,eqv ISO 3675:1998)

GB/T 1885 石油计量表(GB/T 1885—1998,eqv ISO 91-2:1991)

GB/T 3078 优质结构钢冷拉钢材

GB/T 3535 石油产品倾点测定法(GB/T 3535—2006,ISO 3016:1994,MOD)

GB/T 3536 石油产品闪点和燃点的测定 克利夫兰开口杯法(GB/T 3536—2008,ISO 2592:2000,MOD)

GB/T 4756 石油液体手工取样法(GB/T 4756—1998,eqv ISO 3170:1988)

GB/T 4945 石油产品和润滑剂酸值和碱值测定法(颜色指示剂法)

GB/T 5096 石油产品铜片腐蚀试验法

GB/T 6536 石油产品蒸馏测定法

GB/T 7304 石油产品和润滑剂酸值测定法(电位滴定法)

GB/T 7534 工业用挥发性有机液体 沸程的测定(GB/T 7534—2004,ISO 4626:1980,MOD)

GB/T 7631.12 润滑剂和有关产品(L类)的分类 第12部分:Q组(热传导液)(GB/T 7631.12—1994,eqv ISO 6743-12:1989)

GB/T 11133 液体石油产品水含量测定法(卡尔·费休法)

GB/T 11140 石油产品硫含量的测定 波长色散X射线荧光光谱法

GB/T 16483　化学品安全技术说明书　内容和项目顺序

GB/T 17040　石油和石油产品硫含量的测定　能量色散X射线荧光光谱法

GB/T 17144　石油产品残炭测定法(微量法)(GB/T 17144—1997,eqv ISO 10370:1993)

GB/T 23800　有机热载体热稳定性测定法

SH 0164　石油产品包装、贮运及交货验收规则

SH/T 0170　石油产品残炭测定法(电炉法)

SH/T 0172　石油产品硫含量测定法(高温法)

SH/T 0246　轻质石油产品中水含量测定法(电量法)

SH/T 0558　石油馏分沸程分布测定法(气相色谱法)

SH/T 0604　原油和石油产品密度测定法(U型振动管法)(SH/T 0604—2000,eqv ISO 12185:1996)

SH/T 0642　液体石油和石油化工产品自燃点测定法

SH/T 0689　轻质烃及发动机燃料和其他油品的总硫含量测定法(紫外荧光法)

国家质量技术监督检验检疫总局　TSG G0001《锅炉安全技术监察规程》修订版

ASTM D6304　石油产品、润滑油和添加剂中水分的测定　卡尔·费休库仑滴定法

VDI 3033—1995　《有机热载体传热系统的操作、维护和检修》

3　术语和定义

下列术语和定义适用于本标准。

3.1

有机热载体　heat transfer fluids

有机热载体是作为传热介质使用的有机物质的统称。

注:有机热载体包括被称为热传导液(heat transfer fluids)、导热油(hot oils)、有机传热介质(organic heat transfer carriers)、热媒(heating media)等用于间接传热目的的所有有机介质。根据化学组成可分类为合成型有机热载体和矿物油型有机热载体;根据沸程可分类为气相有机热载体和液相有机热载体。

3.2

未使用有机热载体　unused heat transfer fluids

尚未注入传热系统使用的有机热载体。其中不包括以回收处理油生产的产品。

3.3

合成型有机热载体　synthetic heat transfer fluids

以化学合成工艺生产的,具有一定化学结构和确定的化学名称的产品。根据最高允许使用温度,合成型有机热载体划分为普通合成型和具有特殊高热稳定性合成型。

3.4

矿物油型有机热载体　mineral heat transfer fluids

以石油为原料,经蒸馏和精制(包括溶剂精制和加氢精制)工艺得到的适当馏分生产的产品。其主要组分为烃类的混合物。

3.5

气相有机热载体　vapour phase heat transfer fluids

具有沸点或共沸点的合成型有机热载体可以在气相条件下使用,被称为气相有机热载体。气相有机热载体可以通过加压的方式在液相使用,因此又称为气相/液相有机热载体。

3.6

液相有机热载体　liquid phase heat transfer fluids

具有一定馏程范围的合成型有机热载体和矿物油型有机热载体只能在液相条件下使用,被称为液相有机热载体。

3.7

热稳定性 thermal stability

有机热载体在高温下抵抗化学分解的能力。

注：随着温度的升高，有机热载体将发生化学反应或分子重排，所生成的气相分解产物、低沸物、高沸物和不能蒸发的产物将影响有机热载体的使用性能。

3.8

最高允许使用温度 maximum permitted bulk temperature

通过GB/T 23800试验测定，被测有机热载体的变质率不超过10%（质量分数）条件下的最高试验温度。

3.9

最高工作温度 maximum working temperature

在传热系统运行条件下，锅炉出口处测得的有机热载体平均主流体温度为工作温度；锅炉出口处允许的有机热载体最高主流体温度为最高工作温度。

3.10

最高允许液膜温度 maximum permitted film temperature

液膜温度是指锅炉受热面上的有机热载体温度，即与炉管壁接触的有机热载体边界层内的温度；最高允许液膜温度是边界层内有机热载体的最高允许温度，该温度是传热系统内任何一处的有机热载体都不应超过的温度。

3.11

闭式传热系统 closed heating system

膨胀罐与大气隔离的有机热载体传热系统。闭式系统通常采用惰性气体或冷油液封装置与大气隔离。

3.12

开式传热系统 opening heating system

膨胀罐与大气相通的有机热载体传热系统。

3.13

气相分解产物 gaseous decomposition products

采用GB/T 23800方法进行热稳定性试验，通过称量的方法测得加热后试样常压下其沸点在室温以下的物质，如氢气和甲烷。

3.14

低沸物 low-boiling components

采用GB/T 23800方法进行热稳定性试验，通过模拟蒸馏方法测得加热后试样的沸程在未使用有机热载体初馏点以下的物质。

3.15

高沸物 high-boiling components

采用GB/T 23800方法进行热稳定性试验，通过模拟蒸馏方法测得加热后试样的沸程在未使用有机热载体终馏点以上的物质。

3.16

不能蒸发的产物 nonvolatile decomposition products

采用GB/T 23800方法进行热稳定性试验，不能通过模拟蒸馏方法分离出来的物质，它是球管蒸馏器在一定条件下定量测定出的残渣。

4 分类和标记

4.1 产品分类

本标准所属产品依据 GB/T 7631.12 划分产品品种，并按照使用状态、适用的传热系统类型和最高允许使用温度确定产品代号，具体分类见表 1。

表 1 有机热载体的产品分类

产品品种	L—QB		L—QC		L—QD
产品类型	精制矿物油型	普通合成型	精制矿物油型	普通合成型	具有特殊高热稳定性合成型
使用状态	液相	液相或 气相/液相	液相	液相或 气相/液相	液相或 气相/液相
适用的传热系统类型	闭式或开式		闭式		闭式
产品代号	L—QB280 L—QB300		L—QC310 L—QC320		L—QD330、L—QD340 L—QD350、L—QD×××[a]

[a] L—QD×××指经热稳定性试验确定的最高允许使用温度高于 350 ℃的某一产品，如 L—QD360、L—QD370、L—QD380、L—QD390、L—QD400 等。

4.2 产品标记

4.2.1 标记方式

符合本标准表 2 技术要求的产品应按照以下方式进行标记：

L—Q X YYY GB 23971

- GB 23971——本标准代号和顺序号
- YYY——根据 GB/T 23800 方法确定的有机热载体的最高允许使用温度
- X——Q 组产品的类别代号，如 B、C、D
- L—Q——根据 GB/T 7631.12 规定的 L 类 Q 组 热传导液的组别代号

4.2.2 标记示例

某产品的最高允许使用温度为 300 ℃，其产品标记为 L—QB300 GB 23971。

5 要求和试验方法

有机热载体是在高温条件下使用的有机传热介质，为了保证锅炉及传热系统安全运行，有机热载体的生产商应严格执行《锅炉安全技术监察规程》关于有机热载体的相关要求。

有机热载体的技术要求和试验方法见表 2。

表 2 有机热载体的技术要求和试验方法

项目		质量指标								试验方法或引用文件
		L—QB		L—QC[a]		L—QD[a]				
		280	300	310	320	330	340	350	×××	
最高允许使用温度[b]		280	300	310	320	330	340	350	×××	GB/T 23800
外观		清澈透明，无悬浮物								目测
自燃点/℃	不低于	最高允许使用温度								SH/T 0642

表 2（续）

项目		质量指标								试验方法或引用文件
		L—QB		L—QC[a]		L—QD[a]				
		280	300	310	320	330	340	350	×××	
闪点(闭口)/℃	不低于	100								GB/T 261
闪点(开口)[c]/℃	不低于	180		—						GB/T 3536
硫含量(质量分数)/%	不大于	0.2								GB/T 388、GB/T 11140、GB/T 17040、SH/T 0172、SH/T 0689[e]
氯含量/(mg/kg)	不大于	20								附录 B
酸值(以 KOH 计)/(mg/g)	不大于	0.05								GB/T 4945[e]、GB/T 7304
铜片腐蚀(100 ℃,3 h)/级	不大于	1								GB/T 5096
水分/(mg/kg)	不大于	500								GB/T 11133、SH/T 0246 ASTM D6304[e]
水溶性酸碱		无								GB/T 0259
倾点/℃	不高于	−9				报告[d]				GB/T 3535
密度(20 ℃)/(kg/m³)		报告[d]								GB/T 1884 和 GB/T 1885 SH/T 0604
灰分(质量分数)/%		报告[d]								GB/T 508
馏程										
初馏点[f]/℃		报告[d]								SH/T 0558
2%/℃		报告[d]								GB/T 6536
沸程/℃(气相)		报告[d]								GB/T 7534
残炭(质量分数)/%	不大于	0.05								GB/T 268[e]、SH/T 0170、GB/T 17144
运动黏度/(mm²/s)										GB/T 265
0 ℃		报告[d]							报告[d]	
40 ℃	不大于	40							报告[d]	
100 ℃		报告[d]							报告[d]	
热氧化安定性(175 ℃,72 h)[g]				—						附录 C
黏度增长(40 ℃)/%	不大于	40								
酸值增加(以 KOH 计)/(mg/g)	不大于	0.8								
沉渣/(mg/100 g)	不大于	50								
热稳定性(最高允许使用温度下加热)		720 h				1 000 h				GB/T 23800
外观		透明、无悬浮物和沉淀				透明、无悬浮物和沉淀				
变质率/%	不大于	10				10				

表 2（续）

项 目	质量指标								试验方法或引用文件
	L—QB		L—QC[a]		L—QD[a]				
	280	300	310	320	330	340	350	×××	

[a] L—QC 和 L—QD 类有机热载体应在闭式系统中使用。

[b] 在实际使用中，最高工作温度较最高允许使用温度至少应低 10 ℃，L—QB 和 L—QC 的最高允许液膜温度为最高允许使用温度加 20 ℃，L—QD 的最高允许液膜温度为最高允许使用温度加 30 ℃。相关要求见《锅炉安全技术监察规程》。

[c] 有机热载体在开式传热系统中使用时，要求开口闪点符合指标要求。

[d] 所有"报告"项目，由生产商或经销商向用户提供实测数据，以供选择。

[e] 测定结果有争议时，硫含量测定以 SH/T 0689 为仲裁方法、酸值测定以 GB/T 4945 为仲裁方法、残炭以 GB/T 268为仲裁方法、水分以 ASTM D6304 为仲裁方法。

[f] 初馏点低于最高工作温度时，应采用闭式传热系统。

[g] 热氧化安定性达不到指标要求时，有机热载体应在闭式系统中使用。

6 检验规则

6.1 检验分类与检验项目

本标准所属产品的检验分为出厂检验和型式检验。

6.1.1 出厂检验

出厂检验分为出厂批次检验和出厂周期检验，其检验项目和检验频次见表 3。每组批生产的有机热载体应经生产单位的检验部门进行出厂检验并出具检验报告。出厂检验报告除了包括该批次产品的出厂检验项目的实测结果外，还应包括该产品的出厂周期检验项目在本周期内的测定结果。

表 3 出厂检验项目和检验频次

	检验项目	检验频次
出厂批次检验	外观、运动黏度(40 ℃、100 ℃)、酸值、闪点(开口和闭口)、水分、水溶性酸及碱、2%馏程、密度、残炭、倾点	每批次检验
出厂周期检验	自燃点、灰分、氯含量、铜片腐蚀、硫含量、初馏点	每半年检测一次
	热氧化安定性[a]	每年检测一次
	热稳定性	每 4 年检测一次

[a] 用于闭式系统的产品可不测定热氧化安定性。

6.1.2 型式检验

型式检验项目包括表 2 中的所有技术要求。以下情况之一需进行型式检验：

a) 新研制的产品投入市场前；

b) 原材料和生产工艺发生变化时；

c) 出厂批次检验或周期检验结果与上次型式检验结果有较大差异时；

d) 正常生产时间达 4 年时；

e) 停产一年以上，恢复生产时；

f) 国家质量监督机构提出型式检验要求时。

6.2 组批

在原材料、工艺不变的条件下，产品每生产一罐或一釜为一个组批。每组批的批次检验报告日期应与该组批的生产日期和组批编号相对应。

6.3 取样

取样按 GB/T 4756 进行，取 2 L 作为检验和留样用。

6.4 判定规则

出厂检验结果全部符合本标准表 2 规定的技术要求时，则判定本批产品合格。产品应附有质量合格证方可出厂。

6.5 复检规则

如出厂检验结果中有不符合本标准表 2 中的技术要求的规定时，按 GB/T 4756 的规定重新抽取双倍量样品进行复检。复检结果如仍有一项不符合本标准表 2 中的技术要求规定时，则判定该批产品为不合格。

7 物性参数

有机热载体在使用温度范围内的运动黏度、密度、比热容、导热系数、蒸气压、气化潜热、热焓等与锅炉及传热系统设计有关的物性参数应由生产商或供应商提供。

8 标志、包装、运输、贮存

标志、包装、运输、贮存及交货验收按 SH 0164 进行。

有机热载体的出厂检验报告和包装桶应明示其符合本标准 4.2 的产品标记。合成型有机热载体还应标明主要成分的化学名称。

9 安全

有关有机热载体的运输、储存、使用和事故处理等环节涉及安全方面的数据和信息，应包括在该有机热载体产品的“化学品安全技术说明书”(Material Safety Data Sheet)中。生产商或供应商应提供其有机热载体产品的符合 GB/T 16483 规定的化学品安全技术说明书。

附 录 A
（资料性附录）
本标准的章条编号与 DIN 51522—1998 章条编号对照

A.1 本标准的章条编号与 DIN 51522—1998 章条编号对照见表 A.1。

表 A.1 本标准的章条编号与 DIN 51522—1998 章条编号对照表

本标准章条编号	DIN 51522—1998 章条编号
1	1
2	2
3	3
4	4
5	5、6
6	—
7	6
8	—
9	—
附录 A	—
附录 B	—
附录 C	—
附录 D	—

附 录 B
（规范性附录）
原油中总氯含量的测定　电量法

B.1　范围

本方法规定了原油和重质石油产品中总氯含量的试验方法。

本方法氯含量的测定范围为 1 mg/kg～10 000 mg/kg。

B.2　方法概要

将盛有试样的石英杯放入石英舟内，用固体进样器送入石英管的气化段，试样在氧气和氮气中燃烧气化。试样中的氯化物转化为氯离子，并随气流一起进入含有恒定银离子浓度的滴定池中，发生如下反应：

$$Ag^{+}+Cl^{-}\rightarrow AgCl\downarrow$$

此时池内银离子浓度降低，指示电极对将这一信号输入放大器，放大器输出一个相应的电压信号给电解电极对，由电解阳极电解产生银离子，以补充消耗的银离子，当电解池中银离子浓度恢复至初始平衡浓度时，电解自动停止。记下电解产生银离子所需的电量，根据法拉第电解定律即可求出试样中的总氯含量。

图 A.1 为微库仑测定试样氯含量的流程框图。

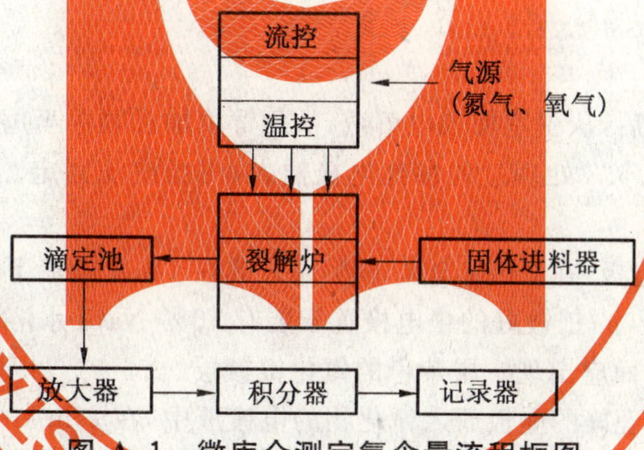

图 A.1　微库仑测定氯含量流程框图

B.3　仪器与设备

B.3.1　微库仑滴定仪：包括固体进样器，温度、流量控制器，电磁搅拌器，裂解炉，库仑放大器，积分仪和记录仪。

B.3.2　滴定池：内有指示电极对和电解电极对。

B.3.2.1　测量电极：一个厚为 0.1 mm～0.2 mm，面积为 7 mm×7 mm 的镀银铂片。

B.3.2.2　参比电极：一根直径为 0.5 mm 的铂丝，镀银后插入饱和乙酸银溶液中。

B.3.2.3　电解阳极：同测量电极。

B.3.2.4　电解阴极：直径为 0.4 mm 的铂丝，浸入侧臂的电解液中。

B.3.3　石英裂解管：入口端填装线状氧化铜。

B.3.4　石英舟。

B.3.5　石英杯。

B.4 试剂与材料

B.4.1 氧化铜:分析纯。

B.4.2 去离子水:经混合离子交换树脂处理的除盐水或二次蒸馏水。

B.4.3 电解液:由 700 mL 冰乙酸(分析纯)与 300 mL 去离子水混合而成。

B.4.4 反应气:氧气(纯度>99.99%);载气:氮气或氩气(纯度>99.99%)。

B.4.5 银电镀液:取分析纯氰化银 4.0 g、氰化钾 4.0 g、分析纯碳酸钾 6.0 g,用去离子水溶解并在容量瓶中稀释至 100 mL,过滤后备用(配时应注意安全)。

B.4.6 优级纯六氯苯、2,4-二硝基氯代苯,用作标样。

B.4.7 白油,用作稀释剂。

B.4.8 有机氯标准溶液:用微量天平准确称取适量的六氯苯或 2,4-二硝基氯代苯溶于白油中,配制成一系列氯含量为 1 mg/kg~10 000 mg/kg 的标准溶液,按式(B.1)计算氯含量:

$$c_{Cl}=\frac{m_1\times c}{m_1+m_2}\times 10^6 \quad \cdots\cdots(B.1)$$

式中:

c_{Cl}——标准溶液氯含量,mg/kg;

m_1——六氯苯或 2,4-二硝基氯代苯的质量,mg;

c——六氯苯或 2,4-二硝基氯代苯中氯的含量,%;

m_2——白油稀释剂质量,mg。

注:有机氯标准溶液也可购置于商品化标样。

B.4.9 石英棉。

B.5 试验准备

B.5.1 滴定池:电解池洗净后,从主室加入电解液,从侧臂填加乙酸银至磨口下 3 mm,加满电解液,小心将磨口已涂有硅脂并按 A.5.3 处理过的参比电极插入,用橡皮筋固定。用电解液冲洗侧臂,除去气泡和乙酸银。

B.5.2 镀电解阳极和测量电极:在 2 mA 电流下镀 16 h 或在 4 mA 电流下镀 8 h;取出后在冰乙酸中泡 30 min,再用去离子水冲洗干净;把镀好的银电极置于装有 10% NaCl 水溶液的电镀池中,在 10 mA 电流下电镀 4 min,此时电极表面应出现一层紫色的氯化银镀层。

B.5.3 镀参比电极:将已处理好的电极放入氰化物的电镀液中,在 2 mA 电流下电镀 45 min。镀好的电极表面应有一层均匀的银白色镀层,如表面不完整应重新电镀。

B.5.4 氧化铜的填装:从石英管的入口装入线状氧化铜,前面用石英棉堵住。

B.5.5 检查裂解炉、库仑仪、积分仪、记录仪与电源及它们之间的连线。

B.5.6 打开冷却水和裂解炉电源开关,按照仪器说明书设定裂解炉温度。在设定温度下,样品能充分挥发和燃烧,并将其中的氯化物转化为氯离子。

B.5.7 接通载气、氧气气源,按照仪器说明书调节气体流量。

B.5.8 用新鲜电解液冲洗池体、侧臂,特别是参比侧臂,排除侧臂气泡,调整池中液面高度在电极上 5 mm 左右。

B.5.9 打开搅拌器,调节搅拌速度,以产生轻微漩涡为宜。

B.5.10 打开库仑仪电源开关,将功能开关转至"平衡"档,调节偏压在 270 mV 以上,否则应用新鲜电解液冲洗滴定池及侧臂,直至偏压达到 270 mV 以上。再将功能开关转到"工作"档,调节偏压至需要值(一般为 250 mV~270 mV),调节增益为 2 400,使滴定池达到平衡。

B.5.11 接通记录仪和积分仪电源,调节记录仪范围电阻和积分范围电阻,二者之比为 1∶100。

B.5.12 待炉温、气流稳定后，连接滴定池与石英管，基线稳定后即可进样分析。

B.6 校准

每次分析试样前都要用与待测试样氯含量相近的标准溶液进行校正。调节偏压、增益至得到满意的对称峰为止。一般回收率应在80%以上，否则应重新调节操作条件。

B.6.1 用微量天平称取2 mg～8 mg(准确至0.002 mg)标准溶液于石英杯内，然后放入石英舟内，由固体进样器直接进入裂解炉的气化段。

B.6.2 每个标准溶液应至少重复测定3次，并按式(B.2)计算回收率 f：

$$f=\frac{0.368\times A\times 100}{R\times m_B\times c_{Cl}}\times 100 \qquad \cdots\cdots(B.2)$$

式中：

f——标准溶液回收率，%；

0.368——氯的电化当量，ng/μC；

A——积分仪读数；

100——积分仪每个读数代表100 mV·s；

R——积分范围电阻，Ω；

m_B——标准溶液质量，mg；

c_{Cl}——标准溶液氯含量，mg/kg。

两次测定结果的算术平均值与理论值相差在10%以内，即可进行试样分析。

B.7 试验步骤

B.7.1 根据试样氯含量称取适量样品，按B.6.1方式进样，记录积分仪读数和积分范围电阻。

B.7.2 为保证测定结果的准确性，连续测定试样过程中应用标准溶液检查系统操作情况。随时注意加电解液，每隔2 h～3 h从参比侧臂注入几滴电解液，使滴定池操作平稳。

B.7.3 关机：试验结束后，先切断仪器电源，然后断开石英管和滴定池；并用新鲜电解液冲洗池帽，电极和电解池。

B.7.4 切断气源，待炉温降至600 ℃以下时方可关闭冷却水。

B.8 计算

按式(B.3)计算试样中氯含量：

$$c_{Cl}=\frac{0.368\times A\times 100}{R\times m\times f} \qquad \cdots\cdots(B.3)$$

式中：

c_{Cl}——试样氯含量，mg/kg；

0.368——氯的电化当量，ng/μC；

f——标准溶液回收率，%；

A——积分仪读数；

100——积分仪每个读数代表100 mV·s；

R——积分范围电阻，Ω；

m——样品质量，mg。

B.9 精密度

氯含量为1 mg/kg～10 mg/kg时，两次平行测定结果之差不大于1 mg/kg；

氯含量在10 mg/kg以上时，两次平行测定结果之差不大于平均值的5%。

附 录 C
（规范性附录）
有机热载体热氧化安定性试验法

C.1 范围

本方法用于测定有机热载体在自然对流条件下的热氧化安定性。用以模拟有机热载体传热系统中膨胀罐与空气接触的状态，以评价在开式传热系统中使用的有机热载体的热氧化安定性。

本方法适用于矿物油型和合成型的各种液相有机热载体。

C.2 方法概要

试样在钢棒催化剂存在下，于一定温度下加热至少 72 h。通过对热试验前后试样的分析测定，从而评定试样的热氧化安定性。

C.3 仪器与材料

C.3.1 仪器

C.3.1.1 自然对流恒温箱：温度可控制在试验温度±1 ℃范围内；容积不小于 470 mm×425 mm×372 mm。

C.3.1.2 铝浴：构造见图 C.1，材质为 Al-3 号铝。

C.3.1.3 抽滤装置：满足抽滤要求的任何装置。

C.3.1.4 真空泵。

C.3.1.5 烧杯：400 mL。

C.3.1.6 耐酸漏斗：G3 型。

C.3.1.7 恒温干燥箱：能维持温度在 105 ℃～110 ℃。

C.3.1.8 洗瓶。

C.3.2 材料

C.3.2.1 钢棒：T10A 号钢（符合 GB/T 3078），含碳量 1%，直径为 6.25 mm，长为 76.20 mm。

注：当金属棒直径小于 6.20 mm 或不能擦亮时，就不能继续使用。

C.3.2.2 砂纸：粒度为 240 号，0 号金相砂纸。

C.3.2.3 滤纸：快速定量滤纸。

C.3.2.4 蒸馏水。

C.4 试剂

C.4.1 石油醚：分析纯，60 ℃～90 ℃。

C.4.2 丙酮：分析纯。

C.5 准备工作

C.5.1 将自然对流恒温箱安装在通风橱内。温度计探头或水银球底部应放在试验油液面以下 2/3 处，连接电源，并调试好。

C.5.2 将 400 mL 烧杯，耐酸漏斗，用铬酸洗液浸泡 4 h～5 h 后，先用自来水冲洗，再用蒸馏水抽滤，洗涤。最后用蒸馏水洗净，烘干备用。

C.5.3 金属棒处理

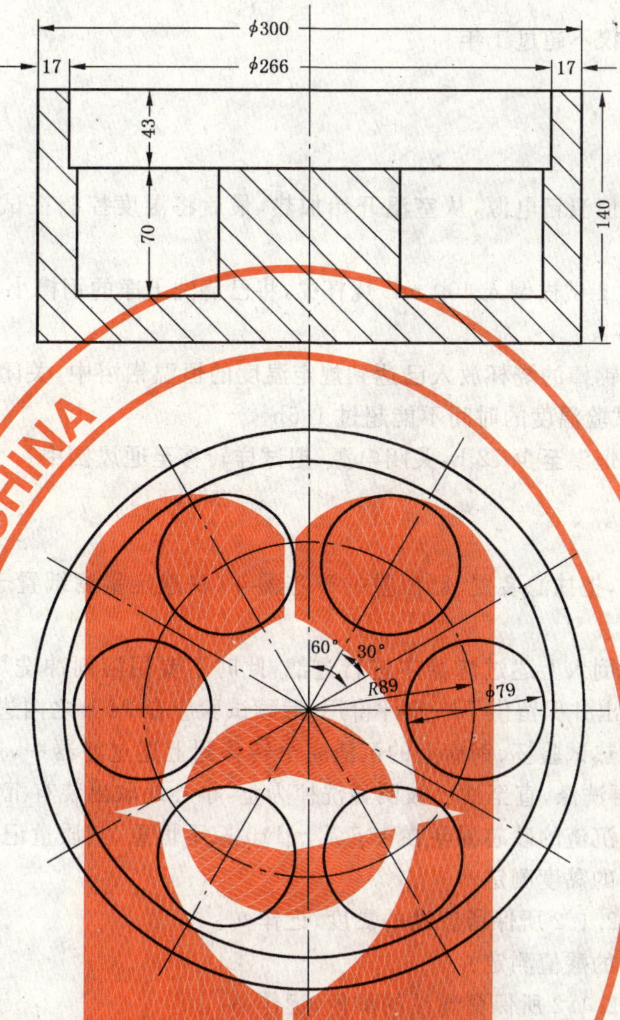

图 C.1　铝浴构造图

C.5.3.1　把钢棒放在钻孔器卡盘或合适的旋转器上，用砂纸磨掉金属棒上加工刀痕和污垢。再用金相砂纸纵向细磨，直至金属棒表面光亮为止，最后用滤纸擦亮，绸布磨光。

注：在擦亮和磨光操作时，切不可用手直接接触金属棒。

C.5.3.2　将磨好擦亮的金属棒，放入盛有丙酮的培养皿中，用脱脂棉擦洗，直至洗金属棒的溶剂在滤纸上不留下污痕为止。最后用绸布擦干，放入干燥器内，在 24 h 内使用。

C.5.4　按 GB/T 265 测定试样在热试验前 40 ℃运动黏度，记作 υ_1。

C.5.5　按 GB/T 7304 测定试样在热试验前的酸值，记作 A_1。

C.5.6　将快速定量滤纸置于 G3 型砂芯漏斗中，并放入恒温干燥箱，于 105 ℃～110 ℃恒重，其质量记作 m_1。

C.6　仪器温度校准要求

C.6.1　测试内容包括铝浴温度均匀性检测和重复性检测两部分。测试条件与试验条件相同。

C.6.1.1　均匀性检测

将测试温度计插入试验油液面以下 2/3 处，待温度稳定后，记录示值。依次测定所有试样温度，温度计的示值均应在试验温度±1 ℃以内。

C.6.1.2　重复性检测

同一试验油温度，前后两次测试，温度计的示值之差应在±1 ℃范围内。第二次测试前，铝浴温度应恢复至室温。

C.6.2 仪器检验周期建议不超过1年。

C.7 试验步骤

C.7.1 热试验过程

C.7.1.1 接通自然对流恒温箱电源，从室温开始加热，最后将温度控制在试验温度的±1 ℃范围内。试验温度不低于160 ℃。

C.7.1.2 将180 g±0.5 g试样倒入400 mL烧杯中，将已清洗干净的钢棒小心地放入盛有试样的烧杯中。

C.7.1.3 将装有试样和钢棒的烧杯放入已达到规定温度的恒温铝浴中，关闭恒温箱的门，开始记录时间，继续进行恒温，到达试验温度的时间不能超过1.5h。

C.7.1.4 在试验温度下恒温至少72 h，关闭电源，把试样转移至通风橱中。

C.7.2 试样评价

C.7.2.1 沉渣质量测定

C.7.2.1.1 在通风橱中，把抽滤装置、已恒重的砂芯漏斗（快速定量滤纸置于其中）、抽滤瓶按顺序和真空泵连接好，并抽真空。

C.7.2.1.2 将试样分批倒入上述过滤器中进行过滤，此时不要用溶剂冲洗烧杯。等全部试样过滤完毕，把试样从抽滤瓶中取出并保留供下一步评价用，后续试验应在24 h之内进行。

C.7.2.1.3 用石油醚将热试验杯、钢棒上的沉渣完全转移到上述过滤器中，用石油醚洗涤沉渣。若沉渣成块，小心地粉碎，并再洗涤，直至油已被明显洗掉为止，小心地取出装有沉渣的砂芯漏斗。

C.7.2.1.4 将上述装有沉渣的砂芯漏斗在105 ℃～110 ℃下恒重，其质量记作m_2。

C.7.2.2 热试验后试样的黏度测定

按C.5.4测定C.7.2.1.2所保留滤油的黏度，记作υ_2。

C.7.2.3 热试验后试样的酸值测定

按C.5.5测定C.7.2.1.2所保留滤油的酸值，记作A_2。

C.7.2.4 热试验后试样分析需在24 h内完成。

C.8 计算

C.8.1 180 g±0.5 g试样的总沉渣重X_1(g)按式(C.1)计算：

$$X_1 = m_2 - m_1 \qquad \cdots\cdots\cdots\cdots\cdots(C.1)$$

式中：

m_1——砂芯漏斗加快速定量滤纸质量，g；

m_2——砂芯漏斗加快速定量滤纸加沉渣质量，g。

C.8.2 试样在热试验前后运动黏度变化率Z_1(%)按式(C.2)计算：

$$Z_1 = \left(\frac{\upsilon_2 - \upsilon_1}{\upsilon_1}\right) \times 100 \qquad \cdots\cdots\cdots\cdots\cdots(C.2)$$

式中：

υ_1——热试验前试样40 ℃的运动黏度，mm^2/s；

υ_2——热试验后试样40 ℃的运动黏度，mm^2/s。

C.8.3 试样在热试验前后酸值的差值按式(C.3)计算：

$$Z_2 = A_2 - A_1 \qquad \cdots\cdots\cdots\cdots\cdots(C.3)$$

式中：

Z_2——试样在热试验前后酸值的差值(以KOH计)，mg/g；

A_1——热试验前试样酸值(以 KOH 计),mg/g;

A_2——热试验后试样酸值(以 KOH 计),mg/g。

C.9 精密度

C.9.1 试样 40 ℃运动黏度测定精密度同 GB/T 265。

C.9.2 试样酸值测定精密度同 GB/T 7304。

C.9.3 本方法暂不作精密度规定。

C.10 报告

取试样的重复测定两个结果的算术平均值作为有机热载体自然对流热稳定性测定结果。这些项目是:C.8.1～C.8.3 计算值共三项。

B.8.1 计算结果保留一位小数,C.8.2～C.8.3 计算结果保留两位小数。

附　录　D
（资料性附录）
有机热载体的性质

D.1　前言

本附录部分采用德国工程师协会标准 VDI 3033—1995“有机热载体传热系统的操作、维护和检修”中第 2 章关于有机热载体性质的相关内容，以便使本标准的使用者对于有机热载体的性质有所了解。

D.2　概述

在工程应用的传热设备中使用的有机热载体应符合传热系统的工作性能要求，而不能存在任何安全问题，并且有机热载体的使用寿命应满足经济合理性的要求。因此，有机热载体的性能与传热设备的需求完全一致是选择有机热载体的基本要求。

有机热载体通常被分类为两组主要的类别：

——可以在液相条件下使用的矿物油型和合成型有机热载体；

——可以在液相和气相条件下使用的合成型有机热载体。

D.3　性质

应用于 400 ℃以下温度的有机热载体应标明其特定性质。有机热载体可被划分成下述两组产品：

1）　矿物油型有机热载体

——石蜡基碳氢化合物的混合物

——环烷基碳氢化合物的混合物

——芳香烃碳氢化合物的混合物

2）　合成型有机热载体

——烷基苯

——烷基联苯

——卞基和二卞基甲苯

——联苯和联苯醚共沸混合物

——三联苯和部分氢化三联苯

——烷基联苯醚

——脂肪烃，聚 a 烯烃

——硅油

——氟碳氢化合物

不同有机热载体的特性取决于上述两个类别产品的化学成分的分子结构。不同的有机热载体在传热设备中使用会受到一定的限制，具体限制条件可参见德国标准 DIN 51522。

D.3.1　热稳定性

有机热载体的热稳定性是当其处于高温条件下，其化学组分抵抗高温作用的能力的表现。

未使用的有机热载体的热稳定性或热耐受能力的确定方法可参见德国标准 DIN 51528。

在一个确定的温度之上，所有的有机热载体都会不同程度地被热裂解，即部分被转化成低沸物，高沸物和不可溶解的裂解产物。裂解率的增加与其所承受温度的增加表现出一种指数关系，即，如果有机热载体所承受的温度上升 10 ℃，则其预期的裂解率将比升温前增长一倍。

影响某种有机热载体热裂解的因素是其化学分子结构、纯度、作用温度和在换热设备中所处的特定条件,也就是温度的分布状况和杂质的存在。实际使用中,有机热载体开始发生热裂解的温度是其最高允许使用温度以下约 50 ℃。

溶解在有机热载体中的低沸物降低了有机热载体的闪点并提高了其蒸气压。因此,如果系统局部的操作压力降低,此时将会发生气化。高沸物和不易流动的裂解产物可以增加有机热载体的黏度,引起传热恶化和流动阻力增大,其后果是导致有机热载体流速降低和边界层温度上升。

排除大气中氧气所产生的影响,有机热载体的热稳定性是指当其受到热影响时可以承受的最高限制温度。DIN 4754 中规定,最高限制温度应确定为在此温度条件下使用,该有机热载体的使用寿命至少应保证在一年以上。对一次性注入系统的有机热载体,将其年裂解率维持在百分之几的水平,从经济合理性上考虑是可以接受的。但是在实际使用中,对于一种给定的有机热载体,其经济性操作温度应进行专门评价。

D.3.2　氧化

在操作温度高于 100 ℃的情况下,有机热载体与空气中的氧气反应即形成氧化降解产物(包括有机酸)和具有更高相对分子质量的缩聚产物,这些反应的产物具有比未被氧化的有机热载体更低的稳定性,并会起到增大有机热载体黏度和加剧裂解的作用。采用惰性气体覆盖的方法能够避免系统内使用的有机热载体被氧化,例如采用氮气封闭。

D.3.3　腐蚀

注入系统的新有机热载体不能对系统内的材料产生腐蚀危险,这是对有机热载体的基本要求,并应在由其生产商提供的产品规格书和证明文件中明确。生产商提供的产品数据应该包括有机热载体中所含被确定杂质的含量,例如氯和硫,不能超出其产品规格书中的含量限制。

有机热载体中含有较高比例的氧化产物和被严重污染都会引发材料的腐蚀。

D.3.4　流动性

有机热载体的可流动性是通过对其倾点或凝固点的测定而确定的,有机热载体在接近它的倾点或凝固点时将不能被使用。通常,如果一台换热设备需要在更低的温度条件下启动,就要使有机热载体的流动特性达到启动时的流动要求,例如,利用附加加热装置对有机热载体进行加热。由于会对传热性能和泵送性产生影响,对于有机热载体的物性参数黏度应考虑加以限制。

D.4　物性参数

有机热载体系统的工作性能和运行方式是由下述的有机热载体物性参数决定的。

——密度 kg/m^3

——比热容 kJ/(kg·K)

——导热系数 W/(m·K)

——运动黏度 mm^2/s

——蒸气压 Pa

上述物性参数中,除了蒸气压之外,其他参数对传热都会产生影响,也就是会影响有机热载体从(向)其他介质中吸取(释放)热量的能力。

另外,密度和比热决定了通过有机热载体传递的热量,这些参数会被用于计算受热面积、质量流率、流速、循环泵的电机功率,等等。有机热载体系统的循环回路应经单独设计以适合有机热载体的技术数据。

表面传热系数 α 决定了边界层内有机热载体的传热能力,它是用物性参数和设计参数进行计算得到的一个系数,它与有机热载体的密度、比热和导热系数直接相关,与其黏度间接相关。

有机热载体的流体动力学特性和热动力学特性二者之间的关系可由复杂的数学方程式给出。在其被确定的整个使用温度范围内,有机热载体的物性数据与系统运行的可靠性和经济性有着必然的联系,因此,生产商或供应商应在其产品样本中给出足够精确的物性数据,如果必要的话,还应该给出所提供物性数据的标准偏差范围和用于外推延伸计算的数据分布函数关系。

D.4.1 密度(kg/m^3)

密度是单位体积物质的质量。物质的质量是不变的，但随着温度的升高和体积的增加，物质的密度会减小。因此，膨胀罐的容积应与系统内有机热载体被加热到操作温度时其体积的增加量相适合。当有机热载体超过一个给定的温度时，其体积的增加量 ΔV 按照式 D.1 确定：

$$\Delta V = V_0 \rho_0 \left(\frac{1}{\rho_t} - \frac{1}{\rho_0} \right) \quad \cdots\cdots\cdots\cdots (D.1)$$

式中：

ΔV——有机热载体加热到操作温度时的体积增量，m^3；

V_0——有机热载体初始温度(例如 20 ℃)时的体积，m^3；

ρ_0——有机热载体初始温度条件下的密度，kg/m^3；

ρ_t——有机热载体操作温度条件下的密度，kg/m^3。

D.4.2 比热容(kJ/(kg·K))

比热是对一种物质的热容量的计量，它是 1 kg 的物质升高 1 K 时所需要的热量(以 kJ 为计量单位)，有机热载体的比热随着其温度的升高而增加。

密度和比热决定了传递一定热量所需的有机热载体体积流率，如果所传递的热量和温差已确定，使用具有较高密度和比热容的有机热载体所需要的体积流率要小于使用具有较低密度和比热容的有机热载体所需的流率。但使用密度更高的有机热载体会使循环泵的电耗更高。

D.4.3 导热系数(W/(m·K))

导热系数表征一种有机热载体的吸热和放热能力，良好的热传导性可以改善换热设备的受热表面上传热的状况。有机热载体的导热系数随着其温度的上升而降低。

D.4.4 运动黏度(mm^2/s)

有机热载体的运动黏度确定其与流速相关的流动状态，也就是决定其流动的状态是紊流还是层流。黏度也会影响到传热，低黏度的有机热载体要比高黏度的具有更好的传热效果。在有机热载体的适用温度范围内，黏度会随着温度的升高而下降，传热系数会随着黏度的下降而提高。

受低温黏度水平和黏度与温度的关系的影响，冷态的有机热载体被加热时，受热面上的边界层内可能会发生超温现象。在这种情况下，有必要将系统先置于部分负荷条件下运行，直至黏度随着温度的变化升高到一个不会发生超温的最低值。

D.4.5 蒸气压(Pa)

蒸气压的数据提供了部分有机热载体存在于液体之上的气相空间之中的信息。与具有高蒸气压的有机热载体相比，如果膨胀罐内的惰性气体分压不高，具有低蒸气压和高沸点的有机热载体则可以在较高的操作温度条件下使用。

有机热载体的蒸气压力曲线确定了其系统的操作压力和操作模式，超出已确定的有机热载体使用范围操作的情况应该被说明。

D.5 安全数据表

换热设备的操作者应具有有机热载体的相关专业知识，以保证其操作满足于有关法律的要求。符合 DIN 52900 要求的安全数据表应由有机热载体的生产商提供以满足上述需要。生产商提供的安全数据表应包括以下信息：

——有机热载体的化学性质；

——毒性和生态学数据；

——物性和工程安全性质；

——有关运输的相关法规；

——技术和个人安全防护；
——处理和储存说明；
——火灾和事故情况下的措施。

在 DIN 的安全数据表中还应给出：

——依据有关化学品分类和标示规定给出的分类信息；
——临界值；
——依据德国可燃液体管理法规给出的分类信息；
——根据水污染规定给出的分类信息；
——符合废弃物处置法律的分类信息。

参 考 文 献

1. DIN 4754　有机热载体传热系统操作的安全要求及试验。

2. DIN 51528　未使用过的热传导液热稳定性测定法。

3. DIN 52900　化学品用安全资料表。

ICS 71.100.40
G 70

中华人民共和国国家标准

GB/T 23972—2009

纺织染整助剂中烷基苯酚及烷基苯酚聚氧乙烯醚的测定 高效液相色谱/质谱法

Determination of alkylphenols and alkylphenol polyethoxylates in textile dyeing and finishing auxiliaries—LC/MS method

2009-06-02 发布 2010-02-01 实施

中华人民共和国国家质量监督检验检疫总局
中国国家标准化管理委员会 发布

前　言

本标准的附录A为规范性附录，附录B为资料性附录。

本标准由中国石油和化学工业协会提出。

本标准由全国染料标准化技术委员会(SAC/TC 134)归口。

本标准起草单位：沈阳化工研究院、浙江传化股份有限公司、天祥质量技术服务上海有限公司。

本标准主要起草人：蒲爱军、陆林光、姬兰琴、吕铁梅、赵婷、沈日炯、陈如、赵梅、季浩、王建平。

纺织染整助剂中烷基苯酚及烷基苯酚聚氧乙烯醚的测定 高效液相色谱/质谱法

1 范围

本标准规定了纺织染整助剂产品中烷基苯酚和烷基苯酚聚氧乙烯醚的测定方法。

本标准适用于采用高效液相色谱/质谱法对纺织染整助剂产品中烷基苯酚和烷基苯酚聚氧乙烯醚的含量测定。

2 规范性引用文件

下列文件中的条款通过本标准的引用而成为本标准的条款。凡是注日期的引用文件，其随后所有的修改单(不包括勘误的内容)或修订版均不适用于本标准，然而，鼓励根据本标准达成协议的各方研究是否可使用这些文件的最新版本。凡是不注日期的引用文件，其最新版本适用于本标准。

GB/T 6682—2008 分析实验室用水规格和试验方法(ISO 3696:1987,MOD)

GB/T 8170—2008 数值修约规则与极限数值的表示和判定

3 术语和定义

下列术语和定义适用于本标准。

3.1

烷基苯酚 alkylphenols，简称 AP

烷基苯酚的分子结构为：$R\text{-}C_6H_4\text{-}OH$。这一类物质常见的有辛基苯酚($C_8H_{17}\text{-}C_6H_4\text{-}OH$，简称 OP)和壬基苯酚($C_9H_{19}\text{-}C_6H_4\text{-}OH$，简称 NP)。

3.2

烷基苯酚聚氧乙烯醚 alkylphenol polyethoxylates，简称 APEO

烷基苯酚聚氧乙烯醚的分子结构式为：$R\text{-}C_6H_4\text{-}(OC_2H_4)_nOH$。这一类物质常见的有辛基苯酚聚氧乙烯醚[$C_8H_{17}\text{-}C_6H_4\text{-}(OC_2H_4)_nOH$]，简称 OPEO 和壬基苯酚聚氧乙烯醚[$C_9H_{19}\text{-}C_6H_4\text{-}(OC_2H_4)_nOH$]，简称 NPEO。

烷基苯酚聚氧乙烯醚可以作为纺织染整助剂中的表面活性剂，烷基苯酚则是烷基苯酚聚氧乙烯醚的降解产物。

4 测定方法

4.1 一般规定

除非另有规定，仅使用确认为分析纯的试剂和 GB/T 6682—2008 中规定的三级水。检验结果的判定按 GB/T 8170—2008 中的 4.3.3 修约值比较法进行。

4.2 方法提要

样品以甲醇为溶剂，采用超声波振荡法溶解纺织染整助剂产品中的烷基苯酚和烷基苯酚聚氧乙烯醚，经滤膜过滤后采用高效液相色谱-质谱法，通过选定特征离子中的多个碎片离子提取并加和，用峰面积外标法测定 AP 和 APEO 含量。

4.3 仪器设备

a) 高效液相色谱-质谱联用仪：

高效液相色谱仪：输液泵-流量范围 0.1 mL/min～5.0 mL/min，在此范围内其流量稳定性为±1%；

检测器-多波长紫外分光检测器或具有同等性能的紫外分光检测器；

质谱仪：电喷雾离子化源（ESI-MS，NI/PI 模式），串联四极杆或离子阱质量分析仪；

b) 色谱工作站；

c) 自动进样器；

d) 分析天平：感量 0.000 1 g；

e) 超声波发生器；

f) 有机相针式过滤器：13 mm×0.45 μm。

4.4 试剂和溶液

a) 甲醇：色谱纯；

b) 水：经 0.45 μm 滤膜过滤；

c) 乙酸铵溶液：0.5 g/L；

d) 辛基苯酚标准品：99.9%（质量分数）；

e) 壬基苯酚标准品：99.9%（质量分数）；

f) 辛基苯酚聚氧乙烯醚标准品（平均聚合度为 10）：特级纯 100%（质量分数）；

g) 壬基苯酚聚氧乙烯醚标准品（平均聚合度为 10）：≥99.0%（质量分数）。

标准品的 CAS RN 见附录 A。

4.5 测定条件

4.5.1 色谱条件：

a) 色谱柱：长为 150 mm，内径为 2.1 mm 的不锈钢柱，固定相为 C_{18} ODS，粒径为 3.5 μm；

b) 流动相 A：甲醇；

流动相 B：乙酸铵溶液；

流动相梯度见表 1；

c) 波长：225 nm；

d) 流量：0.3 mL/min；

e) 柱温：40 ℃；

f) 进样量：10 μL。

表 1 流动相梯度

时间/min	流动相 A/%	流动相 B/%
0.00	85	15
20.00	98	2
25.00	98	2
26.00	85	15
30.00	85	15

4.5.2 质谱条件：

a) 离子化方式：电喷雾离子化；

b) 检验方式：OP 和 NP 采用负离子模式，OPEO 和 NPEO 采用正离子模式；

c) 干燥气温度：325 ℃；

d) 干燥气流速：8.0 L/min；

e) 质量扫描范围：100 m/z～1 200 m/z；

f) 选择检测离子：一级，SIM 或 EIC 模式。

可根据仪器不同,选择最佳分析条件,流动相应摇匀后用超声波发生器进行脱气。

4.6 溶液配制

4.6.1 标准溶液的配制

分别准确称取适量的 OP、NP、OPEO、NPEO 标准品,用甲醇分别配制成浓度为 1 mg/mL 的标准储备液。

4.6.2 标准试验溶液的制备

分别移取浓度为 1 mg/mL 的烷基苯酚和烷基苯酚聚氧乙烯醚标准储备溶液(4.6.1)适量体积,用甲醇稀释,配制成所需浓度的标准试验溶液。

4.6.3 试样提取溶液的制备

称取纺织染整助剂试样约 1 g(精确至 0.000 1 g),置于 50 mL 容量瓶中,用甲醇定容。置于超声波发生器中,萃取约 30 min。如样品经超声波萃取后混浊,用有机相针式过滤器过滤至样品瓶中供液相色谱-质谱测定。

4.7 测定步骤

开启液相色谱-质谱仪预热,待仪器运行稳定后,首先对试样进行全扫描分析,然后与标准样品的保留时间和质谱图对照进行定性,选取浓度相近的标准试验溶液,按表 2 规定的选择离子进行测定。通过自动进样器进样,待最后一个组分流出完毕,用数据处理机进行结果处理。

表 2 化合物与选择离子一览表

化合物	选择离子
辛基苯酚	205[M-H]$^-$
壬基苯酚	219[M-H]$^-$
辛基苯酚聚氧乙烯醚	312;356;400;444;488;532;576;620;664;708;752;796;840;884;928;972。[M+NH_4]$^+$
壬基苯酚聚氧乙烯醚	326;370;414;458;502;546;590;634;678;722;766;810;854;898;942;986。[M+NH_4]$^+$

4.8 结果计算

纺织染整助剂产品中烷基苯酚或烷基苯酚聚氧乙烯醚含量以质量分数 w_i 计,数值用(mg/kg)表示,按式(1)计算:

$$w_i = \frac{A_i \rho_s V}{A_s m} \qquad \cdots\cdots(1)$$

式中:

A_i——试样中烷基苯酚或烷基苯酚聚氧乙烯醚的峰面积数值;

ρ_s——标样试验溶液中烷基苯酚或烷基苯酚聚氧乙烯醚的浓度数值,单位为毫克每升(mg/L);

V——试样溶液定容体积数值,单位为毫升(mL);

A_s——标样试验溶液中烷基苯酚或烷基苯酚聚氧乙烯醚的峰面积数值;

m——试样质量的数值,单位为克(g)。

计算结果表示到小数点后两位。

4.9 谱图

有关总离子流图、液相色谱以及质谱等示意图见附录 B。

5 检测低限、回收率和精密度

5.1 检测低限

本方法对试样中的辛基苯酚、壬基苯酚、辛基苯酚聚氧乙烯醚、壬基苯酚聚氧乙烯醚的检测低限为25 mg/kg、25 mg/kg、10 mg/kg、10 mg/kg。

5.2 回收率

采用添加法对空白基质中添加3个不同质量浓度水平的OP、NP、OPEO、NPEO进行测定。测得OP、NP、OPEO、NPEO的回收率为90%～110%。

5.3 精密度

在同一个实验室，由同一操作者使用相同设备，按相同的测试方法，并在短时间内对同一被测对象相互独立进行的两次独立测试结果的绝对差值不大于这两个测定值的算术平均值的20%。

6 试验报告

试验报告至少应给出以下内容：

a） 试样描述；

b） 使用的标准；

c） 试验结果；

d） 偏离标准的偏差；

e） 试验日期。

附 录 A
（规范性附录）
常见辛基苯酚、壬基苯酚、辛基苯酚聚氧乙烯醚、壬基苯酚聚氧乙烯醚的 CAS RN

表 A.1 常见辛基苯酚、壬基苯酚、辛基苯酚聚氧乙烯醚、壬基苯酚聚氧乙烯醚的 CAS RN

序号	中文名称	英文名称	英文商品名称	化学文摘编号 CAS RN
1	辛基苯酚	octylphenol	4-tere-octylphenol	140-66-9
2	辛基苯酚聚氧乙烯醚	Octylphenol polyethoxylate	TritonX-100	9002-93-1
3	壬基苯酚	nonylphenol	4-nonylphenol (technical)	25154-52-3
4	壬基苯酚聚氧乙烯醚	Nonylphenol polyethoxylate	4-nonylphenol polyethoxylate Imbentin-N/63	9016-45-9

附 录 B
（资料性附录）
示 意 图

示意图见图 B.1～图 B.5。

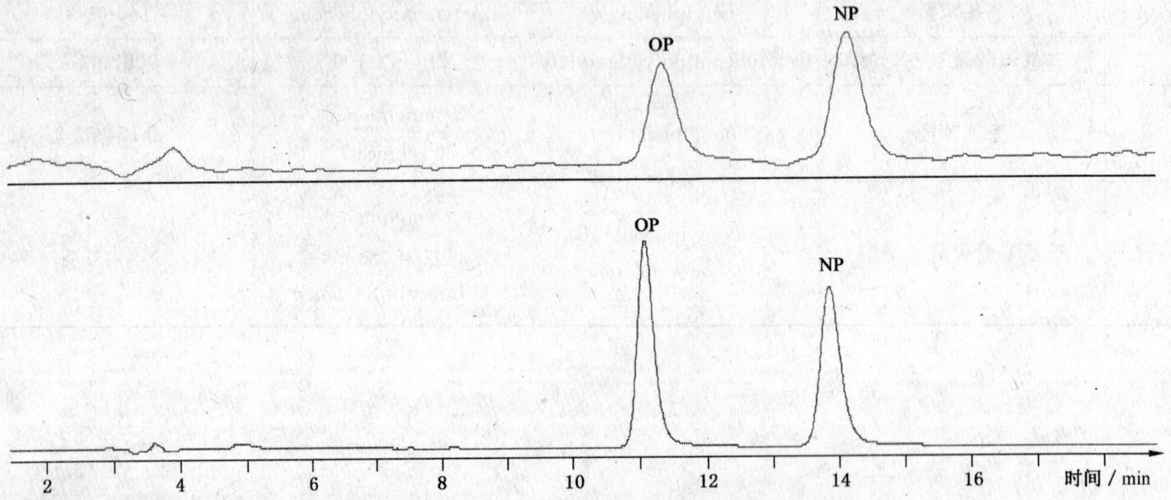

图 B.1 OP+NP 总离子流图和液相色谱示意图

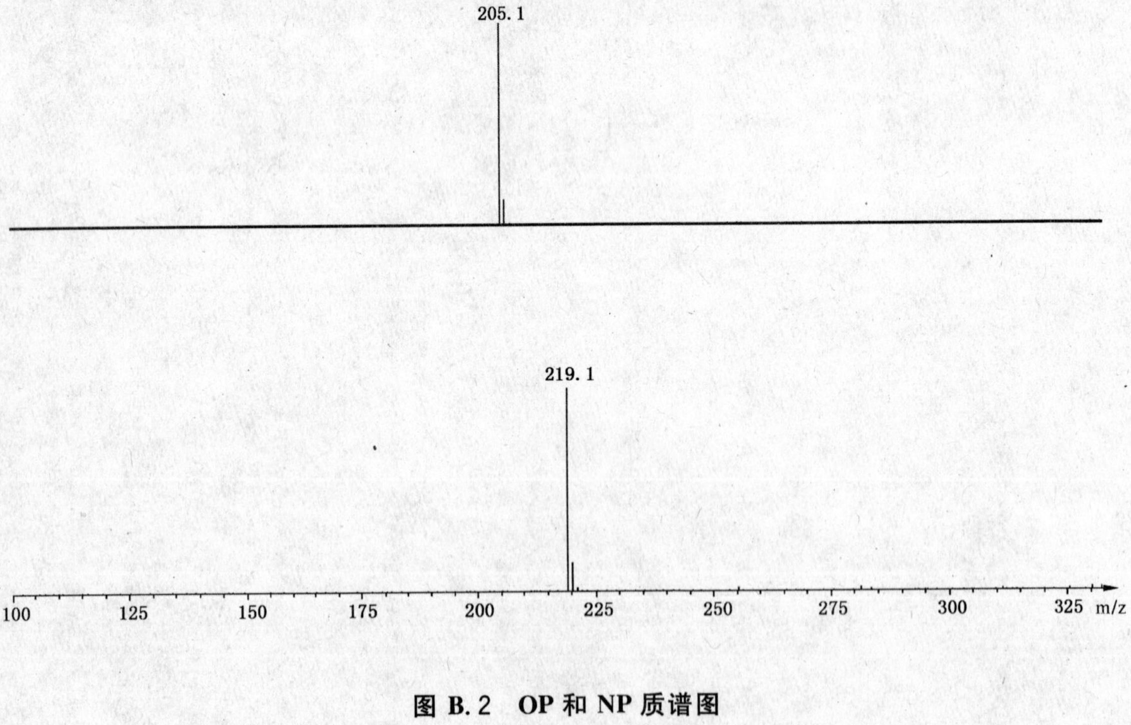

图 B.2 OP 和 NP 质谱图

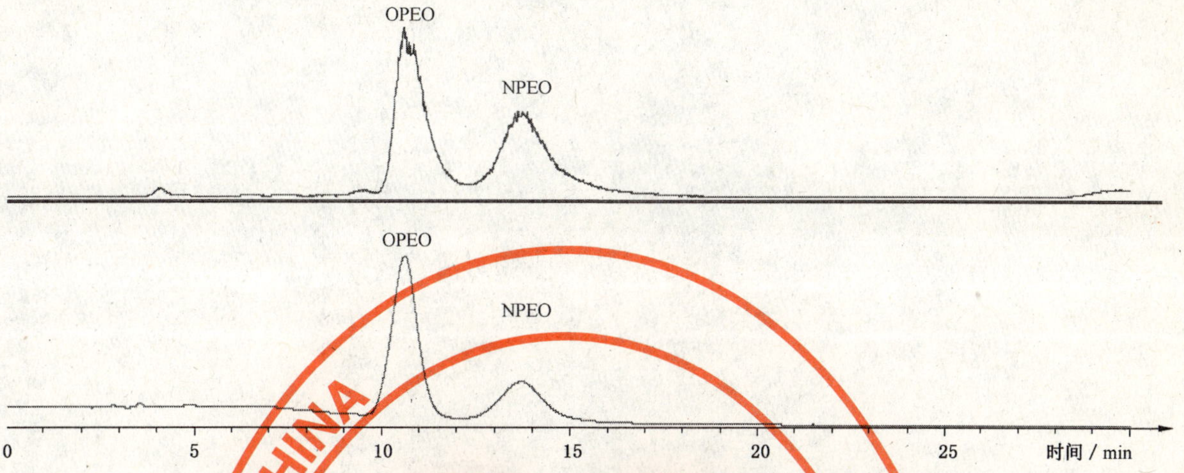

图 B.3　OPEO＋NPEO 总离子流和液相色谱示意图

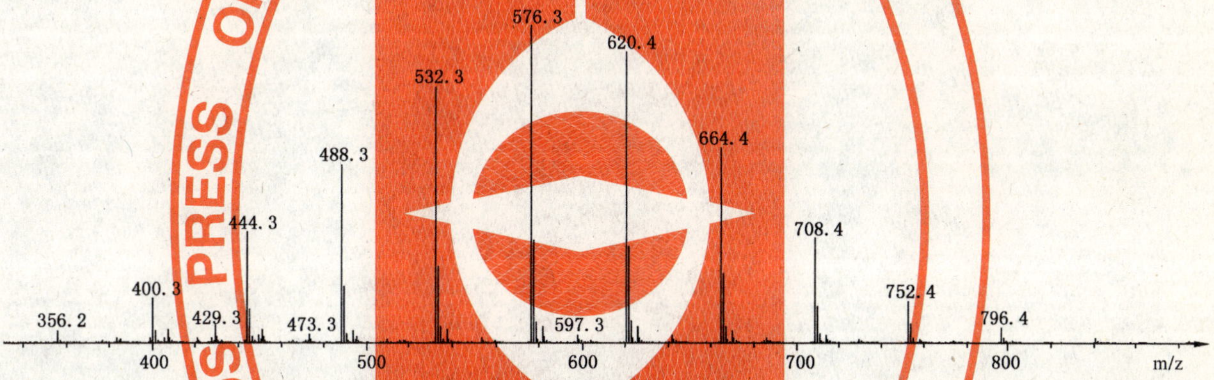

图 B.4　OPEO 质谱图

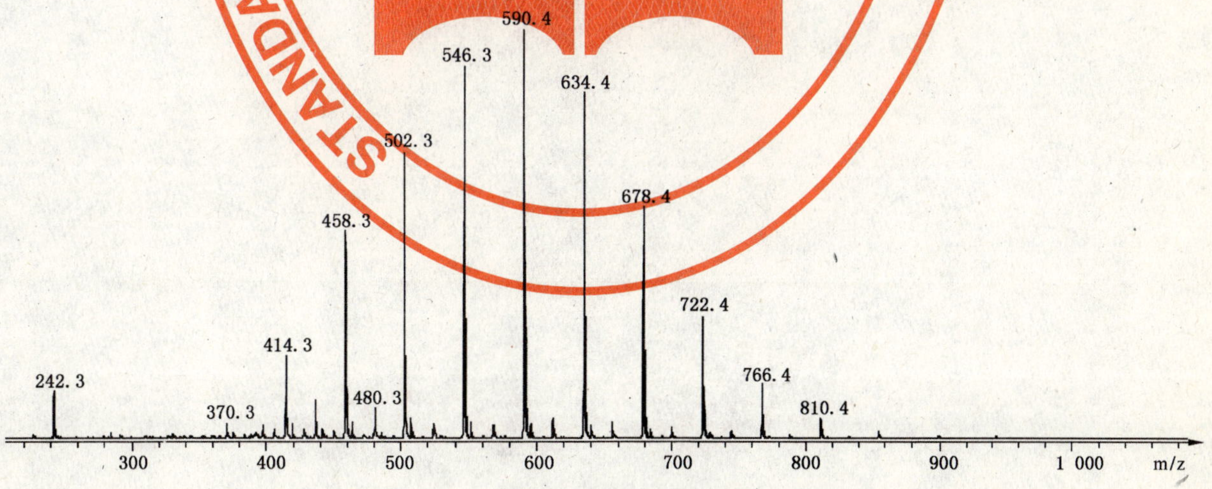

图 B.5　NPEO 质谱图

ICS 71.100.01;87.060.10
G 55

中华人民共和国国家标准

GB/T 23973—2009

染料产品中甲醛的测定

Determination of formaldehyde in dye products

2009-06-02 发布　　　　2010-02-01 实施

中华人民共和国国家质量监督检验检疫总局
中国国家标准化管理委员会　发布

前 言

本标准的附录 A 为规范性附录。

本标准由中国石油和化学工业协会提出。

本标准由全国染料标准化技术委员会(SAC/TC 134)归口。

本标准起草单位:浙江闰土股份有限公司、沈阳化工研究院、国家染料质量监督检验中心。

本标准主要起草人:阮国标、朴克壮、赵明华、姬兰琴。

染料产品中甲醛的测定

警告——使用本标准的人员应有实验室工作的实践经验。本标准并未指出所有的安全问题。使用者有责任采取适当的安全和健康措施，并保证符合国家有关法规规定的条件。

1 范围

本标准规定了染料产品中甲醛的测定方法。

本标准适用于染料产品甲醛的测定。

2 规范性引用文件

下列文件中的条款通过本标准的引用而成为本标准的条款。凡是注日期的引用文件，其随后所有的修改单(不包括勘误的内容)或修订版均不适用于本标准，然而，鼓励根据本标准达成协议的各方研究是否可使用这些文件的最新版本。凡是不注日期的引用文件，其最新版本适用于本标准。

GB/T 601 化学试剂 标准滴定溶液的制备

GB/T 6682—2008 分析实验室用水规格和试验方法(ISO 3696:1987,MOD)

GB/T 8170—2008 数值修约规则与极限数值的表示和判定

3 原理

将样品中的游离甲醛制备于水溶液中，用乙酰丙酮显色，显色液用分光光度计比色测定甲醛含量。

4 测定方法

4.1 一般规定

除非另有规定，仅使用确认为分析纯的试剂和GB/T 6682—2008中规定的三级水。试验中所用标准滴定溶液在没有注明其他要求时，按GB/T 601规定进行制备与标定。检验结果的判定按GB/T 8170—2008中的4.3.3修约值比较法进行。

4.2 试剂和溶液

a) 乙酸铵；

b) 冰乙酸；

c) 乙酰丙酮；

d) 甲醛：浓度约37%(质量分数)；

e) 乙酰丙酮溶液：称取150 g乙酸铵，用800 mL水溶解后移入1 000 mL棕色容量瓶中，然后加3 mL冰乙酸及2 mL乙酰丙酮，用水稀释至刻度，于0 ℃～5 ℃避光贮存。

注：贮存开始12 h颜色逐渐变深，为此，用前必须贮存12 h，本溶液6周～8周内有效。经长期贮存后其灵敏度会稍起变化，应每周核对校正曲线，或用前以水为参比溶液于412 nm波长处测其吸光度，数值应小于0.015，否则需重新配制。

4.3 仪器和设备

a) 蒸馏装置：500 mL蒸馏瓶、冷凝管、馏分接收器；

b) 容量瓶：100 mL、250 mL、1 000 mL；

c) 移液管：1 mL、2 mL、5 mL、10 mL、20 mL单刻度移液管及5 mL刻度移液管；

d) 具塞比色管：25 mL；

e) 比色皿：10 mm；

f) 分光光度计；

g) 恒温水浴。

4.4 测定步骤

4.4.1 甲醛标准溶液的配制

a) 吸取 3.8 mL 甲醛于 1 000 mL 容量瓶中，用水稀释至刻度，此溶液质量浓度约为 1 500 μg/mL，用碘量法测定其准确质量浓度（见附录 A）。此溶液为甲醛标准溶液 a。

b) 准确吸取 10 mL 甲醛标准溶液 a，移入 1 000 mL 容量瓶中，用水稀释至刻度。此溶液为甲醛标准溶液 b。

c) 按表 1 所列配制要求，将甲醛标准溶液 b 按规定体积，分别加入 100 mL 容量瓶中，用水稀释至刻度，配制成 1、2、3、4、5、6 号系列甲醛标准溶液，备用。

表 1 系列甲醛标准溶液的配制

序号	甲醛标准溶液 b 的体积/mL	对应的甲醛质量浓度/(μg/mL)
1	1.00	0.15
2	2.00	0.30
3	5.00	0.75
4	10.00	1.5
5	20.00	3.0
6	40.00	6.0

4.4.2 工作曲线的绘制

用移液管分别移取 1～6 号系列甲醛标准溶液各 5.00 mL，于 6 个 25 mL 具塞比色管中，各加入 5.00 mL 乙酰丙酮溶液，摇匀，置于 40 ℃±2 ℃的水浴中，放置 30 min 显色，取出尽快冷却至室温，用 10 mm 的比色皿，以 5.00 mL 水加 5.00 mL 乙酰丙酮溶液作为参比溶液，于波长 412 nm 处测定 1～6 号系列甲醛标准溶液的吸光度 A。

以吸光度 A 为纵坐标，甲醛质量浓度 ρ(μg/mL)为横坐标，计算其标准工作曲线 $A=k\rho+a$。此曲线用于所有测量数值，如果试验样品中甲醛含量高于测试范围，稀释样品溶液。

4.4.3 样品的处理

称取 2 g 试样（精确至 0.001 g），置于 500 mL 蒸馏烧瓶中，加 250 mL 水将其溶解，轻轻摇匀。装好蒸馏装置，在馏分接收器中预先加入 50 mL 水，浸没馏分出口，馏分接收器的外部加冰冷却。加热蒸馏，收集馏分 200 mL，取下馏分接收器，把馏分定容至 250 mL 容量瓶中，此溶液为备测馏分溶液。

注：一些非水溶性染料（例如：分散染料、还原染料等）蒸馏后，馏分会带有微量的染料成分而显现颜色，可用适量甲苯溶液萃取，将颜色去除后再进行下面的测定。

4.4.4 测定

准确移取 5 mL 馏分溶液于 25 mL 比色管中，准确加入 5 mL 乙酰丙酮溶液，摇匀，置于 40 ℃±2 ℃的水浴中，放置 30 min 显色，取出尽快冷却至室温。用 10 mm 的比色皿，以 5.00 mL 水加5.00 mL 乙酰丙酮溶液作为参比溶液，于波长 412 nm 处测定试样溶液的吸光度 A。

4.5 结果计算

甲醛含量以质量分数 w_1计，数值用毫克每千克(mg/kg)表示，按式(1)计算：

$$w_1=\frac{(A-a)V}{km} \qquad \cdots\cdots(1)$$

式中：

A——试样溶液的吸光度值；

V——250 mL 容量瓶的实际体积的数值，单位为毫升(mL)；

m——试样的质量的数值,单位为克(g);

a、k——工作曲线 $A=k\rho+a$ 中的常数。

4.6 允许差

试样中甲醛含量两次平行测定结果之差不大于这两次测定值算术平均值的10%,取算术平均值作为测定结果。

5 测定低限、回收率和精密度

5.1 测定低限

本方法的测定低限为20.0 mg/kg。

5.2 回收率

利用5个不同质量浓度的已知含量的甲醛标准溶液,按照本标准的方法进行处理、测定和计算,测得回收率包含在85%~95%的范围内。

5.3 精密度

在同一实验室,由同一操作者使用相同设备,按相同的测试方法,并在短时间内对同一被测对象相互独立进行的测试获得的两次独立测试结果的绝对差值不大于这两个测定值的算术平均值的10%。

6 试验报告

试验报告至少应给出以下内容:

a) 被测染料的名称;

b) 本标准编号;

c) 测试结果;

d) 在测试过程中的特殊情况;

e) 与本方法的差异;

f) 试验日期。

附　录　A
（规范性附录）
甲醛标准溶液的标定

A.1　总则

对含量约 1 500 μg/mL 的甲醛标准溶液进行准确地定量，做出准确的工作曲线用于比色分析中。

A.2　原理

标准溶液中的甲醛与过量的碘反应，再用硫代硫酸钠标准溶液滴定剩余的碘。

A.3　试剂和溶液

a)　碘标准滴定溶液：$c(\frac{1}{2}I_2)=0.1$ mol/L；

b)　硫代硫酸钠标准滴定溶液：$c(\frac{1}{2}Na_2S_2O_3)=0.1$ mol/ L；

c)　盐酸溶液：盐酸和水的体积比＝1∶5；

d)　氢氧化钠溶液：300 g/L。

A.4　设备

a)　移液管：25 mL；

b)　锥形瓶：250 mL；

c)　酸式滴定管：50 mL。

A.5　测定步骤

准确移取 25 mL 甲醛标准溶液 a 于 250 mL 锥形瓶中，准确加入 40 mL 碘标准滴定溶液，立即逐滴加入氢氧化钠溶液至棕色褪去并出现黄色为止，静置 15 min，然后用 5 mL 盐酸溶液酸化，在暗处再放置 10 min 后，以硫代硫酸钠标准滴定溶液滴定剩余的碘，溶液由黄色变为无色为终点，记录消耗标准滴定溶液的体积。

A.6　计算

甲醛含量以质量浓度 ρ_2 计，数值以微克每毫升(μg/mL)表示，按式 A.1 计算：

$$\rho_2=\frac{(c_1V_1-c_2V_2)(M/2)}{V_3}\times 1\,000 \qquad \text{(A.1)}$$

式中：

c_1——碘标准滴定溶液的准确浓度，单位为摩尔每升(moL/L)；

V_1——碘标准滴定溶液消耗的体积数值，单位为毫升(mL)；

c_2——硫代硫酸钠标准滴定溶液的准确浓度，单位为摩尔每升(moL/L)；

V_2——硫代硫酸钠标准滴定溶液消耗的体积数值，单位为毫升（mL）；

M——甲醛的摩尔质量数值，单位为克每摩尔（g/mol），[M(HCHO)]=30.03；

V_3——甲醛标准溶液 a 的体积的数值，单位为毫升（mL）。

ICS 71.100.01;87.060.10
G 55

中华人民共和国国家标准

GB/T 23974—2009

染料产品中邻苯基苯酚的测定

Determination of the content of ortho-phenylphenol in dye products

2009-06-02 发布　　2010-02-01 实施

中华人民共和国国家质量监督检验检疫总局
中国国家标准化管理委员会　发布

前　言

本标准的附录 A 为规范性附录，附录 B 为资料性附录。

本标准由中国石油和化学工业协会提出。

本标准由全国染料标准化技术委员会(SAC/TC 134)归口。

本标准起草单位：沈阳化工研究院、国家染料质量监督检验中心。

本标准主要起草人：季浩、沈日炯。

染料产品中邻苯基苯酚的测定

警告——使用本标准的人员应有正规实验室工作的实践经验。本标准并未指出所有可能的安全问题。使用者有责任采取适当的安全和健康措施，并保证符合国家有关法规规定的条件。

1 范围

本标准规定了染料产品中邻苯基苯酚的测定方法。

本标准适用于采用气相色谱-质谱法(GC-MS)对商品染料、染料制品、染料中间体和纺织染整助剂中邻苯基苯酚的测定。

2 规范性引用文件

下列文件中的条款通过本标准的引用而成为本标准的条款。凡是注日期的引用文件，其随后所有的修改单(不包括勘误的内容)或修订版均不适用于本标准，然而，鼓励根据本标准达成协议的各方研究是否可使用这些文件的最新版本。凡是不注日期的引用文件，其最新版本适用于本标准。

GB/T 6682—2008 分析实验室用水规格和试验方法(ISO 3696:1987,MOD)

GB/T 8170—2008 数值修约规则与极限数值的表示和判定

3 原理

样品经正己烷超声波提取，提取液定容后，用气相色谱-质量选择检测器(GC-MSD)对萃取物进行测定，特征离子外标法定量。

4 测定方法

4.1 一般规定

除非另有规定，仅使用确认为分析纯的试剂和 GB/T 6682—2008 中规定的三级水。检验结果的判定按 GB/T 8170—2008 中的 4.3.3 修约值比较法进行。

4.2 试剂和材料

a) 正己烷；

b) 邻苯基苯酚标准品：纯度≥98%(质量分数)；

c) 标准储备溶液：称取适量邻苯基苯酚标准品，用正己烷溶解并配制成约 10 mg/mL 的标准储备溶液；

d) 标准工作溶液：根据需要用正己烷稀释标准储备溶液成适当浓度的标准工作溶液。

注：标准储备溶液密封并保存于 0 ℃～4 ℃冰箱中，有效期 2 年；标准工作溶液密封并保存于 0 ℃～4 ℃冰箱中，有效期 6 个月。

4.3 仪器

a) 气相色谱仪：配有质量选择检测器(MSD)；

b) 超声波发生器：工作频率 40 kHz；

c) 微量注射器：10 μL；

d) 提取器：由硬质玻璃制成，管状，具有磨口和瓶塞，50 mL；

e) 0.45 μm 聚四氟乙烯薄膜过滤头；

f) 磨口具塞离心管：10 mL；

g) 离心机：4 000 r/min。

4.4 测定步骤

4.4.1 提取

称取 1 g 样品，精确至 0.1 mg，置于提取器中。往提取器中准确加入 10.0 mL 正己烷，摇匀，置于超声波浴中萃取 20 min。用 0.45 μm 聚四氟乙烯薄膜过滤头将萃取液注射过滤至 2 mL 的小样品瓶中，供色谱分析。如样品为水溶性，必要时可先在样品中加入 2 mL 水，振荡均匀后再加入 10.0 mL 正己烷进行萃取；如样品经超声波萃取后混浊，可使用离心设备离心至分层后取上层清液进行分析。

4.4.2 色谱分析

4.4.2.1 气相色谱分析条件

由于测试结果取决于所使用的仪器，因此不可能给出色谱分析的普遍参数。采用下列参数(见表 1)已被证明对测试是合适的。

表 1 气相色谱-质谱仪器操作条件

控制参数	操作条件		
柱温	升温速度/(℃/min)	温度/℃	保持时间/min
	—	100	2
	20	280	10
色谱柱[a]	毛细管柱		
进样口温度	300 ℃		
载气	氦气(99.999%)		
流量	1 mL/min		
进样体积	1.0 μL		
进样方式	无分流进样		
离子源温度	230 ℃		
四极杆温度	150 ℃		
扫描范围	20 amu～550 amu		
离子源电压	70 eV		

[a] 5%苯基甲基聚硅氧烷固定相，如：DB-5MS，30 m×0.25 mm×0.25 μm 或相当者。

4.4.2.2 测定

根据试样中被测物含量的情况，选取浓度相近的标准工作溶液进行测定。按上述色谱分析条件分别取 1.0 μL 试样溶液和标准溶液进样测定，所得的气相色谱-质谱总离子流图见附录 B，通过特征离子(见附录 A)峰面积外标法定量。

4.4.3 结果计算

试样中邻苯基苯酚含量以质量分数 w 计，数值用(mg/kg)表示，按式(1)计算：

$$w = \frac{A\rho V}{A_s m} \qquad \cdots\cdots(1)$$

式中：

A——试样样溶液中邻苯基苯酚目标离子的峰面积的数值；

A_s——标准溶液中邻苯基苯酚目标离子的峰面积的数值；

ρ——标准溶液中邻苯基苯酚相当的质量浓度的数值，单位为微克每毫升(μg/mL)；

V——样液最终定容体积的数值，单位为毫升(mL)；

m——最终试样溶液代表试样质量的数值，单位为克(g)。

计算结果表示到小数点后两位。

5 测定低限、回收率和精密度

5.1 测定低限

本方法的测定低限为1.0 mg/kg。

5.2 回收率

采用标准加入法，将1 mL的标准混合溶液加入到1 g经本标准方法测定确定不含有邻苯基苯酚的染料产品中，按本标准的第4章操作，测得的各种邻苯基苯酚回收率应为80%～120%之间。

5.3 精密度

在同一实验室，由同一操作者使用相同设备，按相同的测试方法，并在短时间内对同一被测对象相互独立进行的测试获得的两次独立测试结果的绝对差值不大于这两个测定值的算术平均值的20%。

6 试验报告

试验报告至少应给出以下内容：

a) 试样描述；

b) 使用的标准；

c) 试验结果；

d) 偏离标准的差异；

e) 试验日期。

附　录　A
（规范性附录）
邻苯基苯酚 CAS 号及特征离子表

邻苯基苯酚 CAS 号及特征离子表见表 A.1。

表 A.1　邻苯基苯酚 CAS 号及特征离子

名　称	化学文献编号 CAS RN	分 子 式	定量离子/amu	定性离子/amu
邻苯基苯酚	90-43-7	$C_{12}H_{10}O$	170	115,141

附 录 B
（资料性附录）
邻苯基苯酚气相色谱-质谱总离子流图

邻苯基苯酚气相色谱-质谱总离子流图见图 B.1。

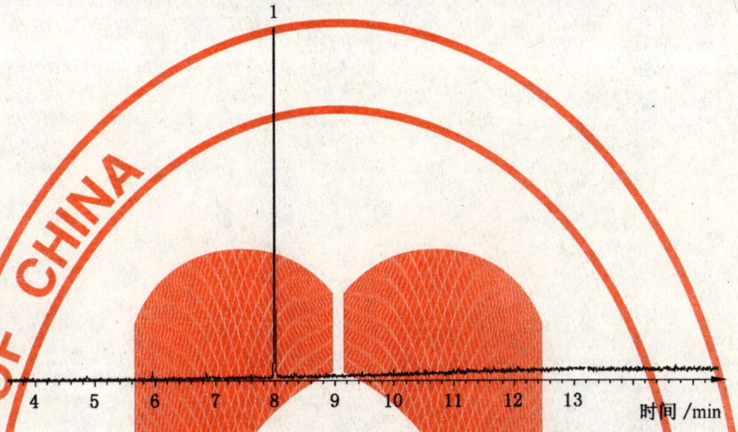

1——邻苯基苯酚。

图 B.1 邻苯基苯酚标样的 GC/MS 总离子流图

ICS 71.100.01;87.060.10
G 55

中华人民共和国国家标准

GB/T 23975—2009

染料及颜料产品中四氯苯酐的测定

Determination of the quantity of tetrachlorophthalic anhydride in dye and pigment products

2009-06-02 发布

2010-02-01 实施

中华人民共和国国家质量监督检验检疫总局
中国国家标准化管理委员会 发布

前　言

本标准由中国石油和化学工业协会提出。

本标准由全国染料标准化技术委员会(SAC/TC 134)归口。

本标准起草单位:沈阳化工研究院。

本标准主要起草人:李春梅。

染料及颜料产品中四氯苯酐的测定

警告——使用本标准的人员应有实验室工作的实践经验。本标准并未指出所有的安全问题。使用者有责任采取适当的安全和健康措施，并保证符合国家有关法规规定的条件。

1 范围

本标准规定了染料及颜料产品中四氯苯酐的测定方法。

本标准适用于商品染料和颜料中四氯苯酐的测定。

2 规范性引用文件

下列文件中的条款通过本标准的引用而成为本标准的条款。凡是注日期的引用文件，其随后所有的修改单(不包括勘误的内容)或修订版均不适用于本标准，然而，鼓励根据本标准达成协议的各方研究是否可使用这些文件的最新版本。凡是不注日期的引用文件，其最新版本适用于本标准。

GB/T 6682—2008　分析实验室用水规格和试验方法(ISO 3696:1987,MOD)

GB/T 8170—2008　数值修约规则与极限数值的表示和判定

3 测定方法

3.1 一般规定

除非另有规定，仅使用确认为分析纯的试剂和 GB/T 6682—2008 中规定的三级水。检验结果的判定按 GB/T 8170—2008 中的 4.3.3 修约值比较法进行。

3.2 原理

染料及颜料样品经甲醇溶解，使四氯苯酐与染料及颜料样品萃取分离，再离心分层用液相色谱外标法测定该样品中四氯苯酐含量。

3.3 仪器和设备

a) 液相色谱仪：输液泵-流量范围 0.1 mL/min～5.0 mL/min，在此范围内其流量稳定性为±1%

检测器-多波长紫外分光检测器或具有同等性能的分光检测器；

b) 色谱柱：长为 150 mm，内径为 6 mm 的不锈钢柱，固定相为 C_{18} ODS 5 μm；

c) 色谱工作站或积分仪；

d) 离心机；

e) 10 mL 离心管；

f) 50 mL 容量瓶；

g) 5.0 mL 移液管；

h) 注射器：50 μL～100 μL；

i) 定量环：10 μL；

j) 分析天平：感量 0.01 mg；

k) 超声波发生器。

3.4 试剂和溶液

a) 甲醇：色谱纯；

b) 乙酸铵；

c) 冰乙酸；

d) 四氯苯酐标准品：≥99.0%（质量分数）；

e) 乙酸铵溶液：4 g/L，用冰乙酸调 pH≈5～6；

f) 水：经 0.45 μm 滤膜过滤。

3.5 色谱分析条件

a) 流动相：甲醇与乙酸铵溶液的体积比＝50∶50；

b) 波长：240 nm；

c) 流量：0.8 mL/min；

d) 进样量：10 μL。

可根据装置不同，选择最佳分析条件，流动相应摇匀后用超声波发生器进行脱气。

3.6 测定步骤

3.6.1 标准工作溶液制备

称取 10 mg（精确至 0.01 mg）四氯苯酐标准样品于 50 mL 容量瓶中，用甲醇溶解并稀释至刻度。再用 5 mL 移液管分别吸取上述溶液 1.0 mL、2.0 mL、3.0 mL、4.0 mL、5.0 mL 到 5 个 50 mL 容量瓶中并分别用甲醇稀释至刻度，备用。上述标样的质量分数分别为：4 mg/kg、8 mg/kg、12 mg/kg、16 mg/kg、20 mg/kg 。

3.6.2 试样的前处理

称取染料或颜料试样 0.5 g（精确至 0.000 1 g），置于 10 mL 离心管中，用移液管准确加入 5.0 mL 甲醇，将离心管盖严放在超声波发生器中，激烈振荡 30 min。至试样中四氯苯酐完全溶解在甲醇溶剂中，然后再将离心管放入离心机中离心 10 min，取出离心管备用。该样品的质量浓度为 100 mg/mL。

3.6.3 测定

打开液相色谱仪，待仪器各项运行条件稳定后，用注射器分别进试样溶液和标准溶液（选择与样品溶液浓度相匹配的标准溶液），待最后一个组分流出完毕，用数据处理机进行结果处理。

3.6.4 结果计算

染料及颜料产品中四氯苯酐含量以质量分数 w 计，数值用（mg/kg）表示，按式（1）计算：

$$w = \frac{Am_s}{A_s m} \times 10^6 \qquad (1)$$

式中：

A——试样中四氯苯酐的峰面积数值；

m_s——四氯苯酐标准品质量的准确数值，单位为毫克（mg）；

A_s——四氯苯酐标准品的峰面积数值；

m——试样质量的数值，单位为毫克（mg）。

计算结果表示到小数点后两位。

3.6.5 允许差

试样中四氯苯酐含量在工作线性范围内两次平行测定结果之差不大于算术平均值的 20%（质量分数）。

3.6.6 色谱图

色谱图见图 1。

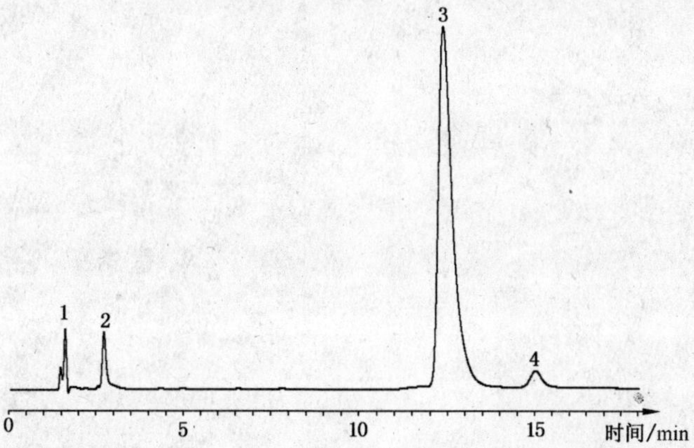

1——未知物；

2——未知物；

3——四氯苯酐；

4——未知物。

图1 染料及颜料产品中四氯苯酐色谱示意图

4 试验报告

试验报告需给出试验过程的下述要点：

a) 被测染料或颜料的名称；

b) 本标准编号；

c) 测试结果；

d) 在测试过程中的特殊情况；

e) 与本方法的差异；

f) 试验日期。

ICS 71.100.01;87.060.10
G 55

GB

中华人民共和国国家标准

GB/T 23976.1—2009

染料 上染速率曲线的测定 上色率测定法

Dyes—Determination of dyeing rate curve—Method for determination of dye-uptake

2009-06-02 发布 2010-02-01 实施

中华人民共和国国家质量监督检验检疫总局
中国国家标准化管理委员会 发布

前 言

本标准的附录 A 为资料性附录。

本标准由中国石油和化学工业协会提出。

本标准由全国染料标准化技术委员会(SAC/TC 134)归口。

本标准起草单位:杭州下沙恒升化工有限公司、安徽省凤阳染料化工有限公司、沈阳化工研究院。

本标准主要起草人:姬兰琴、曹正花、李志华、周雨颂、韩晓琴。

染料　上染速率曲线的测定
上色率测定法

1　范围

本标准规定了非荧光染料染于纺织品时上染速率曲线的测定方法。

本标准适用于用上色率测定法测定非荧光水溶性染料及分散染料染于纺织品时上染速率曲线。

本标准不适用于拼混染料。

2　规范性引用文件

下列文件中的条款通过本标准的引用而成为本标准的条款。凡是注日期的引用文件，其随后所有的修改单(不包括勘误的内容)或修订版均不适用于本标准，然而，鼓励根据本标准达成协议的各方研究是否可使用这些文件的最新版本。凡是不注日期的引用文件，其最新版本适用于本标准。

GB/T 1866—2003　中性染料　染色色光和强度的测定

GB/T 2374—2007　染料　染色测定的一般条件规定

GB/T 2375—2003　直接染料　染色色光和强度的测定

GB/T 2378—2003　酸性染料　染色色光和强度的测定

GB/T 2379—2003　酸性络合染料　染色色光和强度的测定

GB/T 2394—2006　分散染料　色光和强度的测定

GB/T 2399—2003　阳离子染料　染色色光和强度的测定

GB/T 4465—2003　碱性染料　染色色光和强度测定

GB/T 4841.1　染料染色标准深度色卡　1/1

GB /T 4841.3　染料染色标准深度色卡　2/1、1/2、1/3、1/6、1/12、1/25

GB/T 6682—2008　分析实验室用水规格和试验方法(ISO 3696:1987，MOD)

GB/T 8170—2008　数值修约规则与极限数值的表示和判定

GB/T 9337—2009　分散染料　高温染色上色率的测定

3　术语与定义

下列术语和定义适用于本标准。

3.1

上染速率曲线　dyeing rate curve

染料在染色过程中上染到织物上，其上色率(或染色织物深度)随时间、温度变化的曲线。

4　设备

设备应符合 GB/T 2374—2007 的有关规定：

a)　实验用染色机；

b)　分光光度计，波长 380 nm～800 nm；

c)　分析天平：感量 0.000 1 g。

5　分析步骤

5.1　一般规定

除非另有规定，试验中所用的试剂和材料应符合 GB/T 2374—2007 中第 3 章的有关规定，水应符合 GB/T 6682—2008 中的三级水的规定，检验结果的判定按 GB/T 8170—2008 中的 4.3.3 修约值比较法进行。

5.2 染色深度的确定

染色深度相当于 1/3～1/1 染色标准深度。1/3 染色标准深度应符合 GB/T 4841.3 的规定，1/1 染色标准深度应符合 GB/T 4841.1 的规定。

5.3 最佳染色方法的选择

按染料应用类别和性质，确定染料的最佳染色方法。有产品标准的按其中色光和强度测定方法进行。无产品标准者，可根据产品特性按如下标准进行。

中性染料按 GB/T 1866—2003 的规定进行。

直接染料按 GB/T 2375—2003 的规定进行。

酸性染料按 GB/T 2378—2003 的规定进行。

酸性络合染料按 GB/T 2379—2003 的规定进行。

分散染料按 GB/T 2394—2006 的规定进行。

阳离子染料按 GB/T 2399—2003 的规定进行。

碱性染料按 GB/T 4465—2003 的规定进行。

以上标准不适用者，可自行筛选最佳染色方法。

5.4 测定点的确定

测定点的选取以能充分、准确表述上染变化趋势为原则，色深值变化大的区域取值细密。反之取值粗宽。

5.5 水溶性染料上染曲线的测定

5.5.1 染色

根据选定的测定点的个数，按本标准的 5.2 配制完全相同的染浴，于染液达到 40 ℃起进行染色，升温速度 1 ℃/min，到达测定点(某一时间、温度)，取出染色织物，采用适宜方法用蒸馏水洗涤染色织物至洗液接近无色，洗液一并转入染色残液中，冷却染色残液至室温。最高染色温度按本标准 5.3 选定的方法进行，保温染色时间 60 min。待所有测定点都取毕，调整染液体积，在分光光度计上于染液的最大吸收波长处测光密度值。

5.5.2 上色率的测定

上色率以 F 计，数值以(%)表示，按式(1)计算：

$$F=\left(1-\frac{E_2\cdot n_2}{E_1\cdot n_1}\right)\times 100 \qquad \cdots\cdots(1)$$

式中：

E_1——原液的光密度值；

E_2——残液的光密度值；

n_1——原液的稀释倍数；

n_2——残液的稀释倍数。

计算结果保留到小数点后一位。

5.5.3 绘图

以染色时间、温度为横坐标，上色率为纵坐标，绘图。

以弱酸性红 G 为例，绘制弱酸性红 G 的上染速率曲线图参见附录 A。

5.6 分散染料上染曲线的测定

5.6.1 染色

染色过程按 GB/T 2394—2006 的规定进行，按本标准的 5.5.1 进行织物染色和测试点取样，取出染色织物后统一进行后处理，将染色织物晾干或于 60 ℃烘箱中烘干。

5.6.2 **上色率的测定**

按 GB/T 9337—2009 中的第 8 章规定进行。

5.6.3 **绘图**

以染色时间、温度为横坐标，上色率为纵坐标，绘图。

6 试验报告

试验报告包括以下内容：

a) 被测染料的名称；

b) 本标准编号；

c) 染料的染色深度；

d) 试验条件；

e) 使用仪器的名称、型号；

f) 测试结果；

g) 在测试过程中的特殊情况；

h) 与本方法的差异；

i) 试验日期。

附 录 A
（资料性附录）
示 例

A.1 以弱酸性红 G 为例进行说明。

A.2 染色配方：

染料：0.5%(owf)

无水硫酸钠：5%(owf)

乙酸钠：12.5%(owf)

用 50%的乙酸调节 pH 值为 4.5 左右

羊毛 4 g，浴比：1∶50，染色总体积：200 mL

A.3 染色过程：

40 ℃入染，按升温速度 1 ℃/min 进行升温染色，过程中按表 A.1 中的时间、温度点取出染样，冷却染液，调整染液体积，测光密度值。计算上色率。

表 A.1 上染曲线测试中时间、温度控制点

项目	取样点								
上染时间/min	0	15	30	45	60	75	90	105	120
上染温度/℃	40	55	70	85	97	97	97	97	97

测试点控制见表 A.1。以上染过程中的时间、温度点为横坐标，以上色率为纵坐标绘图，上染曲线见图 A.1。

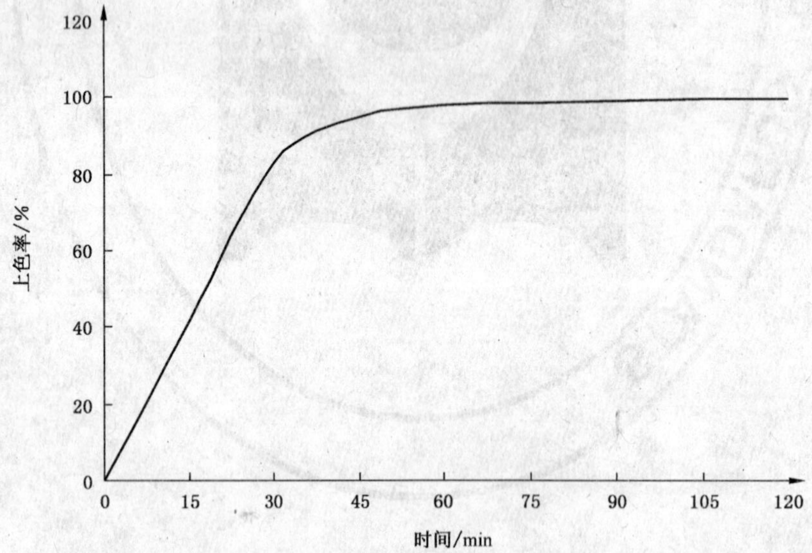

图 A.1 弱酸性红 G 的上染速率曲线

ICS 71.100.01;87.060.10
G 55

中华人民共和国国家标准

GB/T 23976.2—2009

染料　上染速率曲线的测定　色深值测定法

Dyes—Determination of dyeing rate curve—Method for determination of Integ

2009-06-02 发布　　2010-02-01 实施

中华人民共和国国家质量监督检验检疫总局
中国国家标准化管理委员会　发布

前言

本标准的附录A为资料性附录。

本标准由中国石油和化学工业协会提出。

本标准由全国染料标准化技术委员会(SAC/TC 134)归口。

本标准起草单位:浙江长征化工有限公司、安徽省凤阳染料化工有限公司、沈阳化工研究院。

本标准主要起草人:高国兴、姬兰琴、李志华、杨尧森。

染料　上染速率曲线的测定 色深值测定法

1　范围

本标准规定了非荧光染料染于纺织品时上染速率曲线的测定方法。

本标准适用于用色深值测定法测定非荧光染料染于纺织品时上染速率曲线。

2　规范性引用文件

下列文件中的条款通过本标准的引用而成为本标准的条款。凡是注日期的引用文件，其随后所有的修改单(不包括勘误的内容)或修订版均不适用于本标准，然而，鼓励根据本标准达成协议的各方研究是否可使用这些文件的最新版本。凡是不注日期的引用文件，其最新版本适用于本标准。

GB/T 1637—2006　可溶性还原染料　色光和强度的测定

GB/T 1866—2003　中性染料　染色色光和强度的测定

GB/T 2374—2007　染料　染色测定的一般条件规定

GB/T 2375—2003　直接染料　染色色光和强度的测定

GB/T 2376—2003　硫化染料　色光和强度的测定

GB/T 2377—2006　还原染料　色光和强度的测定

GB/T 2378—2003　酸性染料　染色色光和强度的测定

GB/T 2379—2003　酸性络合染料　染色色光和强度的测定

GB/T 2380—2003　媒介染料　染色色光和强度的测定方法

GB/T 2387—2006　反应染料　色光和强度的测定

GB/T 2394—2006　分散染料　色光和强度的测定

GB/T 2399—2003　阳离子染料　染色色光和强度的测定

GB/T 3979—2008　物体色的测量方法

GB/T 4465—2003　碱性染料　染色色光和强度测定

GB/T 4841.1　染料染色标准深度色卡　1/1

GB /T 4841.3　染料染色标准深度色卡　2/1、1/2、1/3、1/6、1/12、1/25

GB/T 6688—2008　染料　相对强度和色差的测定　仪器法

GB/T 8170—2008　数值修约规则与极限数值的表示和判定

3　术语与定义

下列术语和定义适用于本标准。

3.1

上染速率曲线　dyeing rate curve

染料在染色过程中上染到织物上，其上色率(或染色织物深度)随时间、温度变化的曲线。

4　设备

设备应符合 GB/T 2374—2007 中第 4 章的有关规定：

a)　实验用染色机；

b) 测色仪器应符合 GB/T 3979—2008 中有关测色仪器的规定；

c) 分析天平:感量 0.000 1 g。

5 分析步骤

5.1 一般规定

除非另有规定,试验中所用的试剂和材料应符合 GB/T 2374—2007 中第 3 章的有关规定,检验结果的判定按 GB/T 8170—2008 中的 4.3.3 修约值比较法进行。

5.2 染色深度的确定

染色深度相当于 1/3～1/1 染色标准深度。1/3 染色标准深度应符合 GB/T 4841.3 的规定,1/1 染色标准深度应符合 GB/T 4841.1 的规定。

5.3 最佳染色方法的选择

按染料应用类别和性质,确定染料的最佳染色方法。有产品标准的按其中色光和强度测定方法进行。无产品标准者,可根据产品特性按如下标准进行。

中性染料按 GB/T 1866—2003 的规定进行。

直接染料按 GB/T 2375—2003 的规定进行。

酸性染料按 GB/T 2378—2003 的规定进行。

酸性络合染料按 GB/T 2379—2003 的规定进行。

分散染料按 GB/T 2394—2006 的规定进行。

阳离子染料按 GB/T 2399—2003 的规定进行。

碱性染料按 GB/T 4465—2003 的规定进行。

可溶性还原染料色光和强度的测定按 GB/T 1637—2006 进行。

硫化染料色光和强度的测定按 GB/T 2376—2003 进行。

还原染料色光和强度的测定按 GB/T 2377—2006 进行。

媒介染料染色色光和强度的测定方法按 GB/T 2380—2003 进行。

反应染料色光和强度的测定按 GB/T 2387—2006。

以上标准不适用者,可自行筛选最佳染色方法。

5.4 测试点的确定

测试点的选取以能充分、准确表述上染曲线变化趋势为原则,色深值变化大的区域取值细密。反之取值粗宽。

5.5 染色

根据选定的测试点的个数,按本标准的 5.2 配制完全相同的染液,染液达到 40 ℃时开始染色,升温速度 1 ℃/min,到达测试点(某一时间、温度),取出染色织物。最高染色温度按本标准 5.2 选定的方法进行,保温染色时间 60 min。待所有测定点都取毕,把染色织物统一进行后处理(如适用),晾干或于 60 ℃ 烘箱中烘干,待用。

5.6 色深值测定

按 GB/T 6688—2008 的规定对染色后布样进行色深值的测定。测定结果保留到小数点后 1 位。

5.7 相对上色率的计算

以染色织物的色深值的最大值为 100,将各测试点染色织物织物的色深值换算为相对于最大色深值的百分比。计算结果保留到小数点后 1 位。

5.8 绘图

以染色时间、温度为横坐标,相对上色率为纵坐标,绘图。

以硫化黄综 6G 150％上染速率曲线为例,绘制硫化黄综 6G 150％上染速率曲线图参见附录 A。

6 试验报告

试验报告包括以下内容：

a) 被测染料的名称；

b) 本标准编号；

c) 染料的染色深度；

d) 试验条件；

e) 使用仪器的名称、型号；

f) 测试结果；

g) 在测试过程中的特殊情况；

h) 与本方法的差异；

i) 试验日期。

附　录　A
（资料性附录）
示　　例

A.1　以硫化黄综 6G 150% 上染速率曲线为例说明。

A.2　染色方法按 HG/T 3599—1999 中的规定进行，升温速度 1 ℃/min，测试点选择见表 A.1，上染速率曲线见图 A.1。

表 A.1　硫化黄综 6G 150%上染速率曲线的测试点选择

项　目	取　样　点								
上染时间/min	0	15	30	45	60	75	90	105	120
上染温度/℃	40	55	70	85	97	97	97	97	97
Integ 值	0	4.9	6.5	7.0	7.3	7.5	7.7	7.9	7.9
相对上色率/%	0	62.0	82.3	88.6	92.4	94.9	97.5	100.0	100.0

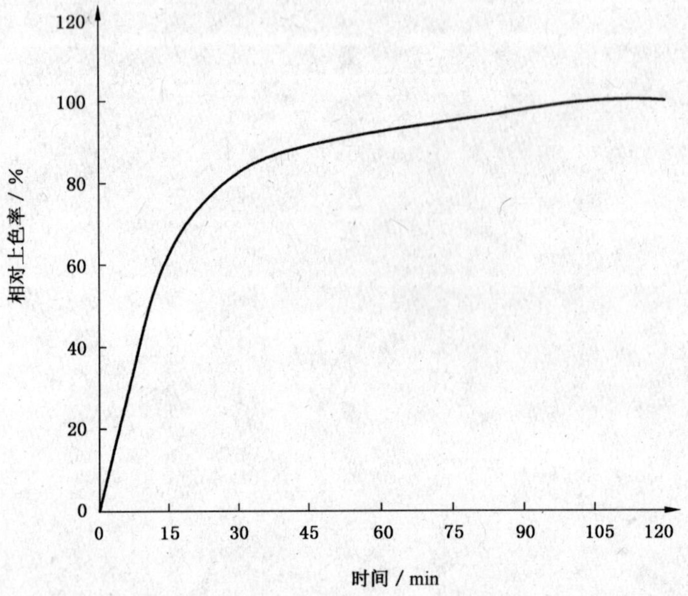

图 A.1　硫化黄棕 6G 150%上染速率曲线

参 考 文 献

[1] HG/T 3599—1999 硫化黄棕 4GR(硫化黄棕 6G 150%)

ICS 71.100.01;87.060.10
G 55

中华人民共和国国家标准

GB/T 23977—2009

染料 含盐量的测定 电导率法

Dyestuffs—Determination of content of salt—Conductance method

2009-06-02 发布 2010-02-01 实施

中华人民共和国国家质量监督检验检疫总局
中国国家标准化管理委员会 发布

前言

本标准由中国石油和化学工业协会提出。

本标准由全国染料标准化技术委员会(SAC/TC 134)归口。

本标准起草单位:浙江瑞华化工有限公司、安徽省凤阳染料化工有限公司、沈阳化工研究院、国家染料质量监督检验中心。

本标准主要起草人:王勇、阮国标、李志华、姬兰琴、阮方平、马君庆。

染料　含盐量的测定　电导率法

1　范围

本标准规定了用电导率仪测定染料含盐量(以 NaCl 计)的方法。

本标准适用于染料中含盐量(以 NaCl 计)的测定。

2　规范性引用文件

下列文件中的条款通过本标准的引用而成为本标准的条款。凡是注日期的引用文件，其随后所有的修改单(不包括勘误的内容)或修订版均不适用于本标准，然而，鼓励根据本标准达成协议的各方研究是否可使用这些文件的最新版本。凡是不注日期的引用文件，其最新版本适用于本标准。

GB/T 2374—2007　染料　染色测定的一般条件规定

GB/T 6682—2008　分析实验室用水规格和试验方法(ISO 3696:1987,MOD)

3　原理

在一定浓度范围内，溶液的含盐量与电导率呈正相关，含盐量愈高，溶液的渗透压愈大，电导率也愈大。将染料配成一定浓度的溶液或悬浮液，通过测定溶液的电导率，即可计算出样品的含盐量。

4　仪器设备和材料

设备和材料应符合 GB/T 2374—2007 中有关设备和材料规定；实验用水应符合 GB/T 6682—2008 中三级水的规定。

a)　电导率仪。

b)　分析天平：感量 0.000 1 g。

c)　容量瓶：100 mL、250 mL、500 mL、1 000 mL。

d)　单标线吸管：10 mL、20 mL、50 mL。

e)　氯化钠，分析纯。

5　测定方法

5.1　标准工作曲线制作

5.1.1　标准溶液的制备

准确称取氯化钠 1 g(精确至 0.000 5 g)，用水溶解后定容到 1 000 mL 容量瓶中，配成 1 000 mg/L 的标准溶液。用单标线吸管从中分别吸取 50 mL 溶液，分别置于 100 mL、250 mL 和 500 mL 的容量瓶中，用水稀释到刻度，配成 500 mg/L、200 mg/L、100 mg/L 的溶液。再用单标线吸管从 100 mg/L 的溶液中分别吸取 50 mL、20 mL、10 mL 于 3 个 100 mL 容量瓶中，用水稀释到刻度，配制成 50 mg/L、20 mg/L、10 mg/L 的标准溶液。

5.1.2　标准溶液的测定

用电导率仪分别测定按本标准的 5.1.1 配制的各档标准溶液的电导率 δ_x。

5.1.3　标准工作曲线的绘制

根据氯化钠标准溶液浓度和测得的电导率值绘制电导率-浓度工作曲线。

5.2 样品的测定

5.2.1 测定溶液的制备

称取染料样品 0.5 g～1 g(精确至 0.000 1 g)，置于烧杯中，用水溶解或制成悬浮液，然后用水稀释至一定容量的容量瓶中。

注：液体染料、分散、还原等染料可用 100 mL 或 200 mL 容量瓶，而直接、酸性、反应等水溶性染料可用 500 mL 或 1 000 mL 容量瓶。使样品的电导率在标准工作曲线范围内。

5.2.2 样品溶液的测定

用电导率仪分别测定按本标准的 5.2.1 配制的样品溶液的电导率 δ。

5.2.3 结果计算

根据样品溶液的电导率值，从标准工作曲线计算或查得相应的标准溶液浓度。

以氯化钠(NaCl)计的染料中的含盐量以 w 计，数值用(mg/g)表示，按式(1)计算：

$$w = \frac{\rho V}{1\,000m} \quad \cdots\cdots(1)$$

式中：

ρ——对应的氯化钠标准溶液质量浓度的数值，单位为毫克每升(mg/L)；

V——样品稀释的体积数值，单位为毫升(mL)；

m——试样质量的数值，单位为克(g)。

两次平行测定的结果相对差不大于 2%，取其算术平均值作为测定结果。

6 试验报告

试验报告包括以下内容：

a) 被测染料的名称；

b) 本标准编号；

c) 使用仪器的型号、编号；

d) 测试结果；

e) 在测试过程中的特殊情况；

f) 与本方法的差异；

g) 试验日期。

ICS 71.100.01;87.060.10
G 55

中华人民共和国国家标准

GB/T 23978—2009

液体染料 氯离子含量的测定 离子色谱法

Liquid dyes—Determination of chloride ion—Ion chromatography

2009-06-02 发布 2010-02-01 实施

中华人民共和国国家质量监督检验检疫总局
中国国家标准化管理委员会 发布

前言

本标准的附录A为资料性附录。

本标准由中国石油和化学工业协会提出。

本标准由全国染料标准化技术委员会(SAC/TC 134)归口。

本标准起草单位:杭州下沙恒升化工有限公司、沈阳化工研究院、国家染料质量监督检验中心。

本标准主要起草人:蒲爱军、李信、姬兰琴、刘宏之、高嘉新。

液体染料　氯离子含量的测定
离子色谱法

1　范围

本标准规定了水溶性液体染料氯(Cl^-)离子含量用离子色谱仪测定的方法。

本标准适用于用离子色谱仪对水溶性液体染料中微量氯(Cl^-)离子含量的测定。

2　规范性引用文件

下列文件中的条款通过本标准的引用而成为本标准的条款。凡是注日期的引用文件，其随后所有的修改单(不包括勘误的内容)或修订版均不适用于本标准，然而，鼓励根据本标准达成协议的各方研究是否可使用这些文件的最新版本。凡是不注日期的引用文件，其最新版本适用于本标准。

GB/T 602　化学试剂　杂质测定用标准溶液的制备(GB/T 602—2002，ISO 6353-1:1982，NEQ)

GB/T 1266　化学试剂　氯化钠

GB/T 6682—2008　分析实验室用水规格和试验方法(ISO 3696:1987，MOD)

GB/T 8170—2008　数值修约规则与极限数值的表示和判定

3　原理

本标准方法采用离子色谱电导检测器及阴离子色谱柱，以 4.5 mmol/L 碳酸钠和 0.8 mmol/L 碳酸氢钠混合水溶液为淋洗液，以保留时间定性、峰面积外标法定量测定液体染料中的氯离子(Cl^-)含量。

4　测定方法

4.1　一般规定

除非另有规定，仅使用确认为分析纯的试剂和 GB/T 6682—2008 中规定的二级水，且经过脱气处理。检验结果的判定按 GB/T 8170—2008 中的 4.3.3 修约值比较法进行。

4.2　试剂

a)　碳酸钠；

b)　碳酸氢钠；

c)　氯化钠：优级纯，应符合 GB/T 1266 的规定或购买市售法定(SI)计量单位的标准溶液。

4.3　仪器设备

a)　离子色谱仪：电导检测器；
　　　　　　　抑制器；

b)　色谱柱：Ion PacAS23　内径 4.0 mm，长度 150 mm；

c)　保护柱：Ion Pac AG23　内径 4.0 mm，长度 50 mm；

d)　色谱工作站；

e)　注射器：平头，0.1 mL；

f)　定量环：10 μL。

4.4　色谱分析条件

a)　淋洗液：4.5 mmol/L 碳酸钠和 0.8 mmol/L 碳酸氢钠混合水溶液；

b) 流速:1.0 mL/min;

c) 进样量:10 μL;

d) 柱温:30 ℃。

4.5 溶液配制

4.5.1 氯离子标准溶液的配制

将氯化钠在500 ℃灼烧至恒量,然后称取0.1 g左右(精确至0.000 2 g)于100 mL容量瓶中,加入水溶解并定容,配成质量浓度为0.061 4 mg/mL氯离子溶液。分别吸取0.1 mL、0.5 mL、2 mL、6 mL、10 mL于5只100 mL容量瓶中,加入水稀释、定容,配成五种浓度的标准溶液,备用。

4.5.2 试样溶液的制备

称取液体染料0.1 g左右(精确至0.000 2 g)于100 mL容量瓶中,加入水溶解并定容。吸取该溶液10 mL于100 mL容量瓶中,加入水定容。该溶液待测。

可根据溶解试样的颜色和氯离子浓度,适当调整溶液稀释倍数。

4.6 分析步骤

待仪器运行稳定后,用注射器分别吸取五种标准溶液和样品溶液注满定量环进样,待氯离子峰流出完毕(色谱图见附录A的图A.1),用色谱工作站进行结果处理。测定标准溶液中氯离子的峰面积并绘制标准曲线,再根据标准曲线求出样品中氯离子的含量。

4.7 结果计算

氯离子的标准曲线方程按式(1)计算:

$$A = k\rho - b \qquad \cdots\cdots(1)$$

试样中氯离子的含量以质量分数 w 计,数值用(mg/kg)表示,按式(2)计算:

$$w = \frac{\rho V n}{m} \qquad \cdots\cdots(2)$$

式中:

A——标准溶液或试样溶液中氯离子的峰面积的数值;

ρ——标准溶液或试样溶液中氯离子的质量浓度,单位为微克每毫升(μg/mL);

k——氯离子标准曲线方程的常数,由色谱工作站给出;

b——氯离子标准曲线方程的常数,由色谱工作站给出;

V——试样溶液最终定容体积的数值,单位为毫升(mL);

n——试样的稀释倍数的数值;

m——试样的质量的数值,单位为克(g)。

计算结果表示到小数点后两位。

5 测定低限、回收率和精密度

5.1 测定低限

本方法对液体染料的测定低限为7 mg/kg。

5.2 回收率

在已知氯含量的试样中加入已知浓度的氯离子,按第4章操作,测得的回收率在99%~102%之间。

5.3 精密度

在同一个实验室,由同一操作者使用相同设备,按相同的测试方法,并在短时间内对同一被测对象相互独立进行的两次独立测试结果的绝对差值不大于这两个测定值的算术平均值的20%。

6 试验报告

试验报告包括以下内容:

a） 被测液体染料的名称；

b） 本标准编号；

c） 测试结果；

d） 在测试过程中的特殊情况；

e） 与本方法的差异；

f） 试验日期。

附 录 A
（资料性附录）
氯离子色谱图

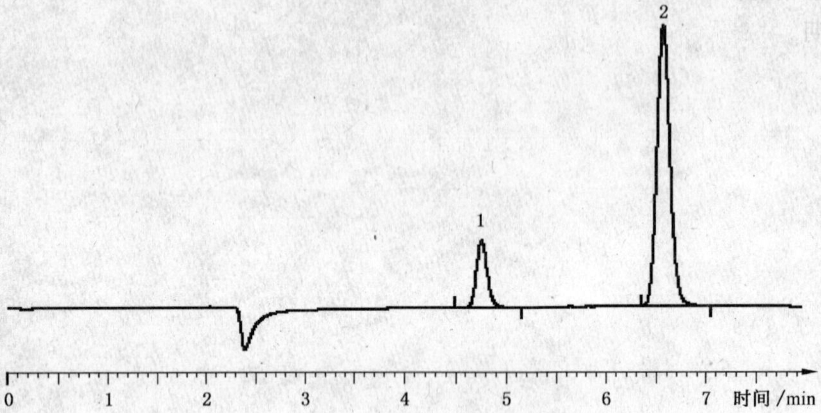

1——未知物；
2——氯离子。

图 A.1 氯离子色谱图

ICS 71.100.01;87.060.10
G 55

中华人民共和国国家标准

GB/T 23979.1—2009

荧光增白剂　增白强度和色光的测定 棉织物染色法

Fluorescent whitening agents—Determination of relative whiteness and shade—Dyeing method for cotton fabric

2009-06-02 发布　　2010-02-01 实施

中华人民共和国国家质量监督检验检疫总局
中国国家标准化管理委员会 发布

前　言

本标准由中国石油和化学工业协会提出。

本标准由全国染料标准化技术委员会(SAC/TC 134)归口。

本标准起草单位:深圳泛胜塑胶助剂有限公司、沈阳化工研究院、国家染料质量监督检验中心。

本标准主要起草人:马君庆、梁沛基、姬兰琴、吴九英、董仲生。

荧光增白剂　增白强度和色光的测定
棉织物染色法

1　范围

本标准规定了棉织物增白时荧光增白剂增白强度和色光的测定方法。

本标准适用于棉织物增白的荧光增白剂增白强度和色光的测定。

2　规范性引用文件

下列文件中的条款通过本标准的引用而成为本标准的条款。凡是注日期的引用文件，其随后所有的修改单(不包括勘误的内容)或修订版均不适用于本标准，然而，鼓励根据本标准达成协议的各方研究是否可使用这些文件的最新版本。凡是不注日期的引用文件，其最新版本适用于本标准。

GB/T 2374—2007　染料　染色测定的一般条件规定

GB/T 6682—2008　分析实验室用水规格和试验方法(ISO 3696:1987,MOD)

GB/T 9338　荧光增白剂　相对白度的测定　仪器法(GB/T 9338—2008,ISO 105-J02:1997,MOD)

HG/T 2609—1994　染料试验用标准漂白棉布

3　设备和材料

设备和材料应符合 GB/T 2374—2007 中有关设备和材料的规定；实验用水应符合 GB/T 6682—2008 中三级水的规定。

a)　白度仪：应满足 GB/T 9338 的要求；

b)　分析天平：感量 0.000 1 g；

c)　棉布：符合 HG/T 2609—1994 要求。

4　测定方法

4.1　一般规定

根据产品的性质，染色深度、染色温度、染色时间和硫酸钠的量在产品标准中具体规定，通常在以下范围内选择：

染色深度：0.02%(owf)～0.2%(owf)；

染色用棉布：5 g；

染色浴比：1∶40；

染色温度：50 ℃～90 ℃；

染色时间：30 min；

无水硫酸钠：10%(owf)～50%(owf)。

4.2　织物前处理

将称好的棉布放入蒸馏水中煮沸 30 min，取出，用蒸馏水冲洗，轻轻挤出过多的水分，备用。

4.3　染浴配制

染浴配制时房间应适当避光，避免阳光照射测试样品。

以染色深度为 0.05%(owf)，无水硫酸钠用量为 20%(owf)为例，按以下操作配制染浴：

准确称取荧光增白剂标样和试样各 0.5 g(精确至 0.000 5 g)分别放入烧杯中,加水(50 ℃~60 ℃)使其溶解,冷却到室温后,转移至 1 000 mL 棕色容量瓶中,用水稀释至刻度,摇匀,吸取该溶液 50 mL,移入 500 mL 棕色容量瓶中,用水稀释至刻度,摇匀。在 5 个染缸中,按表 1 的规定配制染浴。

表 1 染浴的配制

单位为毫升

染浴组分	染浴中各组分的体积值					
	1	2	3	4	5	6
0.025 g/500 mL 标样染液	50	50	50	—	—	—
0.025 g/500 mL 试样染液	—	—	—	50	50	50
100 g/L 无水硫酸钠溶液	10	10	10	10	10	10
蒸馏水	140	140	140	140	140	140

4.4 染色操作

将处理过的棉布编号后按染缸编号顺序入染,并不断翻动,室温染色 10 min,然后在 30 min 内升温至规定温度,在此规定温度下保温染色 30 min,染毕,按入染顺序取出染样,用蒸馏水洗净,在阴凉通风处晾干,或于 60 ℃以下烘干。干燥后按 GB/T 9338 的规定分别测定各染样的白度值。

4.5 色光的评定

按 GB/T 2374—2007 第 7 章的有关规定进行。

4.6 增白强度的测定

增白强度以 F 计,数值用(分)表示,按式(1)计算:

$$F = \frac{W_2}{W_1} \times 100 \qquad \cdots\cdots(1)$$

式中:

W_2——样品的白度数值;

W_1——标准样品的白度数值。

F 的三次平行测定结果之差不大于 2 分。取其算术平均值作为测定结果。

5 试验报告

试验报告包括以下内容:

a) 被测荧光增白剂的名称;

b) 本标准编号、年代号;

c) 使用仪器的型号、编号;

d) 测试结果;

e) 在测试过程中的特殊情况;

f) 与本方法的差异;

g) 试验日期。

ICS 71.100.01;87.060.10
G 55

GB

中华人民共和国国家标准

GB/T 23979.2—2009

荧光增白剂 增白强度和色光的测定 纸张染色法

Fluorescent whitening agents—Determination of relative whiteness and shade—Dyeing method for paper

2009-06-02 发布

2010-02-01 实施

中华人民共和国国家质量监督检验检疫总局
中国国家标准化管理委员会
发布

前　言

本标准由中国石油和化学工业协会提出。

本标准由全国染料标准化技术委员会(SAC/TC 134)归口。

本标准起草单位:深圳泛胜塑胶助剂有限公司、沈阳化工研究院、国家染料质量监督检验中心。

本标准主要起草人:董仲生、梁沛基、杨桂芳、吴九英、姬兰琴、王勇。

荧光增白剂
增白强度和色光的测定
纸张染色法

1 范围

本标准规定了纸张增白时荧光增白剂增白强度和色光的测定方法。

本标准适用于纸张增白的荧光增白剂增白强度和色光的测定。

2 规范性引用文件

下列文件中的条款通过本标准的引用而成为本标准的条款。凡是注日期的引用文件，其随后所有的修改单(不包括勘误的内容)或修订版均不适用于本标准，然而，鼓励根据本标准达成协议的各方研究是否可使用这些文件的最新版本。凡是不注日期的引用文件，其最新版本适用于本标准。

GB/T 2374—2007 染料 染色测定的一般条件规定

GB/T 6682—2008 分析实验室用水规格和试验方法(ISO 3696:1987，MOD)

GB/T 7973 纸、纸板和纸浆漫反射因数的测定(漫射/垂直法)(GB/T 7973—2003，ISO 2469:1994，NEQ)

GB/T 7974 纸、纸板和纸浆亮度(白度)的测定(漫射/垂直法)(GB/T 7974—2002，ISO 2470:1999，NEQ)

3 设备和材料

设备和材料应符合 GB/T 2374—2007 中有关设备和材料的规定；实验用水应符合 GB/T 6682—2008 中三级水的规定。

a) 白度仪：应满足 GB/T 7973 和 GB/T 7974 中的有关要求；

b) 分析天平：感量 0.000 1 g；

c) 实验室用小型轧染机；

d) 定性快速滤纸；

e) 棕色容量瓶。

4 测定方法

4.1 轧染法

4.1.1 一般规定

根据产品的性质，轧染深度和浸渍时间在产品标准中具体规定，通常选择在以下范围：

轧染深度：0.2 g/L～2 g/L；

浸渍时间：10 s～60 s。

4.1.2 纸样的准备

取大张快速定性滤纸，裁成 5 cm×10 cm 的纸样备用。

4.1.3 轧染液的配制

准确称取一定量的标样和试样，分别置于烧杯中用水溶解，并转移至适当的棕色容量瓶中，用水稀释至刻度摇匀，即配成规定浓度的轧染液备用。

4.1.4 染色操作

将实验室用小型轧染机的轧液率调整到(70±5)%,在测定一套样品时要保持轧液率不变。将配制好的轧染液倒入烧杯,调整轧染液温度为(25±2)℃。把准备好的纸张,按编号顺序放在烧杯中浸渍规定时间,取出。用少量轧染液冲洗轧辊,然后用轧染机一浸一轧把滤纸轧干,把滤纸悬挂在阴凉通风处晾干,干燥后用白度仪测定各纸张样品的白度值和评定色光。

4.1.5 色光的评定

按 GB/T 2374—2007 第 7 章的有关规定进行。

4.1.6 增白强度的测定

增白强度以 F 计,数值用(分)表示,按式(1)计算:

$$F = \frac{W_2}{W_1} \times 100 \qquad \cdots\cdots(1)$$

式中:

W_2——样品的白度数值;

W_1——标准样品的白度数值。

F 的三次平行测定结果之差不大于 2 分。取其算术平均值作为测定结果。

4.2 浸染法

4.2.1 一般规定

根据产品的性质,染色深度和染色时间在产品标准中具体规定,通常选择在以下范围:

染色深度:0.1%(owf)~0.5%(owf);

染色浴比:约 1∶150;

染色时间:10 min~60 min。

4.2.2 纸样的准备

取大张快速定性滤纸,裁成 Φ7 cm 左右的纸样备用。或直接购买 Φ7 cm 规格的定性快速滤纸,并调整每张滤纸的质量一致(0.320±0.001)g。

4.2.3 染液的配制

准确称取一定量的标样和试样,分别置于烧杯中用水溶解,并转移至 1 000 mL 棕色容量瓶中,用水稀释至刻度摇匀,备用。

4.2.4 染浴配制

按规定的染色深度配制染浴。以染色深度 0.2%(owf)为例,于 10 个 500 mL 烧杯中,按表 1 规定配制。

表 1 染浴的配制

单位为毫升

染浴组分	染浴中各组分的体积									
	1	2	3	4	5	6	7	8	9	10
0.2 g/L 标样染液	3.2	3.2	3.2	3.2	3.2	—	—	—	—	—
0.2 g/L 试样染液	—	—	—	—	—	3.2	3.2	3.2	3.2	3.2
蒸馏水	46.8	46.8	46.8	46.8	46.8	46.8	46.8	46.8	46.8	46.8

4.2.5 染色操作

染浴配好后,将滤纸均正面向上(或向下)按染缸顺序入染,室温(25±2)℃染色,并不断摇动染缸(摇动过程中应使滤纸悬浮起来),按规定时间染色,染毕,按入染顺序取出,把滤纸悬挂在阴凉通风处晾干,或于 60 ℃以下烘干。干燥后用白度仪测定各纸张样品的白度值和评定色光。

4.2.6 色光的评定

按 GB/T 2374—2007 第 7 章的有关规定进行。

4.2.7 **增白强度的测定**

增白强度以 F 计，数值用(分)表示，按式(2)计算：

$$F = \frac{W_2}{W_1} \times 100 \qquad \cdots\cdots(2)$$

式中：

W_2——样品的白度数值。

W_1——标准样品的白度数值。

F 的五次平行测定结果之差不大于 2 分。取其算术平均值作为测定结果。

5 试验报告

试验报告包括以下内容：

a) 被测荧光增白剂的名称；

b) 本标准编号；

c) 试验方法；

d) 使用仪器的型号、编号；

e) 测试结果；

f) 在测试过程中的特殊情况；

g) 与本方法的差异；

h) 试验日期。

ICS 71.100.01;87.060.10
G 55

中华人民共和国国家标准

GB/T 23980—2009

直接染料　拔染性的测定

Direct dyestuffs—Determination of discharge ability

2009-06-02 发布　　2010-02-01 实施

中华人民共和国国家质量监督检验检疫总局
中国国家标准化管理委员会　发布

前言

本标准由中国石油和化学工业协会提出。

本标准由全国染料标准化技术委员会(SAC/TC 134)归口。

本标准起草单位:安徽省凤阳染料化工有限公司、沈阳化工研究院、国家染料质量监督检验中心。

本标准主要起草人:王勇、李志华、姬兰琴。

直接染料　拔染性的测定

1　范围

本标准规定了直接染料拔染性的测定方法。

本标准适用于直接染料在棉织物上拔染性的测定。

2　规范性引用文件

下列文件中的条款通过本标准的引用而成为本标准的条款。凡是注日期的引用文件，其随后所有的修改单(不包括勘误的内容)或修订版均不适用于本标准，然而，鼓励根据本标准达成协议的各方研究是否可使用这些文件的最新版本。凡是不注日期的引用文件，其最新版本适用于本标准。

GB/T 250　纺织品　色牢度试验　评定变色用灰色样卡(GB 250—2008，ISO 105-A02:1993，IDT)

GB/T 2374—2007　染料　染色测定的一般条件规定

GB/T 2375—2003　直接染料　染色色光和强度的测定

GB/T 4841.1　染料染色标准深度色卡　1/1

GB/T 6682—2008　分析实验室用水规格和试验方法(ISO 3696:1987，MOD)

3　原理

把直接染料在棉织物上染成1/1染色标准深度的染样，在规定条件下进行拔白印花，对比印花区域和原染样的颜色变化，评定变色级别，从而确定直接染料的拔染性。

4　仪器设备和试剂材料

仪器设备和试剂材料应符合GB/T 2374—2007中有关仪器设备和试剂材料规定；实验用水应符合GB/T 6682—2008中三级水的规定。

a)　染样机；

b)　印花机：筛网印花机；

c)　蒸箱：常压饱和汽蒸箱；

d)　电热恒温烘箱；

e)　S/100糊料粉；

f)　雕白粉；

g)　碳酸钾；

h)　尿素。

5　测定方法

5.1　染样制备

染样按GB/T 2375—2003的规定方法进行制备。染色深度规定为1/1染色标准深度，应符合GB/T 4841.1的要求。

5.2　印花

5.2.1　糊料制备

称取S/100糊料粉10份，缓慢加入到搅拌下的100份水中，慢速搅拌2 h。待用。

5.2.2 拔白浆的制备

称取次硫酸氢钠甲醛(雕白粉)10 g、碳酸钾 10 g、尿素 10 g 于烧杯中,加入 20 mL 水充分搅拌,再加入按本标准 5.2.1 制备的糊料 50 g,充分搅拌溶解均匀,制成总量 100 g 的拔白浆。

5.2.3 印花

按本标准 5.1 制备的染样平铺在印花台板上,把印花筛网置于染样上,把按本标准 5.2.2 制备的拔白浆按常规印花方法印制在染样上。

把印制的染样在 90 ℃～100 ℃下烘干,然后在蒸箱中进行饱和汽蒸 15 min。取出布样,用流水充分清洗,充分去除染样上的浆料,然后在 60 ℃下烘干或晾干。

5.3 结果评定

把印花拔白色条和未印花部分按照 GB/T 250 的有关规定进行评级。

A 级:相当于 GB 250 灰色样卡的 1 级,表示拔染性很好,极易拔白;

B 级:相当于 GB 250 灰色样卡的 2 级,表示拔染性较好,易拔白;

C 级:相当于 GB 250 灰色样卡的 3 级,表示拔染性一般,可拔白;

D 级:相当于 GB 250 灰色样卡的 4 级,表示拔染性差,难以拔白;

E 级:相当于 GB 250 灰色样卡的 5 级,表示拔染性很差,不可拔。

6 试验报告

试验报告包括以下内容:

a) 被测染料的名称。

b) 本标准编号。

c) 使用仪器的型号、编号。

d) 测试结果。

e) 在测试过程中的特殊情况。

f) 与本方法的差异。

g) 试验日期。

ICS 87.040
G 50

中华人民共和国国家标准

GB/T 23981—2009

白色和浅色漆对比率的测定

Determination of contrast ratio of white and light coloured paints

2009-06-02 发布 2010-02-01 实施

中华人民共和国国家质量监督检验检疫总局
中国国家标准化管理委员会 发布

前言

本标准由中国石油和化学工业协会提出。

本标准由全国涂料和颜料标准化技术委员会归口。

本标准起草单位：中海油常州涂料化工研究院、昆山市世名科技开发有限公司。

本标准主要起草人：沈苏江、顾辉旗、石一磊。

白色和浅色漆对比率的测定

1 范围

本标准规定了白色和浅色漆对比率的测定方法。

本标准适用于按 GB/T 15608—2006 中 4.3.2 规定涂膜明度值不低于 6（三刺激值中的 $Y_{D65} \geqslant 31.26$）的白色和浅色漆对比率的测定。

2 规范性引用文件

下列文件中的条款通过本标准的引用而成为本标准的条款。凡是注日期的引用文件，其随后所有的修改单（不包括勘误的内容）或修订版均不适用于本标准，然而，鼓励根据本标准达成协议的各方研究是否可使用这些文件的最新版本。凡是不注日期的引用文件，其最新版本适用于本标准。

GB/T 1727—1992　漆膜一般制备法

GB/T 3186　色漆、清漆和色漆与清漆用原材料　取样（GB/T 3186—2006，ISO 15528：2000，IDT）

GB/T 9278　涂料试样状态调节和试验的温湿度（GB/T 9278—2008，ISO 3270：1984，Paints and varnishes and their raw materials—Temperatures and humidities for conditioning and testing，IDT）

GB/T 15608—2006　中国颜色体系

3 原理

将被测涂料涂布于无色透明聚酯膜上，或者涂布于底色黑白各半的卡片纸上，用反射率仪测定涂膜在黑白底面上的反射率，计算黑色底面上的反射率与白色底面上反射率的比值，即得到对比率。

4 仪器及材料

4.1 反射率仪

一种能给出指示读数与受试表面反射光强度成正比的光电仪器，其精度在 1.5%以内，采用 C 光源或 D_{65} 光源。

注：如使用不同反射率仪测定结果有差异或者发生争议时，应以不包括镜面反射在内的 0/d 几何条件的反射率仪测定结果为准。

4.2 标准板

平整，尺寸不小于 80 mm×80 mm，白标准板反射率应为（80±2）%，黑标准板反射率应不大于 1%。

4.3 涂布器

规格为 100 的线棒涂布器（由直径为 1.00 mm 的不锈钢钢丝紧密缠绕在不锈钢棒上制成）或规格为 100 μm 的间隙式漆膜涂布器。

4.4 底材

无色透明聚酯膜，厚度为 30 μm～50 μm，尺寸不小于 100 mm×150 mm；或者底色黑白各半的卡片纸，白色反射率应为（80±2）%，黑色反射率应不大于 1%。

4.5 溶剂

200 号溶剂油或其他合适溶剂。

5 取样

按照 GB/T 3186 的规定取受试产品的代表性样品。

6 操作步骤

6.1 试验环境

试板的状态调节和试验的温度和湿度应符合 GB/T 9278 的规定。

6.2 试验样板的制备

在底材上用涂布器(5.3)按 GB/T 1727—1992 中 6.4.2 规定均匀地涂布被测涂料,在 6.1 规定的条件下至少放置 24 h。

注 1:也可采用其他方法制备试验样板,仲裁时采用聚酯膜作为底材。

注 2:根据涂料干燥性能不同,干燥条件和养护时间可以商定。

6.3 测试

6.3.1 用反射率仪测定涂膜在黑白底面上的反射率:

6.3.1.1 如用聚酯膜为底材制备涂膜,则将涂漆聚酯膜贴在滴有几滴 200 号溶剂油(或其他合适的溶剂)的标准板上,使之保证无气隙,然后在至少四个位置上测量每张涂漆聚酯膜的反射率,并分别计算平均反射率 R_B(黑板上)和 R_W(白板上)。

6.3.1.2 如用底色为黑白各半的卡片纸制备涂膜,则直接在黑白底色涂膜上各至少四个位置测量反射率,并分别计算平均反射率 R_B(黑板上)和 R_W(白板上)。

7 结果表示

7.1 按下式计算涂膜的对比率 X:

$$X = R_B / R_W$$

式中:

R_B——涂膜在黑色底面上的反射率;

R_W——涂膜在白色底面上的反射率。

平行测定两次。如两次测定结果之差不大于 0.02,则取两次测定结果的平均值。

8 试验报告

试验报告至少应包括下列内容:

a) 识别受试产品所必要的全部细节;

b) 注明本标准编号;

c) 注明制备试验样板所用的底材;

d) 与规定的试验方法的任何不同之处;

e) 试验结果;

f) 试验日期。

ICS 87.040
G 50

中华人民共和国国家标准

GB/T 23982—2009

木器涂料抗粘连性测定法

Test method for block resistance of wood coatings

2009-06-02 发布 2010-02-01 实施

中华人民共和国国家质量监督检验检疫总局
中国国家标准化管理委员会 发布

前言

本标准由中国石油和化学工业协会提出。

本标准由全国涂料和颜料标准化技术委员会归口。

本标准起草单位:中海油常州涂料化工研究院。

本标准主要起草人:赵玲。

木器涂料抗粘连性测定法

1 范围

本标准规定了同一种涂料的两个涂层表面之间或一个涂层表面与另一个未涂漆表面之间在一定温度和受压的条件下接触放置一定时间后抗粘连性能的试验方法。

本标准适用于考察已涂漆木器制品在贮存、包装及运输过程中必须面对面或面对背堆放但不允许涂层形成粘连而造成损坏的情况。

本试验方法利用压力、温度、时间等因素在实验室内评定木底材上涂层的抗粘连性。

2 规范性引用文件

下列文件中的条款通过本标准的引用而成为本标准的条款。凡是注日期的引用文件，其随后所有的修改单(不包括勘误的内容)或修订版均不适用于本标准，然而，鼓励根据本标准达成协议的各方研究是否可使用这些文件的最新版本。凡是不注日期的引用文件，其最新版本适用于本标准。

GB/T 3186 色漆、清漆和色漆与清漆用原材料 取样(GB/T 3186—2006,ISO 15528:2000,IDT)

GB/T 9278 涂料试样状态调节和试验的温湿度(GB/T 9278—2008,ISO 3270:1984,Paints and varnishes and their raw materials—Temperatures and humidities for conditioning and testing,IDT)

GB/T 20777 色漆和清漆 试样的检查和制备(GB/T 20777—2006,ISO 1513:1992,IDT)

3 术语和定义

下列术语和定义适用于本标准：

3.1

抗粘连性 block resistance

涂层表面长期受压后抵抗粘连到其他表面及表面发生变化的能力。

4 原理

在规定或商定的木质底材上以尽可能模拟实际生产过程及固化条件的方式制备测试用涂层。然后将这些已涂漆的试板以规定的方式堆积起来，并在其上面施以一定的压力，在规定的温度下放置足够的时间以使其具有的任何粘连趋向显现出来。除去压力后检查涂漆表面是否有任何粘连或受压后产生斑点(压痕)的现象。

注：如果生产装饰的条件已被规定和熟知，那么施涂方法、底材、涂膜厚度及涂膜的固化应尽可能模拟这些条件。但是也可采用更严厉的条件进行一些加速试验，如除压力、温度、时间等条件外，还可以规定湿度等试验条件。

5 仪器和材料

5.1 烘箱，能保持在规定或商定温度的±2 ℃范围内。

5.2 负荷，如砝码，通常选择的负荷质量范围为 100 g～1 000 g。

5.3 水砂纸，400 目。

6 取样

按 GB/T 3186 的规定，取受试产品的代表性样品。

按 GB/T 20777 的规定，检查和制备试验样品。

7 试板

7.1 底材

尽可能选择实际使用的木质基材，最好选择表面平整且不易变形的装饰用贴面胶合板。试验底材尺寸为150 mm×70 mm。使用前在GB/T 9278规定的标准环境条件下放置7 d以上。

7.2 涂装

按照待试产品或体系所规定的方法涂装。除非另有商定，单一涂料通常刷涂两道。在刷涂第二道前用400#水砂纸轻轻打磨一遍并擦去表面的浮灰。

7.3 涂层厚度

以刷涂量表示，单位为g/dm^2。

7.4 干燥和状态调节

按照待试产品或体系的规定干燥和状态调节，或在GB/T 9278规定的条件下干燥并放置7 d后测试。

8 操作步骤

8.1 将六块试板堆积，从下到上放置顺序为：(1)一块面朝上(2)两块面朝下(3)一块面朝上(4)两块面朝下。保证两块面对面、两块面对背接触。

注：经协商可在试板之间放置具有保护作用的包装材料(如薄衬纸)。

8.2 按产品标准的规定或商定的要求，在最上层试板上施加一定质量的负荷，置于规定温度的烘箱中。

8.3 保持该温度一定时间，将试板从烘箱中拿出，除去压力后使试板分离。首先拿出最底下的试板，接着是与最底下的试板相邻的那一块，检查所有的试板是否都能靠自身重力自由落下，不能通过自由下落分离的试板用手分开放在一边。

8.4 观察试板分离时的难易程度并检查涂膜表面的破坏程度(可见痕迹)。

9 结果评定和表示

9.1 结果以“粘连等级”和“表面损坏等级”两种形式相结合表示，每一种形式又根据不同程度分为6个等级。

9.2 粘连等级

以6个大写英文字母表示粘连程度的优劣：

A——自由下落分离；

B——轻微敲打后分离；

C——施加轻微拉力后分离；

D——施加中等拉力后分离；

E——施加极大拉力后分离；

F——要使用工具才能分离。

9.3 表面损坏等级

以6个阿拉伯数字表示表面损坏程度的优劣：

0——没有损坏；

1≤1%的损坏；

2——1%～5%的损坏；

3——5%～20%的损坏；

4——20%～50%的损坏；

5≥50%的损坏。

9.4 结果的表示

结果以“粘连等级”和“表面损坏等级”相结合表示。两个涂漆面直接接触称为面对面(MM),涂漆面与未涂漆面直接接触称为面对背(MB)。如:面对背粘连等级为B,表面损坏等级为0,则结果表示为“MB:B-0”。

通常情况下两组面对面(MM)的结果应一致,两组面对背(MB)的结果应一致。如结果不一致,应重新制板进行试验。如结果还不一致,取较差的结果作为该组最终结果。

10 试验报告

这是一种面对面或面对背条件下的通过或不通过的试验。除了在报告中注明这两种条件下涂层是否令人满意的说明外,破坏的性质也应在报告中注明。

试验报告应包括下列内容:

a) 注明本标准编号;

b) 识别受试产品所必要的全部细节;

c) 底材类型、涂装方法、固化周期、刷涂量等;

d) 粘连试验的温度、压力及时间;

e) 堆积类型,包括包装材料(薄衬纸)的标识和类型(如有的话);

f) 试验结果;

g) 与规定的试验方法的任何不同之处;

h) 试验日期。

ICS 87.040
G 50

中华人民共和国国家标准

GB/T 23983—2009

木器涂料耐黄变性测定法

Test method for yellowing resistance of wood coatings

2009-06-02 发布　　　　2010-02-01 实施

中华人民共和国国家质量监督检验检疫总局
中国国家标准化管理委员会　发布

前　言

本标准由中国石油和化学工业协会提出。
本标准由全国涂料和颜料标准化技术委员会归口。
本标准起草单位：中海油常州涂料化工研究院。
本标准主要起草人：曹晓东、季小沛。

木器涂料耐黄变性测定法

1 范围

本标准规定了用荧光紫外老化设备对木器涂料的单层或多层涂膜进行耐黄变性测定的试验方法。

本标准适用于各类木器用涂料耐黄变性的测定。

2 规范性引用文件

下列文件中的条款通过本标准的引用而成为本标准的条款。凡是注日期的引用文件，其随后所有的修改单(不包括勘误的内容)或修订版均不适用于本标准，然而，鼓励根据本标准达成协议的各方研究是否可使用这些文件的最新版本。凡是不注日期的引用文件，其最新版本适用于本标准。

GB/T 3186 色漆、清漆和色漆与清漆用原材料 取样(GB/T 3186—2006,ISO 15528:2000,IDT)

GB/T 9271 色漆和清漆 标准试板(GB/T 9271—2008,ISO 1514:2004,MOD)

GB/T 9278 涂料试样状态调节和试验的温湿度(GB/T 9278—2008,ISO 3270:1984,Paints and varnishes and their raw materials—Temperatures and humidities for conditioning and testing,IDT)

GB/T 23987 色漆和清漆 涂层的人工气候老化曝露 曝露于荧光紫外线和水(GB/T 23987—2009,ISO 11507:2007,IDT)

3 原理

使用荧光紫外设备对涂层进行人工气候老化试验，其目的是由该设备产生商定的辐射曝露能或商定的曝露时限，使涂层的某一种或几种性能达到给定的变化程度。一般是将经曝露后涂层的性能与其未曝露涂层(对比样)的性能相比较，或与同时曝露的老化性能已知的涂层(参比样)的性能相比较，用有关方事先商定的指标来评定这些性能。

与自然老化相比，人工气候老化仅模拟了有限的几个影响老化过程的因素，并通过控制及强化来加速老化。影响老化进程的原因是多方面的，做到完全精确模拟自然气候对涂层作用的所有的因素是不可能的，所以简单用人工气候老化的结果来预测天然曝晒条件下得到的结果是不可取的。

4 仪器设备

4.1 试验箱

试验箱主要是由耐腐蚀材料制成。其内装有荧光紫外灯管、加热水槽或喷嘴和试板架、辐射计，应符合 GB/T 23987。

4.2 灯管

本试验采用 UVA-340 灯，应符合 GB/T 23987。

5 取样

按 GB/T 3186 规定取受试产品(或多涂层体系的每一种产品)的代表性样品。

6 试板

6.1 底材

除另有商定或规定外，试验用底材采用按 7.2 中规定连续照射 168 h 后 ΔE^* 不大于 0.5 的白色外用瓷质砖或其他材质的适用白色底材，试板应平整，其尺寸应适配试板架的尺寸。

6.2 制备和涂装

除非另外商定，按 GB/T 9271 的规定处理每一块试板，然后将受试产品或体系按规定的方法进行涂装。

6.3 干燥和状态调节

将每一块已涂漆的试板在规定的条件下干燥并放置(如适用)规定的时间。除非另外商定，试验前，试板应在 GB/T 9278 规定的条件下至少调节 16 h。

7 操作步骤

7.1 试板的放置

将试板固定于试验设备的试板架上，测试面朝向光源，按制造商说明排列，并将试验区的空间用被测试板或空白板填满。

注 1：通常每种涂料在试验前应制成四块试板，养护期结束后，将其中三块投入试验，另外一块试板可作为参照试样，并储存于室温下，避免湿气和光照。

注 2：某些参照试样在储存过程中，一些性能也会发生变化。

为了保证试板均匀曝露，要按试验设备制造商说明书去执行，例如，试板应在不多于 3 d 间隔内进行重排(假定这些短时间的中断不会对最终结果造成不利影响)。

7.2 曝露

将样板置于黑板温度为(60±3)℃，辐照度为 0.68 W/m^2 的条件下，连续光照曝露 168 h 或更长时间。

设备在首次启动时或关闭了一段时间以后，都应使之在规定条件下进行平衡。

试板的试验通常是不中断地进行的，除了设备的保养维修和试板检查时例外。

8 样板检查及结果的表示

试验结束后，用测色仪测量色差值，以 ΔE^* 表示。

除另有商定外，在检查时试板不应洗涤或抛光。

9 试验报告

试验报告至少应包括下列内容：

a) 识别受试产品所必需的全部细节(制造商、商标、批号等)；

b) 注明本标准编号；

c) 试验结果；

d) 与规定试验方法的任何不同之处；

e) 试验期间观察到的任何异常现象；

f) 试验日期。

ICS 87.040
G 50

中华人民共和国国家标准

GB/T 23984—2009/ISO 17895:2005

色漆和清漆　低VOC乳胶漆中挥发性有机化合物(罐内VOC)含量的测定

Paints and varnishes—Determination of the volatile organic compound content of low-VOC emulsion paints (in-can VOC)

(ISO 17895:2005,IDT)

2009-06-02 发布　　　　2010-02-01 实施

中华人民共和国国家质量监督检验检疫总局
中国国家标准化管理委员会　发布

前　言

本标准等同采用国际标准ISO 17895:2005《色漆和清漆——低VOC乳胶漆中挥发性有机化合物(罐内VOC)含量的测定》(英文版)。

本标准等同翻译ISO 17895:2005。

为了便于使用,本标准编辑性修改内容如下:

——用“本标准”代替“本国际标准”;

——删除国际标准的前言。

本标准的附录A为资料性附录。

本标准由中国石油和化学工业协会提出。

本标准由全国涂料和颜料标准化技术委员会归口。

本标准起草单位:中海油常州涂料化工研究院、立邦涂料(中国)有限公司、昆山市世名科技开发有限公司。

本标准主要起草人:黄宁、周湘玲、高继东、杜长森。

色漆和清漆　低 VOC 乳胶漆中挥发性有机化合物(罐内 VOC)含量的测定

1　范围

本标准规定了采用气相色谱法定量测定在标准大气压下(101.325 kPa)低 VOC 含量乳胶漆中挥发性有机化合物(VOC)(罐内 VOC)含量(即沸点最高可达 250 ℃的有机化合物的含量)的方法。本方法适用于 VOC 含量在 0.01%～0.1%之间(质量分数)的样品。

本方法的主要目的是判定产品是否为低 VOC 乳胶漆,而不是例行的质量控制。

2　规范性引用文件

下列文件中的条款通过本标准的引用而成为本标准的条款。凡是注日期的引用文件,其随后所有的修改单(不包括勘误的内容)或修订版均不适用于本标准,然而,鼓励根据本标准达成协议的各方研究是否可使用这些文件的最新版本。凡是不注日期的引用文件,其最新版本适用于本标准。

GB/T 3186　色漆、清漆和色漆与清漆用原材料　取样(GB/T 3186—2006,ISO 15528:2000,IDT)

GB/T 6682　分析实验室用水规格和试验方法(GB/T 6682—2008,ISO 3696:1987,MOD)

GB/T 6750　色漆和清漆　密度的测定　比重瓶法(GB/T 6750—2007,ISO 2811-1:1997,IDT)

GB/T 21862.2　色漆和清漆　密度的测定　第 2 部分:落球法(GB/T 21862.2—2008,ISO 2811-2:1997,IDT)

GB/T 21862.3　色漆和清漆　密度的测定　第 3 部分:振动法(GB/T 21862.3—2008,ISO 2811-3:1997,IDT)

GB/T 21862.4　色漆和清漆　密度的测定　第 4 部分:压杯法(GB/T 21862.4—2008,ISO 2811-4:1997,IDT)

3　术语和定义

下列术语和定义适用于本标准。

3.1

挥发性有机化合物(VOC)　volatile organic compound

在所处环境的正常温度和压力下,能自然蒸发的任何有机液体或固体。

注 1:目前涂料领域所采用的术语 VOC,参见挥发性有机化合物含量(VOC 含量)。

注 2:美国政府法律规定,VOC 仅限指那些在大气中具有光化学活性的化合物(见 ASTM D 3960)。而任何其他的化合物都被定义为豁免化合物。

[参见 ISO 4618]。

3.2

挥发性有机化合物含量(VOC 含量)　volatile organic compound content

在规定的条件下所测得的涂料中存在的挥发性有机化合物的质量。

注:所考虑的化合物的性质和数量取决于涂料应用的领域。对于每一种应用领域,限定值以及测定或计算的方法,由规则[1]规定或商定。

[参见 ISO 4618]。

---

1)　对本标准而言采用的规则为 1996-01-06 的欧洲委员会决议 96/13/EC 中的定义:在标准大气压(101.325 kPa)下,沸点(或初沸点)不超过 250 ℃的所有有机化合物都是挥发性有机化合物(VOC_S)。

3.3

罐内 VOC in-can voc

水性乳胶漆中存在的挥发性有机化合物。

3.4

乳胶漆 emulsion paint (latex paint)

有机漆基为水分散体的涂料。

[参见 ISO 4618]。

3.5

完全汽化 full evaporation

将液体样品中的 VOCs 由液态转变成气态的方法。

注:尽管用带有隔膜密闭小瓶的顶空进样器能将一部分气相试样导入色谱柱,但这种完全汽化的方法在本质上与常规的需建立平衡的顶空分析法是不同的。由于小瓶的样品量很少,当加热到某一温度时,实际上所有的 VOCs 都进入气相。

3.6

标准储备混合物 stock reference compound mixture

由纯物质制备的混合物,用于标准加入法。

注:标准储备混合物的浓度由样品中各个组分的原始质量及其纯度决定。

3.7

多点标准加入法 multiple standard addition method

通过向样品中加入已知量的标准储备混合物来测定 VOC 含量的方法。

4 原理

采用顶空进样器使很少量的稀释后的样品中的 VOCs 完全汽化,然后用气相色谱分析法测定其含量,如下所述:

在隔膜密封的小瓶中,将几微升用缓冲液稀释后的样品加热至 150 ℃,当完全汽化后,一部分气相试样导入非极性毛细管柱中。对相对保留时间低于十四烷(沸点 252.6 ℃)的所有组分的峰面积进行积分,采用标准储备混合物(见 3.6)作为标准添加物以四种浓度等级来测定 VOC 含量。测定结果是基于标准储备混合物的平均响应因子。

注:试样中各个组分的测定,或分别由含尽可能少的 VOCs 的乳液或乳胶漆制备的标准物的测定,可用来验证分析系统。

5 仪器

普通的实验室仪器和玻璃器皿,以及下列仪器:

5.1 气相色谱系统:顶空进样器,最好具有自动的样品传输器以及能程序升温的毛细管气相色谱仪、火焰离子化检测器或质量选择检测器和数据处理系统组成。与样品接触的顶空进样器的所有部件(例如分配针头、分配阀、输送管)都应能够加热。

5.2 非极性的熔融石英毛细管柱:固定相由 95%～100%的二甲基硅酮和 5%～0%的苯基硅酮组成,并化学键合到柱上。

注:柱长 30 m,内径 0.32 mm,并涂有 95%二甲基硅酮和 5%的苯基硅酮混合物(膜厚约 1 μm)的毛细管柱适用于实验室测试。

5.3 微量注射器:50 μL。

5.4 2 mL 一次性塑料注射器。

5.5 隔垫密封的小瓶,容量约 20 mL,并配有涂有聚四氟乙烯(PTFE)的丁基橡胶或硅橡胶隔垫瓶盖。

由于本标准中规定的试验条件会导致小瓶内具有相当高的压力，需小心确保小瓶密封。

5.6 容量瓶：1 L。

5.7 分析天平：能准确称量至 0.1 mg。

5.8 托盘天平：能准确称量至 0.1 g。

5.9 冷藏箱：用来储存标准化合物。

6 试剂和材料

除非另有规定，只能使用已确认为的分析级的试剂(纯度大于 99%)及符合 GB/T 6682 中规定的 1 级水。

6.1 气体

——载气：干燥无氧的氦气、氮气或氢气，纯度至少为 99.995%(体积分数)。

——检测器气体：氢气纯度至少达 99.995%(体积分数)，以及不含有机化合物的压缩空气。

6.2 标准储备混合物，含有下列代表性的标准化合物：

——二乙二醇单丁醚；

——二乙二醇单丁醚乙酸酯；

——丁醇；

——丙烯酸丁酯；

——丙烯酸-2-乙基己酯；

——苯乙烯；

——乙酸乙烯酯。

用分析天平(5.7)各称取约 1 g(精确至 1 mg)的每一种标准化合物于隔垫密封的小瓶中，先加入高沸点化合物，再加入低沸点化合物。只有在加入每一种标准化合物时才除去瓶盖。在混合物中加入约 1 000 mg/kg 的阻聚剂(6.4)。

注：将所用标准化合物预先冷却或用移液管移取法能减少称重时易挥发物质的蒸发。

附录 A 是标准储备混合物的色谱图示例。

6.3 柠檬酸盐缓冲溶液，pH5.0：可从市场上购买，也可以自己制备，制备时在 1 L 的容量瓶中加入 20.265 g 柠檬酸和 7.840 g 氢氧化钠，并在 20 ℃下加入去离子水至刻度。

6.4 聚合反应抑制剂：2,6-二叔丁基-4-甲基苯酚或 N,N-二甲基二硫代氨基甲酸酯的水合酸性钠盐。

6.5 十四烷：纯度至少为 99.5%(质量分数)。

7 取样

按 GB/T 3186 的规定，取受试产品的代表性样品。

8 测试步骤

8.1 测定次数

对不加标准添加物的试样(见 8.2.3)以及加入标准添加物的四种试样(见 8.2.4)，每一种都分别进行三次重复测定。

8.2 样品制备

8.2.1 通则

样品制备包括稀释乳胶漆样品(见 8.2.2)以及制备加入和不加入标准添加物的试样(分别见 8.2.4 和 8.2.3)。

制备样品时动作要快，因为用柠檬酸盐缓冲溶液稀释的原样容易形成浆状物，并且由于个别组分的挥发而使结果下降。

图1为样品制备示意图。

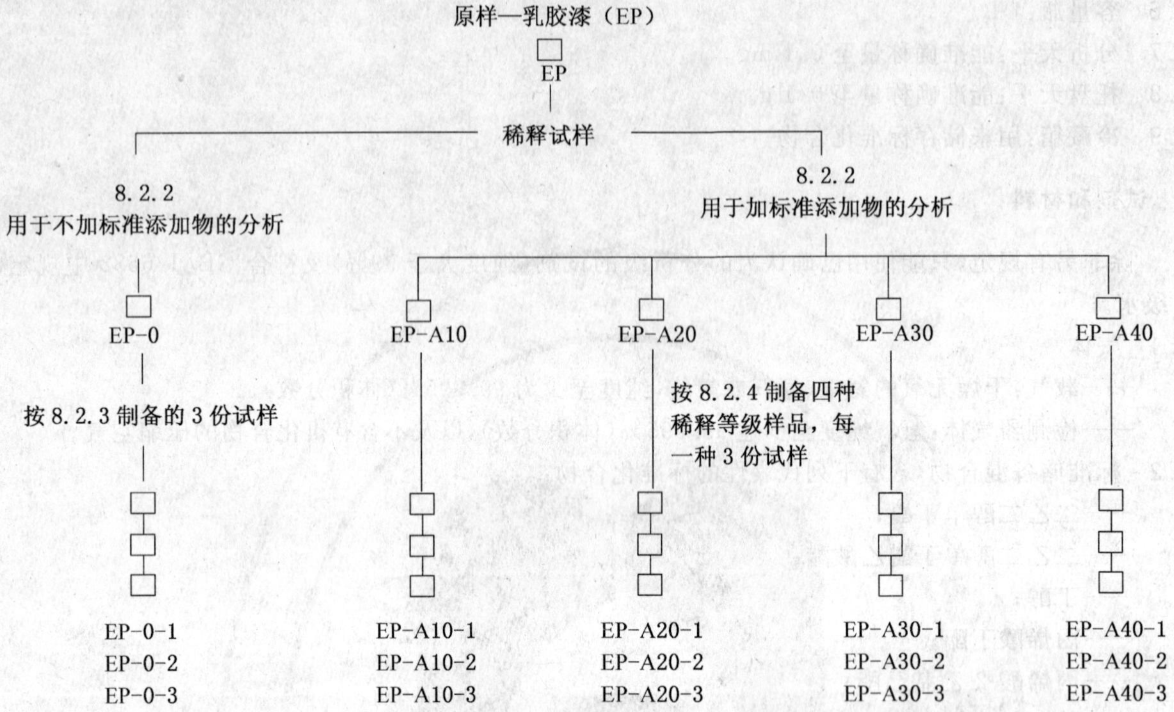

0——原样；

A10、A20、A30、A40——以标准储备混合物为标准添加物的量为10 mg、20 mg、30 mg和40 mg。

图1 样品制备示意图

8.2.2 原样的稀释

在带隔垫瓶盖的小瓶(5.5)中加入10 g原样(乳胶漆)和10 g柠檬酸盐缓冲溶液(6.3)(均精确到0.1 g),密封并混合均匀。

8.2.3 不加多级标准添加物的分析试样的制备

用力摇晃装有稀释后乳胶漆样品(制备见8.2.2)的密封小瓶,然后立即将2 mL一次性注射器(5.4)插入隔垫中抽出过量的气体。在三个小瓶(5.5)中各称入(15±3)mg的等分试样(精确到0.1 mg),并立即密封小瓶,用于分析。

注:初始试样的质量越大会因瓶内压力增加而导致分析结果有误。

8.2.4 加入多级标准添加物的分析试样的制备

按8.2.2制备4份稀释后的乳胶漆样品,用50 μL注射器(5.3)分别加入10 μL、20 μL、30 μL和40 μL标准储备混合物(6.2)(每一个小瓶中加入的量不同)。称量每个小瓶(精确到0.1 mg)。密封小瓶并充分混合均匀。

再次用力摇晃密封的小瓶,然后立即将2 mL一次性注射器(5.4)插入隔垫中抽出过量的气体。在三个空的小瓶(5.5)中各称取(15±3)mg已加入标准添加物并稀释后的等分试样(精确到0.1 mg),立即密封小瓶,用于分析。

8.3 分析

将按8.2.3和8.2.4准备好的小瓶放入顶空进样器中。

8.3.1 顶空进样器

样品的控制温度	150 ℃
传送管和分配阀的控制温度	160 ℃
温度保持时间	4 min

8.3.2 气相色谱

根据仪器的设置调节气相色谱的条件，下面给出了两个示例。

示例1：带样品环路的顶空进样器

毛细管柱：长30 m，内径0.32 mm，涂有95%的二甲基硅酮和5%苯基硅酮混合物（膜厚约1 μm）。

温度：进样口温度：250 ℃

炉温：初始温度：100 ℃

升温速率：10 ℃/min

最终温度：280 ℃

检测器温度：300 ℃

载气流速：1.8 mL/min

分流比：1∶10

示例2：采用等压法的顶空进样器

毛细管柱：长30 m，内径0.32 mm，涂有95%的二甲基硅酮和5%苯基硅酮混合物（膜厚约1 μm），其与接在柱和检测器之间1.5 m×0.15 mm的甲基去活化的限流毛细管相连。

温度：进样口温度：200 ℃

炉温：初始温度：100 ℃

升温速率：10 ℃/min

最终温度：280 ℃

检测器温度：300 ℃

载气流速：约1.8 mL/min相当于压力设定为$p_{顶空}=160$ kPa，$p_{GC}=125$ kPa

分流：分流速率30 mL/min～50 mL/min。

8.4 积分终点的确定

通过单独的GC分析确定十四烷的保留时间，该时间即为VOC测定的积分终点。

9 评定方法

9.1 峰面积的测定

对保留时间小于十四烷的所有峰面积进行积分，得到面积总和来评定色谱图。

注：在测定峰面积时，积分值中所包括的峰的信号/噪声比例至少为5∶1。

标准加入法的测定准确度主要受样品称入小瓶时精密度的影响。为避免过早的挥发损失，操作时动作要快。基于这个原因，实际操作时15 mg的样品质量只能是近似量，因此将每次分析的峰面积按式(1)除以实际样品的质量归一化至1 mg样品的峰面积。

$$A_{norm}=\frac{A}{m_{vd}\times\frac{m_p}{m_p+m_{cb}}} \qquad \cdots\cdots(1)$$

式中：

A_{norm}——归一化至1 mg乳胶漆校准后的峰面积，单位为面积单位值每毫克(面积单位值/mg)；

A——保留时间小于十四烷的所有峰的积分面积，单位为面积单位值；

m_{vd}——试样(EP-0-1至EP-A40-3，见图1)的质量，单位为毫克(mg)；

m_p——乳胶漆原样(EP)的质量，单位为克(g)；

m_{cb}——加入到原样中的柠檬酸缓冲溶液的质量，单位为克(g)。

9.2 罐内VOC含量的计算

首先对不加标准添加物的试样以及加入标准添加物分别为10 mg、20 mg、30 mg和40 mg的试样，每种情况下进行三次测定，并计算所得到的归一化峰面积A_{norm}，然后按式(2)计算平均值$\overline{A}_{norm(X)}$，单位为面积单位值每毫克。

$$\overline{A}_{norm(X)}=\frac{1}{3}\times\sum_{i=1}^{3}A_{norm(X)}\qquad\cdots\cdots(2)$$

式中：

$A_{norm(X)}$——不加标准添加物的试样以及加入标准添加物为 10 mg、20 mg、30 mg 和 40 mg 的试样测定后归一化至 1 mg 乳胶漆的峰面积，单位为面积单位值每毫克（面积单位值/mg）；

X——分别对应于标准添加物为 0 mg 、10 mg、20 mg、30 mg 和 40 mg 的试样。

通过计算，或者通过计算并将按这种方式得到的平均面积单位值对相应的标准添加物量作图进行线性回归分析。

从纵轴上的截距 A_y 以及线性回归曲线的斜率 B（见图 2），按式(3)计算原样质量 m_p 中 VOC 的含量 m_{VOC}，单位为毫克(mg)。

$$m_{VOC}=\frac{A_y}{B}\qquad\cdots\cdots(3)$$

用式(4)计算罐内 VOC 含量，以毫克每千克(mg/kg)表示：

$$w_{VOC}=\frac{m_{VOC}}{m_p}\times1\,000\qquad\cdots\cdots(4)$$

式中：

m_p——乳胶漆原样(EP)的质量，单位为克。

要换算成以克每升表示的罐内 VOC 含量 ρ_{VOC}，需知道乳胶漆的密度，该密度可以从生产商提供的资料中查取或采用 GB/T 6750、GB/T 21862.2、GB/T 21862.3 和 GB/T 21862.4 中规定的任何一种方法测定。仲裁分析，按 GB/T 6750 规定测得的值为最终值。

用式(5)进行换算：

$$\rho_{VOC}=\frac{w_{VOC}\times\rho_{EP}}{1\,000}\qquad\cdots\cdots(5)$$

式中：

w_{VOC}——罐内 VOC 的含量，单位为毫克每千克(mg/kg)（质量分数）；

ρ_{EP}——乳胶漆原样的密度，单位为克每毫升(g/mL)。

10 精密度

10.1 总则

在八个实验室内进行了四种不同的实验室间的研究，得到下述结果：

10.2 重复性限(r)

重复性限 r，是指由同一操作者在同一实验室用标准化的试验方法对同一材料在短的时间间隔内所得到的两个单一试验结果之间的绝对差值低于重复性限值 r，则结果值得信赖。对于本方法 r 为 10%，可预期其概率为 95%。

10.3 再现性限(R)

再现性限 R，是指由不同操作者在不同实验室用标准化的试验方法对同一材料所得到的两个试验结果之间的绝对差值低于再现性限值 R，则结果值得信赖。对于本方法 R 为 30%，可预期其概率为 95%。

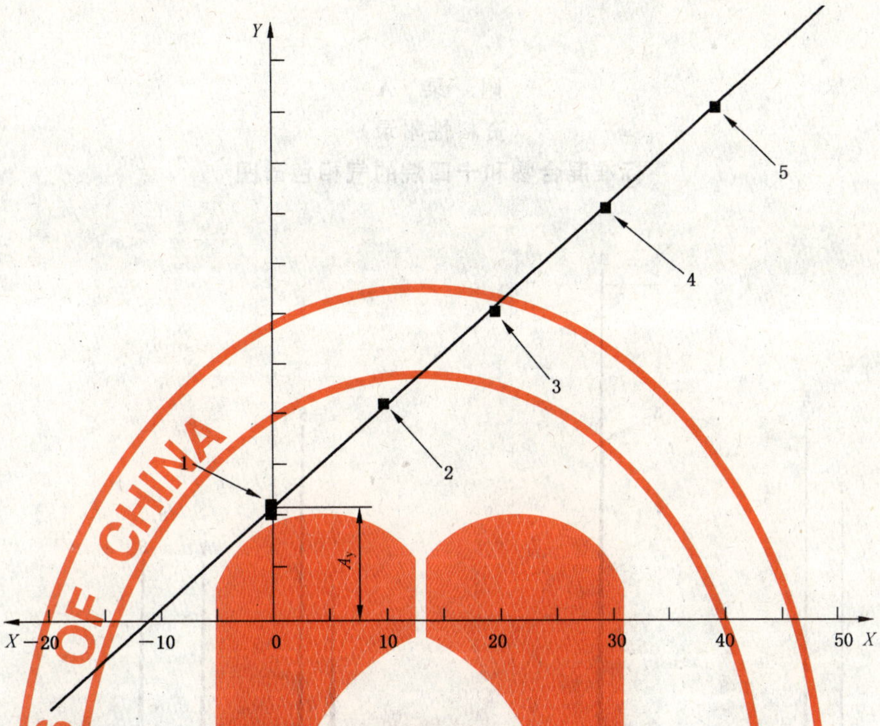

X——标准添加物的量，单位为毫克(mg)；

Y——$A_{norm(X)}$，单位为面积单位值每毫克(面积单位值/mg)；

1——试样 EP-0-1 至 EP-0-3(不加标准添加物)(见图 1)；

2——试样 EP-A10-1 至 EP-A10-3(10 mg 标准添加物)(见图 1)；

3——试样 EP-A20-1 至 EP-A20-3(20 mg 标准添加物)(见图 1)；

4——试样 EP-A30-1 至 EP-A30-3(30 mg 标准添加物)(见图 1)；

5——试样 EP-A40-1 至 EP-A40-3(40 mg 标准添加物)(见图 1)。

A_y——线性回归曲线纵轴上的截距。

图 2　线性回归曲线

11　试验报告

试验报告至少应包括以下内容：

a)　注明本标准编号；

b)　完全识别受试产品所必需的全部细节(生产商、商标、批号等)；

c)　分析用气相色谱条件；

d)　按第 9 章规定的计算得到的罐内 VOC 含量，单位为毫克每千克(mg/kg)或克每升(g/L)；

e)　与规定的试验方法的任何不同之处；

f)　有关方之间商定的条款；

g)　试验日期。

附 录 A
（资料性附录）
标准混合物和十四烷的气相色谱图

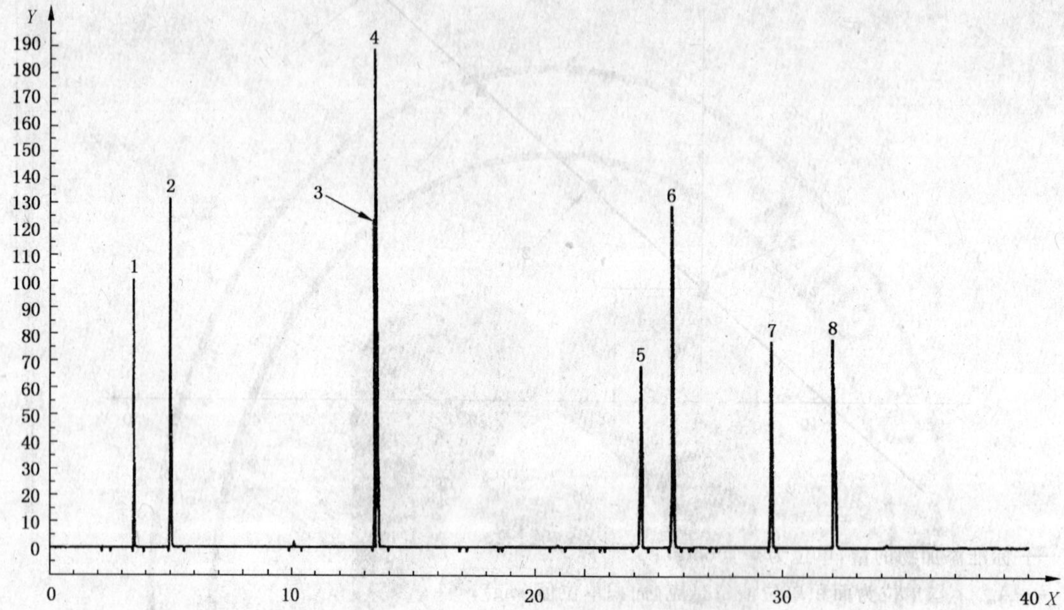

X——保留时间，单位为 min；

Y——检测器信号，单位为 mV。

1——乙酸乙烯酯；

2——正丁醇；

3——丙烯酸丁酯；

4——苯乙烯；

5——二乙二醇丁醚；

6——丙烯酸 2-乙基己基酯（丙烯酸异辛酯）；

7——二乙二醇丁醚乙酸酯；

8——十四烷。

注：通过单独的气相色谱分析确定十四烷的保留时间（见 8.4）。在色谱图中标准化合物的峰恰好与各自的保留时间一一对应。

图 A.1 标准储备混合物和十四烷的气相色谱图

参 考 文 献

[1] GB/T 23985—2009 色漆和清漆 挥发性有机化合物(VOC)含量的测定 差值法(GB/T 23985—2009,ISO 11890-1:2007,IDT)

[2] GB/T 23986—2009 色漆和清漆 挥发性有机化合物(VOC)含量的测定 气相色谱法(GB/T 23986—2009,ISO 11890-2:2006,IDT)

[3] ISO 4618 色漆和清漆——术语和定义

[4] ASTM D 3960 色漆和相关涂料中挥发性有机化合物(VOC)含量的测定方法标准

[5] MARKELOV,M,GUZOWSKI,J. P. ,Jr. ,Anal. Chim. Acta,1993,276,pp. 235-245

ICS 87.040
G 50

中华人民共和国国家标准

GB/T 23985—2009/ISO 11890-1:2007

色漆和清漆 挥发性有机化合物(VOC)含量的测定 差值法

Paints and varnishes—Determination of volatile organic compound (VOC) content—Difference method

(ISO 11890-1:2007,Paints and varnishes—Determination of volatile organic compound (VOC) content—Part 1:Difference method,IDT)

2009-06-02 发布　　2010-02-01 实施

中华人民共和国国家质量监督检验检疫总局
中国国家标准化管理委员会　发布

前　言

本标准等同采用国际标准 ISO 11890-1:2007《色漆和清漆——挥发性有机化合物(VOC)含量的测定——第1部分:差值法》(英文版)。

本标准等同翻译 ISO 11890-1:2007。

为了便于使用,本标准编辑性修改内容如下:

——用"本标准"代替"本国际标准";

——删除国际标准的前言;

——对 ISO 11890-1:2007 引用的其他国际标准,有被等同采用为我国标准的,用我国标准代替对应的国际标准,未被等同采用为我国标准的直接引用国际标准;

——删除国际标准名称中的"第一部分";

——由于目前国内测定涂料中水分含量大多数采用气相色谱法,因此在7.5中增加了注3的内容。

本标准的附录A为规范性附录。

本标准由中国石油和化学工业协会提出。

本标准由全国涂料和颜料标准化技术委员会归口。

本标准起草单位:中海油常州涂料化工研究院、昆山世名科技开发有限公司。

本标准主要起草人:季军宏、彭菊芳、杜长森。

色漆和清漆　挥发性有机化合物(VOC)含量的测定　差值法

1　范围

本标准是有关色漆、清漆及相关产品取样和试验的系列标准之一。

本标准规定了测定色漆、清漆及其原材料中挥发性有机化合物(VOC)含量的方法，主要适用于VOC含量大于15%(质量分数)的样品。当预期VOC含量大于0.1%(质量分数)而小于15%(质量分数)时，应采用GB/T 23986。

本方法假定挥发物是水或有机物。如存在其他的挥发性无机化合物，需要用其他合适的方法进行定量测定并在计算时考虑扣除。

2　规范性引用文件

下列文件中的条款通过本标准的引用而成为本标准的条款。凡是注日期的引用文件，其随后所有的修改单(不包括勘误的内容)或修订版均不适用于本标准，然而，鼓励根据本标准达成协议的各方研究是否可使用这些文件的最新版本。凡是不注日期的引用文件，其最新版本适用于本标准。

GB/T 1725　色漆、清漆和塑料　不挥发物含量的测定(GB/T 1725—2007,ISO 3251:2003,IDT)

GB/T 3186　色漆、清漆和色漆与清漆用原材料　取样(GB/T 3186—2006,ISO 15528:2000,IDT)

GB/T 6283　化工产品中水分含量的测定　卡尔·费休法(通用方法)　[GB/T 6283—1986,eqv ISO 760:1978,Determination of water—Karl Fisher method(General method)]

GB/T 6750　色漆和清漆　密度的测定　比重瓶法(GB/T 6750—2007,ISO 2811-1:1997,Paints and varnishes—Determination of density—Part 1: Pyknometer method,IDT)

GB/T 9278　涂料试样状态调节和试验的温湿度(GB/T 9278—2008,ISO 3270:1984,Paints and varnishes and their raw materials—Temperatures and humidities for conditioning and testing,IDT)

GB/T 20777　色漆和清漆　试样的检查和制备(GB/T 20777—2006,ISO 1513:1992,IDT)

GB/T 21862.2　色漆和清漆　密度的测定　第2部分:落球法(GB/T 21862.2—2008,ISO 2811-2:1997,IDT)

GB/T 21862.3　色漆和清漆　密度的测定　第3部分:振动法(GB/T 21862.3—2008,ISO 2811-3:1997,IDT)

GB/T 21862.4　色漆和清漆　密度的测定　第4部分:压杯法(GB/T 21862.4—2008,ISO 2811-4:1997,IDT)

GB/T 23986　色漆和清漆　挥发性有机化合物(VOC)含量的测定　气相色谱法(GB/T 23986—2009,ISO 11890-2:2006,Paints and varnishes—Determination of volatile organic compound (VOC) content—Part 2:Gas-chromatographic method,IDT)

3　术语和定义

下列术语和定义适用于本标准。

3.1

挥发性有机化合物(VOC)　volatile organic compound

在所处环境的正常温度和压力下，能自然蒸发的任何有机液体或固体。

注1：目前涂料领域所使用的术语 VOC，参见挥发性有机化合物含量(VOC 含量)。

注2：美国政府法规中规定，术语 VOC 仅限于指那些在大气中具有光化学活性的化合物(见 ASTM D3960)，而任何其他的化合物被定义为豁免化合物。

[见 ISO 4618:2006]

注3：欧洲法规如欧盟指令 2004/42/EC 中规定，术语 VOC 是指在 101.3 kPa 标准压力下，沸点最高可达 250 ℃的挥发性有机化合物。

3.2

挥发性有机化合物含量(VOC 含量)　volatile organic compound content

在规定的条件下，所测得的涂料中存在的挥发性有机化合物的含量。

注1：所需考虑的化合物的性质和数量将取决于涂料应用的领域。对于每个应用领域来说，测定或计算的方法以及限量值是通过法规规定或双方约定。

[见 ISO 4618:2006]

注2：如果术语 VOC 是指以最高沸点定义的化合物(见 3.1 中的注 3)，则将沸点低于限定值的化合物看作为 VOC 含量的部分，而沸点高于该限定值的化合物看作为非挥发性有机化合物。

3.3

豁免化合物　exempt compound

不参与大气中光化学反应的有机化合物。

注：见 3.1 中的注 2 和注 3。

3.4

待测 ready for use

根据生产商的说明，以正确的比例混合产品，如需稀释，应采用合适的稀释剂进行稀释，以使样品的状态能用已认可的方法进行测试。

4　原理

准备好样品后，先按 GB/T 1725 测定不挥发物的含量，然后再按 GB/T 6283 采用卡尔·费休试剂滴定法测定水分含量。如果需要，可采用 GB/T 23986 中给出的方法测定豁免化合物的含量。然后计算出样品中 VOC 的含量。

5　需要补充的资料

对于任何特定的应用而言，本标准所规定的试验方法需要用补充资料来加以完善。补充资料的内容在附录 A 中列出。

6　取样

按 GB/T 3186 的规定，取受试产品(或多道涂层体系中的每一种产品)中的代表性样品。

按 GB/T 20777 的规定，检查和制备每一个试验样品，准备“待测”状态下的最终试验样品。

7　测试步骤

7.1　测定次数和一般试验条件

除非另有商定，在温度(23±2)℃和相对湿度(50±5)%的条件下(见 GB/T 9278)，所有试验需进行一式两份的平行测定。

7.2　参数的测定

按 7.3 至 7.6 中规定，测定计算所需的参数(见 8.2 至 8.5)。一些参数可根据样品中存在的化合物用差值法测得。

7.3 密度

如果计算时需要密度值(见 8.3 至 8.5),可根据样品的类型,使用 GB/T 6750、GB/T 21862.2、GB/T 21862.3 和 GB/T 21862.4 标准中能给出最好精密度的方法测定样品的密度。密度的测定在 23 ℃下进行。

7.4 不挥发物含量

对于单组分产品,按 GB/T 1725 规定,称取适量的样品(见 GB/T 1725—2007 中表 1)置于盘中,测试步骤按 GB/T 1725 规定进行。

对于多组分体系,根据生产商的说明,彻底混合各组分,然后立即按 GB/T 1725 规定,称取适量的样品(见 GB/T 1725—2007 中表 1)置于盘中。允许盘中的试验样品在温度(23±2)℃和环境大气压下放置 1 h,然后将盘放入烘箱中,测试步骤按 GB/T 1725 规定进行。

如试验样品在加热过程中会发生任何异常分解或降解,经有关方商定后,可采用不同于GB/T 1725 中规定的加热时间和/或温度。

7.5 水分含量

采用 GB/T 6283 中给出的方法测定水分含量,以质量分数表示。要选择不受样品中含有的化合物干扰的卡尔·费休试剂。如果化合物是未知的,可采用如 GB/T 23986 中给出的方法进行定性鉴定。

注 1:可能会产生干扰的典型化合物是酮类和醛类。试剂生产商一般会附带说明书以指导人们正确地选择试剂。

注 2:如果试验产品很明显或已知不含水,则无需测定水分含量,可将水分含量设定为零。

注 3:水分含量的测定也可采用气相色谱法。

7.6 豁免化合物(仅在有国家法规要求时适用)

7.6.1 如果样品中所含的有机化合物是未知的,可采用如 GB/T 23986 中给出的方法进行定性鉴定。

7.6.2 采用 GB/T 23986 中给出的方法测定样品中包含的豁免化合物的含量。

7.6.3 采用 7.3 中给出的方法测定豁免化合物的密度,或参照已出版的文献数据。

8 计算

8.1 通则

按受试产品参照的规格标准中所规定的方法计算 VOC 含量。如没有规定特定的方法,按方法 1 计算 VOC 含量。

由于方法 1 不涉及密度的测定(会引入其他误差),精密度较好,是一种优先选用的计算方法。

8.2 方法 1:"待测"样品的 VOC 含量,以质量分数(%)表示,按式(1)计算:

$$w(\mathrm{VOC}) = 100 - w(\mathrm{NV}) - w_{\mathrm{w}} \qquad (1)$$

式中:

$w(\mathrm{VOC})$——"待测"样品的 VOC 含量,以质量分数(%)表示;

$w(\mathrm{NV})$——不挥发物含量,以质量分数(%)表示(见 7.4);

w_{w}——水分含量,以质量分数(%)表示(见 7.5)。

8.3 方法 2:"待测"样品的 VOC 含量,单位为克每升(g/L),按式(2)计算:

$$\rho(\mathrm{VOC}) = (100 - w(\mathrm{NV}) - w_{\mathrm{w}}) \times \rho_{\mathrm{s}} \times 10 \qquad (2)$$

式中:

$\rho(\mathrm{VOC})$——"待测"样品的 VOC 含量,单位为克每升(g/L);

$w(\mathrm{NV})$——不挥发物含量,以质量分数(%)表示(见 7.4);

w_{w}——水分含量,以质量分数(%)表示(见 7.5);

ρ_{s}——试验样品在 23 ℃时的密度,单位为克每毫升(g/mL)(见 7.3);

10——质量分数(%)换算成克每升(g/L)的换算系数。

8.4 方法 3:"待测"样品扣除水后的 VOC 含量,单位为克每升(g/L),按式(3)计算:

$$\rho(\mathrm{VOC})_{\mathrm{lw}}=\left[\frac{100-w(\mathrm{NV})-w_{\mathrm{w}}}{100-\rho_{\mathrm{s}}\times\dfrac{w_{\mathrm{w}}}{\rho_{\mathrm{w}}}}\right]\times\rho_{\mathrm{s}}\times1\,000 \quad\cdots\cdots(3)$$

式中：

$\rho(\mathrm{VOC})_{\mathrm{lw}}$——“待测”样品扣除水后的 VOC 含量，单位为克每升(g/L)；

$w(\mathrm{NV})$——不挥发物含量，以质量分数(%)表示(见 7.4)；

w_{w}——水分含量，以质量分数(%)表示(见 7.5)；

ρ_{s}——试验样品在 23 ℃时的密度，单位为克每毫升(g/mL)(见 7.3)；

ρ_{w}——水在 23 ℃时的密度，单位为克每毫升(g/mL)(23 ℃时，$\rho_{\mathrm{w}}=0.997\,537$ g/mL)；

1 000——克每毫升(g/mL)换算成克每升(g/L)的换算系数。

8.5 方法 4：“待测”样品扣除水和豁免化合物(仅在有国家法规要求时适用)后的 VOC 含量，单位为克每升(g/L)，按式(4)计算：

$$\rho(\mathrm{VOC})_{\mathrm{lwe}}=\left[\frac{100-w(\mathrm{NV})-w_{\mathrm{w}}-\sum_{i=1}^{i=n}w_{\mathrm{ec}i}}{100-\rho_{\mathrm{s}}\times\dfrac{w_{\mathrm{w}}}{\rho_{\mathrm{w}}}-\rho_{\mathrm{s}}\times\sum_{i=1}^{i=n}\dfrac{w_{\mathrm{ec}i}}{\rho_{\mathrm{ec}i}}}\right]\times\rho_{\mathrm{s}}\times1\,000\cdots\cdots(4)$$

式中：

$\rho(\mathrm{VOC})_{\mathrm{lwe}}$——“待测”样品扣除水和豁免化合物后的 VOC 含量，单位为克每升(g/L)；

$w(\mathrm{NV})$——不挥发物含量，以质量分数(%)表示(见 7.4)；

w_{w}——水分含量，以质量分数(%)表示(见 7.5)；

$w_{\mathrm{ec}i}$——豁免化合物 i 的含量，单位为质量分数(%)(见 7.6.2)；

ρ_{s}——试验样品在 23 ℃时的密度，单位为克每毫升(g/mL)(见 7.3)；

ρ_{w}——水在 23 ℃时的密度，单位为克每毫升(g/mL)(23 ℃时，$\rho_{\mathrm{w}}=0.997\,537$ g/mL)；

$\rho_{\mathrm{ec}i}$——豁免化合物 i 的密度，单位为克每毫升(g/mL)(见 7.6.3)；

1 000——克每毫升(g/mL)换算成克每升(g/L)的换算系数。

9 结果表示

如果两次测定结果(平行测定)的差值大于 10.2 中规定的最大值，则需重新测定。

计算两个有效结果(平行测定)的平均值，报告结果精确至 1%。

10 精密度

10.1 通则

按 ISO 5725-1 和 ISO 5725-2 进行实验室间试验来测定本试验方法的精密度。由 5 至 7 个实验室对 3 种不同材料进行测试。由于一些试验结果不在本试验方法规定的范围内(见表 1 中脚注“a”)，所以计算精密度时，这些结果不予考虑，它们的 VOC 含量小于 15%(质量分数)，用 GB/T 23986 方法测试，精密度较好。

表 1 实验室间的试验结果

参数	阴极电泳漆[a]	水性漆[a]	双组分清漆
实验室个数	7	5	6
重复测定次数	5	5	5
平均值，以质量分数(%)计	11.46	11.11	39.8
再现性标准偏差	0.93	2.25	0.76

表 1（续）

参数	阴极电泳漆[a]	水性漆[a]	双组分清漆
再现性变异系数	8.1	20.3	1.9
重复性标准偏差	0.54	0.29	0.23
重复性变异系数	4.7	2.6	0.6

[a] 由于 VOC 含量平均值小于 15%（质量分数），所以在计算精密度时不考虑。

10.2 重复性限 *r*

重复性限 *r*，是指由同一操作者在同一实验室用标准化的试验方法，对同一材料在短的时间间隔内得到的两个单一试验结果（每个结果均为平行测定的平均值）之间的绝对差值低于该值，则结果值得信赖。

用本试验方法进行 5 次重复测定的重复性，以重复性的变异系数 CV(*r*)表示，为 1%。

10.3 再现性限 *R*

再现性限 *R*，是指由不同操作者在不同实验室用标准化的试验方法，对同一材料得到的两个试验结果（每个结果均为平行测定的平均值）之间的绝对差值低于该值，则结果值得信赖。

本试验方法的再现性，以再现性的变异系数 CV(*R*)表示，为 2%。

11 试验报告

试验报告至少应包括以下信息：

a) 注明本标准编号（GB/T 23985）；

b) 完全识别受试产品所必要的全部细节（生产商、商标、批号等）；

c) 附录 A 涉及的补充资料的内容；

d) 注明上述 c)项中补充资料所参照的国际标准或国家标准、产品规范或其他文件；

e) 试验结果，如第 8 章所示，及所用的计算方法（8.2，8.3，8.4 或 8.5）；

f) 与规定的试验方法的任何差异；

g) 试验日期。

附　录　A
（规范性附录）
需要补充的资料

为使本方法能正常使用，应适当提供本附录中所列补充资料的条款。

所需要的资料最好由有关双方商定，可以全部或部分地取自与受试产品有关的国际标准、国家标准或其他文件。

a)　要测定的有机化合物（如已知）；

b)　用来识别这些化合物所用的分析方法；

c)　a)中的有机化合物哪些是豁免化合物（见7.6）；

d)　使用的计算方法（见第8章）。

参 考 文 献

[1] ISO 4618:2006 色漆和清漆——术语和定义

[2] ISO 5725-1 测定方法及其结果的精确度(准确性和精密度)——第1部分:通用原理和定义

[3] ISO 5725-2 测定方法及其结果的精确度(准确性和精密度)——第2部分:标准测量方法的重复性和再现性的基本方法

[4] ASTM D3960 测定色漆及相关涂料中挥发性有机化合物(VOC)含量的推荐方法标准

ICS 87.040
G 50

中华人民共和国国家标准

GB/T 23986—2009/ISO 11890-2:2006

色漆和清漆　挥发性有机化合物(VOC)含量的测定　气相色谱法

Paints and varnishes—Determination of volatile organic compound (VOC) content—Gas-chromatographic method

(ISO 11890-2:2006, Paints and varnishes—Determination of volatile organic compound (VOC) content—Part 2: Gas-chromatographic method, IDT)

2009-06-02 发布　　2010-02-01 实施

中华人民共和国国家质量监督检验检疫总局
中国国家标准化管理委员会　发布

前　言

本标准等同采用国际标准 ISO 11890-2:2006《色漆和清漆——挥发性有机化合物(VOC)含量的测定——第 2 部分:气相色谱法》(英文版)。

本标准等同翻译 ISO 11890-2:2006。

为了便于使用,本标准编辑性修改内容如下:

——用“本标准”代替“本国际标准”;

——删除国际标准的前言;

——对 ISO 11890-2:2006 引用的其他国际标准,有被等同采用为我国标准的,用我国标准代替对应的国际标准,未被等同采用为我国标准的直接引用国际标准;

——删除国际标准名称中的“第二部分”;

——由于目前国内测定涂料中水分含量大多数采用气相色谱法,因此在 9.2 中增加了注 3 的内容。

本标准的附录 A 为规范性附录,附录 B 为资料性附录。

本标准由中国石油和化学工业协会提出。

本标准由全国涂料和颜料标准化技术委员会归口。

本标准起草单位:中海油常州涂料化工研究院、昆山世名科技开发有限公司。

本标准主要起草人:季军宏、黄宁、杜长森。

色漆和清漆　挥发性有机化合物(VOC)含量的测定　气相色谱法

1　范围

本标准是有关色漆、清漆及相关产品取样和试验的系列标准之一。

本标准规定了一种测定色漆、清漆及其原材料中挥发性有机化合物(VOC)含量的方法,主要适用于预期 VOC 含量大于 0.1%(质量分数)、小于 15%(质量分数)的样品。当 VOC 含量大于 15%(质量分数)时,可采用 GB/T 23985 中规定的较为简单的方法测定其含量。

本方法假定挥发物是水或有机物。然而,也可能存在其他的挥发性无机化合物,这可能需要用其他合适的方法进行定量测定并在计算时考虑扣除。

2　规范性引用文件

下列文件中的条款通过本标准的引用而成为本标准的条款。凡是注日期的引用文件,其随后所有的修改单(不包括勘误的内容)或修订版均不适用于本标准,然而,鼓励根据本标准达成协议的各方研究是否可使用这些文件的最新版本。凡是不注日期的引用文件,其最新版本适用于本标准。

GB/T 3186　色漆、清漆和色漆与清漆用原材料　取样(GB/T 3186—2006,ISO 15528:2000,IDT)

GB/T 6283　化工产品中水分含量的测定　卡尔·费休法(通用方法)〔GB/T 6283—1986,eqv ISO 760:1978,Determination of water—Karl Fisher method(General method)〕

GB/T 6750　色漆和清漆　密度的测定　比重瓶法(GB/T 6750—2007,ISO 2811-1:1997,Paints and varnishes—Determination of density—Part 1:Pyknometer method,IDT)

GB/T 20777　色漆和清漆　试样的检查和制备(GB/T 20777—2006,ISO 1513:1992,IDT)

GB/T 21862.2　色漆和清漆　密度的测定　第 2 部分:落球法(GB/T 21862.2—2008,ISO 2811-2:1997,IDT)

GB/T 21862.3　色漆和清漆　密度的测定　第 3 部分:振动法(GB/T 21862.3—2008,ISO 2811-3:1997,IDT)

GB/T 21862.4　色漆和清漆　密度的测定　第 4 部分:压杯法(GB/T 21862.4—2008,ISO 2811-4:1997,IDT)

3　术语和定义

下列术语和定义适用于本标准。

3.1

挥发性有机化合物(VOC)　volatile organic compound

在所处环境的正常温度和压力下,能自然蒸发的任何有机液体或固体。

注 1:目前涂料领域所使用的术语 VOC,参见挥发性有机化合物含量(VOC 含量)。

注 2:美国政府法规中规定,术语 VOC 仅限于指那些在大气中具有光化学活性的化合物(见 ASTM D3960),而任何其他的化合物被定义为豁免化合物。

[见 ISO 4618:2006]

注 3:欧洲法规如欧盟指令 2004/42/EC 中规定,术语 VOC 是指在 101.3 kPa 标准压力下,沸点最高可达 250 ℃的挥发性有机化合物。

3.2

挥发性有机化合物含量(VOC 含量)　volatile organic compound content

在规定的条件下,所测得的涂料中存在的挥发性有机化合物的含量。

注 1:所需考虑的化合物的性质和数量将取决于涂料应用的领域。对于每个应用领域来说,测定或计算的方法以及限量值是通过法规规定或双方约定。

[见 ISO 4618:2006]

注 2:如果术语 VOC 是以最高沸点定义的化合物(见 3.1 中的注 3),则将沸点低于限定值的化合物看作为 VOC 含量的部分,而沸点高于该限定值的化合物看作为非挥发性有机化合物。

3.3

豁免化合物　exempt compound

不参与大气中光化学反应的有机化合物。

注:见 3.1 中的注 2 和注 3。

3.4

待测　ready for use

根据生产商的说明,以正确的比例混合产品,如需稀释,应采用合适的稀释剂进行稀释,以使样品的状态能用已认可的方法进行测试。

4　原理

准备好样品后,采用气相色谱技术分离 VOCs。根据样品的类型,选择热进样或冷柱进样方式,优先选用热进样方式。化合物经定性鉴定后,用内标法以峰面积值来定量。用这种方法也可以测定水分含量,这取决于所用的仪器。然后进行计算并得出样品的 VOC 含量。

5　需要补充的资料

对于任何特定的应用而言,本部分所规定的试验方法需要用补充资料来加以完善。补充资料的内容在附录 A 中列出。

6　仪器

6.1　气相色谱仪

根据制造商的说明安装和使用仪器,所有与试验样品接触的仪器部件都应由对样品惰性的,且本身不会发生化学反应的材料(例如玻璃)制成。

6.2　样品进样方式

6.2.1　通则

采用 6.2.2 和 6.2.3 中规定的两种方式中的一种。

6.2.2　带分流装置的热进样方式(优先选择)

仪器应带有分流装置,并且进样口温度可以调节。进样口温度的设定精度为 1 ℃,分流比应能调节,并能被监控。分流装置的衬管内应填充硅烷化玻璃毛,以留住不挥发性组分,必要时应清洁衬管并填充新的玻璃毛或更换衬管,以排除由于漆基或颜料的残留物(如被吸附的化合物)引起的误差。色谱峰拖尾,特别是一些低挥发性组分的峰拖尾,表明产生了吸附。

6.2.3　带分流装置的冷进样方式

冷进样方式须用程序升温技术,加热范围从室温到 300 ℃,并配有分流装置,且分流衬管应由如玻璃的惰性材料制成。分流衬管内应填充硅烷化玻璃毛,并按 6.2.2 中的规定进行维护,同时分流比应能调节,并能被监控。

如果进样装置配有自动进样器,特别是选用热进样方式,测试方法的精密度将会提高。当使用自动进样器时应遵循制造商的说明进行操作。

6.2.4 进样方式的选择

选择热进样方式,还是冷进样方式,取决于试验样品的类型。对于在高温下会释放出干扰测定结果的物质的样品必须选用冷进样方式。

在不同的样品进样口温度下,通过观察色谱图的变化(例如出现异形峰或峰形大小的改变),可以判断样品是否发生裂解或分解反应。

热进样方式适合于所有的挥发性组分、化合物以及漆基或添加剂的裂解产物。漆基或添加剂的裂解产物能通过冷进样口程序升温的后期洗脱出来,因此采用冷进样方式就能分离与样品中的组分相同的裂解产物。

6.3 柱箱

柱箱的温度应能够在 40 ℃～300 ℃内进行恒温和程序升温操作,柱箱温度的波动不应超过 1 ℃。程序升温的最终温度不应超过柱子的最高使用温度(参见 6.5)。

6.4 检测器

可以使用以下三种检测器中的任意一种,或对某些特定化合物适用的其他类型的检测器。

6.4.1 火焰离子化检测器(FID),操作温度最高可达 300 ℃,为了防止冷凝,检测器温度应至少比柱箱的最高使用温度高 10 ℃。检测器的气体供给、进样量、分流比和增益设置应进行优化处理,以使计算时的信号(峰面积)正比于样品量。

6.4.2 已校准并调谐过的质谱仪或其他质量选择检测器。

6.4.3 已校准过的傅立叶变换红外光谱仪(FT-IR 光谱仪)。

6.5 毛细管柱

柱子由玻璃或熔融石英制成。柱的长度应能足够分离挥发物,其最大内径为 0.32 mm,并涂以适当膜厚度的固定相,如未改性的或苯基改性的聚二甲基硅氧烷或聚乙二醇等,以提供良好的峰分离。应选择好固定相和柱长度以满足特定的分离要求(参见附录 B 中的示例)。

应选择合适的毛细管柱、升温程序以及标记物,以便使样品中按沸点定义 VOCs 的化合物(见 3.1 中注 3),先于沸点标记物(见 7.4)洗提出,而非 VOCs 的化合物于标记物之后洗提出。当沸点限定值设为 250 ℃并采用极性固定相时,推荐选择 7.4 中给出的标记物、DB-1301™ 毛细管柱或其他等效柱,柱长不小于 60 m,内径 0.32 mm,膜厚约 1 μm。

6.6 定性分析设备

如分离出的组分用质量选择检测器或傅立叶变换红外光谱仪进行鉴定分析,应根据制造商的说明进行仪器与气相色谱仪的联机操作。

6.7 注射器

注射器的容量至少是进样量的两倍。

6.8 图谱记录仪

适用于记录气相色谱图的补偿式图谱记录仪。

6.9 积分仪

应采用电子数据处理仪器(积分仪或计算机)测量峰面积,校准和测试分析时选用的积分参数应一致。

6.10 样品瓶

使用由化学惰性材料(如玻璃)制成的小瓶,用合适的隔垫瓶盖(如涂有聚四氟乙烯的橡胶隔垫)密封。

6.11 气体过滤器

过滤器应安装在气相色谱仪的连接管中,以吸附气体中的残留杂质(见 6.12)。

6.12 气体

6.12.1 载气:干燥、无氧的氦气,氮气或氢气,纯度至少为 99.999%(体积分数)。

6.12.2 检测器气体:氢气,纯度至少为 99.999%(体积分数);以及空气(制备),不含有机化合物。

6.12.3 辅助气体:与载气具有相同性质的氮气或氦气。

7 试剂

7.1 内标物

内标物应是试验样品中没有的化合物,且能与色谱图中的其他组分完全分离,对样品组分是惰性的,并在测试的温度范围内稳定,且纯度已知。如异丁醇、二乙二醇二甲醚等这些化合物都可作为内标物。

7.2 校准化合物

用于校准的化合物,其纯度至少为 99%(质量分数),或纯度已知。

7.3 稀释溶剂

适于稀释样品的有机溶剂,其纯度至少为 99%(质量分数),或纯度已知,且不应含有干扰测定结果的任何物质,例如引起色谱图中的峰重叠。应经常单独注入溶剂进行操作,以观察是否有杂质和可能存在的干扰峰,特别是在做痕量分析时更须如此。

注:如甲醇、四氢呋喃等都可作为稀释溶剂。

7.4 标记物

如果术语 VOC 是指已规定的最高沸点以下的化合物(见 3.1 中的注 3),则应使用一种纯度已知,且其沸点在限定值附近±3 ℃的标记物。

示例:如果沸点限定值为 250 ℃,沸点为 252.6 ℃的十四烷可作为非极性样品体系的标记物,沸点为 251 ℃的己二酸二乙酯可作为极性样品体系的标记物。

8 取样

按 GB/T 3186 的规定,取试验产品(或多道涂层体系中的每一种产品)中的代表性样品。

按 GB/T 20777 的规定,检查和制备每一个试验样品,准备“待测”状态下的最终试验样品。

9 测试步骤

9.1 密度

如果计算时需要密度值(见 10.3～10.5),可根据样品的类型,使用 GB/T 6750、GB/T 21862.2、GB/T 21862.3 和 GB/T 21862.4 标准中能给出最好精密度的方法测定样品的密度。密度的测定在 23 ℃下进行。

9.2 水分含量

如果计算时需要水分含量(见 10.4～10.5),采用 GB/T 6283 中给出的方法测定水分含量,以质量分数表示。要选择不受样品中含有的化合物干扰的卡尔·费休试剂。如果化合物是未知的,应定性鉴定这些化合物(见 9.4)。

注 1:可能会产生干扰的典型化合物是酮类和醛类。试剂生产商一般会附带说明书以指导人们正确地选择试剂。

注 2:如果试验产品很明显或已知不含水,则无需测定水分含量,可将水分含量设定为零。

注 3:水分含量的测定也可采用气相色谱法。

9.3 气相色谱条件

9.3.1 选用的气相色谱条件取决于被分析的样品,并且每次都应使用已知的校准混合物对仪器进行优化处理,参见附录 B 中热进样方式和冷进样方式的示例。

9.3.2 进样量和分流比应相匹配,以免超出色谱柱的极限容量,并在检测器的线性范围内。峰形不对称表明气相色谱系统可能过载。

9.4 样品的定性分析

如果样品中的有机化合物是未知的，则需对其进行定性鉴定。优先选择气相色谱仪与质量选择检测器或傅立叶变换红外光谱仪联用(见6.6)，并使用9.3中给出的色谱操作条件。

9.5 校准

9.5.1 如果校准中用到的化合物都可以购买到，使用下列方法测定其相对校正因子：

9.5.1.1 在样品瓶(6.10)中称入9.4中定性出的化合物，精确至0.1 mg，称取的质量与试验样品中各自组分的含量应在同一数量级。

再称取与待测化合物相近质量的内标物(7.1)到同一样品瓶中，用稀释溶剂(7.3)稀释混合物，在与测试样品时相同的色谱操作条件下进样测定。

9.5.1.2 按9.3的规定优化仪器参数。

9.5.1.3 再将适量的校准混合物注入气相色谱仪中，按式(1)计算每种化合物的相对校正因子：

$$r_i = \frac{m_{ci} \times A_{is}}{m_{is} \times A_{ci}} \qquad \cdots\cdots(1)$$

式中：

r_i——化合物 i 的相对校正因子；

m_{is}——校准混合物中内标物的质量，单位为克(g)；

m_{ci}——校准混合物中化合物 i 的质量，单位为克(g)；

A_{is}——内标物的峰面积；

A_{ci}——化合物 i 的峰面积。

9.5.2 如果出现未能定性的色谱峰或无法购买到校准用的化合物时，则应假定其相对校正因子为1.0。

9.6 样品制备

称取样品约1 g～3 g(精确至0.1 mg)以及与待测化合物相近质量的内标物到同一样品瓶中，用适量的稀释溶剂稀释样品，密封样品瓶，并摇匀。

注：带颜料的或其他复杂的样品需通过离心净化。

9.7 化合物含量的定量测定

9.7.1 按校准时的优化条件设定仪器参数。

9.7.2 如果术语VOC是指已规定的最高沸点以下的化合物(见3.1中的注3)，通过单独的色谱分析，测定标记物的保留时间，该保留时间可确定为色谱图中VOC测定的积分终点。应选择按沸点给出洗提时间的色谱柱。

9.7.3 将0.1 μL～1 μL的试验样品注入气相色谱仪中，并记录色谱图。测定每种化合物的峰面积，或者如果术语VOC是指已规定的最高沸点以下的化合物(见3.1中的注3)，测定保留时间低于标记物的所有化合物的峰面积，然后按式(2)计算1 g试验样品中所含的每种化合物的质量：

$$m_i = \frac{r_i \times A_i \times m_{is}}{m_s \times A_{is}} \qquad \cdots\cdots(2)$$

式中：

m_i——1 g试验样品中化合物 i 的质量，单位为克(g)；

r_i——化合物 i 的相对校正因子(见9.5.1.3)；

A_i——化合物 i 的峰面积；

A_{is}——内标物的峰面积；

m_{is}——试验样品中内标物的质量，单位为克(g)(见9.6)；

m_s——试验样品的质量，单位为克(g)(见9.6)。

注：某些溶剂，如汽油，会洗提出一系列色谱峰，假定此间隔时间内没有其他化合物共洗提出，对大多数的记录积分仪，能把全部峰面积加和并按一个峰处理，如果积分仪没有这个功能，则手工加和整个峰面积，并用上面的公式

计算出试验样品中的溶剂含量。

9.7.4 平行测试。

10 计算

10.1 通则

按试验样品参照的标准中所规定的方法计算 VOC 含量。如没有规定特定的方法，按方法 1 计算 VOC 含量。

由于方法 1 不涉及密度的测定(会引入其他误差)，精密度较好，是一种优先选择的计算方法。

10.2 方法 1："待测"样品的 VOC 含量，以质量分数(%)表示，按式(3)计算：

$$w(\mathrm{VOC}) = \sum_{i=1}^{i=n} m_i \times 100 \qquad \cdots\cdots(3)$$

式中：

$w(\mathrm{VOC})$——"待测"样品的 VOC 含量，以质量分数(%)表示；

m_i——1 g 试验样品中化合物 i 的质量，单位为克(g)(见 9.7.3)；

100——质量(克每克，g/g)换算成质量分数(%)的换算系数。

10.3 方法 2："待测"样品的 VOC 含量，单位以克每升(g/L)表示，按式(4)计算：

$$\rho(\mathrm{VOC}) = \sum_{i=1}^{i=n} m_i \times \rho_s \times 1\,000 \qquad \cdots\cdots(4)$$

式中：

$\rho(\mathrm{VOC})$——"待测"样品的 VOC 含量，单位为克每升(g/L)；

m_i——1 g 试验样品中化合物 i 的质量，单位为克(g)(见 9.7.3)；

ρ_s——试验样品在 23 ℃时的密度，单位为克每毫升(g/mL)(见 9.1)；

1 000——质量(克每克，g/g)换算成克每升(g/L)的换算系数。

10.4 方法 3："待测"样品扣除水后的 VOC 含量，单位以克每升(g/L)表示，按式(5)计算：

$$\rho(\mathrm{VOC})_{\mathrm{lw}} = \left(\frac{\sum_{i=1}^{i=n} m_i}{1-\rho_s \times \frac{m_w}{\rho_w}}\right) \times \rho_s \times 1\,000 \qquad \cdots\cdots(5)$$

式中：

$\rho(\mathrm{VOC})_{\mathrm{lw}}$——"待测"样品扣除水后的 VOC 含量，单位为克每升(g/L)；

m_i——1 g 试验样品中化合物 i 的质量，单位为克(g)(见 9.7.3)；

m_w——1 g 试验样品中水的质量，单位为克(g)(见 9.2)；

ρ_s——试验样品在 23 ℃时的密度，单位为克每毫升(g/mL)(见 9.1)；

ρ_w——水在 23 ℃时的密度，单位为克每毫升(g/mL)(=0.997 537 g/mL)；

1 000——换算系数。

10.5 方法 4："待测"样品扣除水和豁免化合物(仅在有国家法规要求时适用)后的 VOC 含量，单位以克每升(g/L)表示，按式(6)计算：

$$w(\mathrm{VOC})_{\mathrm{lwe}} = \left(\frac{\sum_{i=1}^{i=n} m_i - \sum_{eci=1}^{eci=n} \frac{m_{eci}}{\rho_{eci}}}{1-\rho_s \times \frac{m_w}{\rho_w} - \rho_s \times \sum_{i=1}^{n} \frac{m_{eci}}{\rho_{eci}}}\right) \times \rho_s \times 1\,000 \qquad \cdots\cdots(6)$$

式中：

$w(\mathrm{VOC})_{\mathrm{lwe}}$——"待测"样品扣除水和豁免化合物后的 VOC 含量，单位为克每升(g/L)；

m_i——1 g 试验样品中化合物 i 的质量，单位为克(g)(见 9.7.3)；

m_{eci}——1 g 试验样品中豁免化合物 i 的质量，单位为克(g)；

m_w——1 g 试验样品中水的质量，单位为克(g)(见 9.2)；

ρ_s——试验样品在 23 ℃时的密度，单位为克每毫升(g/mL)(见 9.1)；

ρ_w——水在 23 ℃时的密度，单位为克每毫升(g/mL)(=0.997 537 g/mL)；

ρ_{eci}——豁免化合物 i 的密度，单位为克每毫升(g/mL)；

1 000——换算系数。

11 结果的表示

如果两次测定结果(平行测定)的差值大于 12.2 中规定的最大值时，则需重新测定。

计算两个有效结果(平行测定)的平均值，对于质量分数大于 1%的数值，精确至 0.1%；对于质量分数小于或等于 1%的数值，精确至 0.01%。

12 精密度

12.1 通则

按 ISO 5725-1 和 ISO 5725-2 进行实验室间试验来测定本试验方法的精密度。由 5～7 个实验室对 4 个不同材料进行测试。由于一些试验结果不在试验方法规定的范围内(见表 1 中脚注"a")，所以计算精密度时，这些结果不予考虑，它们的 VOC 含量大于 15%(质量分数)，用 GB/T 23985 方法测试，精密度较好。

表 1 实验室间的试验结果

参 数	分散型涂料	阴极电泳漆	水性漆	双组分清漆[a]
实验室个数	5	7	5	6
重复测定次数	5	5	5	5
平均值，以质量分数(%)计	0.36	11.68	11.83	43.36
再现性标准偏差	0.04	0.24	1.22	4.73
再现性变异系数	10.4	2.0	10.3	10.9
重复性标准偏差	0.01	0.17	0.88	0.64
重复性变异系数	2.6	1.5	7.7	1.5

[a] 由于 VOC 含量平均值大于 15%(质量分数)，所以在计算精密度时不考虑。

12.2 重复性限 *r*

重复性限 r，是指由同一操作者在同一实验室用标准化的试验方法，对同一材料在短的时间间隔内得到的两个单一试验结果(每个结果均为平行测定的平均值)之间的绝对差值低于该值，则结果值得信赖。

用本试验方法进行 5 次重复测定的重复性，以重复性的变异系数 CV(r)表示，介于 1%～8%之间。

12.3 再现性限 *R*

再现性限 R，是指由不同操作者在不同实验室用标准化的试验方法，对同一材料得到的两个试验结果(每个结果均为平行测定的平均值)之间的绝对差值低于该值，则结果值得信赖。

本试验方法的再现性，以再现性的变异系数 CV(R)表示，介于 2%～11%之间。

13 试验报告

试验报告至少应包括以下信息：

a) 注明参照本标准(GB/T 23896)；

b) 完全识别受试产品所必要的全部细节(生产商、商标、批号等);

c) 附录A涉及的补充资料的内容;

d) 注明上述c)项中补充资料所参照的国际标准或国家标准、产品规范或其他文件;

e) 试验结果,如第10章所示,及所用的计算方法(10.2,10.3,10.4或10.5);

f) 与规定的试验方法的任何差异;

g) 试验日期。

附 录 A
（规范性附录）
需要补充的资料

为使本方法能正常使用，应适当提供本附录中所列补充资料的条款。

所需要的资料最好由有关方商定，可以全部或部分地取自与受试产品有关的国际标准、国家标准或其他文件。

a) 要测定的有机化合物(见第 9 章)；

b) 选用的实验条件(见第 9 章)；

c) 选用的沸点标记物(见 7.4)

d) a)中的有机化合物哪些是豁免化合物；

e) 使用的计算方法(见第 10 章)。

附 录 B
（资料性附录）
气相色谱测试条件的示例

B.1 水可稀释样品的热进样方式

进样口温度	250 ℃
分流比：	1∶40
进样量：	0.5 μL，自动进样
柱箱升温程序：	初始温度：100 ℃
	恒温：1 min
	升温速率：20 ℃/min
	最终温度：260 ℃
	恒温：21 min
检测器温度：	260 ℃
载气：	氦气
	柱前压：124 kPa(18 psi)
	柱流速：27.3 cm/s(柱箱温度 100 ℃时)
色谱柱[1)]：	柱长：60 m
	柱内径：0.32 mm
	6%氰丙苯基/94%聚二甲基硅氧烷毛细管柱
	膜厚：1.0 μm

B.2 水可稀释样品的冷进样方式

冷进样口升温程序：	进样口温度：30 ℃
	升温速率：10 ℃/s
	一阶温度：100 ℃
	恒温：10 s
	升温速率：10 ℃/s
	二阶温度：260 ℃
	恒温：240 s
	分流比：1∶20
进样量：	0.2 μL
柱箱升温程序：	初始温度：50 ℃
	恒温：4 min
	升温速率：8 ℃/min
	最终温度：240 ℃
	恒温：10 min
检测器温度：	280 ℃
载气：	氦气

---

1) 推荐使用 DB-1301™ 毛细管柱。

	柱前压:150 kPa
色谱柱:	柱长:50 m
	柱内径:0.32 mm
	聚二甲基硅氧烷毛细管柱
	膜厚:1.0 μm

B.3 不含水样品的热进样方式

进样口温度	250 ℃
分流比:	1∶100
进样量:	0.2 μL,自动进样
柱箱升温程序:	初始温度:40 ℃
	升温速率:3 ℃/min
	最终温度:175 ℃
	恒温:15 min
检测器温度:	260 ℃
载气:	氦气
	柱前压:170 kPa
色谱柱:	柱长:50 m
	柱内径:0.2 mm
	聚二甲基硅氧烷毛细管柱
	膜厚:0.25 μm

B.4 不含水样品的冷进样方式

冷进样口升温程序:	进样口温度:40 ℃
	升温速率:10 ℃/s
	一阶温度:100 ℃
	恒温:10 s
	升温速率:10 ℃/s
	二阶温度:250 ℃
	恒温:200 s
	分流比:1∶100
进样量:	0.2 μL
柱箱升温程序:	初始温度:40 ℃
	升温速率:3 ℃/min
	最终温度:175 ℃
	恒温:10 min
检测器温度:	260 ℃
载气:	氦气
	柱前压:170 kPa
色谱柱:	柱长:50 m
	柱内径:0.32 mm
	聚二甲基硅氧烷毛细管柱
	膜厚:0.25 μm

参 考 文 献

[1] GB/T 23985 色漆和清漆 挥发性有机化合物(VOC)含量的测定 差值法(GB/T 23985—2009,ISO 11890-1:2007,Paints and varnishes—Determination of volatile organic compound (VOC) content—Part 1:Difference method,IDT)

[2] ISO 4618:2006 色漆和清漆——术语和定义

[3] ISO 5725-1 测定方法及其结果的精确度(准确性和精密度)——第1部分:通用原理和定义

[4] ISO 5725-2 测定方法及其结果的精确度(准确性和精密度)——第2部分:标准测量方法的重复性和再现性的基本方法

[5] ASTM D3960 测定色漆及相关涂料中挥发性有机化合物(VOC)含量的推荐方法标准

[6] 欧盟指令 2004/42/EC

ICS 87.040
G 50

中华人民共和国国家标准

GB/T 23987—2009/ISO 11507:2007

色漆和清漆　涂层的人工气候老化曝露　曝露于荧光紫外线和水

Paints and varnishes—Exposure of coatings to artificial weathering—Exposure to fluorescent UV lamps and water

(ISO 11507:2007,IDT)

2009-06-02 发布　　2010-02-01 实施

中华人民共和国国家质量监督检验检疫总局
中国国家标准化管理委员会　发布

前　言

本标准等同采用国际标准 ISO 11507:2007《色漆和清漆——涂层的人工气候老化曝露——曝露于荧光紫外线和水》(英文版)。

本标准等同翻译 ISO 11507:2007。

为了便于使用,本标准编辑性修改内容如下:

——用“本标准”代替“本国际标准”;

——删除国际标准的前言。

本标准由中国石油和化学工业协会提出。

本标准由全国涂料和颜料标准化技术委员会归口。

本标准起草单位:中海油常州涂料化工研究院、亚太拉斯材料测试技术有限公司。

本标准主要起草人:曹晓东、季小沛、程舸。

色漆和清漆　涂层的人工气候老化曝露　曝露于荧光紫外线和水

1　范围

本标准规定了使用包含荧光紫外灯和凝露或喷水的试验设备来测定涂层耐人工气候老化作用的试验方法。

注：由于荧光紫外灯管所产生的紫外光仅模拟了太阳光中紫外光谱中的一部分，因而试片是经受少量的却是光谱中破坏性较大的部分。

与太阳光相比，该试验中缺少可见光和红外光辐射的能量，因此试板被加热到的温度不高于实际使用时周围空气的温度。

2　规范性引用文件

下列文件中的条款通过本标准的引用而成为本标准的条款。凡是注日期的引用文件，其随后所有的修改单（不包括勘误的内容）或修订版均不适用于本标准，然而，鼓励根据本标准达成协议的各方研究是否可使用这些文件的最新版本。凡是不注日期的引用文件，其最新版本适用于本标准。

GB/T 3186　色漆、清漆和色漆与清漆用原材料　取样（GB/T 3186—2006，ISO 15528:2000，IDT）

GB/T 6682　分析试验室用水规格和试验方法（GB/T 6682—2008，ISO 3696:1987，MOD）

GB/T 9271　色漆和清漆　标准试板（GB/T 9271—2008，ISO 1514:2004，MOD）

GB/T 13452.2　色漆和清漆　漆膜厚度的测定（GB/T 13452.2—2008，ISO 2808:2007，IDT）

GB/T 16422.1—2006　塑料实验室光源暴露试验方法　第1部分：总则（ISO 4892-1:1999，IDT）

GB/T 20777　色漆和清漆　试样的检查和制备（GB/T 20777—2006，ISO 1513:1992，IDT）

3　术语和定义

下列术语和定义适用于本标准。

3.1

老化指标　ageing criterion

受试涂层所选择的性能给定的变化程度。

注：老化指标由产品标准规定或有关方商定。

［ISO 11341:2004］

3.2

老化状况　ageing behaviour

涂层经人工气候老化或人工辐射曝露直至达到某种老化指标过程中的各种性能的变化情况。

注：一种度量老化的方法，是用低于 400 nm 波长范围或在规定的波长的辐射曝露能表示。该辐射曝露对于具体性能的变化是必要的。

［ISO 11341:2004］

3.3

辐照度(E)　irradiance

规定波长范围的单位面积的辐照通量,单位为瓦特每平方米(W/m^2)。

3.4

曝露辐射能　radiant exposure

试板已受曝露的辐射能的一种量度,可由下式给出:

$$H = \int E\mathrm{d}t \quad \cdots\cdots(1)$$

式中:

E——辐照度,单位为瓦特每平方米(W/m^2);

t——曝露时间,单位为秒(s)。

注1:H 以焦耳每平方米表示;

注2:如果辐照度 E 在整个曝露时间内是恒定的,则辐射曝露 H 可简单地由 E 和 t 的乘积得到。

[ISO 11341:2004]

4　原理

使用荧光紫外灯和凝露或喷水对涂层进行人工气候作用,其目的是由该设备产生商定的辐射曝露能或商定的曝露时限,使涂层的某一种或几种性能达到给定的变化程度。一般是将经曝露后涂层的性能与其未曝露涂层(对比样)的性能相比较,或与同时曝露的其老化性能已知的涂层(参比样)的性能相比较。用有关双方事先商定的准则来评定这些性能。

辐射、温度和湿度对老化过程都有影响,因此,本标准中规定的设备模拟了所有这三种因素。

使用本方法得到的结果与天然曝露条件下得到的结果并非一定具有对应关系。在使用本方法来预测涂层(老化)性能之前,需要先确定这两个结果之间的对应关系。

5　仪器设备

5.1　试验箱

5.1.1　总则

试验箱主要是由耐腐蚀材料制成。其内部装有荧光紫外灯、加热水槽或喷嘴和试板架。

5.1.2　灯管

荧光紫外灯发射的光谱来自低压汞弧灯产生的紫外光。其所需的光谱分布是通过选择灯管内表面上荧光涂层的类型及构成灯管所用玻璃的性质来达到的。

除非另有规定,灯应是下面所列三种类型之一:

类型Ⅰ:该型灯发射出大量低于 300 nm 波长的辐射,这类辐射在太阳辐射中是不存在的。一些该类型的灯在 254 nm 处有可检测到的汞线辐射,由于这种辐射有较高的量子能,它所引起的光化学老化过程在自然环境下不存在,因此这种类型的荧光灯只有在有关双方专门商定的情况下才能使用。

这种类型的灯,通常称为 UVB-313,具有 313 nm 的发射峰和表1所列相对光谱辐照度:

表 1 UVB-313 灯的相对紫外光谱辐照度[a,b]

波长 λ/nm	最小值[c]/ %	CIE No. 85:1989 中表 4[d,e]/ %	最大值[c]/ %
$\lambda<290$	1.3	0	5.4
$290\leqslant\lambda\leqslant320$	47.8	5.4	65.9
$320<\lambda\leqslant360$	26.9	38.2	43.9
$360<\lambda\leqslant400$	1.7	56.4	7.2

a 表中给出了给定波长范围内的辐照度，以占 250 nm～400 nm 间总辐照度的百分比表示。为测定具体的类型Ⅰ(UVB-313)的灯是否符合表中的要求，应测量从 250 nm～400 nm 之间的光谱辐照度。将在每一波长范围内的辐照度加和然后除以 250 nm～400 nm 之间的总的辐照度。

b 表中类型Ⅰ(UVB-313)灯的最小值限、最大值限是通过对不同生产批次和不同老化情况的灯进行 44 次光谱辐照度测量后得到的。光谱辐照度数据适用于老化状况在设备制造商允许范围内的灯。如果能得到更多光谱辐照度数据，限值有微小的变化是可能的。最小值限和最大值限距所有测量值的平均值至少 3 倍标准差。

c 最小值和最大值列的和不一定是 100%，因为它们只表示所用测量数据的最小值和最大值。对于任何单独的光谱辐照度分布而言，表中的波长范围内计算的百分比的和将为 100%，对于任何一种类型Ⅰ(UVB-313)荧光灯，每个波长范围的百分比的计算值必须在表中给出的最小值和最大值之间。使用类型Ⅰ(UVB-313)灯的光谱辐照度在允许范围内波动时，曝露结果会有差异，可与荧光紫外仪的制造商联系索要所用类型Ⅰ(UVB-313)灯的详细的光谱辐照度数据。

d 来自于 CIE No. 85:1989 出版物中表 4 的数据，是在空气质量为 1.0、在标准温度和压力下臭氧柱压为 0.34 cm、可析出水蒸气压力为 1.42 cm、在 500 nm 处气溶胶衰减的光学深度为 0.1 时在水平表面上的太阳光总辐照度，这些数据仅供参考。

e 对于 CIE No. 85:1989 出版物中表 4 中表示太阳光谱数据，UV 辐照度(290 nm～400 nm)占总的辐照度(290 nm～800 nm)的 11%，可见光辐照度(400 nm～800 nm)占总的辐照度(290 nm～800 nm)的 89%。因为荧光 UV 灯的主要发射光集中在 300 nm～400 nm 波长范围内，荧光 UV 灯释放有限的可见光。当样板曝露于荧光紫外设备时，在样板上的 UV 辐照度与可见光辐照度百分比可因曝露的样板数量及它们本身的反射性能不同而不同。

类型Ⅱ：通常称为 UVA-340，在重要的光化学短波范围内与太阳光辐射一致，具有 340 nm 的发射峰和表 2 所列相对光谱辐照度：

表 2 UVA-340 灯的相对紫外光谱辐照度[a,b]

波长 λ/nm	最小值[c]/ %	CIE No. 85:1989 中表 4[d,e]/ %	最大值[c]/ %
$\lambda<290$	—	0	0.01
$290\leqslant\lambda\leqslant320$	5.9	5.4	9.3
$320<\lambda\leqslant360$	60.9	38.2	65.5
$360<\lambda\leqslant400$	26.5	56.4	32.8

表 2（续）

波长 λ/nm	最小值[c]/%	CIE No. 85:1989 中表 4[d,e]/%	最大值[c]/%

[a] 表中给出了给定波长范围内的辐照度以占 290 nm～400 nm 间总辐照度的百分比表示。为测定具体的类型Ⅱ(UVA-340)的灯是否符合表中的要求，应测量从 250 nm～400 nm 之间的光谱辐照度。典型地，以 2 nm 为增量测定。将在每一波长范围内的辐照度加和然后除以 290 nm～400 nm 之间的总的辐照度。

[b] 表中类型Ⅱ(UVA-340)灯的最小值限、最大值限是通过对不同生产批次和不同老化情况的灯进行超过 60 次光谱辐照度测量后得到的。光谱辐照度数据适用于老化状况在设备制造商允许范围内的灯。如果能得到更多光谱辐照度数据，限值有微小的变化是可能的。最小值限和最大值限距所有测量值的平均值至少 3 倍标准差。

[c] 最小值和最大值列的和不一定是 100%，因为它们只表示所用测量数据的最小值和最大值。对于任何单独的光谱辐照度分布而言，表中的波长范围内计算的百分比的和将为 100%。对于任何一种类型Ⅱ(UVA-340)荧光灯，每个波长范围的百分比的计算值必须在表中给出的最小值和最大值之间。可以预见，随着使用的类型Ⅱ(UVA-340)灯光谱辐照度在允许范围内波动时，曝露结果会有差异。与荧光紫外仪的制造商联系索要所用类型Ⅱ(UVA-340)灯的详细的光谱辐照度数据。

[d] 来自于 CIE No. 85:1989 出版物中表 4 的数据，是在空气质量为 1.0、在标准温度和压力下臭氧柱压为 0.34 cm、可析出水蒸气压力为 1.42 cm、在 500 nm 处气溶胶衰减的光学深度为 0.1 时在水平表面上的太阳光总辐照度。这些数据仅作为参考和作为一个标的。

[e] 对于 CIE No. 85:1989 出版物中表 4 中表示的太阳光谱数据，UV 辐照度(290 nm～400 nm)占总的辐照度(290 nm～800 nm) 的 11%，可见光辐照度(400 nm～800 nm)占总的辐照度(290 nm～800 nm)的 89%。因为荧光 UV 灯的主要发射光集中在 300 nm～400 nm 波长范围内，荧光 UV 灯释放有限的可见光。当样板曝露于荧光紫外设备时，在样板上的 UV 辐照度与可见光辐照度百分比可由于曝露的样板数量及它们本身的反射性能不同而不同。

类型Ⅲ：通常称为 UVA-351，用于模拟窗玻璃后太阳辐射的紫外区，具有 351 nm 的发射峰和表 3 所列相对光谱辐照度：

表 3 UVA-351 光谱辐照度用于模拟透过窗玻璃后的日光[a,b]

波长 λ/nm	最小值[c]/%	CIE No. 85:1989 中表 4 增加窗玻璃的影响[d,e]/%	最大值[c]/%
λ<300		0	0.2
300≤λ≤320	1.1	≤1	3.3
320<λ≤360	60.5	33.1	66.8
360<λ≤400	30.0	66.0	38.0

[a] 表中给出了给定波长范围内的辐照度以占 290 nm～400 nm 间总辐照度的百分比表示。为测定具体的类型Ⅲ(UVA-351)灯是否符合表中的要求，应测量从 250 nm～400 nm 之间的光谱辐照度。将在每一波长范围内的辐照度加和然后除以 290 nm～400 nm 之间的总的辐照度。

[b] 表中类型Ⅲ(UVA-351)灯的最小值限、最大值限是通过对不同生产批次和不同老化情况的灯进行 21 次光谱辐照度测量后得到的。光谱辐照度数据适用于老化状况在设备制造商允许范围内的灯。如果能得到更多光谱辐照度数据时，限值有微小的变化是可能的。最小值限和最大值限距所有测量值的平均值至少 3 倍标准差。

表 3（续）

波长 λ/nm	最小值[c]/%	CIE No. 85:1989 中表 4 增加窗玻璃的影响[d,e]/%	最大值[c]/%
c 最小值和最大值列的和不一定是 100%，因为它们只表示所用测量数据的最小值和最大值。对于任何单独的光谱辐照度分布而言，表中的波长范围内计算的百分比的和将为 100%。对于任何一种类型Ⅲ(UVA-351)荧光灯，每个波长范围的百分比的计算值必须在表中给出的最小值和最大值之间。可以预见，随着使用的类型Ⅲ(UVA-351)灯光谱辐照度在允许范围内波动时，曝露结果会有差异。与荧光紫外仪的制造商联系索要所用类型Ⅲ(UVA-351)灯的详细的光谱辐照度数据。 d CIE No. 85:1989 出版物表 4 中增加窗玻璃的影响的数据是通过将 CIE No. 85:1989 出版物中表 4 的未通过窗玻璃的数据乘以典型的 3 mm 厚的窗玻璃的光透过率得到的(见 GB/T 1865)。这些数据仅作为参考和作为一个标的。 e 对于 CIE No. 85:1989 出版物中表 4 中增加窗玻璃的影响的太阳光谱数据，UV 辐照度(300 nm～400 nm)占总的辐照度(300 nm～800 nm)的 9%，可见光辐照度(400 nm～800 nm)占总的辐照度(300 nm～800 nm)的 91%。因为荧光 UV 灯的主要发射光集中在 300 nm～400 nm 波长范围内，荧光 UV 灯释放有限的可见光。当样板曝露于荧光紫外设备时，在样板上的 UV 辐照度与可见光辐照度百分比可由于曝露的样板数量及它们本身的反射性能不同而不同。			

如果灯管是同一类型的，则它们应至少安装成四排。不推荐将具有不同光谱发射的灯管组合起来使用，应采取措施来保证试样表面光谱辐照度的均匀性，例如，可通过以一定的间隔时间改变试样的位置。因为随着灯管的老化，光谱输出会下降，所以灯管应按照制造厂的建议进行更新或轮换。

5.1.3 润湿试板的装置

试板应通过加热水槽凝露或喷淋来润湿，凝露时需保证室内空气在试板背面冷却，对于喷淋应使用符合 GB/T 6682 规定的 3 级水。如果由于试板较厚或导热率较低以至不能产生凝露时，使用方法 B (见 8.2.2)。

5.1.4 试板架

当使用凝露来润湿试板时，试板架应如此设计，即当把试板安放就位时，将会有足够的空气自由流通，冷却每一块试板背面，并使正面产生凝露。

5.1.5 黑板温度计

当设备在规定参数下操作时，应通过与黑板相连的传感器来监控温度。黑板温度计应与试板在同样的条件下曝露。

注：荧光紫外光源与氙弧光源和碳弧光源相比，所产生的红外辐射相对较少。在荧光紫外设备中，对试板的加热主要来自箱体与试板间对流的热空气。因此，黑板温度计温度、试板表面温度和试验箱空气温度之间只有较小的差异。

试验报告中应指出所用黑板温度计的类型。

5.1.6 辐射计

可以使用辐射计来监控辐照强度和辐射曝露量。如果使用辐射计，则辐射计应符合 GB 16422.1—2006 的 5.1.7 要求。

5.2 参照材料

使用合适的参照材料。

6 取样

按 GB/T 3186 规定取受试产品(或多涂层体系的每一种产品)的代表性样品。

按 GB/T 20777 规定检查和制备每个试样。

7 试板

7.1 底材

制备试板所用底材应是实际情况中通常使用的(例如,木板、石膏板、金属和塑料板等)。

除另有商定或规定外,应使用按 GB/T 9271 规定处理的标准试板。试板应平整,其尺寸应适合试板架(见制造厂推荐书)。

当采用凝露来润湿试板时,试板的最大厚度应能使试板正面发生凝露。

7.2 底材处理和涂装

除非另有规定,按 GB/T 9271 规定处理每块试板。然后将受试产品或体系按规定的方法进行涂装。

除非另有商定,只在每块试板的正面涂上受试涂料或涂料体系。如有必要,试板的背面和四周涂上保护漆。

7.3 干燥和状态调节

在规定条件下,干燥(或烘烤)并放置(如适用)每块涂漆试板至规定的时间。

对所有试板均标上持久的标记。

7.4 涂层的厚度

使用 GB/T 13452.2 中规定的一种非破坏性方法测定干涂层厚度,以微米计。

7.5 试板的数量

通常对每种涂料在一个设备中试验适当数量的试板。如果是进行等级测试,每种涂料的试板数量必须增加。

如有需要,每种涂料应至少再增加一块试板,储存于室温下,避免湿气和直接辐射,作为参照试样。

注:某些参照试样在储存过程中,一些性能也会发生变化。

8 操作步骤

8.1 试板的放置

将试板固定在试验仪中的试板架上,并按制造商说明排列。所有空间都应使用试板或空白板填满。

为了保证试板均匀曝露,要按试验设备制造商说明书去执行,例如,试板应在不多于 3 天间隔内进行重排(假定这些短时间的中断不会对最终结果造成不利影响)。

8.2 曝露

8.2.1 方法 A——含凝露的曝露

将设备放置在温度为(23±5)℃、无风但空气流通的环境中。

除非另有规定或商定,使黑板温度在辐照(干)过程中保持在(60±3)℃4 h。

除非另有规定或商定,使黑板温度在凝露过程中保持在(50±3)℃4 h。

建议每周对试板进行检查。建议在趋向试验周期的干相终点时取出试板检查。

注:涂层吸水会影响外观。

设备在首次启动时或关闭了一段时间以后,都应使之在规定条件下进行平衡。

建议经常检查设备以保证试板上产生凝露。

8.2.2 方法 B——含水喷淋的曝露

该方法用喷淋周期对凝露进行代替或补充。

例如,可使用下列循环:在辐照度为 45 W/m^2(290 nm～400 nm)、黑板温度(50±3)℃、相对湿度

<15% 的条件下干燥 5 h，然后在相同辐照度条件下进行 1 h 喷淋，黑板温度为(25±3)℃，不控制相对湿度，然后再回到干燥阶段，如此循环。

8.3 曝露时间

连续曝露直至达到规定或商定的老化指标或规定的辐射曝露(见 3.1 和 3.4)。

不可能规定出对所有不同类型表面涂层均有效的曝露时间。曝露时间也取决于所用灯管的类型。

除了设备的维修保养和试板检查，试验通常是连续进行的。

9 校准

黑板温度计应按制造厂推荐书进行校准。

装有辐照度控制系统的设备应按制造厂推荐书进行校准。

10 试板的检查(老化指标)

有关双方应事先商定该涂料在老化前、老化过程中和老化后应测试的性能，和应采用的适宜方法。

注：合适的方法包括在 GB/T 9754，GB/T 11186.1～GB/T 11186.3，GB/T 9761 和 ISO 4628-1～ISO 4628-8 和 ISO 4628-10 中规定的方法。

除另有商定外，在检查时试板不应洗涤或抛光。

11 精密度

本标准的精密度数据还未得到。

12 补充的试验条件

对于本标准规定的方法的任何特定的应用，除了以上章节，还有更多细节需要给出，例如下列内容：

a) 底材的材料、底材厚度和底材的表面处理；

b) 将待测涂料施涂于底材的方法；

c) 曝露前涂层的干燥(或烘烤)和放置(如适用)的时间与条件；

d) 在开始曝露前，试板的调节条件和时间(如果事先在同一试板上已经进行了其他的试验)；

e) 干涂层的厚度，以微米计，以及按 GB/T 13452.2 规定的测量方法，是单一涂层还是多涂层体系；

f) 曝露的条件和时间的全部细节；

g) 任何特定的试验要求，例如，商定的用颜色变化程度评定色牢度。

13 试验报告

试验报告至少应包括下列内容：

a) 识别受试产品所必要的全部细节(制造商、商标、批号等)；

b) 注明本标准编号；

c) 曝露的所有细节，包括：

  1) 所使用灯管的类型(Ⅰ型、Ⅱ型或Ⅲ型，或如果使用别的类型，则应写上该类型的细节及辐射曝露 H)；

  2) 所用循环；

  3) 开始阶段(润湿或干态)；

d) 本标准第 12 章提及的补充资料的条款；

e) 注明参照为补充第章所提及的信息而参照的国际标准或国家标准,产品规格或其他文件;

f) 试验结果,如第10章所指出的;

g) 与规定试验方法的任何不同之处;

h) 试验期间观察到的任何异常现象;

i) 试验日期。

参 考 文 献

[1] GB/T 1865 色漆和清漆 人工气候和人工辐射曝露 曝露于滤过的氙弧辐射(GB/T 1865—2009,ISO 11341:2004,IDT)

[2] GB/T 9754 色漆和清漆 不含金属颜料的漆膜 20°、60°与 85°镜面光泽的测定(GB/T 9754—2007,ISO 2813:1994,IDT)

[3] GB/T 9761 色漆和清漆 色漆的目视比色(GB/T 9761—2008,ISO 3668:1998,IDT)

[4] GB/T 11186.1 涂膜颜色的测量方法 第 1 部分 原理(GB/T 1186.1—1989,eqv ISO 7724-1:1984,Paints and varnishes—Colorimetry—Part 1:Principles)

[5] GB/T 11186.2 涂膜颜色的测量方法 第 2 部分 颜色测量(GB/T 1186.2—1989,eqv ISO 7724-2:1984,Paints and varnishes—Colorimetry—Part 2:Colour measurement)

[6] GB/T 11186.3 涂膜颜色的测量方法 第 3 部分 色差计算(GB/T 1186.3—1989,eqv ISO 7724-3:1984,Paints and varnishes—Colorimetry—Part 3:Calculation of colour differences)

[7] ISO 4628-1 色漆和清漆 涂层老化的评价 一般类型破坏的数量和大小以及外观均匀变化的强度的评定 第 1 部分:通则和评级方法

[8] ISO 4628-2 色漆和清漆 涂层老化的评价 一般类型破坏的数量和大小以及外观均匀变化的强度的评定 第 2 部分:起泡程度的评定

[9] ISO 4628-3 色漆和清漆 涂层老化的评价 一般类型破坏的数量和大小以及外观均匀变化的强度的评定 第 3 部分:锈蚀程度的评定

[10] ISO 4628-4 色漆和清漆 涂层老化的评价 一般类型破坏的数量和大小以及外观均匀变化的强度的评定 第 4 部分:开裂程度的评定

[11] ISO 4628-5 色漆和清漆 涂层老化的评价 一般类型破坏的数量和大小以及外观均匀变化的强度的评定 第 5 部分:剥落程度的评定

[12] ISO 4628-6 色漆和清漆 涂层老化的评价 一般类型破坏的数量和大小以及外观均匀变化的强度的评定 第 6 部分:粉化程度的评定(胶带纸法)

[13] ISO 4628-7 色漆和清漆 涂层老化的评价 一般类型破坏的数量和大小以及外观均匀变化的强度的评定 第 7 部分:粉化程度的评定(天鹅绒法)

[14] ISO 4628-8 色漆和清漆 涂层老化的评价 一般类型破坏的数量和大小以及外观均匀变化的强度的评定 第 8 部分:划痕附近脱落及腐蚀的评定

[15] ISO 4628-10 色漆和清漆 涂层老化的评价 一般类型破坏的数量和大小以及外观均匀变化的强度的评定 第 10 部分:丝状腐蚀的评定

[16] ISO 4892-3:2006 塑料 实验室光源曝露法 第 3 部分:荧光 UV 灯

[17] ASTM G154 非金属材料紫外曝露用荧光设备的操作

[18] CIE 85:1989 出版物:太阳光谱辐照度

ICS 87.040
G 50

GB

中华人民共和国国家标准

GB/T 23988—2009

涂料耐磨性测定　落砂法

Determination for abrasion resistance of coatings by falling abrasive

2009-06-02 发布　　2010-02-01 实施

中华人民共和国国家质量监督检验检疫总局
中国国家标准化管理委员会　发布

前 言

本标准由中国石油和化学工业协会提出。

本标准由全国涂料和颜料标准化技术委员会归口。

本标准起草单位：中海油常州涂料化工研究院。

本标准主要起草人：唐瑛。

涂料耐磨性测定　落砂法

1　范围

本标准规定了色漆、清漆或相关产品的单层涂膜或多层涂膜耐磨性的测定方法。

本试验方法适用于通过将磨料落在涂层上来测定色漆、清漆或相关产品的单层涂膜或多层涂膜的耐磨性。以磨损涂层的单位膜厚所需的磨料量来表示耐磨性。

2　规范性引用文件

下列文件中的条款通过本标准的引用而成为本标准的条款。凡是注日期的引用文件，其随后所有的修改单(不包括勘误的内容)或修订版均不适用于本标准，然而，鼓励根据本标准达成协议的各方研究是否可使用这些文件的最新版本。凡是不注日期的引用文件，其最新版本适用于本标准。

GB/T 3186　色漆、清漆和色漆与清漆用原材料　取样(GB/T 3186—2006,ISO 15528:2000,IDT)

GB/T 9271　色漆和清漆　标准试板(GB/T 9271—2008,ISO 1514:2004,MOD)

GB/T 13452.2　色漆和清漆　漆膜厚度的测定(GB/T 13452.2—2008,ISO 2808:2007,IDT)

GB/T 20777　色漆和清漆　试样的检查和制备(GB/T 20777—2006,ISO 1513:1992,IDT)

3　仪器和材料

3.1　耐磨试验器，如图1所示，在导管顶端附近设置一个控制磨料开始流动的开关。它是由一个金属圆片插入带有覆盖导管狭缝套环的导管一侧的窄缝中构成的。在一个合适的容器的上部，将导管稳固地保持在垂直位置上，设备上要有一个与垂直位置成45°角的放置涂漆样板的托座，使管子开口正对着要磨耗区域的上方。管子到涂漆表面的距离，在垂直方向测量时，其最近点是25.4 mm。仪器底部要装有调整螺钉，以便适当地调整设备。

单位为毫米

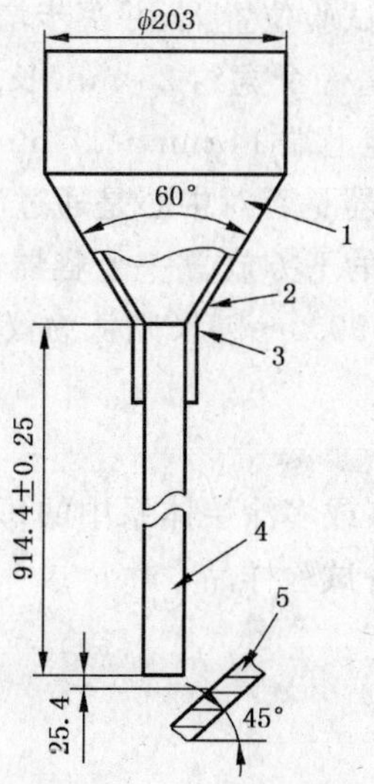

1——漏斗；

2——漏斗的下端是一个圆柱形的套环，与导管上端出口正好吻合；

3——导管的上端在漏斗的最小直径处导管的两端要切平并除掉全部毛刺；

4——直的，内管壁光滑的金属导管，直径为19.05 mm±0.08 mm，外径为22.22 mm±0.25 mm；

5——样板。

图1　落砂耐磨试验装置

3.2 磨料

采用石英砂作为磨料，砂的规格和来源不同其磨耗性能也不同。以下提供两种石英砂，可根据需要进行选择。

3.2.1 标准砂，由天然石英海砂经筛洗等加工制成，其二氧化硅(SiO_2)含量大于96%、烧失量不得超过0.40%、含泥量(包括可溶性盐类)不得超过0.20%(参考GB 178—1977)，粒度要求见表1：

表1 标准砂粒度要求

方孔筛孔径/ mm	累计筛余量/ %
0.65	<3
0.40	40±5
0.25	>94

注：建议采用福建省平潭县芦洋浦的天然石英海砂经筛洗等加工制成的标准砂。

3.2.2 天然石英砂

对石英砂筛分5 min，保留在0.85 mm筛孔上的石英砂不得多于15%，通过0.60 mm筛孔的石英砂不得多于5%。

注：砂的规格和来源应在报告中注明(不同来源的砂粒即使粒度一致，砂粒的磨耗性能也可能稍有不同)。磨料品种也可根据需要进行商定。

4 校准

4.1 流出速度的校准

将一定量的标准砂倒入漏斗。检查从导管下端落下的砂流，用底部调整螺钉使装置对中心直至从互为90°的两个位置上观察时，砂束的内心正好落在砂流的中心位置上为止。倒入一定体积量的砂(以2 000 mL±10 mL数量为宜)，并测定流出时间。流出速度应为21 s～23.5 s内流出2 L。

4.2 磨耗圆点的校准

将试验样板固定在3.1中所描述的试验位置上，并逐步增加放入的砂量，直至逐渐磨耗露出直径为4 mm圆点的底材为止。整个磨耗区域是一个宽约25 mm长约30 mm的椭圆形。最大磨耗区域的中心应在磨耗图形长轴的中心线上，并在距上端14 mm～17 mm之内。为了将磨耗圆点校正在磨耗图形的中心，允许仪器进行微调，最后检查仪器是否对中心是通过测定通过放置在导管正下方的金属试板上的4 mm孔的砂量进行的。在试板上孔的下方放置一个容器，称量通过试板孔落到容器中的砂量。如果通过孔内砂量是落在试板上总砂量的90%～93%则认为仪器是校准好的。

5 取样

按GB/T 3186的规定，取受试产品(或多涂层体系中的每种产品)的代表性样品。

按GB/T 20777的规定，检查和制备试验样品。

6 试板

6.1 底材

除非另有商定，底材应符合GB/T 9271的规定的硬质底材，如金属板或玻璃板等，最小尺寸为70 mm×150 mm。

6.2 处理和涂装

除非另有商定，应按GB/T 9271的规定来处理每一块底材，然后用待试产品或体系所规定的方法涂装，一种试样至少制备两块试板。

6.3 干燥和状态调节

在产品规定的条件下将已涂装的试板干燥固化。除非另有规定，样板在试验前应在(23±2)℃，相对湿度(50±5)%条件下至少状态调节 24 h。

6.4 涂层的厚度

干涂层的厚度以 GB/T 13452.2 中规定的方法之一测定，以 μm 表示。

7 操作步骤

7.1 除非另有商定，试验应在温度(23±2)℃和相对湿度(50±5)%条件下进行。

7.2 在每块试块上标出 1 个圆形区域，直径约 25 mm，并且使每个圆形区域在磨耗仪试板支架上能合适地就位。按照 6.4 中的规定测定涂层厚度，每个圆形区域至少需 3 个测试点。记录各自圆形区域上涂层厚度的平均测定值。

7.3 按 3.1 条中描述将已涂装试板固定在试验器上。调整试板使其标出的圆形区域正好在导管的中心下方，将一定体积的标准砂灌注到漏斗中，打开开关，使砂通过导管，撞击到涂漆试板上。安装在试验器底部的容器收集落下的砂。重复上述操作，直到涂层破坏，有 4 mm 直径的区域露出底材，在试验过程中，合适增量砂子是 2 000 mL±20 mL，快接近终点时，可以在漏斗中加 200 mL±2 mL 的砂。

注 1：当打开导管的开关时，应确保套环盖住管子开口的窄缝。

注 2：为了保证砂束的内心正好落在砂流的中心，每隔一定时间要检查导管的对中心的情况。

注 3：砂粒通过仪器 25 次以后要重新更换。

7.4 在另一块用相同涂料涂装的试板上重复 7.1～7.3 条的试验。

8 结果计算

按如下公式计算待测涂装试板的测试区域的耐磨性：

$$A = V/T \qquad (1)$$

式中：

A——耐磨性，单位为升每微米(L/μm)；

V——磨料使用量，单位为升(L)；

T——涂层厚度，单位为微米(μm)。

结果取两次平行测定的算术平均值，保留一位小数。两次平行测定相差应小于其平均值的 25%。

9 试验报告

试验报告至少应包括下列内容：

a) 注明本标准编号(GB/T 23988)；

b) 识别受试产品和磨料所必需的细节；

c) 按第 8 章规定所表示的试验结果；

d) 与规定试验方法的任何不同之处；

e) 试验日期。

参 考 文 献

[1] GB 178—1977 水泥强度试验用标准砂

ICS 87.040
G 50

中华人民共和国国家标准

GB/T 23989—2009

涂料耐溶剂擦拭性测定法

Determination for the solvent resistance of coatings by solvent rubs

2009-06-02 发布 2010-02-01 实施

中华人民共和国国家质量监督检验检疫总局
中国国家标准化管理委员会 发布

前　言

本标准由中国石油和化学工业协会提出。

本标准由全国涂料和颜料标准化技术委员会归口。

本标准起草单位：中海油常州涂料化工研究院。

本标准主要起草人：唐瑛。

涂料耐溶剂擦拭性测定法

1 范围

本标准规定了测定色漆、清漆或相关产品的单一涂层或复合涂层体系耐溶剂擦拭性的试验方法。

本试验方法适用于固化时发生化学反应的涂料的耐溶剂擦拭性的评定。

本方法分为A法和B法,A法为手工擦拭法,B法为仪器擦拭法。

2 规范性引用文件

下列文件中的条款通过本标准的引用而成为本标准的条款。凡是注日期的引用文件,其随后所有的修改单(不包括勘误的内容)或修订版均不适用于本标准,然而,鼓励根据本标准达成协议的各方研究是否可使用这些文件的最新版本。凡是不注日期的引用文件,其最新版本适用于本标准。

GB/T 3186 色漆、清漆和色漆与清漆用原材料 取样(GB/T 3186—2006,ISO 15528:2000,IDT)

GB/T 9271 色漆和清漆 标准试板(GB/T 9271—2008,ISO 1514:2004,MOD)

GB/T 13452.2 色漆和清漆 漆膜厚度的测定(GB/T 13452.2—2008,ISO 2808:2007,IDT)

GB/T 20777 色漆和清漆 试样的检查和制备(GB/T 20777—2006,ISO 1513:1992,IDT)

3 术语和定义

下列术语和定义适用于本标准。

3.1

往复擦拭 double rub

在涂层表面用浸透溶剂的脱脂棉或商定其他材料进行一次来回完整的擦拭过程。

4 原理

对于在固化过程中发生化学反应的涂料,如环氧树脂类、醇酸树脂类、聚氨酯树脂类涂料等,固化后涂膜将变得更加耐溶剂。用浸透合适溶剂的脱脂棉或商定其他材料进行擦拭可以确定涂膜的耐溶剂性能高低。

5 取样

按GB/T 3186的规定,取受试产品的代表性样品。

按GB/T 20777的规定,检查和制备试验样品。

6 试板及试验环境

6.1 底材

除非另有商定,底材应符合GB/T 9271的规定,最小尺寸为70 mm×150 mm。

6.2 处理和涂装

除非另有商定,应按GB/T 9271的规定来处理每一块底材,然后用待试产品或体系所规定的方法涂装,一种试样至少制备2块试板。

6.3 干燥和状态调节

在规定的条件下将已涂装的试板干燥固化。

6.4 试样的状态调节和试验温度

试板在试验前至少在温度(23±2)℃,相对湿度(50±5)%的条件下调节 1 h;除另有规定外,试验在 18 ℃~27 ℃下进行。

7 试验方法

7.1 手工擦拭法(A 法)

7.1.1 试剂和材料

7.1.1.1 甲乙酮,化学纯。

7.1.1.2 二甲苯,化学纯。

7.1.1.3 商定的其他溶剂。

7.1.1.4 脱脂棉或商定的其他材料。

7.1.1.5 耐溶剂手套、吸管等安全装备。

7.1.2 试验步骤

7.1.2.1 在正式试验前,试验人员应在合适的天平上,练习用干脱脂棉包裹的食指往复擦拭,压力的大小控制在 1 000 g~2 000 g 之间。应练习足够次数,使试验人员能在正式试验时能正确应用这样的压力。

7.1.2.2 在样板表面选取 120 mm 长擦拭区域,用自来水清洁涂层表面,除去表面疏松物质后晾干。

7.1.2.3 用 GB/T 13452.2 中规定的方法之一测定选定区域干涂层的厚度,以 μm 表示。用铅笔或其他合适耐溶剂的记号笔,在干净、无损涂层表面划取 120 mm×25 mm 的试验区域。

7.1.2.4 脱脂棉用规定的溶剂浸至润湿状态(用手挤压应无液滴滴下)。在进行下一个步骤前,挥发时间不能超过 10 s。

7.1.2.5 将经过合适安全保护的食指,放在脱脂棉中心,然后用拇指和其余手指捏紧脱脂棉的其余部分,将食指与测试涂膜表面成 45°角,用合适的压力(7.1.2.1)擦拭长方形测试区域,先向前(离开试验者方向)擦,然后向后(靠近试验者方向)擦。向前和向后一次擦拭为一次往复擦拭,一次往复擦拭控制在 1 s 左右。

7.1.2.6 继续擦拭涂膜表面,共 25 次往复擦拭。擦拭应在长方形的试验区域内进行。

7.1.2.7 如果要增加擦拭次数,需选择未使用的脱脂棉部分,然后按 7.1.2.4、7.1.2.5、7.1.2.6 进行。重复该步骤,直至达到规定的次数。

注:如果试验样品较多,试验者中间应适当休息,以使压力能保持在 1 000 g~2 000 g 之间,但一块样板的擦拭过程中不能休息。

7.1.3 试板检查

在散射日光下目视检查试板长度的中间 8 cm 的区域的涂膜,观察其是否破损露出底材。

7.1.4 结果评定

同一试样制备二块样板进行平行试验,擦拭至规定次数时,以两块试板中有一块未露出底材即评为"通过"。

7.2 仪器擦拭法(B 法)

7.2.1 主要材料和仪器

7.2.1.1 甲乙酮,化学纯。

7.2.1.2 二甲苯,化学纯。

7.2.1.3 商定的其他溶剂。

7.2.1.4 脱脂棉或商定的其他材料。

7.2.1.5 耐溶剂擦拭仪如图 1 所示。仪器参数:擦拭行程:12 cm±0.5 cm;接触面直径:14 mm±0.5 mm;对试板负荷:1 000 g±10 g;擦拭频率:每分钟(60±5)次往复擦拭。

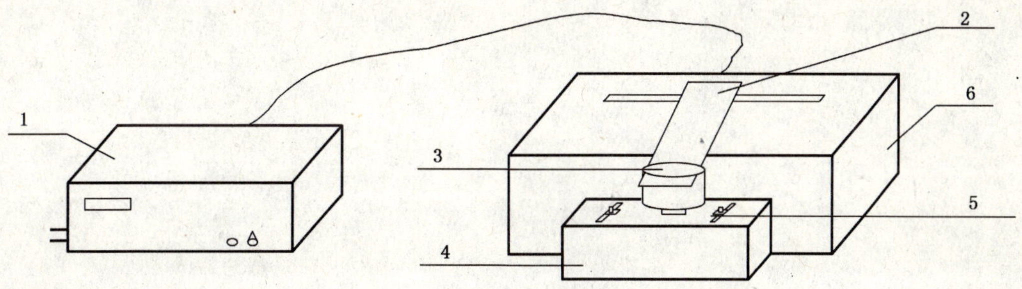

1——控制器；
2——滑动臂；
3——擦拭头；
4——试板台；
5——样板夹；
6——电机及机箱。

图 1　耐溶剂擦拭仪示意图

7.2.2　试验步骤

7.2.2.1　试验在 18 ℃～27 ℃的室温下进行。取适量脱脂棉用规定溶剂润湿后，挤至无溶剂滴下，包在擦拭头(见图 2)接触面上，然后取适量脱脂棉，放入擦拭头内腔及溶剂导孔，滴入适量溶剂，将擦拭头固定在滑动臂上。

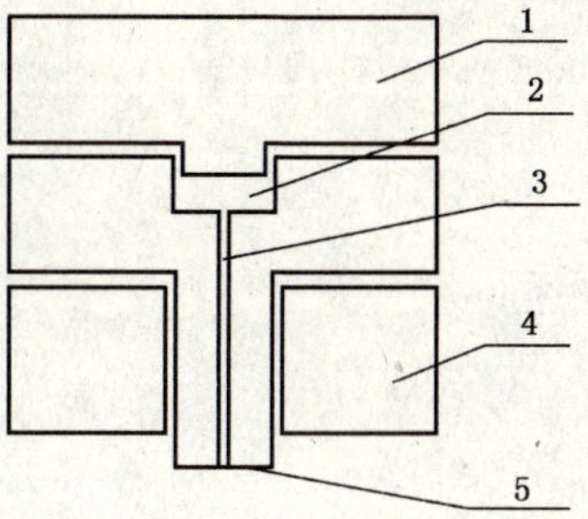

1——上螺母(固定擦拭头)；
2——内腔；
3——溶剂导孔；
4——下螺母(固定脱脂棉)；
5——接触面。

图 2　擦拭头截面示意图

7.2.2.2　将样板固定在试验台上，调整前后位置，使擦试头能落在样板中间。

7.2.2.3　擦拭至规定次数后(以一次往复运动记一次)或试板长度的中间 8 cm 的区域内露底后，停止试验。试验过程中应保持脱脂棉湿润但不允许有溶剂滴下，否则应重新进行试验。

7.2.3　试板检查

在散射阳光下目视检查试板长度的中间 8 cm 的区域的涂膜，观察其是否破损露出底材。

7.2.4　结果评定

同一试样制备二块样板进行平行试验，擦拭至规定次数时，以两块试板中有一块未露出底材即评为“通过”。

8　试验报告

试验报告至少应包括下列内容：

a）注明本标准编号；

b）识别受试产品所必要的全部细节；

c）按 7.1.4 或 7.2.4 规定所表示的试验结果；

d）与规定试验方法的任何不同之处；

e）试验日期。

ICS 87.040
G 50

中华人民共和国国家标准

GB/T 23990—2009

涂料中苯、甲苯、乙苯和二甲苯含量的测定 气相色谱法

Determination of the contents of benzene, toluene, ethylbenzene and xylene in coatings by gas chromatography

2009-06-02 发布　　2010-02-01 实施

中华人民共和国国家质量监督检验检疫总局
中国国家标准化管理委员会　发布

前言

本标准由中国石油和化学工业协会提出。

本标准由全国涂料和颜料标准化技术委员会归口。

本标准起草单位：中海油常州涂料化工研究院、昆山世名科技开发有限公司。

本标准主要起草人：于滨、周湘玲、杜长森。

涂料中苯、甲苯、乙苯和二甲苯含量的测定 气相色谱法

1 范围

本标准规定了采用气相色谱法测定涂料中苯、甲苯、乙苯和二甲苯的含量。

本标准中A法适用于溶剂型涂料中苯、甲苯、乙苯和二甲苯含量的测定；B法适用于水性涂料中苯、甲苯、乙苯和二甲苯含量的测定。

2 规范性引用文件

下列文件中的条款通过本标准的引用而成为本标准的条款。凡是注日期的引用文件，其随后所有的修改单(不包括勘误的内容)或修订版均不适用于本标准，然而鼓励根据本标准达成协议的各方研究是否可使用这些文件的最新版本。凡是不注日期的引用文件，其最新版本适用于本标准。

GB/T 3186 色漆、清漆和色漆与清漆用原材料 取样(GB/T 3186—2006,ISO 15528:2000,IDT)

3 原理

试样经稀释后，直接注入气相色谱仪中，经色谱分离技术使被测化合物分离，用氢火焰离子化检测器检测，采用内标法定量。

4 试剂和材料

4.1 载气：氮气，纯度≥99.995%。

4.2 燃气：氢气，纯度≥99.995%。

4.3 助燃气：空气。

4.4 辅助气体(隔垫吹扫和尾吹气)：与载气具有相同性质的氮气。

4.5 内标物：试样中不存在的化合物，且该化合物能够与色谱图上其他成分完全分离。纯度至少为99%(质量分数)，或已知纯度。例如：溶剂型涂料用正庚烷、正戊烷等；水性涂料用异丁醇等。

4.6 校准化合物：苯、甲苯、乙苯和二甲苯。纯度至少为99%(质量分数)，或已知纯度。

4.7 稀释溶剂：用于稀释试样的有机溶剂，不含有任何干扰测试的物质。纯度至少为99%(质量分数)，或已知纯度。例如：溶剂型涂料用乙酸乙酯、正己烷等；水性涂料用乙腈、四氢呋喃等。

5 仪器设备

5.1 气相色谱仪，具有以下配置：

5.1.1 分流装置的进样口，并且汽化室内衬可更换。

5.1.2 程序升温控制器。

5.1.3 火焰离子化检测器(FID)。

5.1.4 色谱柱：应能使被测化合物足够分离。如：聚二甲基硅氧烷毛细管柱或6%腈丙苯基/94%聚二甲基硅氧烷毛细管柱、聚乙二醇毛细管柱；或相似型号。

5.2 进样器：容量至少为进样量的两倍。

5.3 样品瓶：约 10 mL 的玻璃瓶，具有可密封的瓶盖。

5.4 天平：精度 0.1 mg。

6 取样

按 GB/T 3186 的规定，取受试产品的代表性样品。

7 气相色谱测试条件

7.1 气相色谱测试条件 1

色谱柱：聚二甲基硅氧烷毛细管柱，30 m×0.32 mm 内径×0.25 μm 膜厚；

进样口温度：250 ℃；

柱温：初始温度 40 ℃保持 5 min，然后以 10 ℃/min 升至 260 ℃保持 5 min；

检测器温度：280 ℃；

载气流速：1.0 mL/min；

分流比：分流进样，分流比可调。

7.2 气相色谱测试条件 2

色谱柱：6%腈丙苯基/94%聚二甲基硅氧烷毛细管柱，60 m×0.32 mm 内径×1.0 μm 膜厚；

进样口温度：200 ℃；

柱温：初始温度 65 ℃保持 16 min，以 15 ℃/min 升至 130 ℃保持 5 min；再以 10 ℃/min 升至 150 ℃保持 7 min；

检测器温度：300 ℃；

载气流速：0.9 mL/min 保持 15 min，以 10 mL/min^2 升至 1.5 mL/min 保持 10 min，再以30 mL/min^2 升至 4 mL/min 保持 2 min。

分流比：分流进样，分流比可调。

注：也可根据所用气相色谱仪的性能及待测试样的实际情况选择最佳的气相色谱测试条件。

8 溶剂型涂料中苯、甲苯、乙苯和二甲苯含量的测定(A 法)

所有试验进行二次平行测定。

8.1 色谱仪参数优化

按第 7 章中的色谱条件，每次都应使用已知的校准化合物对其进行最优化处理，使仪器的灵敏度、稳定性和分离效果处于最佳状态。

8.2 定性分析

8.2.1 按 8.1 所示使仪器参数最优化。

8.2.2 被测化合物保留时间的测定：注入 0.2 μL 含 4.6 所示被测化合物的标准溶液，记录各被测化合物的保留时间。

8.2.3 定性检验样品中的被测化合物：取约 2 g 的样品用乙酸乙酯(4.7)稀释，取 0.2 μL 注入色谱仪中，确定是否存在被测化合物。

8.3 校准

8.3.1 称取一定量(精确至 0.1 mg)各种校准化合物于样品瓶中，称取的量与待测产品中各自的含量应相当。

称取与待测化合物相近数量的内标物(4.5)于同一样品瓶中，使用乙酸乙酯(4.7)稀释混合，密封样品瓶并摇匀，然后在与测试试样的相同条件下进行分离和测定。

8.3.2 相对校正因子的测试：在与测试试样相同的色谱条件下按 8.1 的规定优化仪器参数。将适当数量的校准化合物注入气相色谱仪中，记录色谱图。按式(1)分别计算相对校正因子：

$$R_i = \frac{m_{ci} \times A_{is}}{m_{is} \times A_{ci}} \quad \cdots\cdots(1)$$

式中：

R_i——被测化合物 i 的相对校正因子；

m_{ci}——校准混合物中被测化合物 i 的质量，单位为克(g)；

m_{is}——校准混合物中内标物的质量，单位为克(g)；

A_{is}——内标物的峰面积；

A_{ci}——被测化合物 i 的峰面积。

结果保留三位有效数字。

8.4 试样的测试

8.4.1 试样配制：称取约 2 g 的试样(准确至 0.1 mg)以及与被测物质量近似相同的内标物于样品瓶中，用适量乙酸乙酯(4.7)稀释试样，密封试样瓶并混匀。

8.4.2 按校准时的最优化条件设定仪器参数。

8.4.3 化合物含量测定：将 0.2 μL 的试样注入气相色谱仪中，记录被测物的峰面积，然后用式(2)计算涂料中被测物的质量分数。

$$w_i = \frac{m_{is} \times A_i \times R_i}{m_s \times A_{is}} \times 100 \quad \cdots\cdots(2)$$

式中：

w_i——试样中苯、甲苯、乙苯和二甲苯的质量分数，以%表示；

R_i——被测化合物 i 的相对校正因子；

m_{is}——测试试样中内标物的质量，单位为克(g)；

m_s——测试试样的质量，单位为克(g)；

A_{is}——内标物的峰面积；

A_i——被测化合物 i 的峰面积。

8.5 精密度

8.5.1 重复性

同一操作者两次测试结果的相对偏差小于 5%。

8.5.2 再现性

不同实验室间测试结果的相对偏差小于 10%。

9 水性涂料中苯、甲苯、乙苯和二甲苯含量的测定(B 法)

所有试验进行二次平行测定。

9.1 色谱仪参数优化

按第 7 章中的色谱条件，每次都应使用已知的校准化合物对其进行最优化处理，使仪器的灵敏度、稳定性和分离效果处于最佳状态。

9.2 产品的定性分析

9.2.1 按 9.1 所示使仪器参数最优化。

9.2.2 被测化合物保留时间的测定：注入 1.0 μL 含 4.6 所示被测化合物的标准溶液，记录各被测化合物的保留时间。

9.2.3 定性检验样品中的被测化合物：取约 1 g 左右的样品用稀释溶剂乙腈(4.7)稀释，取 1.0 μL 注入色谱仪中，确定是否存在被测物。

9.3 校准

9.3.1 称取一定量(精确至 0.1 mg)各种校准化合物于样品瓶中，称取的量与待测产品中各自的含量应相当。

称取与待测化合物相近数量的内标物(4.5)于同一样品瓶中，使用稀释溶剂乙腈(4.7)稀释混合，密封样品瓶并摇匀，然后在与测试试样的相同条件下进行分离和测定。

9.3.2 相对校正因子的测试：在与测试试样相同的色谱条件下按 9.1 的规定优化仪器参数。将适当数量的校准化合物注入气相色谱仪中，记录色谱图。按式(3)分别计算相对校正因子：

$$R_i = \frac{m_{ci} \times A_{is}}{m_{is} \times A_{ci}} \qquad \cdots\cdots(3)$$

式中：

R_i——被测化合物 i 的相对校正因子；

m_{ci}——校准混合物中被测化合物 i 的质量，单位为克(g)；

m_{is}——校准混合物中内标物的质量，单位为克(g)；

A_{is}——内标物的峰面积；

A_{ci}——被测化合物 i 的峰面积。

相对偏差小于 5%，结果保留三位有效数字。

9.4 试样的测试

9.4.1 试样配制：称取约 1 g 的试样(称准至 0.1 mg)以及与被测物质量近似相同的内标物于样品瓶中，用适量稀释溶剂乙腈(4.7)稀释试样，密封试样瓶并混匀。

9.4.2 按校准时的最优化条件设定仪器参数。

9.4.3 化合物含量测定：将 1.0 μL 的水性涂料试样注入气相色谱仪中，记录被测物的峰面积，然后用式(4)计算涂料中被测物的质量分数。

$$w_i = \frac{m_{is} \times A_i \times R_i}{m_s \times A_{is}} \times 10^6 \qquad \cdots\cdots(4)$$

式中：

w_i——试样中苯、甲苯、乙苯和二甲苯的质量分数，单位为毫克每千克(mg/kg)；

R_i——被测化合物 i 的相对校正因子；

m_{is}——测试试样中内标物的质量，单位为克(g)；

m_s——测试试样的质量，单位为克(g)；

A_{is}——内标物的峰面积；

A_i——被测化合物 i 的峰面积。

9.5 精密度

9.5.1 重复性

同一操作者两次测试结果的相对偏差小于 10%。

9.5.2 再现性

不同实验室间测试结果的相对偏差小于 20%。

10 试验报告

试验报告至少应包括以下内容：

a） 注明本标准编号；

b） 完全识别受试产品所必需的全部细节（生产商、商标、批号等）；

c） 与规定的试验方法的任何不同之处；

d） 有关方之间商定的条款；

e） 试验日期。

ICS 87.040
G 50

中华人民共和国国家标准

GB/T 23991—2009

涂料中可溶性有害元素含量的测定

Determination of soluble harmful elements content of coatings

2009-06-02 发布　　2010-02-01 实施

中华人民共和国国家质量监督检验检疫总局
中国国家标准化管理委员会　发布

前　言

本标准由中国石油和化学工业协会提出。

本标准由全国涂料和颜料标准化技术委员会归口。

本标准起草单位：中海油常州涂料化工研究院。

本标准主要起草人：黄宁。

涂料中可溶性有害元素含量的测定

1 范围

本标准规定了涂料中可溶性有害元素(锑、砷、钡、镉、铬、铅、汞和硒)含量的测定方法。

本标准适用于各种涂料。

2 规范性引用文件

下列文件中的条款通过本标准的引用而成为本标准的条款。凡是注日期的引用文件,其随后所有的修改单(不包括勘误的内容)或修订版均不适用于本标准,然而,鼓励根据本标准达成协议的各方研究是否可使用这些文件的最新版本。凡是不注日期的引用文件,其最新版本适用于本标准。

GB/T 6682 分析实验室用水规格和试验方法(GB/T 6682—2008,ISO 3696:1987,MOD)

3 原理

用0.07 mol/L盐酸溶液处理干燥后的涂膜,采用检出限适当的分析仪器定量测定试验溶液中可溶性元素的含量。

4 试剂

分析测试中仅使用确认为分析纯的试剂,所用水符合GB/T 6682中三级水的要求。

4.1 盐酸:约为37%(质量分数),密度约为1.18 g/mL。

4.2 盐酸溶液:0.07 mol/L。

4.3 盐酸溶液:约为2 mol/L。

4.4 硝酸溶液:1∶1(体积比)。

4.5 锑、砷、钡、镉、铬、铅、汞、硒标准贮备溶液:浓度为100 mg/L或1 000 mg/L。

5 仪器和设备

普通实验室仪器设备以及下列一些仪器设备。

5.1 检出限适当(见第8章)的分析仪器:如原子吸收光谱仪、电感耦合等离子体原子发射光谱仪等。

5.2 粉碎设备:粉碎机,剪刀等。

5.3 不锈钢金属筛:孔径0.5 mm。

5.4 天平:精度0.1 mg。

5.5 加热搅拌装置:该装置应能恒温在(37±2)℃并连续自动搅拌,搅拌子外层应为聚四氟乙烯或玻璃。也可使用能恒温在(37±2)℃的振荡水浴锅。

5.6 酸度计:精度为±0.2pH单位。

5.7 滤膜(适用于水溶液):孔径0.45 μm。

5.8 容量瓶:25 mL、50 mL、100 mL等。

5.9 移液管:1 mL、2 mL、5 mL、10 mL、25 mL、50 mL等。

5.10 系列化学容器:总容量为盐酸溶液(4.2)提取剂体积的1.6倍~5.0倍。

5.11 玻璃板或聚四氟乙烯板。

所有的玻璃器皿、样品容器、搅拌子、玻璃板或聚四氟乙烯板等在使用前都需用硝酸溶液(4.4)浸泡24 h,然后用水清洗并干燥。

6 试验步骤

6.1 涂膜的制备

将待测样品搅拌均匀。按产品明示的配比(稀释剂无须加入)混合各组分样品,搅拌均匀后,在玻璃板或聚四氟乙烯板(5.11)上制备厚度适宜的涂膜。在产品说明书规定的干燥条件下,待涂膜完全干燥[自干漆若烘干,温度不得超过(60±2)℃]后,取下涂膜,在室温下用粉碎设备(5.2)将其粉碎,并用不锈钢金属筛(5.3)过筛后待处理。

注1:对不能被粉碎的涂膜(如弹性或塑性涂膜),可用干净的剪刀(5.2)将涂膜尽可能剪碎,无须过筛直接进行样品处理。

注2:粉末状样品,直接进行样品处理。

6.2 样品处理

对制备的试样进行二次平行测试。

使用合适的化学容器(5.10),用合适的移液管(5.9)将相当于测试试样质量50倍、温度为(37±2)℃的盐酸溶液(4.2)与测试试样混合。在搅拌装置(5.5)上搅拌1 min后,用酸度计(5.6)测其酸度。如果pH值>1.5,一边搅拌混合液,一边逐滴加入盐酸溶液(4.3)[如果测试试样含有大量碳酸盐类碱性化合物,可采用逐滴加入盐酸(4.1)]调节pH值在1.0~1.5之间。将混合物避光,再在(37±2)℃下连续搅拌1 h,然后在(37±2)℃下放置1 h。接着立即用滤膜(5.7)过滤。过滤后的滤液应避光保存并应在24 h内完成元素分析测试。若滤液在进行元素分析测试前的保存时间超过24 h,应使用盐酸(4.1)加以稳定,使保存的溶液浓度 $c(HCl)$ 约为1 mol/L。

注:在整个提取期间,应调节搅拌器的速度,以保持试样始终处于悬浮状态,同时应尽量避免溅出。

6.3 测试

按6.2制备的试验溶液采用检出限适当(见第8章)的分析仪器(5.1)测定可溶性有害元素的含量。

使用任一种分析仪器进行测定时,分析者都应按照仪器说明书或操作手册的规定对其进行操作和测试,并在试验报告中注明采用的分析仪器。

7 结果的计算

7.1 按式(1)分别计算试样中各种可溶性元素的含量:

$$\omega = \frac{(\rho - \rho_0)V \times F}{m} \quad \cdots\cdots\cdots(1)$$

式中:

ω——试样中可溶性元素的含量,单位为毫克每千克(mg/kg);

ρ——试验溶液的测定浓度,单位为毫克每升(mg/L);

ρ_0——空白溶液(4.2)的测定浓度,单位为毫克每升(mg/L);

V——试验溶液的定容体积,单位为毫升(mL);

F——试验溶液的稀释倍数;

m——试样质量,单位为克(g)。

7.2 结果的校正

由于本测试方法精确度的原因,在考虑实验室之间测试结果时,需经校正得出最终的分析结果。即式(1)中的计算结果应减去该结果乘以表1中相应元素的分析校正系数的值,作为该元素最终的分析结果报出。

表1 各元素分析校正系数

元素	锑(Sb)	砷(As)	钡(Ba)	镉(Cd)	铬(Cr)	铅(Pb)	汞(Hg)	硒(Se)
分析校正系数/%	60	60	30	30	30	30	50	60

示例:铅的计算结果为120 mg/kg,表1中铅的分析校正系数为30%,则最终分析结果=120−120×30%=84(mg/kg)。

8 测试方法的检出限

按上述分析方法测定可溶性元素含量，其检出限不应大于该元素限量（依据试验样品执行的相应标准或法规中规定的限量值）的十分之一。分析测试方法的检出限一般被认为是空白样测试值标准偏差的3倍，上述空白样测试值由实验室测定。

9 精密度

9.1 重复性

同一操作者二次测试结果的相对偏差小于20%。

9.2 再现性

不同试验室间测试结果的相对偏差小于33%。

ICS 87.040
G 50

中华人民共和国国家标准

GB/T 23992—2009

涂料中氯代烃含量的测定 气相色谱法

Determination of chlorhydrocarbon content in coatings—Gas chromatographic method

2009-06-02 发布　　2010-02-01 实施

中华人民共和国国家质量监督检验检疫总局
中国国家标准化管理委员会　发布

前言

本标准由中国石油和化学工业协会提出。

本标准由全国涂料和颜料标准化技术委员会归口。

本标准起草单位:中海油常州涂料化工研究院、昆山市世名科技开发有限公司。

本标准主要起草人:于滨、陈瑞芳、杜长森。

涂料中氯代烃含量的测定 气相色谱法

1 范围

本标准规定了采用气相色谱法测定涂料中氯代烃含量的方法。这些氯代烃包括：二氯甲烷、二氯乙烷、三氯甲烷、三氯乙烷、四氯化碳以及其他类型的氯代烃。

本标准适用于各种涂料及涂料用原材料。

2 规范性引用文件

下列文件中的条款通过本标准的引用而成为本标准的条款。凡是注日期的引用文件，其随后所有的修改单(不包括勘误的内容)或修订版均不适用于本标准，然而鼓励根据本标准达成协议的各方研究是否可使用这些文件的最新版本。凡是不注日期的引用文件，其最新版本适用于本标准。

GB/T 3186 色漆、清漆和色漆与清漆用原材料 取样(GB/T 3186—2006，ISO 15528:2000，IDT)

3 原理

试样经稀释溶剂稀释后注入气相色谱仪中，经毛细管色谱柱使被测化合物与其他化合物完全分离后，用电子捕获检测器检测，以内标法定量。

4 试剂和材料

4.1 载气：氮气，纯度≥99.995%。

4.2 辅助气体(隔垫吹扫和尾吹气)：与载气具有相同性质的氮气。

4.3 内标物：试样中不存在的化合物，且该化合物能够与色谱图上其他化合物完全分离。纯度至少为99%(质量分数)或已知纯度。例如：溴丙烷等。

4.4 校准化合物：用于校准的化合物，纯度(质量分数)至少为99%或已知纯度。

4.5 稀释溶剂：适于稀释试样的有机溶剂，不含有任何干扰测定的物质，纯度至少为99%(质量分数)或已知纯度。例如：水性涂料可使用乙腈、甲醇或二甲基甲酰胺等；溶剂型涂料可使用乙酸乙酯、正己烷等。

5 仪器设备

5.1 气相色谱仪，具有以下配置：

5.1.1 分流装置的进样口，并且汽化室内衬可更换。

5.1.2 程序升温控制器。

5.1.3 检测器

可以使用下列三种检测器中的任意一种：

5.1.3.1 电子捕获检测器(ECD)。

5.1.3.2 已校准并调谐过的质谱仪或其他质量选择检测器。

5.1.3.3 已校准过的傅立叶变换红外光谱仪(FT-IR 光谱仪)。

注：如果选用 5.1.3.2 或 5.1.3.3 检测器对被测化合物进行定性鉴定，仪器应与气相色谱仪相连并根据仪器制造商的相关说明进行操作。

5.1.4 色谱柱：应能有效的分离被测化合物。如：(5%苯基)95%甲基聚硅氧烷毛细管柱或相当型号。

5.2 进样器：容量至少是进样量的两倍。

5.3 样品瓶:约10 mL的玻璃瓶,具有可密封的瓶盖。

5.4 天平:精度0.1 mg。

6 取样

按GB/T 3186的规定,取受试产品的代表性样品。

7 气相色谱测试条件

7.1 色谱条件1

色谱柱:(5%苯基)95%甲基聚硅氧烷毛细管柱,30 m×0.25 mm×0.25 μm;

进样口温度:250 ℃;

柱温:程序升温:初始温度40 ℃保持15 min,再以10 ℃/min升至150 ℃保持2 min,然后以50 ℃/min升至250 ℃保持2 min;

检测器:ECD;检测器温度:300 ℃;

载气流速:2.0 mL/min;

分流比:分流进样,分流比可调。

7.2 色谱条件2

色谱柱:聚二甲基硅氧烷毛细管柱,30 m×0.25 mm×0.25 μm;

进样口温度:250 ℃;

柱温:程序升温:初始温度40 ℃保持9 min,再以20 ℃/min升至150 ℃保持5 min,然后以50 ℃/min升至250 ℃保持2 min;

检测器:ECD;检测器温度:300 ℃;

载气流速:1.0 mL/min;

分流比:分流进样,分流比可调。

注:也可根据所用气相色谱仪的具体配置、性能及待测试样的实际情况选择最佳的气相色谱测试条件。

8 测试步骤

所有试验进行二次平行测定。

8.1 色谱仪参数优化

按第7章给出的参考色谱条件,每次都应使用已知的校准化合物对其进行最优化处理,使仪器的灵敏度、稳定性和分离效果处于最佳状态。

进样量和分流比应相匹配,以免超出色谱柱的容量,并在仪器检测器的线性范围内。

8.2 样品的定性分析

8.2.1 按8.1的规定使仪器参数最优化。

8.2.2 称取约2 g的样品于样品瓶(5.3)中,用适量的稀释溶剂(4.5)稀释样品,混合均匀后用进样器(5.2)将适量(水性涂料约1.0 μL;溶剂型涂料约0.2 μL)的试样注入色谱仪。优先选用的方法是气相色谱仪与质量选择检测器(5.1.3.2)或傅里叶变换红外光谱仪(5.1.3.3)联用。

8.3 校准

8.3.1 校准样品的配置:分别称取一定量(精确至0.1 mg)在8.2中鉴定出的各种被测化合物的校准化合物于样品瓶(5.3)中,称取的质量与待测样品中所含的各种被测化合物的含量应在同一数量级,再称取与待测化合物同一数量级的内标物(4.3)于同一样品瓶中,用稀释溶剂(4.5)稀释混合物(其稀释浓度应在仪器检测器线性范围内,若超出应加大稀释倍数或逐级多次稀释),密封样品瓶并摇匀。

8.3.2 相对校正因子的测试:在与测试试样相同的色谱条件下按8.1的规定优化仪器参数,将适量的校准混合物注入气相色谱柱中,记录色谱图。

按式(1)计算每种被测化合物的相对校正因子 R_i:

$$R_i = \frac{m_{ci} \times A_{is}}{m_{is} \times A_{ci}} \quad \cdots\cdots(1)$$

式中：

R_i——化合物 i 的相对校正因子；

m_{ci}——校准混合物中化合物 i 的质量，单位为克(g)；

m_{is}——校准混合物中内标物的质量，单位为克(g)；

A_{is}——内标物的峰面积；

A_{ci}——化合物 i 的峰面积。

测定结果保留三位有效数字。

8.4 试样的测定

8.4.1 试样的配制：称取约 2 g 的待测样品(精确至 0.1 mg)以及与被测化合物同一数量级的内标物(4.3)于样品瓶(5.3)中，用适量稀释溶剂(4.5)稀释试样，密封样品瓶并混合均匀。

8.4.2 按校准时的最优化条件设定仪器参数。

8.4.3 将适量(水性涂料约 1.0 μL；溶剂型涂料约 0.2 μL)按 8.4.1 配制的试样注入气相色谱仪中，记录色谱图并记录被测化合物的峰面积。

8.5 计算

8.5.1 按下列公式计算水性涂料中每种被测化合物的含量：

$$w_i = \frac{m_{is} \times A_i \times R_i}{m_s \times A_{is}} \times 10^6 \quad \cdots\cdots(2)$$

式中：

w_i——测试试样中被测化合物 i 的含量，单位为毫克每千克(mg/kg)；

R_i——被测化合物 i 的相对校正因子；

m_{is}——内标物的质量，单位为克(g)；

m_s——测试试样的质量，单位为克(g)；

A_{is}——内标物的峰面积；

A_i——被测化合物 i 的峰面积。

8.5.2 按下列公式计算溶剂型涂料中每种被测化合物的含量：

$$w_i = \frac{m_{is} \times A_i \times R_i}{m_s \times A_{is}} \times 100 \quad \cdots\cdots(3)$$

式中：

w_i——测试试样中被测化合物 i 的质量分数，以%表示；

R_i——被测化合物 i 的相对校正因子；

m_{is}——内标物的质量，单位为克(g)；

m_s——测试试样的质量，单位为克(g)；

A_{is}——内标物的峰面积；

A_i——被测化合物 i 的峰面积。

8.6 精密度

8.6.1 重复性

同一测试者两次测定结果的相对偏差小于5%。

8.6.2 再现性

不同实验室间测定结果的相对偏差小于10%。

ICS 87.040
G 50

中华人民共和国国家标准

GB/T 23993—2009

水性涂料中甲醛含量的测定 乙酰丙酮分光光度法

Determination of formaldehyde content of waterborne coatings—Spectrophtometric method with acetylacetone

2009-06-02 发布

2010-02-01 实施

中华人民共和国国家质量监督检验检疫总局
中国国家标准化管理委员会 发布

前言

本标准由中国石油和化学工业协会提出。

本标准由全国涂料和颜料标准化技术委员会归口。

本标准起草单位：中海油常州涂料化工研究院。

本标准主要起草人：彭菊芳、崔建法、季军宏。

水性涂料中甲醛含量的测定
乙酰丙酮分光光度法

1 范围

本标准规定了水性涂料中甲醛含量的测定方法。

本标准适用于甲醛含量不小于 5 mg/kg 的水性涂料及其原料的测试。

2 规范性引用文件

下列文件中的条款通过本标准的引用而成为本标准的条款。凡是注日期的引用文件，其随后所有的修改单（不包括勘误的内容）或修订版均不适用于本标准，然而，鼓励根据本标准达成协议的各方研究是否可使用这些文件的最新版本。凡是不注日期的引用文件，其最新版本适用于本标准。

GB/T 601 化学试剂 标准滴定溶液的制备

GB/T 3186 色漆、清漆和色漆与清漆用原材料 取样（GB/T 3186—2006，ISO 15528:2000，IDT）

GB/T 6682 分析实验室用水规格和试验方法（GB/T 6682—2008，ISO 3696:1987，MOD）

3 原理

采用蒸馏的方法将样品中的甲醛蒸出。在 pH＝6 的乙酸-乙酸铵缓冲溶液中，馏分中的甲醛与乙酰丙酮在加热的条件下反应生成稳定的黄色络合物，冷却后在波长 412 nm 处进行吸光度测试。根据标准工作曲线，计算试样中甲醛的含量。

4 试剂和材料

分析测试中仅采用已确认为分析纯的试剂，所用水符合 GB/T 6682 中三级水的要求。

所用溶液除另有说明外，均应按照 GB/T 601 中的要求进行配制。

4.1 乙酸铵；

4.2 冰乙酸：$\rho=1.055$ g/mL；

4.3 乙酰丙酮：$\rho=0.975$ g/mL；

4.4 乙酰丙酮溶液：0.25%（体积分数），称取 25 g 乙酸铵（4.1），加适量水溶解，加 3 mL 冰乙酸（4.2）和 0.25 mL 已蒸馏过的乙酰丙酮试剂（4.3），移入 100 mL 容量瓶中，用水稀释至刻度，调整 pH＝6。此溶液于（2～5）℃贮存，可稳定一个月；

4.5 碘溶液：$c(1/2I_2)=0.1$ mol/L；

4.6 氢氧化钠溶液：1 mol/L；

4.7 盐酸溶液：1 mol/L；

4.8 硫代硫酸钠标准溶液：$c(Na_2S_2O_3)=0.1$ mol/L，并按照 GB/T 601 进行标定；

4.9 淀粉溶液：1 g/100 mL，称取 1 g 淀粉，用少量水调成糊状，倒入 100 mL 沸水中，呈透明溶液，临用时配制；

4.10 甲醛溶液：约 37%（质量分数）；

4.11 甲醛标准溶液：1 mg/mL，移取 2.8 mL 甲醛溶液（4.10），置于 1 000 mL 容量瓶中，用水稀释至刻度；

甲醛标准溶液的标定:移取 20 mL 待标定的甲醛标准溶液(4.11)于碘量瓶中,准确加入 25 mL 碘溶液(4.5),再加入 10 mL 氢氧化钠溶液(4.6),摇匀,于暗处静置 15 min 后,加 11 mL 盐酸溶液(4.7),用硫代硫酸钠标准溶液(4.8)滴定至淡黄色,加 1 mL 淀粉溶液(4.9),继续滴定至蓝色刚刚消失为终点,记录所耗硫代硫酸钠标准溶液体积 V_2(mL)。同时做空白样,记录所耗硫代硫酸钠标准溶液体积 V_1(mL)。按式(1)计算甲醛标准溶液的浓度:

$$\rho(\mathrm{HCHO}) = \frac{(V_1 - V_2) \times c(\mathrm{Na_2S_2O_3}) \times 15}{20} \quad \cdots\cdots(1)$$

式中:

$\rho(\mathrm{HCHO})$——甲醛标准溶液的质量浓度,单位为克每升(g/L);

V_1——空白样滴定所耗的硫代硫酸钠标准溶液体积,单位为毫升(mL);

V_2——甲醛溶液标定所耗硫代硫酸钠标准溶液体积,单位为毫升(mL);

$c(\mathrm{Na_2S_2O_3})$——硫代硫酸钠标准溶液的浓度,单位为摩尔每升(mol/L);

15——甲醛摩尔质量的 1/2;

20——标定时所移取的甲醛标准溶液体积,单位为毫升(mL)。

4.12 甲醛标准稀释液:10 μg/mL,移取 10 mL 标定过的甲醛标准溶液(4.11),置于 1 000 mL 容量瓶中,用水稀释至刻度。

5 仪器和设备

5.1 蒸馏装置:100 mL 蒸馏瓶、蛇型冷凝管、馏分接受器;

5.2 具塞刻度管: 50 mL(与 5.1 中馏分接受器为同一容器);

5.3 移液管:1 mL、5 mL、10 mL、20 mL、25 mL;

5.4 加热设备:电加热套、水浴锅;

5.5 天平:精度 1 mg;

5.6 紫外可见分光光度计。

6 取样

按照 GB/T 3186 规定取受试产品的代表性样品。

7 试验步骤

7.1 标准工作曲线的绘制

取数支具塞刻度管(5.2),分别移入 0.00 mL、0.20 mL、0.50 mL、1.00 mL、3.00 mL、5.00 mL、8.00 mL 甲醛标准稀释液(4.12),加水稀释至刻度,加入 2.5 mL 乙酰丙酮溶液(4.4),摇匀。在 60 ℃恒温水浴中加热 30 min,取出后冷却至室温,用 10 mm 比色皿(以水为参比)在紫外可见分光光度计(5.6)上于 412 nm 波长处测试吸光度。

以具塞刻度管中的甲醛质量(μg)为横坐标,相应的吸光度(A)为纵坐标,绘制标准工作曲线。标准工作曲线校正系数应≥0.995,否则应重新制作新的标准工作曲线。

7.2 甲醛含量的测试

称取搅拌均匀后的试样约 2 g(精确至 1 mg),置于 50 mL 的容量瓶中,加水摇匀,稀释至刻度。再用移液管移取 10 mL 容量瓶中的试样水溶液,置于已预先加入 10 mL 水的蒸馏瓶(5.1)中,并在蒸馏瓶中加入少量的沸石,在馏分接受器(5.2)中预先加入适量的水,浸没馏分出口,馏分接收器(5.2)的外部用冰水浴冷却,(蒸馏装置见图 1)。加热蒸馏,使试样蒸至近干,取下馏分接收器(5.2),用水稀释至刻度,待测。

若待测试样在水中不易分散,则直接称取搅拌均匀后的试样约 0.4 g(精确至 1 mg),置于已预先加入 20 mL 水的蒸馏瓶中,轻轻摇匀,再进行蒸馏过程操作。

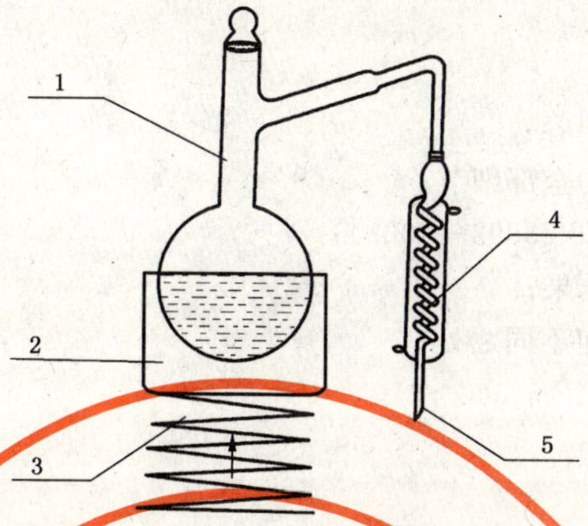

1——蒸馏瓶；
2——加热装置；
3——升降台；
4——冷凝管；
5——连接馏分接受装置。

图 1　蒸馏装置示意图

在已定容的馏分接受器(5.2)中加入 2.5 mL 乙酰丙酮溶液(4.4)，摇匀。在 60 ℃恒温水浴中加热 30 min，取出后冷却至室温，用 10 mm 比色皿(以水为参比)在紫外可见分光光度计(5.6)上于 412 nm 波长处测试吸光度。同时在相同条件下做空白样(水)，测得空白样的吸光度。

将试样的吸光度减去空白样的吸光度，在标准工作曲线上查得相应的甲醛质量。

如果试验溶液中甲醛含量超过标准曲线最高点，需重新蒸馏试样，并适当稀释后再进行测试。

进行一式两份试样的平行测定。

8　结果表示

8.1　计算

用式(2)计算甲醛含量：

$$C = \frac{m}{W} f \quad \cdots\cdots\cdots\cdots (2)$$

式中：

C——甲醛含量，单位为毫克每千克(mg/kg)；

m——从标准工作曲线上查得的甲醛质量，单位为微克(μg)；

W——样品质量，单位为克(g)；

f——稀释因子。

计算两次测试结果的平均值，以平均值报出结果。当测定值小于 1 000 mg/kg 时，以整数值报出结果；当测定值大于或等于 1 000 mg/kg 时，以三位有效数字乘以幂次方报出结果。

8.2　测试方法检出限：5 mg/kg。

9　精密度

9.1　重复性

在重复性条件下，当测试结果不大于 100 mg/kg 时，同一操作者两次测试结果的差值不大于 10 mg/kg；当测试结果大于 100 mg/kg 时，同一操作者两次测试结果的相对偏差不大于 5%。

9.2　再现性

当测试结果不大于 100 mg/kg 时，不同实验室间测试结果的差值不大于 20 mg/kg；当测试结果大于 100 mg/kg 时，不同实验室间测试结果的相对偏差不大于 10%。

10 试验报告

试验报告至少应包括下列内容：

a) 识别受试产品所必要的全部细节；

b) 注明本标准编号(GB/T 23993—2009)；

c) 如第 8 章表示的试验结果；

d) 与规定试验方法的任何不同之处；

e) 试验人员；

f) 试验日期。

ICS 87.040
G 51

中华人民共和国国家标准

GB/T 23994—2009

与人体接触的消费产品用涂料中特定有害元素限量

Limit of certain harmful elements of coatings for consumer products contacting with human body

2009-06-02 发布

2010-02-01 实施

中华人民共和国国家质量监督检验检疫总局
中国国家标准化管理委员会
发布

前　言

本标准的附录A、附录B为规范性附录。

本标准由中国石油和化学工业协会提出。

本标准由全国涂料和颜料标准化技术委员会归口。

本标准起草单位：中海油常州涂料化工研究院、恒昌石油化工有限公司、三棵树涂料股份有限公司、金鱼涂料集团石家庄油漆厂、泉州市信和涂料有限公司、常州市苏磊涂料有限公司。

本标准主要起草人：黄宁、杨忠锋、罗启涛、栾冬梅、李跃武、韦素琴。

与人体接触的消费产品用涂料中特定有害元素限量

1 范围

本标准规定了与人体接触的消费产品用涂料中特定有害元素限量的要求、试验方法和检验规则等内容。

本标准适用于与人体接触的消费产品所使用的各种涂料。

2 规范性引用文件

下列文件中的条款通过本标准的引用而成为本标准的条款。凡是注日期的引用文件，其随后所有的修改单(不包括勘误的内容)或修订版均不适用于本标准，然而，鼓励根据本标准达成协议的各方研究是否可使用这些文件的最新版本。凡是不注日期的引用文件，其最新版本适用于本标准。

GB/T 1250 极限数值的表示方法和判定方法

GB/T 3186 色漆、清漆和色漆与清漆用原材料 取样(GB/T 3186—2006,ISO 15528:2000,IDT)

GB/T 6682 分析实验室用水规格和试验方法(GB/T 6682—2008,ISO 3696:1987,MOD)

GB/T 9750 涂料产品包装标志

3 术语和定义

下列术语和定义适用于本标准。

3.1

消费产品 consumer product

消费者在固定或临时住所内外、居住区、学校、医院、运动场、娱乐场所及其他场合内使用或享用的物品或其部件。

3.2

与人体接触的消费产品 consumer product contacting with human body

消费者在使用或享用消费产品时，通过裸露的皮肤以及身体的其他部位能直接与之接触的消费产品。

3.3

与人体接触的消费产品用涂料 coatings for consumer product contacting with human body

涂覆在与人体直接接触的消费产品表面能形成涂膜的液体或固体涂料的总称。

4 产品分类

本标准按涂料所涂覆的消费产品的用途分为A类涂料和B类涂料。

A类涂料：直接与食品接触的消费产品用涂料。如直接与食品接触的包装容器(包括瓶、罐、袋、纸张、输送管道、贮存池、贮存罐、槽车等)内壁、饮水舱内壁、炊具、餐具等消费产品用涂料。

B类涂料：其他能与人体直接接触的消费产品用涂料。如家、文具、运动器械、医疗器械、佩带的饰品、室内家用电器、手机和数码产品、自行车、摩托车、载客用交通工具的内饰件等消费产品用涂料。

5 要求

产品中特定有害元素限量应符合表1的要求。

表 1　特定有害元素限量的要求

项　　目		限量值 A类涂料	限量值 B类涂料
可溶性元素[a]/(mg/kg) ≤	铅(Pb)	90	90
	镉(Cd)	75	75
	铬(Cr)	60	60
	汞(Hg)	60	60
	锑(Sb)	60	—
	砷(As)	25	—
	钡(Ba)	1 000	—
	硒(Se)	500	—
铅含量[a]/(mg/kg) ≤		600	—

a 按产品明示的施工配比(稀释剂无须加入)制备混合试样,并制备厚度适宜的涂膜。在产品说明书规定的干燥条件下,待涂膜完全干燥后,对干涂膜进行测定。粉末状涂料直接进行测定。

6　试验方法

6.1　取样

产品取样应按 GB/T 3186 的规定进行。

6.2　检验方法

可溶性元素的测定按本标准中附录 A 的规定进行。

铅含量的测定按本标准中附录 B 的规定进行。

7　检验规则

7.1　本标准所列的全部要求均为型式检验项目。

7.1.1　在正常生产情况下,每年至少进行一次型式检验。

7.1.2　有下列情况之一时应随时进行型式检验:

——新产品最初定型时;

——产品异地生产时;

——生产配方、工艺、关键原材料来源及产品施工配比有较大改变时;

——停产三个月后又恢复生产时。

7.2　检验结果的判定

7.2.1　检验结果的判定按 GB/T 1250 中修约值比较法进行。当修约后检验结果为 0 时,结果以一位有效数字报出。

7.2.2　所有项目的检验结果均达到本标准的要求时,产品为符合本标准要求。

8　包装标志

产品包装标志除应符合 GB/T 9750 的规定外,按本标准检验合格的产品可在包装标志上明示。

附 录 A
（规范性附录）
可溶性元素含量的测定

A.1 原理

用0.07 mol/L盐酸溶液处理干燥后的涂膜，采用检出限适当的分析仪器定量测定试验溶液中可溶性元素的含量。

A.2 试剂

分析测试中仅使用确认为分析纯的试剂，所用水符合GB/T 6682中三级水的要求。

A.2.1 盐酸：约为37%（质量分数），密度约为1.18 g/mL。

A.2.2 盐酸溶液：0.07 mol/L。

A.2.3 盐酸溶液：约为2 mol/L。

A.2.4 硝酸溶液：1∶1（体积比）。

A.2.5 锑、砷、钡、镉、铬、铅、汞、硒标准贮备溶液：浓度为100 mg/L或1 000 mg/L。

A.3 仪器和设备

普通实验室仪器设备以及下列一些仪器设备。

A.3.1 检出限适当（见A.6）的分析仪器：如原子吸收光谱仪、电感耦合等离子体原子发射光谱仪等。

A.3.2 粉碎设备：粉碎机，剪刀等。

A.3.3 不锈钢金属筛：孔径0.5 mm。

A.3.4 天平：精度0.1 mg。

A.3.5 加热搅拌装置：该装置应能恒温在（37±2）℃并连续自动搅拌，搅拌子外层应为聚四氟乙烯或玻璃。也可使用能恒温在（37±2）℃的振荡水浴锅。

A.3.6 酸度计：精度为±0.2 pH单位。

A.3.7 滤膜（适用于水溶液）：孔径0.45 μm。

A.3.8 容量瓶：25 mL、50 mL、100 mL等。

A.3.9 移液管：1 mL、2 mL、5 mL、10 mL、25 mL、50 mL等。

A.3.10 系列化学容器：总容量为盐酸溶液（A.2.2）提取剂体积的1.6倍～5.0倍。

A.3.11 玻璃板或聚四氟乙烯板。

所有的玻璃器皿、样品容器、搅拌子、玻璃板或聚四氟乙烯板等在使用前都需用硝酸溶液（A.2.4）浸泡24 h，然后用水清洗并干燥。

A.4 试验步骤

A.4.1 涂膜的制备

将待测样品搅拌均匀。按产品明示的施工配比（稀释剂无须加入）制备混合试样，搅拌均匀后，在玻璃板或聚四氟乙烯板（A.3.11）上制备厚度适宜的涂膜。在产品说明书规定的干燥条件下，待涂膜完全干燥（自干漆若烘干，温度不得超过（60±2）℃）后，取下涂膜，在室温下用粉碎设备（A.3.2）将其粉碎，并用不锈钢金属筛（A.3.3）过筛后待处理。

注1：对不能被粉碎的涂膜（如弹性或塑性涂膜），可用干净的剪刀（A.3.2）将涂膜尽可能剪碎，无须过筛直接进行样品处理。

注2：粉末状样品，直接进行样品处理。

A.4.2 样品处理

对制备的试样进行二次平行测试。

使用合适的化学容器(A.3.10),用合适的移液管(A.3.9)将相当于测试试样质量50倍、温度为(37±2)℃的盐酸溶液(A.2.2)与测试试样混合。在搅拌装置(A.3.5)上搅拌1 min后,用酸度计(A.3.6)测其酸度。如果pH值>1.5,一边搅拌混合液,一边逐滴加入盐酸溶液(A.2.3)[如果测试试样含有大量碳酸盐类碱性化合物,可采用逐滴加入盐酸(A.2.1)]调节pH值在1.0～1.5之间。将混合物避光,再在(37±2)℃下连续搅拌1 h,然后在(37±2)℃下放置1 h,接着立即用滤膜(A.3.7)过滤。过滤后的滤液应避光保存并应在24 h内完成元素分析测试。若滤液在进行元素分析测试前的保存时间超过24 h,应使用盐酸(A.2.1)加以稳定,使保存的溶液浓度 c(HCL)约为1 mol/L。

注:在整个提取期间,应调节搅拌器的速度,以保持试样始终处于悬浮状态,同时应尽量避免溅出。

A.4.3 测试

按A.4.2制备的试验溶液采用检出限适当(见A.6)的分析仪器(A.3.1)测定可溶性有害元素的含量。

使用任一种分析仪器进行测定时,分析者都应按照仪器说明书或操作手册的规定对其进行操作和测试,并在试验报告中注明采用的分析仪器。

A.5 结果的计算

A.5.1 按式(A.1)分别计算试样中各种可溶性元素的含量:

$$\omega = \frac{(\rho - \rho_0)V \times F}{m} \quad \cdots\cdots\cdots\cdots (A.1)$$

式中:

ω——试样中可溶性元素的含量,单位为毫克每千克(mg/kg);

ρ——试验溶液的测定浓度,单位为毫克每升(mg/L);

ρ_0——空白溶液(A.2.2)的测定浓度,单位为毫克每升(mg/L);

V——试验溶液的定容体积,单位为毫升(mL);

F——试验溶液的稀释倍数;

m——试样质量,单位为克(g)。

A.5.2 结果的校正

由于本测试方法精确度的原因,在考虑实验室之间测试结果时,需经校正得出最终的分析结果。即式(A.1)中的计算结果应减去该结果乘以表A.1中相应元素的分析校正系数的值,作为该元素最终的分析结果报出。

表 A.1 各元素分析校正系数

元素	锑(Sb)	砷(As)	钡(Ba)	镉(Cd)	铬(Cr)	铅(Pb)	汞(Hg)	硒(Se)
分析校正系数 %	60	60	30	30	30	30	50	60

示例:铅的计算结果为120 mg/kg,表1中铅的分析校正系数为30%,则最终分析结果=120－120×30%=84 mg/kg。

A.6 测试方法的检出限

按上述分析方法测定可溶性元素的含量,其检出限不应大于该元素限量的十分之一。分析测试方法的检出限一般被认为是空白样测试值标准偏差的3倍。上述空白样测试值由实验室测定。

A.7 精密度

A.7.1 重复性

同一操作者二次测试结果的相对偏差应小于20%。

A.7.2 再现性

不同试验室间测试结果的相对偏差应小于33%。

附　录　B
（规范性附录）
铅含量的测定

B.1　原理

干燥后的涂膜，采用适宜的方法除去所有的有机物质，然后采用合适的分析仪器测定试验溶液中的铅含量。

B.2　试剂

分析测试中仅使用确认为分析纯的试剂，所用水符合 GB/T 6682 中三级水的要求。

B.2.1　硝酸：约为 65%（质量分数），密度约为 1.40 g/mL，不应使用已经变黄的硝酸。

B.2.2　过氧化氢：约为 30%（质量分数），密度约为 1.10 g/mL。

B.2.3　碳酸镁。

B.2.4　硝酸溶液：1∶1（体积比）。

B.2.5　硝酸溶液：2∶98（体积比）。

B.2.6　铅标准贮备溶液：浓度为 100 mg/L 或 1 000 mg/L。

B.3　仪器和设备

普通实验室仪器设备以及下列一些仪器设备。

B.3.1　合适的分析仪器：如火焰原子吸收光谱仪、电感耦合等离子体原子发射光谱仪等。

B.3.2　粉碎设备：粉碎机，剪刀或其他合适的粉碎设备。

B.3.3　电热板：温度可控。

B.3.4　马弗炉：温度能控制在（475±25）℃。

B.3.5　微波消解仪。

B.3.6　天平：精度 0.1 mg。

B.3.7　坩埚：50 mL。

B.3.8　烧杯：50 mL。

B.3.9　滤膜（适用于水溶液）：孔径 0.45 μm。

B.3.10　容量瓶：50 mL、100 mL 等。

B.3.11　移液管：1 mL、2 mL、5 mL、10 mL、25 mL 等。

B.3.12　玻璃板或聚四氟乙烯板。

所有的玻璃器皿、样品容器、玻璃板或聚四氟乙烯板等在使用前都需用硝酸溶液（B.2.4）浸泡24 h，然后用水彻底清洗并干燥。

B.4　试验步骤

B.4.1　涂膜的制备

将待测样品搅拌均匀。按产品明示的施工配比（稀释剂无须加入）制备混合试样，搅拌均匀后，在玻璃板或聚四氟乙烯板（B.3.12）上制备厚度适宜的涂膜。在产品说明书规定的干燥条件下，待涂膜完全干燥[自干漆若烘干，温度不得超过（60±2）℃]后，取下涂膜，在室温下用粉碎设备（B.3.2）将其粉碎，使涂膜的尺寸小于 5 mm。

注 1：对不能被粉碎的涂膜（如弹性或塑性涂膜），可用干净的剪刀或合适的粉碎设备（B.3.2）将涂膜剪碎，使涂膜的尺寸小于 5 mm。

注 2：粉末状样品，直接进行样品处理。

B.4.2 样品处理

对制备的试样进行二次平行测试。

本标准提供了下列三种消解样品的方法，实验室可根据条件选用其中一种。

B.4.2.1 干灰化法

称取粉碎后的试样约 0.2 g～0.3 g (精确至 0.1 mg)放入坩埚(B.3.7)内，将约 0.5 g 碳酸镁(B.2.3)覆盖在坩埚内的试样上。将坩埚置于通风橱内的电热板(B.3.3)上，逐渐升高电热板的温度(不超过 475 ℃)至样品被消解成一个焦块，且挥发的消解产物已被充分排出，只留下干的碳质残渣。然后将坩埚放入(475±25)℃的马弗炉(B.3.4)内，保温直至完全灰化。

在灰化期间应供给足够的空气氧化，但不允许坩埚内的物质在任何阶段发生燃烧。

待盛有灰化物的坩埚冷却至室温后，加入 5 mL 硝酸(B.2.1)，然后将坩埚内的溶液用滤膜(B.3.9)过滤并转移至 50 mL 容量瓶(B.3.10)中，用水冲洗坩埚和滤膜，所得到的溶液全部收集于同一容量瓶内，然后用水稀释至刻度。同时做试剂空白试验。

注：本方法不适用于氟碳涂料。

B.4.2.2 湿酸消解法

称取粉碎后的试样约 0.1 g～0.3 g(精确至 0.1 mg)置于 50 mL 烧杯(B.3.8)中，加入 7 mL 硝酸(B.2.1)，在烧杯口上加盖一块表面皿，在电热板(B.3.3)上加热使溶液保持微沸 15 min 左右，继续加热直到产生白烟。将烧杯从电热板上取下，冷却约 5 min，缓慢滴加 1 mL～2 mL 过氧化氢(B.2.2) 3 次。每次加入后均需等反应平静后再加入。再次将烧杯放置在电热板上加热，至样品消解完全。如样品消解不完全，取下稍冷，再加入适量浓硝酸(B.2.1)和过氧化氢(B.2.2)一到二次，继续加热使样品消解完全。至残余溶液约 1 mL 左右时，取下烧杯冷却至室温。用约 10 mL 水稀释，然后用滤膜(B.3.9)将溶液过滤并转移至 50 mL 容量瓶(B.3.10)中。用水冲洗烧杯和滤膜，所得到的溶液全部收集于同一容量瓶中，然后用水稀释至刻度。同时做试剂空白试验。

B.4.2.3 微波消解法

称取粉碎后的试样约 0.1 g～0.2 g(精确至 0.1 mg)置于微波消解罐中，分别加入 5 mL 硝酸(B.2.1)和 2 mL 过氧化氢(B.2.2)，然后将消解罐封闭。按以下温度程序进行消解：约 10 min 内升至(180±5)℃，维持该温度 30 min 后降温。消解罐冷却至室温后，打开消解罐，将消解溶液用滤膜(B.3.9)过滤并转移至 50 mL 的容量瓶(B.3.10)中。用水冲洗消解内罐和内盖，将洗涤液收集于同一容量瓶中，同时用水冲洗滤膜，所得到的溶液全部收集于同一容量瓶中，然后用水稀释至刻度。同时做试剂空白试验。

采用上述各种方法消解样品时，可根据样品的实际状况确定适宜的消解条件，确保试样中的有机化合物全部被除去，而被测元素全部溶出。如果处理后的样品有残渣，残渣应用合适的测量手段[例如 X 射线荧光光谱仪(XRF)]测定，确保无被测元素存在。否则应改变消解条件使被测元素完全溶出。

所得到的消解溶液应在 24 h 内完成测试，否则应用硝酸(B.2.1)加以稳定，使保存的溶液浓度 $c(HNO_3)$约为 1 mol/L。

B.4.3 测试

按 B.4.2 制备的试验溶液采用合适的分析仪器(B.3.1)测定铅含量。

使用任一种分析仪器进行测定时，分析者都应按照仪器说明书或操作手册的规定对其进行操作和测试，并在试验报告中注明采用的分析仪器。

B.5 结果的计算

按式(B.1)计算试样中的铅含量：

$$\omega = \frac{(\rho - \rho_0)V \times F}{m} \qquad \cdots\cdots(B.1)$$

式中：

ω——试样中的铅含量，单位为毫克每千克(mg/kg)；

ρ——试验溶液中的铅浓度，单位为毫克每升(mg/L)；

ρ_0——空白溶液中的铅浓度，单位为毫克每升(mg/L)；

V——试验溶液的体积，单位为毫升(mL)；

F——试验溶液的稀释倍数；

m——称取的试样量，单位为克(g)。

B.6 精密度

B.6.1 重复性

同一操作者二次测试结果的相对偏差应小于10%。

B.6.2 再现性

不同试验室间测试结果的相对偏差应小于20%。

ICS 87.040
G 51

GB

中华人民共和国国家标准

GB/T 23995—2009

室内装饰装修用溶剂型醇酸木器涂料

Indoor decorating and refurbishing solvent-based alkyd coatings for woodenware

2009-06-02 发布　　2010-02-01 实施

中华人民共和国国家质量监督检验检疫总局
中国国家标准化管理委员会　发布

前　言

本标准由中国石油和化学工业协会提出。

本标准由全国涂料和颜料标准化技术委员会归口。

本标准起草单位：中海油常州涂料化工研究院、长兴科技（上海）有限公司、浙江环球制漆集团股份有限公司。

本标准主要起草人：黄逸东、于爱华、倪光坚。

室内装饰装修用溶剂型醇酸木器涂料

1 范围

本标准规定了室内装饰装修用溶剂型醇酸木器涂料产品的要求、试验方法、检验规则及标志、包装和贮存等内容。

本标准适用于以醇酸树脂为主要成膜物，通过氧化干燥成膜的溶剂型木器涂料。产品适用于室内木制品表面的保护及装饰。

2 规范性引用文件

下列文件中的条款通过本标准的引用而成为本标准的条款。凡是注日期的引用文件，其随后所有的修改单(不包括勘误的内容)或修订版均不适用于本标准，然而，鼓励根据本标准达成协议的各方研究是否可使用这些文件的最新版本。凡是不注日期的引用文件，其最新版本适用于本标准。

GB/T 1250 极限数值的表示方法和判定方法

GB/T 1728—1979 漆膜、腻子膜干燥时间测定法

GB/T 1766 色漆和清漆 涂层老化的评级方法

GB/T 3186 色漆、清漆和色漆与清漆用原材料 取样(GB/T 3186—2006,ISO 15528:2000,IDT)

GB/T 4893.1—2005 家具表面耐冷液测定法

GB/T 4893.3—2005 家具表面耐干热测定法

GB/T 6682—2008 分析实验室用水规格和试验方法(ISO 3696:1987,MOD)

GB/T 6753.1 色漆、清漆和印刷油墨 研磨细度的测定(GB/T 6753.1—2007,ISO 1524:2000,IDT)

GB/T 9278 涂料试样状态调节和试验的温湿度(GB/T 9278—2008,ISO 3270:1984,Paint and varnish and their raw materials—Temperatures and humidities for conditioning and testing,IDT)

GB/T 9286 色漆和清漆 漆膜的划格试验(GB/T 9286—1998,eqv ISO 2409:1992)

GB/T 9750—1998 涂料产品包装标志

GB/T 9754 色漆和清漆 不含金属颜料的色漆漆膜的20°、60°和85°镜面光泽的测定(GB/T 9754—2007,ISO 2813:1994,IDT)

GB/T 13491—1992 涂料产品包装通则

3 要求

产品应符合表1的要求。

表1 要求

项目			指标
在容器中状态			搅拌后均匀无硬块
细度/μm		≤	40
干燥时间	≤	表干/h	8
		实干/h	24
贮存稳定性		结皮性(24 h)	不结皮
		沉降性(50 ℃,7 d)	无异常

表 1（续）

项目		指标
涂膜外观		正常
光泽(60°)/单位值		商定
附着力(划格间距 2 mm)/级	≤	1
耐干热性[(70±2)℃,15 min]/级	≤	2
耐水性(24 h)		无异常
耐碱性(50 g/L 的 $NaHCO_3$,1 h)		无异常
耐污染性(1 h)	醋	无异常
	茶	无异常

4 试验方法

4.1 取样

产品按 GB/T 3186 的规定取样，也可按商定方法取样。取样量根据检验需要确定。

4.2 试验环境

试板的状态调节和试验的温湿度应符合 GB/T 9278 的规定。

4.3 试验样板的制备

各项目检验用底材及涂装要求见表 2。也可采用喷涂或商定的其他方式进行涂装。若使用与本标准规定不同的样板制备条件，应在试验报告中注明。

表 2 制板说明

项目	底材	尺寸 mm	涂装要求
涂膜外观、附着力、耐水性、耐碱性、耐污染性	浅色贴面胶合板[a]（符合 GB/T 15104—2006），使用前在 4.2 环境条件下放置 7 d 以上	150×70	刷涂两道。第一道刷涂量为 $(0.8\pm0.1)g/dm^2$；间隔 24 h 后刷涂第二道；第二道刷涂量为 $(0.7\pm0.1)g/dm^2$，放置 7 d 后测试
耐干热性		150×150	
干燥时间	马口铁板	50×120×0.2～0.3	刷涂一道，干膜厚度为 $(23\pm3)\mu m$，光泽项目放置 72 h 后测试
光泽	玻璃板（清漆测光泽时采用喷有无光黑漆的玻璃板）	150×100×3	

[a] 推荐采用白桦、白枫木、白橡木等浅色品种。

4.4 操作方法

所用试剂均为化学纯以上，所用水均为符合 GB/T 6682—2008 规定的三级水，试验用溶液在试验前预先调整到试验温度。

4.4.1 在容器中状态

打开容器，用调刀或搅棒搅拌，允许容器底部有沉淀，若经搅拌易于混合均匀，则评为“搅拌后均匀无硬块”。

4.4.2 细度

按 GB/T 6753.1 规定进行。

4.4.3 干燥时间

表干和实干分别按 GB/T 1728—1979 表干中乙法和实干中甲法规定进行。

4.4.4 贮存稳定性

4.4.4.1 结皮性

将试样约 90 mL 倒入 120 mL 带盖广口瓶中，立即盖好瓶盖并密封好。将瓶放在(23±2)℃的环境条件下的暗处 24 h 后，取出瓶，打开瓶盖目视检查。

检查方法：将瓶倾斜，并用玻璃棒触及试样的表面，检查表层的流动性。如表层保持液态时，可评定为"不结皮"。

4.4.4.2 沉降性

将约 0.5 L 的样品装入密封良好的铁罐中，罐内留有约 10%的空间，密封后放入(50±2)℃恒温干燥箱中，7 天后取出在(23±2)℃下放置 3 h，如有结皮，应小心地去除结皮，然后按照 4.4.1 方法考查"在容器中状态"，如果搅拌后均匀无硬块，则认为"无异常"。

4.4.5 涂膜外观

样板在散射日光下目视观察，如果涂膜均匀，无流挂、发花、针孔、开裂和剥落等涂膜病态，则评为"正常"。

4.4.6 光泽(60°)

按 GB/T 9754 规定进行。

4.4.7 附着力

按 GB/T 9286 规定进行。划格间距为 2 mm。

4.4.8 耐干热性

按 GB/T 4893.3—2005 规定进行。试验温度为(70±2)℃，试验时间 15 min。

4.4.9 耐水性

按 GB/T 4893.1—2005 规定进行。试液为蒸馏水，试验区域取每块板的中间部位，在每个试验区域上分别放上 5 层滤纸片，试验过程中需保持滤纸湿润，必要时在玻璃罩和试板接触部位涂上凡士林加以密封。24 h 后取掉滤纸，吸干，放置 2 h 后在散射日光下目视观察，如 3 块试板中有 2 块未出现起泡、开裂、剥落等涂膜病态现象，但允许出现轻微变色和轻微光泽变化，则评为"无异常"。如出现以上涂膜病态现象按 GB/T 1766 进行描述。

4.4.10 耐碱性

测试及结果评定方法同耐水性，试液为 50 g/L 的 $NaHCO_3$ 溶液，试验时间为 1 h，试验后放置 1 h 后观察。

4.4.11 耐污染性

测试及结果评定方法同耐水性，试验时间均为 1 h，试验后放置 1 h 后观察。

耐醋：试液为酿造食醋。

注：推荐使用符合 GB 18187—2000 的酿造食醋。

耐茶：试液为绿茶水，在 2 g 绿茶中加入 250 mL 沸水，室温放置 5 min 后立即用茶水进行试验。

注：推荐使用袋装立顿绿茶。

5 检验规则

5.1 检验分类

5.1.1 产品检验分出厂检验和型式检验。

5.1.2 出厂检验项目包括在容器中状态、细度、干燥时间、涂膜外观、光泽。

5.1.3 型式检验项目包括本标准所列的全部技术要求。在正常生产情况下每年至少检验一次。

5.2 检验结果的判定

5.2.1 检验结果的判定按 GB/T 1250 中修约值比较法进行。

5.2.2 应检项目的检验结果均达到本标准要求时，该试验样品为符合本标准要求。

6 标志、包装和贮存

6.1 标志

按 GB/T 9750—1998 的规定进行。

6.2 包装

按 GB/T 13491—1992 中一级包装要求的规定进行。

6.3 贮存

产品贮存时应保证通风、干燥,防止日光直接照射并应隔绝火源,远离热源。产品应根据类型定出贮存期,并在包装标志上明示。

参 考 文 献

[1] GB/T 15104—2006 装饰单板贴面人造板
[2] GB 18187—2000 酿造食醋

ICS 87.040
G 51

中华人民共和国国家标准

GB/T 23996—2009

室内装饰装修用溶剂型金属板涂料

Solvent metal panel coatings for indoor decorating and refurbishing

2009-06-02 发布　　　　2010-02-01 实施

中华人民共和国国家质量监督检验检疫总局
中国国家标准化管理委员会　发布

前　言

本标准由中国石油和化学工业协会提出。

本标准由全国涂料和颜料标准化技术委员会归口。

本标准起草单位：中海油常州涂料化工研究院、长兴科技（上海）有限公司、中华制漆（深圳）有限公司、深圳市广田环保涂料有限公司、泉州市信和涂料有限公司。

本标准主要起草人：周文沛、朱东、吴兼昇、王智、胡基如、李跃武。

室内装饰装修用溶剂型金属板涂料

1 范围

本标准规定了室内装饰装修用溶剂型金属板涂料的要求、试验方法、检验规则及标志、包装、贮存等要求。

本标准适用于室内装饰装修用金属板工厂预涂装溶剂型涂料，该涂料主要用于天花板、墙面、装饰板、橱柜等表面装饰和保护。

2 规范性引用文件

下列文件中的条款通过本标准的引用而成为本标准的条款。凡是注日期的引用文件，其随后所有的修改单(不包括勘误的内容)或修订版均不适用于本标准，然而，鼓励根据本标准达成协议的各方研究是否可使用这些文件的最新版本。凡是不注日期的引用文件，其最新版本适用于本标准。

GB/T 1250 极限数值的表示方法和判定方法

GB/T 1731—1993 漆膜柔韧性测定法

GB/T 1732—1993 漆膜耐冲击测定法

GB/T 1740—2007 漆膜耐湿热测定法

GB/T 1766 色漆和清漆 涂层老化的评级方法

GB/T 3186 色漆、清漆和色漆与清漆用原材料 取样(GB/T 3186—2006,ISO 15528:2000,IDT)

GB/T 4893.1—2005 家具表面耐冷液测定法

GB/T 6682 分析实验室用水规格和试验方法(GB/T 6682—2008,ISO 3696:1987,MOD)

GB/T 6739—2006 色漆和清漆 铅笔法测定漆膜硬度(ISO 15184:1998,IDT)

GB/T 9274—1988 色漆和清漆 耐液体介质的测定(eqv ISO 2812:1974)

GB/T 9278 涂料试样状态调节和试验的温湿度(GB/T 9278—2008,ISO 3270:1984,Paints and varnishes and their raw materials—Temperatures and humidities for conditioning and testing,IDT)

GB/T 9286—1998 色漆和清漆 漆膜的划格试验(eqv ISO 2409:1992)

GB/T 9750 涂料产品包装标志

GB/T 9754—2007 色漆和清漆 不含金属颜料的色漆漆膜的20°、60°和85°镜面光泽的测定(ISO 2813:1994,IDT)

GB/T 13491—1992 涂料产品包装通则

GB 18582—2008 室内装饰装修材料 内墙涂料中有害物质限量

SB/T 10292 食用调和油

3 要求

产品应符合表1要求。

表1 要求

项 目	指 标
涂膜外观	正常
耐冲击性/cm	50
柔韧性/mm	1

表 1(续)

项目			指标
光泽(60°)			商定
硬度(擦伤)		≥	B
附着力	干附着力/级	≤	1
	湿附着力/级	≤	1;试验区域无起泡等涂膜病态现象
耐沸水性(30 min)			无异常
耐洗涤剂性(24 h)			无异常
耐油污性(24 h)			无异常
耐污染性			通过
耐湿热性(120 h)			无异常
重金属含量(限色漆)/(mg/kg)	可溶性铅	≤	90
	可溶性镉	≤	75
	可溶性铬	≤	60
	可溶性汞	≤	60

4 试验方法

4.1 取样

产品按 GB/T 3186 规定取样,也可按商定方法取样。取样量根据检验需要确定。

4.2 试验环境

试板的状态调节和试验的温湿度应符合 GB/T 9278 的规定。

4.3 试验样板的制备

所有制板项目均以单一涂料类型制板。底材为金属板,材质及处理方式由供需双方商定。制板方式采用喷涂或双方商定的方式进行,干燥条件、涂膜厚度由涂料供应商提供。

4.4 操作方法

所用试剂均为化学纯以上,所用水均为符合 GB/T 6682 规定的三级水,试验用溶液在试验前预先调整到试验温度。

4.4.1 涂膜外观

样板在散射日光下目视观察,如果涂膜均匀,无流挂、发花、针孔、开裂和剥落等涂膜病态,则评为“正常”。

4.4.2 耐冲击性

按 GB/T 1732—1993 规定进行,除另有商定外,底材为厚度不超过 0.5 mm 的软铝板。

4.4.3 柔韧性

按 GB/T 1731—1993 规定进行,除另有商定外,底材为厚度不超过 0.5 mm 的软铝板。

4.4.4 光泽(60°)

按 GB/T 9754—2007 规定进行。

4.4.5 硬度(擦伤)

按 GB/T 6739—2006 规定进行。铅笔为中华牌 101 绘图铅笔。

4.4.6 附着力

4.4.6.1 干附着力

按 GB/T 9286—1998 规定进行。

4.4.6.2 湿附着力

样板按 4.4.6.1 中规定切割后，浸入(38±2)℃符合 GB/T 6682 中三级水要求的水中 24 h，取出后用滤纸擦干，在散射日光下目视观察，如 3 块试板中有 2 块未出现起泡、开裂、剥落等涂膜病态现象，但允许出现轻微变色和轻微光泽变化，则评为“试验区域无起泡等涂膜病态现象”；同时在 5 min 内按 GB/T 9286—1998 中规定方法完成胶带撕离试验。

4.4.7 耐沸水性

浸入沸水(试验用水符合 GB/T 6682 中三级水的要求，温度为 95 ℃～100 ℃)中 30 min，取出后用滤纸擦干，在散射日光下目视观察，如 3 块试板中有 2 块未出现起泡、开裂、剥落等涂膜病态现象，但允许出现轻微变色和轻微光泽变化，则评为“无异常”。如出现以上涂膜病态现象按 GB/T 1766 进行描述。

4.4.8 耐洗涤剂性

按 GB/T 9274—1988 中甲法进行。将试板浸入温度为(38±2)℃的 3%洗涤剂溶液(洗涤剂组成：53%的焦磷酸钠、19%无水硫酸钠、7%硅酸钠、1%无水碳酸钠、20%十二烷基苯磺酸钠)中 24 h，取出后用滤纸擦干，在散射日光下目视观察，如 3 块试板中有 2 块未出现起泡、开裂、剥落等涂膜病态现象，但允许出现轻微变色和轻微光泽变化，则评为“无异常”。如出现以上涂膜病态按 GB/T 1766 进行描述。

4.4.9 耐油污性

按 GB/T 4893.1—2005 规定进行。试液为符合 SB/T 10292 标准的食用调和油，试验区域取每块试板的中间部位，在每个试验区域上分别放上五层滤纸片，试验过程中需保持滤纸湿润，24 h 后取掉滤纸，擦净，放置 2 h 后在散射日光下目视观察，如 3 块试板中有 2 块未出现起泡、剥落等涂膜病态现象，但允许出现轻微变色和轻微光泽变化，则评为“无异常”。如出现以上涂膜病态现象按 GB/T 1766 进行描述。

4.4.10 耐污染性

用红色油性记号笔在试板涂膜表面涂 3 条面积约 3 mm×30 mm 的痕迹，放置 24 h 后，用脱脂棉蘸适量 95%的乙醇连续擦拭痕迹处 5 次往复，2 块试板中如有 1 块试板涂膜表面不留明显痕迹，则认为“通过”。

红色油性记号笔由供需双方商定。

4.4.11 耐湿热性

按 GB/T 1740—2007 规定进行。试验至规定时间，取出放置 2 h 后在散射日光下目视观察，如 3 块试板中有 2 块未出现起泡、开裂、剥落等涂膜病态现象，但允许出现轻微变色和轻微光泽变化，则评为“无异常”。如出现以上涂膜病态现象按 GB/T 1766 进行描述。

4.4.12 重金属(可溶性铅、可溶性镉、可溶性铬、可溶性汞)

按 GB 18582—2008 中附录 D 的规定进行。

5 检验规则

5.1 检验分类

5.1.1 产品检验分出厂检验和型式检验。

5.1.2 出厂检验项目包括涂膜外观、耐冲击性、柔韧性、光泽、硬度、附着力。

5.1.3 型式检验项目包括本标准所列的全部技术要求。在正常情况下，耐沸水性、耐洗涤剂性、耐油污性、耐污染性、耐湿热性、重金属含量每年至少检验一次。

5.2 检验结果的判定

5.2.1 检验结果的判定按 GB/T 1250 中修约值比较法进行。

5.2.2 应检项目的检验结果均达到本标准要求时，该试验样品为符合本标准要求。

6 标志、包装和贮存

6.1 标志

按 GB/T 9750 的规定进行。

6.2 包装

按 GB/T 13491—1992 中一级包装要求的规定进行。

6.3 贮存

产品存放时应保持通风、干燥、防止日光直接照射，冬季应采取适当的防冻措施。产品应定出贮存期，并在包装标志上明示。

ICS 87.040
G 51

中华人民共和国国家标准

GB/T 23997—2009

室内装饰装修用溶剂型聚氨酯木器涂料

Solvent-thinned polyurethane wood coatings
for indoor decorating and refurbishing

2009-06-02 发布　　2010-02-01 实施

中华人民共和国国家质量监督检验检疫总局
中国国家标准化管理委员会　发布

前言

本标准由中国石油和化学工业协会提出。

本标准由全国涂料和颜料标准化技术委员会归口。

本标准负责起草单位:中海油常州涂料化工研究院。

本标准参加起草单位:廊坊立邦涂料有限公司、广东华润涂料有限公司、常州光辉化工有限公司、山西摩天新技术开发有限公司、广东神洲化学工业有限公司、拜耳(中国)有限公司、广东美涂士化工有限公司、南京天祥涂料有限公司、上海华生化工有限公司、上海造漆厂、广东巴德士化工有限公司、广东嘉宝莉化工有限公司、江苏丰彩漆业技术有限公司、上海阿帝兰实业发展有限公司、佛山市顺德区华隆涂料实业有限公司、佛山市顺德区汇龙涂料实业有限公司、翁开尔公司。

本标准主要起草人:唐瑛、牛志强、王庆生、吴竞、罗晓京、苏振祥、刘经梅、李锋、李洪金、王建中、孙红芳、严修才、曹树潮、朱殿奎、王莉雯、麦宗毅、王嘉明、张恒。

室内装饰装修用溶剂型聚氨酯木器涂料

1 范围

本标准规定了室内装饰装修用溶剂型聚氨酯木器涂料产品的分类、要求、试验方法、检验规则、标志、包装和贮存等内容。

本标准适用于以含反应性官能团的聚酯树脂、醇酸树脂、丙烯酸树脂等为主要成膜物,以多异氰酸酯树脂为固化剂的双组分常温固化型室内用木器涂料。

2 规范性引用文件

下列文件中的条款通过本标准的引用而成为本标准的条款。凡是注日期的引用文件,其随后所有的修改单(不包括勘误的内容)或修订版均不适用于本标准,然而,鼓励根据本标准达成协议的各方研究是否可使用这些文件的最新版本。凡是不注日期的引用文件,其最新版本适用于本标准。

GB/T 1250 极限数值的表示方法和判定方法

GB/T 1728—1979 漆膜、腻子膜干燥时间测定法

GB/T 1766 色漆和清漆 涂层老化的评级方法

GB/T 1768—2006 色漆和清漆 耐磨性的测定 旋转橡胶砂轮法(ISO 7784-2:1997,IDT)

GB/T 3186—2006 色漆、清漆和色漆与清漆用原材料 取样(ISO 15528:2000,IDT)

GB/T 4893.1—2005 家具表面耐冷液测定法

GB/T 4893.3—2005 家具表面耐干热测定法

GB/T 6682—2008 分析试验室用水规格和试验方法(ISO 3696:1987,MOD)

GB/T 6739—2006 色漆和清漆 铅笔法测定漆膜硬度(ISO 15184:1998,IDT)

GB/T 9271 色漆和清漆 标准试板(GB/T 9271—2008,ISO 1514:2004,MOD)

GB/T 9278 涂料试样状态调节和试验的温湿度(GB/T 9278—2008,ISO 3270:1984,Paints and varnishes and their raw materials—Temperatures and humidities for conditioning and testing,IDT)

GB/T 9286—1998 色漆和清漆 漆膜的划格试验(eqv ISO 2409:1992)

GB/T 9750 涂料产品包装标志

GB/T 9754—2007 色漆和清漆 不含金属颜料的色漆漆膜的 20°、60°和 85°镜面光泽的测定(ISO 2813:1994,IDT)

GB/T 9757—2001 溶剂型外墙涂料

GB/T 13491 涂料产品包装通则

GB/T 20624.2—2006 色漆和清漆 快速变形(耐冲击性)试验 第 2 部分:落锤试验(小面积冲头)(ISO 6272-2:2002,IDT)

GB/T 23987—2009 色漆和清漆 涂层的人工气候老化曝露 曝露于荧光紫外线和水(ISO 11507:2007,IDT)

3 产品分类

本标准根据室内装饰装修用溶剂型聚氨酯木器涂料的主要使用功能,分为家具厂和装修用面漆、地板用面漆和通用底漆。

4 要求

产品性能应符合表 1 的技术要求。

表 1 要求

项目			指标：家具厂和装修用面漆	指标：地板用面漆	指标：通用底漆
在容器中状态			搅拌后均匀无硬块		
施工性			施涂无障碍		
遮盖率(色漆)		≥	商定		—
干燥时间 ≤	表干/h		1		
	实干/h		24		
涂膜外观			正常		—
贮存稳定性(50 ℃,7 d)			无异常		
打磨性			—		易打磨
光泽(60°)			商定		—
铅笔硬度(擦伤)		≥	HB	F	—
附着力(划格间距 2 mm)/级		≤	1		
耐干热性[(90±2)℃,15 min]/级		≤	2		—
耐磨性(750 g,500 r)/g		≤	0.050	0.040	—
耐冲击性			—	涂膜无脱落、无开裂	—
耐水性(24 h)			无异常		—
耐碱性(2 h)			无异常		—
耐醇性(8 h)			无异常		—
耐污染性(1 h)	醋		无异常		—
	茶		无异常		—
耐黄变性[a](168 h) ΔE^*	清漆	一级	≤3.0		
		二级	3.1～6.0		
	色漆		≤3.0		
注：清漆产品必须在产品外包装上注明所达到的等级。					
[a] 该项目仅限于标称具有耐黄变等类似功能的产品。					

5 试验方法

5.1 取样

产品按 GB/T 3186—2006 规定取样，也可按商定方法取样。取样量根据检验需要确定。

5.2 试验环境

试板的状态调节和试验的温湿度应符合 GB/T 9278 的规定。

5.3 试验样板的制备

5.3.1 底材及底材处理

遮盖率项目用聚酯膜，光泽、铅笔硬度项目用玻璃板，耐磨性项目用铝板或玻璃板，耐冲击性项目用实木地板(符合 GB/T 15036.1—2001 技术要求)，耐黄变性项目用白色外用瓷质砖，其余项目均用浅色贴面胶合板(符合 GB/T 15104—2006 技术要求)。玻璃板、铝板的要求及处理应符合 GB/T 9271 中规定，白色外用瓷质砖要求经 UVA(340)灯照射 168 h 后 ΔE^* 应不大于 0.5(按 5.4.18 耐黄变性方法)，浅色贴面胶合板使用前在5.2条件下放置7 d以上。

注：实木地板可采用水青冈（山毛榉）实木地板，也可用其他品种。浅色贴面胶合板可采用白桦、白枫木、白橡木等浅色品种。耐黄变性项目也可采用经168 h UVA(340)灯照射 ΔE^{*} 不大于0.5的其他材质的白色底材。仲裁检验耐冲击性项目应采用水青冈（山毛榉）实木地板，耐黄变性项目应采用白色外用瓷质砖。

5.3.2 试样准备

按产品规定的组分配比混合均匀并放置规定的熟化时间后制板，遮盖率项目不加稀释剂。

5.3.3 制板要求

如没有特别规定则采用刷涂法制板（遮盖率项目采用刮涂法制板），试板材质、刷涂量等可参考表2。

注：对于家具厂用涂料，也可采用喷涂法施工，涂装要求商定。

打磨性项目刷涂1道；其余项目刷涂2道，间隔24 h，底材为浅色贴面胶合板和山毛榉实木地板的试验项目刷涂第2道前需用400号水砂纸轻轻打磨一遍并擦去样板表面的浮灰。附着力项目为底面配套体系时（底漆由涂料供应商提供），刷涂1道底漆和1道面漆，每道刷涂量同表2中清漆或色漆（如底漆为清漆刷涂量同表2中清漆第1道，面漆为色漆刷涂量同表2中色漆第2道）。

遮盖率、打磨性项目试板养护期为1 d，光泽项目试板养护期为2 d，其余项目试板养护期为7 d。

表2 制板要求

项目	试板材质	底材尺寸 mm	清漆（含透明色漆）		色漆	
			刷涂量（第1道） g	刷涂量（第2道） g	刷涂量（第1道） g	刷涂量（第2道） g
施工性	浅色贴面胶合板	150×70	0.8±0.1	0.7±0.1	0.9±0.1	0.8±0.1
遮盖率	聚酯膜（厚度30 μm～50 μm）	—	—	—	用100 μm间隙式漆膜制备器刮涂一道	—
干燥时间	浅色贴面胶合板	150×70	0.8±0.1	0.7±0.1	0.9±0.1	0.8±0.1
涂膜外观						
打磨性				—		—
光泽	玻璃板	150×100×3	0.8±0.1	0.7±0.1	0.9±0.1	0.8±0.1
铅笔硬度						
附着力	浅色贴面胶合板	150×70				
耐干热性	浅色贴面胶合板	150×150	1.7±0.2	1.5±0.2	1.9±0.2	1.7±0.2
耐磨性	铝板或玻璃板	直径100	1.0±0.1	1.0±0.1	1.1±0.1	1.1±0.1
耐冲击性	水青冈（山毛榉）实木地板	150×100×(10～20)	1.5±0.2	1.3±0.2	—	—
耐水性	浅色贴面胶合板	150×70	0.8±0.1	0.7±0.1	0.9±0.1	0.8±0.1
耐碱性						
耐醇性						
耐污染性						
耐黄变性	白色外用瓷质砖	95×45	0.40±0.05	0.40±0.05	0.45±0.05	0.45±0.05

注：在出厂检验时，为方便操作，养护期较长的制板项目可自选试板底材和烘烤条件进行加速固化后试验。

5.4 操作方法

所用试剂均为化学纯以上,所用水均为符合 GB/T 6682—2008 规定的三级水,试验用溶液在试验前预先调整到试验温度。

5.4.1 在容器中状态

打开容器,用调刀或搅棒搅拌,允许容器底部有沉淀,若经搅拌易于混合均匀,则评为"搅拌后均匀无硬块"。

注:主剂和固化剂应分别进行检验。

5.4.2 施工性

除另有规定外,试验用底材、施涂要求等按 5.3 中相关规定进行,如施涂过程中未感觉有明显困难,则评为"施涂无障碍"。

5.4.3 遮盖率

按 GB/T 9757—2001 中 5.7 对比率测试方法(聚酯膜法)进行。

5.4.4 干燥时间

按 GB/T 1728—1979 规定进行,其中表干按乙法,实干按甲法进行。

5.4.5 涂膜外观

样板在散射日光下目视观察,如果涂膜均匀,无流挂、发花、针孔、开裂和剥落等涂膜病态,则评为"正常"。

5.4.6 贮存稳定性

将约 0.5 L 的样品装入密封良好的铁罐中,罐内留有约 10% 的空间,密封后放入(50±2)℃恒温干燥箱中,7 天后取出在(23±2)℃下放置 3 h,按 5.4.1 检查"在容器中状态",如果贮存后试验结果与贮存前相比无明显差异(主剂允许变色),则评为"无异常"。

注:主剂和固化剂应分别进行检验。

5.4.7 打磨性

用 400# 水砂纸手工打磨(10~15)次,如涂膜易打磨成平整光滑表面,则评为"易打磨"。

5.4.8 光泽(60°)

按 GB/T 9754—2007 规定进行。

5.4.9 铅笔硬度

按 GB/T 6739—2006 规定进行。铅笔为中华牌 101 绘图铅笔。

5.4.10 附着力

按 GB/T 9286—1998 规定进行,划格间距为 2 mm。

5.4.11 耐干热性

按 GB/T 4893.3—2005 规定进行。试验温度为(90±2)℃,试验时间 15 min,试板应为平整不变形的浅色贴面胶合板(150 mm×150 mm)。

5.4.12 耐磨性

按 GB/T 1768—2006 规定进行。所用橡胶砂轮的型号为 CS-10。

注:也可使用与 CS-10 磨耗作用相当的其他橡胶砂轮。

5.4.13 耐冲击性

按 GB/T 20624.2—2006 规定进行。采用 12.7 mm 的球形冲头,重锤质量 300 g。调整重锤降落的高度,使样板表面的冲击印痕直径在 3.6 mm~4.0 mm 范围内(印痕测量方法可按 GB/T 4893.9—1992 标准中附录 A 进行)。如在冲击的变形区域内涂膜无脱落和开裂(必要时可用彩色记号笔涂抹变形区域,稍置片刻后擦去表面残留的颜色,再进行检查),则该冲击点为通过。试验两块试板,每块板上冲击 5 个点,如其中有一块试板上至少有 3 个点涂膜无脱落和开裂,则该试验项目评为"涂膜无脱落、无开裂"。

5.4.14 耐水性

按 GB/T 4893.1—2005 规定进行。试液为蒸馏水,试验区域取每块板的中间部位,试验过程中需保持滤纸湿润,必要时在玻璃罩和试板接触部分涂上凡士林加以密封。试验 24 h 后取掉滤纸,吸干,放置 1 h 后,在散射日光下目视观察,如 3 块试板中有 2 块未出现起泡、开裂、剥落、明显变色、明显光泽变化(允许轻微变色和轻微光泽变化)等涂膜病态现象,则评为"无异常"。如出现以上涂膜病态现象按 GB/T 1766 进行描述。

5.4.15 耐碱性

同 5.4.14,试液为 50 g/L Na_2CO_3 溶液,试验 2 h 后取掉滤纸,用水冲洗后吸干,放置 1 h 后观察。测试方法和评判方法同 5.4.14。

5.4.16 耐醇性

同 5.4.14,试液为 70%(体积百分数)乙醇水溶液,试验 8h 后取掉滤纸,用水冲洗后吸干,放置 1 h 后观察。测试方法和评判方法同 5.4.14。

5.4.17 耐污染性

同 5.4.14,试液为醋和茶,试验 1 h 后取掉滤纸,水冲洗后吸干,放置 1 h 后观察。茶为袋装红茶,2 g 红茶加入 250 mL 沸水,室温放置 5 min 后,立即进行试验。测试方法和评判方法同 5.4.14。

注 1:推荐采用符合 GB 18187—2000 标准的酿造食醋。

注 2:推荐采用立顿红茶。

5.4.18 耐黄变性

按 GB/T 23987—2009 中规定进行。用 UVA(340)灯作为光源,将试板置于试验条件能满足黑板温度为(60±3)℃、辐照度为 0.68 W/m^2、干相(无凝露)的荧光紫外老化机中,全过程保持连续光照 168 h。试验结束后取出,与未经光照的试板对照,用色差仪测量颜色变化(ΔE^*)。

6 检验规则

6.1 检验分类

6.1.1 产品检验分为出厂检验和型式检验。

6.1.2 出厂检验项目包括在容器中状态、干燥时间、涂膜外观、光泽。

6.1.3 型式检验项目包括本标准所列的全部技术要求。在正常生产情况下,耐黄变性可根据需要进行检验;施工性、遮盖率、铅笔硬度、附着力每半年至少检验一次;其余项目每年至少检验一次。

6.2 检验结果的判定

6.2.1 检验结果的判定按 GB/T 1250 中修约值比较法进行。

6.2.2 应检项目的检验结果均达到本标准要求时,该试验样品为符合本标准要求。

7 标志、包装和贮存

7.1 标志

按 GB/T 9750 的规定进行。包装标志上应明确组分配比。标称具有耐黄变等类似功能的清漆产品(含透明色漆)应在外包装上注明所达到的耐黄变等级。

7.2 包装

按 GB/T 13491 中一级包装要求的规定进行。

7.3 贮存

产品贮存时应保证通风、干燥,防止日光直接照射并应隔绝火源,远离热源。产品应根据类型定出贮存期,并在包装标志上明示。

参 考 文 献

[1] GB/T 4893.9—1992 家具表面漆膜抗冲击测定法
[2] GB/T 15036.1—2001 实木地板 技术条件
[3] GB/T 15104—2006 装饰单板饰面人造板
[4] GB 18187—2000 酿造食醋

ICS 87.040
G 51

中华人民共和国国家标准

GB/T 23998—2009

室内装饰装修用溶剂型硝基木器涂料

Indoor decorating and refurbishing solvent-based nitrocellulose coatings for woodenware

2009-06-02 发布　　2010-02-01 实施

中华人民共和国国家质量监督检验检疫总局
中国国家标准化管理委员会　发布

前言

本标准由中国石油和化学工业协会提出。

本标准由全国涂料和颜料标准化技术委员会归口。

本标准起草单位：中海油常州涂料化工研究院、北京展辰化工有限公司、广州珠江化工集团有限公司、紫荆花制漆(大中华)有限公司、江苏大象东亚制漆有限公司、广东嘉宝莉化工有限公司、广东巴德士化工有限公司、中华制漆(深圳)有限公司、长兴科技(上海)有限公司、新欧宝化工(上海)有限公司、广东华隆涂料实业有限公司。

本标准主要起草人：黄逸东、陈寿生、蔡敏钊、周罕、杨少武、许有为、严修才、王文彪、于爱华、曾一文、麦全旺。

室内装饰装修用溶剂型硝基木器涂料

1 范围

本标准规定了室内装饰装修用溶剂型硝基木器涂料产品的分类、要求、试验方法、检验规则及标志、包装和贮存等内容。

本标准适用于以硝酸纤维素为主要成膜物，加入醇酸树脂、改性松香树脂、丙烯酸树脂等改性而成的木器涂料。产品适用于室内装饰装修(包括工厂化涂装)用木制品表面的保护及装饰。

2 规范性引用文件

下列文件中的条款通过本标准的引用而成为本标准的条款。凡是注日期的引用文件，其随后所有的修改单(不包括勘误的内容)或修订版均不适用于本标准，然而，鼓励根据本标准达成协议的各方研究是否可使用这些文件的最新版本。凡是不注日期的引用文件，其最新版本适用于本标准。

GB/T 1250 极限数值的表示方法和判定方法

GB/T 1728—1979 漆膜、腻子膜干燥时间测定法

GB/T 1762 漆膜回粘性测定法

GB/T 1766 色漆和清漆 涂层老化的评级方法

GB/T 3186 色漆、清漆和色漆与清漆用原材料 取样(GB/T 3186—2006,ISO 15528:2000,IDT)

GB/T 4893.1—2005 家具表面耐冷液测定法

GB/T 4893.3—2005 家具表面耐干热测定法

GB/T 6682—2008 分析实验室用水规格和试验方法(ISO 3696:1987,MOD)

GB/T 6739 色漆和清漆 铅笔法测定漆膜硬度(GB/T 6739—2006,ISO 15184:1998,IDT)

GB/T 6753.1 色漆、清漆和印刷油墨 研磨细度的测定(GB/T 6753.1—2007,ISO 1524:2000,IDT)

GB/T 9278 涂料试样状态调节和试验的温湿度(GB/T 9278—2008,ISO 3270:1984,Paints and varnishes and their raw materials—Temperatures and humidities for conditioning and testing,IDT)

GB/T 9286 色漆和清漆 漆膜的划格试验(GB/T 9286—1998,eqv ISO 2409:1992)

GB/T 9750 涂料产品包装标志

GB/T 9754 色漆和清漆 不含金属颜料的色漆漆膜的20°、60°和85°镜面光泽的测定(GB/T 9754—2007,ISO 2813:1994,IDT)

GB/T 13491—1992 涂料产品包装通则

3 分类

本标准将溶剂型硝基木器涂料分为面漆和底漆。

4 要求

产品应符合表1的要求。

表1 要求

项目	指标	
	面漆	底漆
在容器中状态	搅拌后均匀无硬块	
细度/μm ≤	40	60

表 1（续）

项目		指标 面漆	指标 底漆
干燥时间 ≤	表干/min	20	
	实干/h	2	
涂膜外观		正常	—
回粘性/级 ≤		2	—
打磨性		—	易打磨
光泽(60°)/单位值		商定	—
铅笔硬度(擦伤) ≥		B	—
附着力(划格间距 2 mm)/级 ≤		2	
耐干热性[(90±2)℃,15 min]/级 ≤		2	—
耐水性(24 h)		无异常	—
耐碱性(50 g/L 的 $NaHCO_3$,1 h)		无异常	—
耐污染性(1 h)	醋	无异常	—
	茶	无异常	—

5 试验方法

5.1 取样

产品按 GB/T 3186 的规定取样，也可按商定方法取样。取样量根据检验需要确定。

5.2 试验环境

试板的状态调节和试验的温湿度应符合 GB/T 9278 的规定。

5.3 试验样板的制备

所有制板项目均以单一涂料类型制板，即分别以各类面漆或底漆制板。各项目检验用底材及涂装要求见表 2，浅色贴面胶合板上的干膜厚度以同时喷涂在钢板上的漆膜厚度计。也可采用刷涂或商定的其他方式进行涂装。若使用与本标准规定不同的样板制备条件，应在试验报告中注明。

表 2　制板说明

<table>
<tr><th>项　目</th><th>底　材</th><th>尺寸
mm</th><th>涂装要求</th></tr>
<tr><td>涂膜外观、附着力、耐水性、耐碱性、耐污染性</td><td rowspan="2">浅色贴面胶合板[a]（符合 GB/T 15104—2006），使用前在 5.2 环境条件下放置 7 d 以上</td><td>150×70</td><td rowspan="2">喷涂 4 道，每道干膜厚度为 (10～15)μm，每道间隔 1 h，放置 48 h 后测试</td></tr>
<tr><td>耐干热性</td><td>150×150</td></tr>
<tr><td>回粘性、铅笔硬度</td><td>马口铁板[b]</td><td>50×120×0.2～0.3</td><td>喷涂两道，每道干膜厚度为 (10～15)μm，每道间隔 1 h，铅笔硬度项目放置 48 h 后测试</td></tr>
<tr><td>打磨性</td><td>浅色贴面胶合板[a]（符合 GB/T 15104—2006）</td><td>150×70</td><td>喷涂两道，每道干膜厚度为 (10～15)μm，每道间隔 1 h，放置 4 h 后测试</td></tr>
</table>

表 2（续）

项　　目	底　　材	尺寸 mm	涂装要求
干燥时间	玻璃板（清漆测光泽时采用喷有无光黑漆的玻璃板）	150×100×3	喷涂一道，干膜厚度为（10～15）μm
光泽			喷涂两道，每道干膜厚度为（10～15）μm，每道间隔 1 h，放置 48 h 后测试
[a] 推荐采用白榉、白枫木、白橡木等浅色品种。 [b] 马口铁板需彻底打磨掉镀锡层。			

5.4　**操作方法**

所用试剂均为化学纯以上，所用水均为符合 GB/T 6682—2008 规定的三级水，试验用溶液在试验前预先调整到试验温度。

5.4.1　**在容器中状态**

打开容器，用调刀或搅棒搅拌，允许容器底部有沉淀，若经搅拌易于混合均匀，则评为“搅拌后均匀无硬块”。

5.4.2　**细度**

按 GB/T 6753.1 规定进行。

5.4.3　**干燥时间**

表干和实干分别按 GB/T 1728—1979 表干中乙法和实干中甲法规定进行。

5.4.4　**涂膜外观**

样板在散射日光下目视观察，如果涂膜均匀，无流挂、发花、针孔、开裂和剥落等涂膜病态，则评为“正常”。

5.4.5　**回粘性**

按表 2 规定制完板后，在恒温恒湿条件下干燥 1 h，然后进入（80±2）℃的恒温箱中加热 30 min，取出试板在恒温恒湿条件下放置 1 h，作为试验用样板。按 GB/T 1762 的规定进行。

5.4.6　**打磨性**

用 400＃水砂纸手工干磨 10 次（往复 1 次算 1 次），如涂膜易打磨成平整光滑表面，则评为“易打磨”。

5.4.7　**光泽（60°）**

按 GB/T 9754 规定进行。

5.4.8　**铅笔硬度**

按 GB/T 6739 规定进行。铅笔为中华牌 101 绘图铅笔。

5.4.9　**附着力**

按 GB/T 9286 规定进行。划格间距为 2 mm。

5.4.10　**耐干热性**

按 GB/T 4893.3—2005 规定进行。试验温度为（90±2）℃，试验时间 15 min。

5.4.11　**耐水性**

按 GB/T 4893.1—2005 规定进行。试液为蒸馏水，试验区域取每块板的中间部位，在每个试验区域上分别放上五层滤纸片，试验过程中需保持滤纸湿润，必要时在玻璃罩和试板接触部位涂上凡士林加以密封。24 h 后取掉滤纸，吸干，放置 2 h 后在散射日光下目视观察，如 3 块试板中有 2 块未出现起泡、开裂、剥落等涂膜病态现象，但允许出现轻微变色和轻微光泽变化，则评为“无异常”。如出现以上涂膜病态现象按 GB/T 1766 进行描述。

5.4.12 耐碱性

测试及结果评定方法同耐水性，试液为 50 g/L 的 $NaHCO_3$ 溶液，试验时间为 1 h，试验后放置 1 h 后观察。

5.4.13 耐污染性

测试及结果评定方法同耐水性，试验时间均为 1 h，试验后放置 1 h 后观察。

耐醋：试液为酿造食醋。

注：推荐使用符合 GB 18187—2000 的酿造食醋。

耐茶：试液为绿茶水，在 2 g 绿茶中加入 250 mL 沸水，室温放置 5 min 后立即用茶水进行试验。

注：推荐使用袋装立顿绿茶。

6 检验规则

6.1 检验分类

6.1.1 产品检验分出厂检验和型式检验。

6.1.2 出厂检验项目包括在容器中状态、细度、干燥时间、打磨性、涂膜外观、光泽。

6.1.3 型式检验项目包括本标准所列的全部技术要求。在正常生产情况下，每年至少检验一次。

6.2 检验结果的判定

6.2.1 检验结果的判定按 GB/T 1250 中修约值比较法进行。

6.2.2 应检项目的检验结果均达到本标准要求时，该试验样品为符合本标准要求。

7 标志、包装和贮存

7.1 标志

按 GB/T 9750 的规定进行。

7.2 包装

按 GB/T 13491—1992 中一级包装要求的规定进行。

7.3 贮存

产品贮存时应保证通风、干燥，防止日光直接照射并应隔绝火源，远离热源。产品应根据类型定出贮存期，并在包装标志上明示。

参 考 文 献

[1] GB/T 15104—2006 装饰单板贴面人造板
[2] GB 18187—2000 酿造食醋

ICS 87.040
G 51

中华人民共和国国家标准

GB/T 23999—2009

室内装饰装修用水性木器涂料

Water based coatings for woodenware
for indoor decorating and refurbishing

2009-06-02 发布　　2010-02-01 实施

中华人民共和国国家质量监督检验检疫总局
中国国家标准化管理委员会　发布

前言

本标准由中国石油和化学工业协会提出。

本标准由全国涂料和颜料标准化技术委员会归口。

本标准负责起草单位：中海油常州涂料化工研究院。

本标准参加起草单位：广东华润涂料有限公司、廊坊立邦涂料有限公司、广东巴德士化工有限公司、常州光辉化工有限公司、广东神洲化学工业有限公司、山西摩天新技术开发有限公司、广东中山市爱普诗涂料有限公司、广东嘉宝莉化工有限公司、拜耳（中国）有限公司、罗门哈斯（中国）公司、奥科特化（上海）国际贸易有限公司、卜内门太古漆油（中国）有限公司、新欧宝化工（上海）有限公司、翁开尔公司、广东华隆涂料实业有限公司、天津天寰聚氨酯有限公司、东莞市鼎源实业有限公司、深圳市展辰达化工有限公司。

本标准主要起草人：赵玲、黄逸东、孔志元、石成芬、刘凤仙、方学军、曹震、苏振祥、罗晓京、陈绍球、曹树潮、陈珀丽、吴俊、林幼琼、赵雪怡、曾一文、刘斌、张恒、麦宗毅、孙连东、翟润和、陈寿生。

室内装饰装修用水性木器涂料

1 范围

本标准规定了用于室内木质基材表面装饰与保护的水性涂料的定义、分类、要求、试验方法、检验规则、包装标志等。

本标准适用于聚氨酯类、丙烯酸酯类、丙烯酸-聚氨酯类以及其他类型的常温干燥型单组分或双组分水性木器涂料。

2 规范性引用文件

下列文件中的条款通过本标准的引用而成为本标准的条款。凡是注日期的引用文件，其随后所有的修改单(不包括勘误的内容)或修订版均不适用于本标准，然而，鼓励根据本标准达成协议的各方研究是否可使用这些文件的最新版本。凡是不注日期的引用文件，其最新版本适用于本标准。

GB/T 1250 极限数值的表示方法和判定方法

GB/T 1724 涂料细度测定法

GB/T 1725 色漆、清漆和塑料 不挥发物含量的测定(GB/T 1725—2007,ISO 3251:2003,IDT)

GB/T 1728—1979 漆膜、腻子膜干燥时间测定法

GB/T 1766 色漆和清漆 涂层老化的评级方法

GB/T 1768 色漆和清漆 耐磨性的测定 旋转橡胶砂轮法(GB/T 1768—2006,ISO 7784-2:1997,IDT)

GB/T 3186 色漆、清漆和色漆与清漆用原材料 取样(GB/T 3186—2006,ISO 15528:2000,IDT)

GB/T 4893.1—2005 家具表面耐冷液测定法

GB/T 4893.3—2005 家具表面耐干热测定法

GB/T 6682—2008 分析实验室用水规格和试验方法(ISO 3696:1987,MOD)

GB/T 6739 色漆和清漆 铅笔法测定漆膜硬度(GB/T 6739—2006,ISO 15184:1998,IDT)

GB/T 9278 涂料试样状态调节和试验的温湿度(GB/T 9278—2008,ISO 3270:1984,Paint and varnish and their raw materials—Temperatures and humidities for conditioning and testing,IDT)

GB/T 9279 色漆和清漆 划痕试验(GB/T 9279—2007,ISO 1518:1992,IDT)

GB/T 9286—1998 色漆和清漆 漆膜的划格试验(eqv ISO 2409:1992)

GB/T 9750 涂料产品包装标志

GB/T 9754 色漆和清漆 不含金属颜料的色漆漆膜的20°、60°和85°镜面光泽的测定(GB/T 9754—2007,ISO 2813:1994,IDT)

GB/T 9755—2001 合成树脂乳液外墙涂料

GB/T 13491 涂料产品包装通则

GB/T 20624.2 色漆和清漆 快速变形(耐冲击性)试验 第2部分:落锤试验(小面积冲头)(GB/T 20624.2—2006,ISO 6272-2:2002,IDT)

GB/T 23982 木器涂料抗粘连性测定法

GB/T 23987 色漆和清漆 涂层的人工气候老化曝露 曝露于荧光紫外线和水(GB/T 23987—2009,ISO 11507:2007,IDT)

3 术语和定义

下列术语和定义适用于本标准。

3.1

水性木器涂料　water based coatings for woodenware

以水作为分散介质、用于木质基材表面起装饰与保护作用的涂料。

4　产品分类

水性木器涂料按实际用途及使用功能分为A、B、C、D四类，分别代表：

A类：地板用面漆——工厂涂装和家庭涂装等所有木质地板用面漆；

B类：家具用面漆——工厂涂装木质家具用面漆；

C类：装修用面漆——除A、B类以外的木质表面用面漆，主要用于门套、窗套、护墙板等的涂装；

D类：底漆、中涂漆——所有可与各类面漆配套使用的木器用底漆、中涂漆。

5　要求

产品应符合表1的要求。

表1　要求

项　目			指　标			
			A类	B类	C类	D类
在容器中状态			搅拌后均匀无硬块			
细度/μm		≤	35	清漆和透明色漆:35 色漆:40		60
不挥发物/%		≥	30	30		清漆和透明色漆:30 色漆:40
干燥时间	表干/min	≤	单组分:30；　双组分:60			
	实干/h		单组分:6；　双组分:24			
贮存稳定性[(50±2)℃,7 d]			无异常			
耐冻融性[a]			不变质			
涂膜外观			正常			—
光泽(60°)			商定			—
打磨性			—			易打磨
硬度(擦伤)			B			—
附着力(划格间距2 mm)/级		≤	1			
耐冲击性			涂膜无脱落、无开裂	—	—	—
抗粘连性[500 g,(50±2)℃/4 h]			MM:A-0；　MB:A-0			—
耐磨性(750 g/500 r)/g		≤	0.030	—		
耐划伤性(100 g)			未划伤		—	
耐水性	耐水性(24 h)		无异常			—
	耐沸水性(15 min)		无异常			—
耐碱性(50 g/L $NaHCO_3$,1 h)			无异常			—
耐醇性(50%,1 h)			无异常			—
耐污染性(1 h)	醋		无异常			—
	绿茶		无异常			—

表 1（续）

项目		指标			
		A类	B类	C类	D类
耐干热性[(70±2)℃,15 min]/级	≤	2			—
耐黄变性[b](168 h)ΔE^*	≤	3.0			

a 用于工厂涂装且对此项无要求的产品可不做该项。

b 该项目仅限标称具有耐黄变等类似功能的产品。

6 试验方法

6.1 取样

产品按 GB/T 3186 规定取样，也可按商定方法取样。取样量根据检验需要确定。

6.2 试验环境

试板的状态调节应符合 GB/T 9278 的规定。干燥时间、光泽、硬度、附着力、耐冲击性、耐磨性、耐划伤性、耐水性、耐碱性、耐醇性、耐污染性项目的试验环境应符合 GB/T 9278，其他项目的试验环境按照相关方法标准规定进行。

6.3 试验样板的制备

除非另有规定，所有制板项目均以单一涂料类型制板，即分别以面漆或底漆制板。各项目检验用底材及涂装要求见表 2。对于家俱用面漆，也可采用喷涂方式进行涂装，涂装要求商定。若采用与本标准规定不同的样板制备条件，应在试验报告中注明。

表 2 制板说明

项目	底材	尺寸/mm	涂装要求
涂膜外观[a]、附着力、耐划伤性、抗粘连性、耐水性、耐碱性、耐醇性、耐污染性	浅色贴面胶合板[b]（符合 GB/T 15104—2006）使用前在 6.2 环境条件下放置 7 d 以上	150×70	刷涂两道。第一道刷涂量为 (1.0±0.1)g/dm²，间隔 24 h 后刷涂第二道；第二道刷涂量为(0.8±0.1)g/dm²，放置 7 d 后测试。 贴面胶合板和实木地板在刷涂第二道前用 400＃水砂纸轻轻打磨一遍并擦去表面的浮灰
耐干热性		150×150	
耐冲击性	水青冈（山毛榉）实木地板或其他品种（符合GB/T 15036.1—2001）	150 × 100 × (10 ~ 20)	
耐磨性	铝板或玻璃板	直径 100	
耐黄变性	白色外用瓷质砖或其他材质的白色底材[c]	95×45	
打磨性	浅色贴面胶合板[b]（符合 GB/T 15104—2006）	150×70	刷涂一道，刷涂量为(1.8±0.1) g/dm²，单组分放置 6 h 后测试，双组分放置 24 h 后测试

表 2（续）

项目	底材	尺寸/mm	涂装要求
干燥时间	玻璃板(清漆测光泽时采用已喷有无光黑漆的玻璃板)	150×100×3	刷涂一道，刷涂量为(1.0±0.1) g/dm²
硬度			刮涂一道，湿膜厚 100 μm，放置 7 d 后测试
光泽[a]			刮涂一道，湿膜厚 150 μm，放置 48 h 后测试

[a] 涂膜外观、光泽项目出厂检验时可用商定的加速涂装方法制板后进行检验。

[b] 浅色贴面胶合板可采用白桦、水曲柳、白枫木、白橡木等浅色品种。

[c] “耐黄变性”项目所采用的白色外用瓷质砖或其他材质的白色底材要求经 UVA(340)灯照射 168 h 后 ΔE^* 应不大于 0.5。

6.4 操作方法

所用试剂均为化学纯以上，所用水均为符合 GB/T 6682—2008 规定的三级水，试验用溶液在试验前预先调整到试验温度。

6.4.1 在容器中状态

打开容器，用调刀或搅棒搅拌，允许容器底部有沉淀，若经搅拌易于混合均匀，则评为“搅拌后均匀无硬块”，双组分涂料应分别检验各组分。

6.4.2 细度

按 GB/T 1724 规定进行，双组分需混合均匀后测试。

6.4.3 不挥发物

按 GB/T 1725 规定进行，双组分涂料仅检验主剂。

6.4.4 干燥时间

表干和实干分别按 GB/T 1728—1979 表干中乙法和实干中甲法规定进行。

6.4.5 贮存稳定性

将约 0.5L 的样品装入合适的塑料或玻璃容器中，瓶内留有约 10%的空间，密封后放入(50±2)℃恒温干燥箱中，7 天后取出在(23±2)℃下放置 3 h，按照 6.4.1 方法考查“在容器中状态”，如果搅拌后均匀无硬块，则认为“无异常”。双组分涂料应分别检验各组分。

6.4.6 耐冻融性

按 GB/T 9755—2001 中 5.5 规定进行。双组分涂料仅检验主剂。

6.4.7 涂膜外观

样板在散射日光下目视观察，如果涂膜均匀，无流挂、发花、针孔、开裂和剥落等涂膜病态，则评为“正常”。

6.4.8 光泽(60°)

按 GB/T 9754 规定进行。

6.4.9 打磨性

用 400＃水砂纸手工打磨 20 次，如涂膜易打磨成平整光滑表面，则评为“易打磨”。

6.4.10 硬度(擦伤)

按 GB/T 6739 规定进行。铅笔为中华牌 101 绘图铅笔。

6.4.11 附着力

按 GB/T 9286—1998 规定进行。划格间距为 2 mm。

6.4.12 耐冲击性

按 GB/T 20624.2 规定进行。采用 12.7 mm 的球形冲头，重锤质量 300 g。调整重锤降落的高度，使样板表面的冲击印痕直径在(5.0±0.2)mm 范围内(印痕测量方法可按 GB/T 4893.9—1992 标准中附录 A 进行)。如在冲击的变形区域内无涂膜脱落和开裂(必要时可用彩色记号笔涂抹变形区域，稍置片刻后擦去表面残留的颜色，再进行检查)，则该冲击点为通过。试验两块试板，每块板上冲击 5 个点，如其中一块试板上至少有 3 个点无涂膜脱落和开裂，则该试验项目评为“涂膜无脱落、无开裂”。

6.4.13 抗粘连性

按 GB/T 23982 规定进行。试验条件：负荷：质量为 500 g、直径约 70 mm 的砝码；温度：(50±2)℃；时间：4 h。

6.4.14 耐磨性

按 GB/T 1768 规定进行。使用型号为 CS-10 的橡胶砂轮。

注：也可使用与 CS-10 磨耗作用相当的其他橡胶砂轮。

6.4.15 耐划伤性

操作按 GB/T 9279 规定进行。在划针上给定负荷 100 g 进行划伤试验，试验后对着垂直于划过的方向与试验样板成 45°角进行目视观察，辨别不出伤痕则评为“未划伤”。

6.4.16 耐水性

常温耐水性：按 GB/T 4893.1—2005 规定进行。试液为蒸馏水，试验区域取每块板的中间部位，在每个试验区域上分别放上 5 层纸片，试验过程中需保持滤纸湿润，必要时在玻璃罩和试板接触部位涂上凡士林加以密封。24 h 后取掉滤纸，吸干，放置 2 h 后在散射日光下目视观察，如 3 块试板中有 2 块未出现起泡、开裂、剥落等涂膜病态现象，但允许出现轻微变色和轻微光泽变化，则评为“无异常”。如出现以上涂膜病态现象按 GB/T 1766 进行描述。

耐沸水性：按常温耐水性测试及评价方法进行，试液为沸水，试验过程任其自然冷却，试验时间为 15 min，试验后放置 15 min 后观察。

6.4.17 耐碱性

测试及结果评定方法同常温耐水性，试液为 50 g/L 的 $NaHCO_3$，试验时间为 1 h，试验后放置 1 h 后观察。

6.4.18 耐醇性

测试及结果评定方法同常温耐水性，试液为 50%(体积分数)的乙醇溶液，试验时间为 1 h，试验后放置 1 h 后观察。

6.4.19 耐污染性

测试及结果评定方法同常温耐水性，试验时间均为 1 h，试验后放置 1 h 后观察。

耐醋：试液为酿造食醋。

注：酿造食醋应符合 GB 18187—2000，推荐使用江苏恒顺醋业股份有限公司生产的产品。

耐茶：试液为绿茶水：在 2 g 绿茶中加入 250 mL 沸水，室温放置 5 min 后立即用茶水进行试验。

注：推荐使用立顿绿茶。

6.4.20 耐干热性

按 GB/T 4893.3—2005 规定进行。试验温度为(70±2)℃，试验时间 15 min。

6.4.21 耐黄变性

按 GB/T 23987 规定进行。用 UVA(340)灯作为光源，将试板置于试验条件能满足黑板温度为(60±3)℃、辐照度为 0.68 W/m^2、干相(无凝露)的荧光紫外老化机中，全过程保持连续光照 168 h。试验结束后取出，与未经光照的试板对照，用色差仪测定颜色变化(ΔE^*)。

7 检验规则

7.1 检验分类

7.1.1 产品检验分为出厂检验和型式检验。

7.1.2 出厂检验项目包括在容器中状态、细度、不挥发物、干燥时间、涂膜外观、光泽。

7.1.3 型式检验项目包括本标准所列的全部技术要求。在正常生产情况下，贮存稳定性、耐冻融性、打磨性、硬度、附着力、耐冲击性、抗粘连性、耐磨性、耐划伤性、耐水性、耐碱性、耐醇性、耐污染性、耐干热性每半年至少检验一次；耐黄变性每年至少检验一次。

7.2 检验结果的判定

7.2.1 检验结果的判定按 GB/T 1250 中修约值比较法进行。

7.2.2 应检项目的检验结果均达到本标准要求时，该试验样品为符合本标准要求。

8 标志、包装和贮存

8.1 标志

按 GB/T 9750 的规定进行。对于由双组分配套组成的涂料，应明确各组分配比。如需加水稀释，应明确稀释比例。

8.2 包装

按 GB/T 13491 中二级包装要求的规定进行。

8.3 贮存

产品贮存时应保证通风、干燥、防止日光直接照射，冬季时应采取适当防冻措施。产品应根据类型定出贮存期，并在包装标志上明示。

参 考 文 献

［1］ GB/T 4893.9—1992 家具表面漆膜抗冲击测定法
［2］ GB/T 15036.1—2001 实木地板技术条件
［3］ GB/T 15104—2006 装饰单板贴面人造板
［4］ GB 18187—2000 酿造食醋

ICS 13.020.10
Z 00

中华人民共和国国家标准

GB/T 24025—2009/ISO 14025:2006

环境标志和声明 Ⅲ型环境声明 原则和程序

Environmental labels and declarations—Type Ⅲ environmental declarations—Principles and procedures

(ISO 14025:2006, IDT)

2009-07-10 发布 2009-12-01 实施

中华人民共和国国家质量监督检验检疫总局
中国国家标准化管理委员会 发布

前　言

本标准为环境标志和声明系列标准之一。环境标志和声明系列标准共有四项标准，另外三项标准为：

——GB/T 24020—2000　环境标志和声明　通用原则；

——GB/T 24021—2001　环境标志和声明　自我环境声明（Ⅱ型环境标志）；

——GB/T 24024—2001　环境标志和声明　Ⅰ型环境标志　原则和程序。

本标准等同采用国际标准 ISO 14025:2006《环境标志和声明　Ⅲ型环境声明　原则和程序》（英文版）。

为便于使用，本标准在内容上与国际标准完全相同，但做了以下编辑性修改：

——删除 ISO 14025:2006 的前言，增加了中文前言；

——对于 ISO 14025:2006 引用的其他国际标准中已被等同采用为我国国家标准的，本标准采用我国国家标准代替对应的国际标准。

本标准附录 A 和附录 B 均为资料性附录。

本标准由全国环境管理标准化技术委员会（SAC/TC 207）提出并归口。

本标准起草单位：中国标准化研究院、中国质量认证中心、国家认监委认证技术研究所、中国环境科学研究院、方圆标志认证集团有限公司、中国合格评定国家认可中心。

本标准主要起草人：黄进、张丽欣、刘克、徐成、陈全、李燕、陈亮。

引　言

Ⅲ型环境声明提供量化的产品生命周期环境信息，使具有同样功能的产品之间可以进行比较。Ⅲ型环境声明是：

——由一个或多个组织提出；

——依据GB/T 24040系列标准，基于独立验证过的生命周期评价(LCA)数据、生命周期清单分析(LCI)数据和信息模块，必要时，包括附加环境信息；

——使用预设参数进行编制；

——由计划执行者负责管理，计划执行者可以是一个公司或集团公司、工业部门、贸易协会、公共机构或代理机构，独立的学术团体，或其他组织。

本标准所描述的Ⅲ型环境声明旨在应用于供应商与采购商之间(B-B)的信息交流，但也不排除应用于供应商与消费者之间(B-C)的信息交流，这是由于Ⅲ型环境声明的编制者无法准确确定其受众。然而，考虑不同购买方或使用群体的信息需求仍是至关重要的，例如：大供应商、中小型企业、政府采购方和消费者等。依据本标准建立Ⅲ型环境声明计划和编制声明需要对目标受众的意识水平予以关注。

在基于本标准的计划中，提出声明的组织须确保数据得到内部或外部的独立验证，除了供应商向消费者进行声明以外，可以或不必经由第三方验证。关于"认证"，ISO已给出通用定义，即：第三方机构对某个产品或过程符合规定要求给予书面保证。然而，不同地区对"认证"的理解和实施不同，为避免混淆，本标准使用"第三方验证"术语代替"认证"。

计划应保持通用计划指南与产品种类规则的一致以符合可比性原则。这包括在PCR文件制定、PCR评审、验证程序、管理程序以及声明格式等方面的规则互认。为确保可比性，鼓励计划执行者开展协同合作以实现计划的一致性，并签署互认协议。

注：在编制Ⅲ型环境声明的过程中，可能赋予计划或其声明以各种名称，例如：生态绿叶、生态概貌、产品的环境声明、环境产品声明(EPD)和环境概貌。

环境标志和声明
Ⅲ型环境声明　原则和程序

1　范围

本标准规定了Ⅲ型环境声明计划和Ⅲ型环境声明的原则和程序，特别是运用GB/T 24040系列标准开发Ⅲ型环境声明计划和Ⅲ型环境声明。除了GB/T 24020中给出的原则，本标准还规定了使用环境信息的原则。

本标准适用于供应商与采购商之间的交流，但在一定条件下也用于供应商与消费者之间的交流。

本标准不超越或不以任何方式改变法律要求的环境信息、声明或标志，或任何其他适用的法律要求。

本标准不包含行业特定的规定，这些内容将在其他ISO文件中予以规定。其他ISO文件中与Ⅲ型环境声明有关的行业规定旨在基于并使用本标准的原则和程序。

2　规范性引用文件

下列文件中的条款通过本标准的引用而成为本标准的条款。凡是注日期的引用文件，其随后所有的修改单（不包括勘误的内容）或修订版均不适用于本标准，然而，鼓励根据本标准达成协议的各方研究是否可使用这些文件的最新版本。凡是不注日期的引用文件，其最新版本适用于本标准。

GB/T 24001—2004　环境管理体系　要求及使用指南(ISO 14001:2004,IDT)

GB/T 24020—2000　环境管理　环境标志和声明　通用原则(ISO 14020:2000,Environmental labels and declarations—General principles,IDT)

GB/T 24021—2001　环境管理　环境标志和声明　自我环境声明(Ⅱ型环境标志)(ISO 14021:1999,Environmental labels and declarations—Self-declared environmental claims(Type Ⅱ environmental labelling),IDT)

GB/T 24024—2001　环境管理　环境标志和声明　Ⅰ型环境标志　原则和程序(ISO 14024:1999,Environmental labels and declarations—Type Ⅰ environmental labelling—Principles and procedures,IDT)

GB/T 24040—2008[1)]　环境管理　生命周期评价　原则与框架(ISO 14040:2006,IDT)

GB/T 24044—2008[1)]　环境管理　生命周期评价　要求与指南(ISO 14044:2006,IDT)

GB/T 24050　环境管理　术语(GB/T 24050—2004,ISO 14050:2002,IDT)

3　术语和定义

GB/T 24050确立的以及下列术语和定义适用于本标准。

3.1

环境标志　environmental label

环境声明　environmental declaration

1）GB/T 24040—2008和GB/T 24044—2008已代替GB/T 24040—1999、GB/T 24041—2000、GB/T 24042—2002、GB/T 24043—2002。

用来表述产品(3.11)或服务的环境因素的声明。

注：环境标志或声明的形式可以是出现于产品或包装标签上，或置于产品文字资料、技术公告、广告或出版物等中的说明、符号或图形。

[GB/T 24020—2000,定义 3.1]

3.2

Ⅲ型环境声明　Type Ⅲ environmental declaration

提供基于预设参数的量化环境数据的环境声明(3.1),必要时包括附加环境信息。

注 1：预设参数基于 GB/T 24040 系列标准，包括 GB/T 24040 和 GB/T 24044。

注 2：附加环境信息可以是定性的也可以是定量的。

3.3

Ⅲ型环境声明计划　Type Ⅲ environmental declaration programme

基于一套运行规则，编制和使用Ⅲ型环境声明(3.2)的自愿性计划。

3.4

计划执行者　programme operator

实施Ⅲ型环境声明计划(3.3)的团体。

注：计划执行者可以是一个公司或一组公司、工业部门、贸易协会、政府机构、独立的学术团体，或其他组织。

3.5

产品种类规则　product category rules (PCR)

对一个或多个产品种类(3.12)进行Ⅲ型环境声明(3.2)所必须满足的一套具体的规则、要求和指南。

3.6

产品种类规则评审　PCR review

第三方(3.10)小组对产品种类规则(3.5)进行验证的过程。

3.7

能力　competence

经证实的个人素质以及经证实的应用知识和技能的本领。

[GB/T 19011—2003,定义 3.14]

3.8

验证者　verifier

执行验证(3.9)的个人或机构。

3.9

验证　verification

通过提供客观证据对规定要求已得到满足的认定。

[GB/T 19000—2008,定义 3.8.4]

3.10

第三方　third party

在所涉及的问题上，被公认是独立于有关各方面的个人或机构。

注：“有关各方”通常是指供方(“第一方”)和购买方(“第二方”)。

[GB/T 24024—2001,定义 3.7]

3.11

产品　product

任何商品或服务。

[GB/T 24024—2001,定义 3.2]

3.12

产品种类 **product category**

具有同等功能的**产品**(3.11)组群。

[GB/T 24024—2001,定义 3.3]

3.13

信息模块 **information module**

覆盖**产品**(3.11)**生命周期**(3.20)的一个单元过程或一组单元过程的,用作**Ⅲ型环境声明**(3.2)基础的数据汇总。

3.14

功能单位 **functional unit**

用来作为基准单位的量化的产品系统性能。

[GB/T 24040—2008,定义 3.20]

3.15

相关方 **interested party**

关注开发和使用**Ⅲ型环境声明**(3.2),或受其影响的个人或团体。

3.16

消费者 **consumer**

为了私人用途而购买或使用商品、财产或服务的一般公众个人。

(参考文献[5],4.3)

3.17

环境因素 **environmental aspect**

一个组织的活动、产品和服务中能与环境发生相互作用的要素。

[GB/T 24040—2008,定义 3.8]

3.18

环境影响 **environmental impact**

全部或部分地由组织的**环境因素**(3.17)给环境造成的任何有害或有益的变化。

[GB/T 24001—2004,定义 3.7]

3.19

对比论断 **comparative assertion**

对于一种产品优于或等同于具有同样功能的竞争**产品**(3.11)的环境声明。

[GB/T 24040—2008,定义 3.6]

3.20

生命周期 **life cycle**

产品系统中前后衔接的一系列阶段,从自然界或从自然资源中获取原材料,直至最终处置。

[GB/T 24040—2008,定义 3.1]

4 目标

环境标志和声明的总体目标是:通过对产品非误导的、信息的、可验证的和准确的交流,促进对环境压力较小的产品的需求和供给,用市场驱动的手段来刺激持续改进环境的潜力。

Ⅲ型环境声明的目标是:

a) 提供基于 LCA 的,与产品环境因素有关的信息和附加信息;

b) 帮助购买方和使用方在产品之间进行信息比照,但这些声明并非对比论断;

c) 鼓励环境绩效的改进;

d) 提供用于评价产品生命周期环境影响的信息。

5 原则

5.1 与 GB/T 24020 的关系

除了本标准的要求以外，还应遵守 GB/T 24020 所规定的原则。当本标准提出的要求比 GB/T 24020 更为具体时，应遵守这些要求。

5.2 自愿性

Ⅲ型环境声明计划的建立和实施以及Ⅲ型环境声明的编制和使用都是自愿的。本标准对组织选择建立和实施Ⅲ型环境声明计划，或编制和使用Ⅲ型环境声明提出了要求。

5.3 以生命周期为基础

在编制Ⅲ型环境声明时，应考虑产品全生命周期中所有相关的环境因素，使其成为声明的组成部分。如果所考虑的相关因素未覆盖生命周期的所有阶段，则应对此进行声明和论证。应使用 GB/T 24040 系列标准(即 GB/T 24040 和 GB/T 24044)所确定的原则、框架、方法学和惯例来得出数据。

应使用其他适宜的方法对 LCA 未覆盖的相关环境因素进行说明。

5.4 模块性

产品加工或组装所用的材料、零部件和其他输入的 LCA 数据，可用于该产品的Ⅲ型环境声明。在这种情况下，这些基于 LCA 的数据应作为信息模块，并可代表这些材料或零部件生命周期的全过程或一部分。若信息模块按照产品种类规则进行了调整，则信息模块或其组合可用于编制Ⅲ型环境声明。若编制产品Ⅲ型环境声明的信息模块组合未覆盖产品生命周期的所有阶段，则未覆盖部分应在 PCR 文件中加以说明和论证。

一个信息模块可能是，但不一定是一项Ⅲ型环境声明。

5.5 相关方参与

环境标志和声明的编制过程应当开放，并有相关方参与意见，在此过程中作出必要的努力以求得共识。

注：引自 GB/T 24020—2000 中 4.9.1，原则 8。

参与Ⅲ型环境声明计划的相关方包括但不限于：原材料供应方、制造方、商业协会、购买方、使用方、消费者、非政府组织、公众机构，相关时，还包括独立团体和认证机构等。

宜鼓励开展公开咨询，但不一定是公众咨询。计划执行者应负责确保举办适当的咨询，以确保计划运行的可信性和透明度。计划执行者的竞争者可参与公开咨询。

5.6 可比性

Ⅲ型环境声明旨在使购买方或使用方基于生命周期比较产品的环境绩效。因此，Ⅲ型环境声明的可比性是至关重要的。用于比较的信息应透明，以便购买方或使用方理解Ⅲ型环境声明可比性的内在局限(见 6.7.2)。

注：未基于覆盖生命周期所有阶段的 LCA，或基于不同 PCR 的Ⅲ型环境声明，是环境声明有限可比性的实例。

5.7 验证

为确保Ⅲ型环境声明包含基于 GB/T 24040 系列标准的相关的和可验证的 LCA 信息，计划执行者应建立透明的程序，以便：

——对 PCR 进行评审，包括对 PCR 所依据的 LCA、LCI 结果、信息模块和附加环境信息进行评审(见 8.1.2)；

——对声明所依据的 LCA、LCI、信息模块和附加环境信息进行独立验证(见 8.1.3)；

——对Ⅲ型环境声明进行独立验证(见 8.1.4)。

5.8 适应性

为使Ⅲ型环境声明能够有效增进对产品的环境认知，使这些声明在保持其技术可信性的同时，保持其应用的适应性、实用性和成本效益是十分重要的。

本标准允许：

——不同类型的机构实施Ⅲ型环境声明计划(见3.4和第6章)；

——如果存在必要信息，可以使用生命周期的相关阶段(见7.2.5)；

——提供附加环境信息(见图2和7.2.3)。

5.9 透明性

为确保任何对Ⅲ型环境声明感兴趣的人都能理解和正确解释该声明，计划执行者应确保以下内容可获得：

——通用计划指南(见6.4)；

——所有已发布的有关计划中的PCR文件清单；

——PCR文件；

——本标准所规定的解释性材料(见7.2.1和9.2.3)。

6 计划要求

6.1 总则

Ⅲ型环境声明计划是自愿性的，并有一套规则指导其全部管理和运行，由计划执行者所运用的这些规则被视为通用计划指南。

附录A给出了建立和实施Ⅲ型环境声明计划的总体安排所涉及的本标准的相关条款。

6.2 计划的范围

计划应明确限定自身的范围，例如是否局限于某一地理范围或某一工业部门、产品或产品组。

对于在规定范围内所有对制定PCR或编制Ⅲ型环境声明感兴趣的组织而言，计划都应是可获得的。

6.3 计划执行者的职责

计划执行者应负责管理Ⅲ型环境声明计划，管理职责主要包括但不限于：

a) 准备、保持和沟通通用计划指南；

b) 公布作为相关方实际参与计划建立的组织的名称(不是个人姓名)；

c) 确保遵循Ⅲ型环境声明的要求(见第7章)；

d) 建立维护计划中数据一致性的程序；

e) 保持计划中有关PCR文件和Ⅲ型环境声明的、公开可获得的清单和记录；

f) 公布计划中PCR文件和Ⅲ型环境声明；

g) 跟踪与Ⅲ型环境声明计划有关的程序和文件的变化，必要时对其进行修订；

h) 确保选择能胜任的、独立的验证者和PCR评审组成员；

i) 建立有关PCR评审的透明的程序(见8.1.2)，包括评审范围、评审的详细资料以及评审组的组成；

j) 建立程序以避免对本标准、Ⅲ型环境声明计划、Ⅲ型环境声明及其标识的误用。

6.4 通用计划指南

计划执行者应准备有关计划运行的通用计划指南，其内容包括但不仅限于以下信息：

a) 计划的范围。

b) 计划的目标。

c) 计划执行者。

d) 计划的预期使用者，可以是供应商与采购商之间使用，也可以是供应商与消费者之间使用，或两者都有。

e) 相关方的参与。

f) 有关产品种类确定的程序。

g) 有关对所使用的数据和文件进行管理的程序，这些程序可基于 GB/T 24001—2004 的 4.4.5，或 GB/T 24044—2008 的第 5 章。

h) 数据保密性管理。

i) 有关 PCR 制定和保持的程序，包括：

——PCR 的内容；

——有效期的规定，须考虑影响 PCR 的相关信息的变化；

——有关预设参数选择的程序。

j) 独立验证的程序，包括：

——验证者的能力；

——PCR 评审组的能力。

k) 建立和实施计划所需的资金来源和其他资源。

l) 对通用计划指南的定期评审。

m) 费用(适用时)。

通用计划指南应按要求为任何人所获取。

6.5 相关方参与

计划执行者应识别和邀请相关方参与计划建立的公开的咨询过程(见 5.5)，应明确和公开相关方的作用以便其参与。

咨询过程尤其应包括以下内容：

——PCR 的制定；

——一套表述如何编制和验证Ⅲ型环境声明的方法学和程序方面的规则。

应努力保证资源和时间以实现咨询。

应给相关方足够的时间以评审和获知所使用信息的详细内容和来源。咨询过程也应确保相关方对通用计划指南或 PCR 提出意见，并在合理的时间内予以答复。

可通过咨询委员会、顾问委员会或听取公众意见等方式来选择相关方代表参与咨询过程。

6.6 产品种类确定程序

在确定的咨询过程中，计划执行者应确保通过透明的程序来确定产品种类。当产品具有类似的功能和应用时，将一组产品划分到一个产品种类的基本原则是其具有同样的功能单位。

6.7 PCR 制定程序

6.7.1 PCR 文件内容的制定

当为一个产品种类制定 PCR 时，计划执行者宜考虑采用相同产品种类中和在适当市场范围内已经存在的 PCR 文件，以便保持协调一致。但是，可能还是有必要制定与已有文件内容不同的 PCR 文件。不同于现有 PCR 的理由应基于现有 PCR 文件的内容，而不应基于，例如任何特定 PCR 的来源。

在 PCR 文件中应报告为达成协调一致所付出的努力、结果以及未使用现有的产品种类规则的解释。

PCR 应确定与产品种类有关的、基于 LCA 的信息的目的与范围以及附加环境信息的规则，并形成文件。PCR 也应确定所包含的生命周期阶段，涉及的参数，以及核对和报告参数的方法。

为实现完整性和一致性，PCR 应基于一个或多个生命周期评价(与 GB/T 24040 系列标准相一致)以及其他相关的研究，以确定附加环境信息的要求。应在 PCR 文件中引用这些生命周期评价和其他相关的研究。

图1给出了准备PCR文件的推荐步骤。

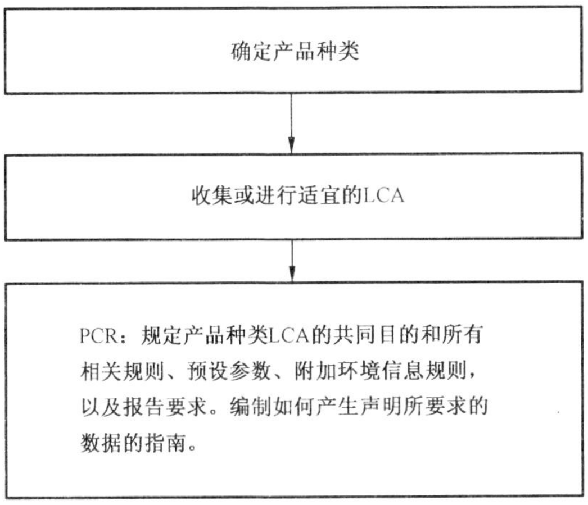

图1 PCR文件的准备步骤

计划执行者应通过有相关方参与的咨询过程制定PCR文件，PCR文件应包括以下内容：

a) 产品种类的定义及其描述（如：功能、技术性能和用途）。

b) 依据GB/T 24040系列标准的产品的LCA的目的与范围的确定，包括：

——功能单位；

——系统边界；

——数据的描述；

——输入和输出的选择准则；

——数据质量要求，包括覆盖范围、准确性、完整性、代表性、一致性、可再现性、来源和不确定性；

——单元。

c) 清单分析，包括：

——数据收集；

——计算程序；

——材料、能流和释放的分配。

d) 如适用，影响种类选择和计算的准则。

e) 报告LCA数据的预设参数（清单数据种类和影响种类参数）（详见注）。

f) 提供附加环境信息的要求，包括任何方法学的要求（例如：危害和风险评价的规定），见7.2.3。

g) 需声明的材料和物质（例如：有关产品成分的信息，包括生命周期各阶段对人类健康或环境产生负面影响的材料和物质的规定）。

h) 声明所需数据的产生指令（LCA、LCI、信息模块和附加环境信息）。

i) Ⅲ型环境声明内容和格式的指令（见7.2）。

j) 如果声明基于的LCA未覆盖所有生命周期阶段，则应包括未被考虑的生命周期阶段的信息。

k) 有效期。

注：预设参数是PCR中确定的参数，产品的环境信息依据这些参数提供。

6.7.2 可比性要求

当满足以下条件时，不同的Ⅲ型环境声明应被视为具有可比性：

a) 产品种类的定义和描述（例如：功能、技术性能和用途）是相同的。

b) 按照GB/T 24040系列标准的要求，产品的LCA的目的与范围的确定具有以下特点：

——功能单位是相同的；

——系统边界是等同的；

——数据的描述是等同的；

——输入和输出的选择准则是相同的；

——数据质量要求是等同的，其中包括覆盖范围、准确性、完整性、代表性、一致性、可再现性、来源和不确定性等；

——单元是相同的。

c) 对于清单分析：

——数据收集方法是等同的；

——计算程序是相同的，而且

——材料、能流和释放的分配是等同的。

d) 如适用，影响种类选择和计算准则是相同的。

e) 报告 LCA 的预设参数是相同的(清单数据种类和影响类型参数)。

f) 提供附加环境信息的要求是等同的，包括任何方法学的要求(例如：危害和风险评价的规定)。

g) 需声明的材料和物质是等同的(例如：有关产品成分的信息，包括那些在生命周期的各个阶段能够对人类健康和环境产生负面影响的物质和材料的规定)。

h) 声明所需数据的产生指令是等同的(LCA、LCI、信息模块和附加环境信息)。

i) Ⅲ型环境声明的内容和格式的指令是等同的。

j) 如果声明的 LCA 未覆盖所有生命周期阶段，上述每一阶段的信息将不是等同的。

k) 有效期是等同的。

为了保证基于信息模块的Ⅲ型环境声明的可比性，被遗漏的产品生命周期阶段的环境影响应是可以忽略的；或者在数据可接受的不确定性范围内，忽略的产品生命周期阶段的数据可以认为是相同的。

6.8 应用 LCA 方法学的程序

6.8.1 有关通用 LCA 方法学信息的发布

为了便于声明之间的对比，计划执行者应当确保Ⅲ型环境声明通用方法学方面信息的可获得性。这些方法学内容应包括计算方法的选择、系统边界的选择以及数据质量的不同要求。

6.8.2 LCA 方法学的应用

Ⅲ型环境声明的定量环境信息应基于：

——按照 GB/T 24040 系列标准进行的一个或多个生命周期评价的结果，或

——信息模块(见 3.13)，如使用。

本条款描述了Ⅲ型环境声明和计划的两种方法学方案。图 2 表示了不同的选择。共同点是两个方案都是基于符合 GB/T 24040 系列标准的 LCI 的。

以下来自 LCA 或信息模块中的参数可以作为预设参数：

——一套影响种类的指标结果(仅适用于方案 A)；

——一套基本流的清单结果(如铁矿石、二氧化碳)；

——一套不代表基本流的数据(如废物)。

编制Ⅲ型环境声明的方法学应符合下列方案中的一种，如图 2 所示：

a) 方案 A：LCA 分析，包括阶段：目的与范围的确定、清单分析(LCI)、影响评价(LCIA)、解释。

b) 方案 B：LCA 分析，包括阶段：目标和范围的确定、清单分析(LCI)、解释。

必要时应使用来自其他环境分析工具的结果(如图 2)。附加环境信息旨在确保所有有关产品环境因素涵盖在Ⅲ型环境标志声明中。这些附加信息可以来自 LCA，也可以不来自 LCA，可以与其他有关产品整体环境绩效的问题相关。例如，这些问题可包括与可持续发展有关的环境因素(见 7.2.3)。

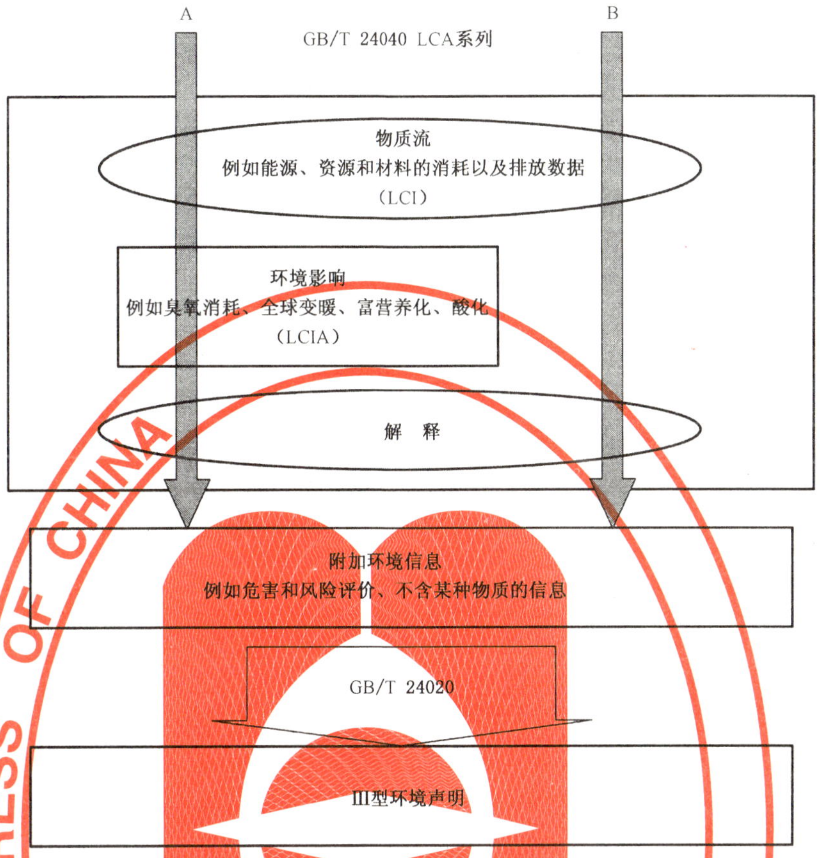

图 2 Ⅲ型环境声明和计划的两种不同方法学方案

7 声明要求

7.1 总则

Ⅲ型环境声明旨在便于满足相同功能要求的产品的环境属性的比较。定量数据应以 PCR 中描述的适宜、一致的计量单位来报告。如能提供,定性数据应当具有可比性。定性信息的产生应当使用同样的方法或系统,同时应当识别这些方法和体系。在有要求时,PCR 的详细内容应可为产品购买方和使用方获取。

7.2 声明内容

7.2.1 总则

同一个产品种类内所有的Ⅲ型环境声明应遵循统一的格式,并且应包含计划执行者提供的 PCR 中所确定的参数。

符合 PCR 的Ⅲ型环境声明应包含如下信息:

a) 提出声明的组织的身份和描述;

b) 产品描述;

c) 产品识别(例如型号);

d) 计划的名称以及计划执行者的地址,必要时,包括标志和网址;

e) PCR 识别;

f) 公布日期以及有效期;

g) LCA、LCI 或信息模块的数据(见 7.2.2);

h) 附加环境信息(见 7.2.3);

i) 材料和物质的成分声明(例如产品成分的信息,包括在生命周期所有阶段能够对人类健康或环境产生负面影响的材料和物质的详述）；

j） 当声明不是在全生命周期范围内的 LCA 的基础上做出时，未予考虑的阶段的信息；

k） 不同计划的环境声明可能不具备可比性的说明；

l） 获取解释性材料出处的信息。

第 i）条的要求，在理由充分时不适用于知识产权或类似法律法规涉及的有关材料和物质的专利信息。也可以不适用于无形产品的声明。

除了以上所列出来的从 a）到 l）条信息之外，Ⅲ型环境声明还应清晰地提供图 3 所列出的信息（备注除外）。

PCR[a] 评审[b] 者： 〈主席的姓名和所属组织以及如何通过计划执行者与主席进行联络〉
按照本标准实施的声明和数据的独立验证： ☐ 内部　☐ 外部
（适用时[c]）第三方验证者： 〈第三方验证者的名称〉
a 符合 6.7.1 要求的产品种类规则。 b 符合 8.1.2 要求的 PCR 评审。 c 在供应商和购买商之间进行信息交流时是可选择的，在供应商和消费者之间进行信息交流时是必须的（见 9.4）。

图 3　验证示例

7.2.2　来自 LCA、LCI 或信息模块的数据

按照所选择的方案（见图 2），Ⅲ型环境声明应包含来自 LCA 研究、LCI 研究或信息模块的数据。这些数据可包括但不限于下列来自生命周期各阶段的信息或附加环境信息，并应清晰地分为以下三类：

a） 按照 PCR 的要求，来自生命周期清单分析（LCI）的数据包括：

——资源消耗，包括能源、水和可再生资源，以及

——向空气、水体和土壤的排放。

b） 适用时，生命周期影响评价（LCIA）的参数结果包括：

——气候变化；

——平流层臭氧层的耗损；

——土壤和水源的酸化；

——富营养化；

——光化学氧化剂的形成；

——化石能源资源的消耗，以及

——矿物资源的消耗。

c） 其他数据，例如产生废物的数量和类型（有毒或无毒废物）。

声明应清晰地表达该声明是适用于产品，或产品和包装的一部分，或服务的一部分。

7.2.3　附加环境信息

相应地，除了来自 LCA、LCI 或信息模块的信息（见 6.7.1f））之外，Ⅲ型环境声明应包含与环境问题有关的附加环境信息。这些信息应与 7.2.2 描述的信息分开。重要环境因素的识别至少应该考虑如下内容：

a） 与环境问题有关的信息，如：

1） 对生物多样性的影响或潜在影响；

2） 与人类健康和环境有关的毒性，以及

3） 与生命周期任何阶段有关的地理因素（例如对潜在的环境影响与产品系统的场所之间的关系的讨论）。

b） 对环境具有重要影响的产品性能数据。

c） 组织对环境管理体系的遵守情况，以及相关方在何处能够获取该体系详细信息的说明。

d） 其他适用于产品的环境认证计划，以及相关方在何处能够获取该认证计划详细信息的说明。

e） 组织的其他环境活动，例如参与再循环和回收项目，并提供这些项目的详细资料以便于产品的购买方和使用方能获取，同时应包括联络信息。

f） 来自 LCA，但未按典型的 LCI 或 LCIA 的格式进行交流的信息。

g） 有效使用的指南和限定。

h） 有关人类健康和环境的危害和风险评估。

i） 产品中不含某种材料或含量的信息，这些材料在特定区域内被认为具有环境重要性（见 GB/T 24021—2001 中 5.4 和 5.7r））。

j） 使用后产品的首选废物管理方案。

k） 发生带来环境影响事件的潜在可能。

附加环境信息应仅与环境问题相关。与产品环境性能无关的产品安全信息和指南不作为Ⅲ型环境声明的内容。

7.2.4 附加环境信息的要求

所有附加环境信息都应清晰地阐明其不是基于 LCA、LCI 或信息模块的数据的一部分。

附加环境信息应：

a） 是基于经过证实和验证的信息，并符合 GB/T 24020—2000 和 GB/T 24021—2001 第 5 章的要求；

b） 是详细、准确和非误导的；

c） 与特定产品相关；

d） 不易引起歧义，特别是略去某些事实时；

e） 只与环境因素有关，这些环境因素可能识别并存在于产品生命周期中，或与产品生命周期有关；

f） 不作对比论断，但应在本产品种类内可对比；

g） 只有当特定物质的含量不高于规定的痕量或背景值时，才能使用“无……”的字样声明；

h） 不提及不含与产品种类无关的物质和特征，以及

i） 如果使用符号，应符合 GB/T 24021—2001 中 5.8 和 5.9 列出的要求。

7.2.5 基于信息模块的Ⅲ型环境声明

对于一个或多个生命周期阶段的Ⅲ型环境声明可使用信息模块；信息模块可组合起来得到一个覆盖生命周期全过程的评价，并在下列条件下形成一个产品Ⅲ型环境声明：

——将针对生命周期所有阶段的信息模块和针对产品所有部分的信息模块组合起来（见附录 B）；

——满足 GB/T 24040 系列标准的所有要求（见 6.8.2）；

——满足该产品种类的 PCR（见 6.7.1）。

可获取时，元件和材料供方应提供有关使用和废弃阶段的信息。

如果Ⅲ型环境声明中组合的信息模块未覆盖产品的整个生命周期，则应陈述略去的部分。

如果与生命周期有关的因素和影响未包含在信息模块中，Ⅲ型环境声明应以有关的附加环境信息做支持，并对略去的部分提出合理说明。

附录 B 提供了一个简单的例子，说明信息模块和基于信息模块的Ⅲ型环境声明可以组合起来，组成一个基于生命周期全过程分析的Ⅲ型环境声明。

7.3 声明的更新

组织可能需要纠正和改进包含在Ⅲ型环境声明中的信息。

必要时，Ⅲ型环境声明应重新评价和更新以反映技术上的改变或其他影响声明内容及准确度的情况。当进行Ⅲ型环境声明更新时，应满足与编制原声明同样的要求。如对基于LCA的数据、附加环境信息和声明的改变的验证。

做出Ⅲ型环境声明的组织负责通知计划执行者Ⅲ型环境声明中将发生的变化，并将验证者认为符合有关要求的文件提供给计划执行者。计划执行者应发布更新后的声明。

8 验证

8.1 评审和独立验证的程序

8.1.1 总则

在建立Ⅲ型环境声明计划时，应按照本标准和GB/T 24040和GB/T 24020系列标准建立验证规则。

计划执行者应建立适宜的验证程序(见6.4)确保声明符合所有的通用计划指南。该程序应包含验证格式和文件，以及充分地获取验证规则和结果的渠道。

尽管应对数据进行内部或外部独立验证，但并不一定意味着需要第三方验证。因此是否进行最后一步第三方验证由计划执行者决定。

当Ⅲ型环境声明用于供应商与消费者之间的信息交流时，具体的验证要求详见9.4。

8.1.2 PCR评审

PCR的评审应当由第三方小组实施，小组中至少有一名组长和两名成员。PCR文件应包括PCR评审的结果以及小组成员的意见和建议。

PCR评审应证实：

——PCR已按照GB/T 24040系列标准特别是按照本标准的6.7.1制定；

——PCR满足通用计划指南，以及

——PCR列出的基于LCA的数据以及附加环境信息对产品的重要环境因素做出了描述。

计划执行者可确定PCR评审小组的其他任务。

8.1.3 数据的独立验证

对来自LCA、LCI、信息模块的数据以及附加环境信息的独立验证至少应确认：

a) 符合PCR的情况；

b) 符合GB/T 24040系列标准的情况；

c) 符合Ⅲ型环境声明的通用计划指南的情况；

d) 数据评价包括覆盖范围、准确性、完整性、代表性、一致性、可再现性、来源和不确定性；

e) 基于LCA的数据的逻辑性、质量和准确性；

f) 附加环境信息的质量和准确性；

g) 支持信息的质量和准确性。

计划执行者可确定独立验证者的其他任务。

8.1.4 Ⅲ型环境声明的独立验证

独立的验证程序应至少适用于确定Ⅲ型环境声明是否符合：

——GB/T 24020—2000以及本标准的相关要求；

——通用计划指南(见6.4)，以及

——现行的和相关的PCR。

验证程序应是透明的。在履行8.3数据保密规定的同时，独立验证者应编写报告将验证过程形成文件。需要时，该报告可为任何人获取。

验证程序应确定Ⅲ型环境声明中给出的信息是否准确反应其所依据的文件中的信息。验证程序也应确认信息是否有效以及是否科学合理。

Ⅲ型环境声明的 PCR 评审和独立验证是两个独立的过程。独立验证可由 PCR 评审小组执行，也可由独立的验证者执行，该验证者可以是也可以不是 PCR 评审小组的成员。

8.2 验证者和 PCR 评审小组的独立性和能力

8.2.1 验证者的独立性

独立的验证者，无论来自组织内部还是外部，不应参与 LCA 的执行或声明的编制活动，也不应因他们在组织中的职位而产生利益冲突。

8.2.2 验证者的能力

计划执行者应规定验证者的最低能力要求，包括：

——有关行业、产品以及与产品相关的环境因素的知识；

——产品种类的生产过程和产品的知识；

——LCA 及其方法学方面的专业知识；

——环境标志和声明以及 LCA 领域内的相关标准知识；

——与Ⅲ型环境声明计划相关的规章制度的知识；

——Ⅲ型环境声明计划的知识。

8.2.3 PCR 评审小组的能力

计划执行者应规定 PCR 评审小组的最低能力要求。PCR 评审小组的整体能力应包括：

——具备相关行业、产品以及与产品相关的环境因素的通用背景知识；

——具备 LCA 及其方法学方面的专业知识；

——具备环境标志和声明以及 LCA 领域内相关标准的知识；

——具备 PCR 范围内的规章制度的知识，以及

——理解Ⅲ型环境声明计划。

此外，计划执行者应确保合理地考虑相关方的观点和能力。

8.3 数据保密规则

产品的特定数据通常需要保密，是因为：

——商业竞争的需要；

——知识产权保护的专利信息，或

——类似的法律法规限制。

本标准不要求公开保密数据。声明通常只提供汇总生命周期各阶段或相关阶段的数据。按照通用计划指南的要求(见 6.4)，提供给独立验证过程的需要保密的商业数据应当予以保密。

如果计划执行者根据验证报告确定支持Ⅲ型环境声明的数据不充分，则该声明不应予以发布。

9 针对供应商与消费者之间信息交流编制Ⅲ型环境声明的附加要求

9.1 总则

计划执行者应考虑编制中的Ⅲ型环境声明的潜在受众。尽管预计大部分Ⅲ型环境声明是为了供应商与购买商之间的信息交流而编制的，但仍存在针对供应商与消费者之间的信息交流而提供详细、定量数据的声明。

当Ⅲ型环境声明是针对消费者或者可能被消费者使用时，除了其他条款，9.2～9.4 的要求是适用的。

9.2 信息规定

9.2.1 声明内容

Ⅲ型环境声明是复杂的，而且需要大量的文件。针对供应商与消费者的信息交流，PCR 要求的声

明中的任何内容不应被忽略或简化。

Ⅲ型环境声明应基于产品的生命周期,除非:

——特定阶段(如产品使用阶段和生命终结阶段)的信息不可获取,以及合理情景不能被模拟;或

——这些阶段可能被合理地认为对环境不产生重要影响。

特定阶段仅在上述情况下可以排除在外,但在Ⅲ型环境声明中应对忽略的情况进行阐述。

当特定阶段的合理情景能够被模拟时,这些阶段不能被排除在外。PCR中应当清晰地阐述情景建立所做出的假设。

9.2.2 声明的可获取性

消费者应能够在购买点获取针对供应商和消费者之间信息交流的Ⅲ型环境声明。

9.2.3 解释性材料

当Ⅲ型环境声明用于供应商和消费者之间信息交流时,做出声明的组织应要求在成本合理的情况下,提供其他解释性材料以方便消费者了解声明中的数据。做出声明的组织应发布有关允许消费者从产品销售的任何区域与组织取得联系的信息。提供信息的适当方式可包括电话或其他电子途径。解释性材料的获取方式应在声明中清晰地阐述。

9.3 相关方的参与

除了5.5要求之外,参与针对供应商与消费者之间信息交流的Ⅲ型环境声明编制或计划建立的相关方不仅应包括消费者利益的代表者,而且还包括环境利益的代表者。这些代表可由当地的、国家的或区域的团体、机构或组织选出。

计划执行者应负责为相关方的参与提供便利。

9.4 验证

针对供应商与消费者之间的信息交流的Ⅲ型环境声明,本标准要求的验证应由第三方(见8.2中的验证者的能力)实施。

当Ⅲ型环境声明的目标受众是消费者(见3.16)时,声明应清晰地表明验证是由有能力的第三方机构实施。

附 录 A
（资料性附录）
Ⅲ型环境声明计划建立和运行方案

表 A.1 Ⅲ型环境声明计划建立和运行方案

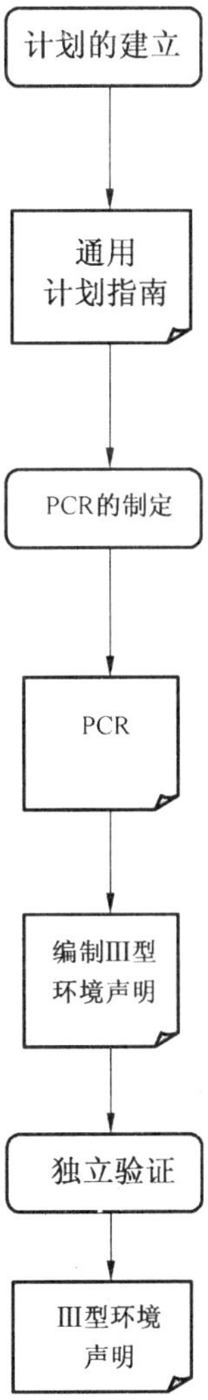

机构			流程（步骤和结果）	活动/程序		条款
组织	计划执行者	其他		主要	次要	
	计划执行者（如公司、工业部门、商业协会或独立机构）			计划的建立		6.1
	计划执行者	相关方		计划的建立（包括公开咨询） 如果计划已经存在，则无必要		6.2,6.3,6.4,6.5,8.3
组织	计划执行者	相关方		PCR 文件的制定（包括公开咨询） 如果 PCR 已经存在，则无必要		6.5,6.7,8.3
组织	计划执行者	相关方			确定产品种类	6.6
组织		相关方			收集和创建基于 LCA 的产品种类信息	6.7.1,6.7.2,6.8
组织	计划执行者	相关方			制定 PCR 文件	6.7.1,6.7.2
		PCR 评审小组：独立的、有能力的小组成员			PCR 评审	8.1.2
组织				编制声明		7.1,7.2.1 7.2.2,7.2.3
		独立验证者		独立验证		8.1.1,8.2,8.3
		独立验证者			验证 LCA 数据	8.1.3,8.3
		独立验证者			声明的独立验证	8.1.4,8.3
		第三方			第三方验证不是强制性的，但对于供应商和消费者之间进行信息交流时例外（见第 9 章）	8.1.1,9.4
组织	计划执行者			记录和发布声明		6.3
组织		受众		声明的交流和使用		交流不在本标准范围内
组织	计划执行者	独立验证者		更新声明		7.3

附 录 B
（资料性附录）
编制Ⅲ型环境声明示例——基于产品部件的Ⅲ型环境声明中的信息模块

B.1 本示例涉及Ⅲ型环境声明的产品是可再充装的饮料玻璃瓶，包含三个部分：

a) 玻璃瓶体；

b) 铝帽；

c) 印刷纸标签。

B.2 针对玻璃瓶体，提交了三个不同的信息模块，具体如下：

a) 材料生产和瓶体生产的信息模块；

b) 瓶体的运输、清洗和再充装信息模块，归属在使用阶段；

c) 使用了一定次数之后，瓶体的收集和回收信息模块。

针对铝帽，提交覆盖材料生产、瓶盖生产、回收和运输过程的Ⅲ型环境声明。该报告不包括瓶帽使用阶段的任何数据。

针对纸标签，提交两个信息模块：

——一个信息模块覆盖材料生产、纸张生产和印刷过程；

——一个有关废物焚烧处理的信息模块。

纸标签的运输和使用不存在详细的信息模块。

如图 B.1 所示，瓶体的三个不同生命周期阶段的信息模块组合成一个覆盖所有生命周期阶段的Ⅲ型环境声明。

通过瓶体、铝帽和纸标签的信息模块和Ⅲ型环境声明的信息的组合，就可以形成一个可再充装玻璃瓶的Ⅲ型环境声明。但是应考虑铝帽和纸标签从充装者到用户的运输环节。同时还必须考虑在一个瓶体寿命期内使用一定数量的铝帽和纸标签的事实，铝帽和纸标签的使用数量可由瓶子的平均数量和运输次数得出。

注 1：信息模块可以是但不一定是一个Ⅲ型环境声明。但是贴有Ⅲ型环境声明标签被理解为必须有一个相关的 PCR。

注 2：制造商可以选择将信息模块汇编到Ⅲ型环境声明中或将信息模块组合起来。在本案例中，瓶体制造商选择了编制Ⅲ型环境声明，同时纸标签制造商将数据汇编到信息模块中。

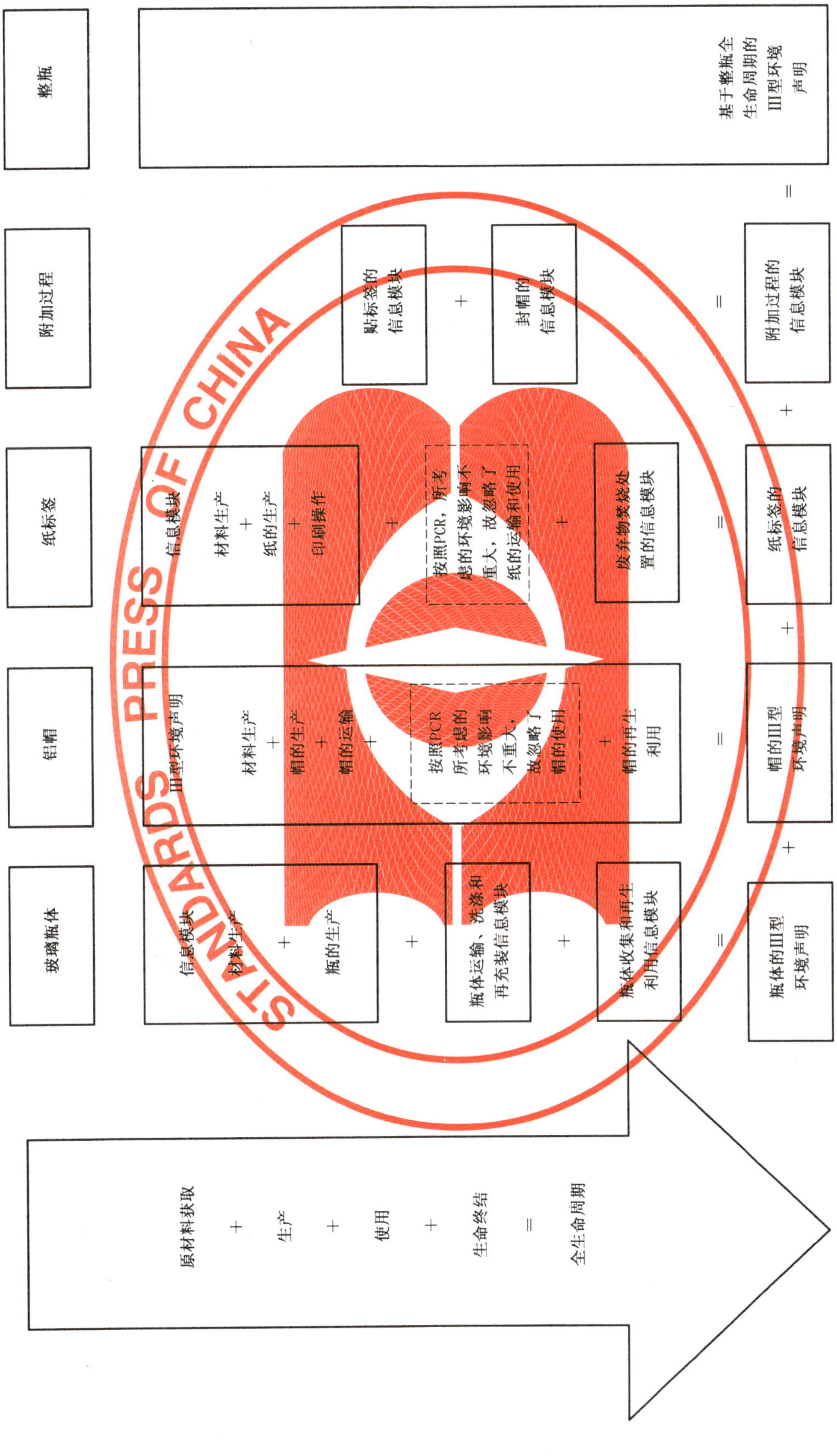

图 B.1 根据信息模块编制Ⅲ型环境声明的示意图

参 考 文 献

［1］ GB/T 19000—2005 质量管理体系 基础和术语

［2］ GB/T 24001—2004 环境管理体系 要求及使用指南

［3］ GB/T 19011—2003 质量和(或)环境管理体系审核指南

［4］ ISO/IEC 17000:2004 Conformity assessment—Vocabulary and general principles

［5］ ISO/IEC, The consumer and standards—Guidance and principles for consumer participation in standards development. COPOLCO, 2003.3

ICS 13.020.10
Z 00

中华人民共和国国家标准

GB/T 24062—2009/ISO/TR 14062:2002

环境管理 将环境因素引入产品的设计和开发

Environmental management—Integrating environmental aspects into product design and development

(ISO/TR 14062:2002,IDT)

2009-07-10 发布

2009-12-01 实施

中华人民共和国国家质量监督检验检疫总局
中国国家标准化管理委员会 发布

ICS 13.020.10
Z 00

GB

中华人民共和国国家标准

GB/T 24062—2009/ISO/TR 14062:2002

环境管理 将环境因素引入产品的设计和开发

Environmental management—Integrating environmental aspects into product design and development

(ISO/TR 14062:2002,IDT)

2009-07-10 发布 2009-12-01 实施

中华人民共和国国家质量监督检验检疫总局
中国国家标准化管理委员会 发布

前　言

本标准等同采用国际标准 ISO/TR 14062:2002《环境管理　将环境因素引入产品的设计和开发》(英文版)。

为便于使用,本标准删除了 ISO/TR 14062:2002 的前言,增加了中文前言。

对于 ISO/TR 14062:2002 引用的其他国际标准中已被等同采用为我国国家标准的,本标准采用我国国家标准代替对应的国际标准,其余未等同采用为我国国家标准的国际标准,在本标准中均直接引用。

本标准由全国环境管理标准化技术委员会(SAC/TC 207)提出并归口。

本标准起草单位:中国标准化研究院、中国环境科学研究院、北京电工技术经济研究所、国家认监委认证认可技术研究所、中国合格评定国家认可中心、方圆标志认证集团有限公司、国际铜业协会。

本标准主要起草人:黄进、林翎、周仲凡、陈妙农、刘克、李燕、陈全、陈亮、陆韬。

引　言

任何产品，包括商品或服务，都会对环境产生影响，影响可能发生在产品的某一或所有生命周期阶段：包括原材料获取、产品制造、经销、使用和报废产品的处置。影响程度可轻可重；影响周期可能是短期的也可能是长期的；影响可能在当地、区域或全球范围内发生（或几种情况的结合）。

顾客、使用者和开发者对产品环境因素和环境影响的关注正日益增强。这一关注体现在商业、消费者、政府和自愿性组织有关可持续发展、生态效率、环境设计、产品工作、国际协议、贸易措施、国家法律等方面的讨论中；也体现在市场经济中各种产品设计的新方法中。这些新方法的应用可以改善资源利用效率和过程效率，促使潜在产品差异的改善，减少法律负担和潜在责任，并节约成本。此外，市场的全球化，源头、制造和分销的变化都会影响供应链，进而对环境产生影响。

越来越多的组织认识到将环境因素引入产品的设计和开发的实质效益。这些效益可包括：降低成本、促进革新、新商业机会，以及改进产品质量。

预测或识别产品全生命周期的环境因素是一项复杂的工作，应在产品的使用系统中考虑其功能。产品的环境因素也必须与其他因素进行权衡，如产品的预期功能、性能、安全、健康、成本、可销售性、质量以及法律法规要求。

将环境因素引入产品设计和开发的过程必须具有连续性和灵活性，提升环境方面的创造力，使创新最大化并促进环境改善的机会。作为引入工作的基础，可通过相关组织的政策和战略解决环境问题。

早期识别和策划使组织做出控制环境因素的有效决策，更好地了解他们的决策会如何影响他人控制的环境因素，如原材料获取阶段和产品生命末期阶段。

本标准旨在供所有从事产品设计和开发的人员使用，无论其组织的类型、规模、地域或复杂程度；也可为所有类型的产品使用，无论是新产品或改进的产品。标准所提供的内容和信息将针对那些直接参与产品设计和开发过程的人员，负责制定政策和决策过程的人员，以及未直接参与产品设计和开发过程的外部利益相关方。

环境管理 将环境因素引入产品的设计和开发

1 范围

本标准阐述了有关将环境因素引入产品的设计和开发方面的概念和现行实践，这里的“产品”既包括商品，也包括服务。

本标准适用于制定行业规范性文件，而不适用于作为认证和注册的规范。

2 规范性引用文件

下列文件中的条款通过本标准的引用而成为本标准的条款。凡是注日期的引用文件，其随后所有的修改单（不包括勘误的内容）或修订版均不适用于本标准，然而，鼓励根据本标准达成协议的各方研究是否可使用这些文件的最新版本。凡是不注日期的引用文件，其最新版本适用于本标准。

GB/T 24050 环境管理 术语（GB/T 24050—2004，ISO 14050:2002，IDT）

3 术语和定义

GB/T 24050 确立的以及下列术语和定义适用于本标准。

3.1

过程 process

将输入转化为输出的相互关联或相互作用的一组活动。

注1：一个过程的输入通常是其他过程的输出。

注2：组织为了增值通常对过程进行策划并使其在受控条件下运行。

注3：对形成的产品是否合格不易或不能经济地进行验证的过程，通常称之为“特殊过程”。

[GB/T 19000—2008，定义 3.4.1]

3.2

产品 product

任何商品或服务。

[GB/T 24021—2001，定义 3.1.11]

注1：产品可分为以下类别：

——服务（如运输）；

——软件（如计算机程序、字典）；

——硬件（如发动机机械零件）；

——流程性材料（如润滑油）。

注2：服务分为有形的和无形的。服务的提供可涉及，例如：

——在顾客提供的有形产品（如维修的汽车）上所完成的活动；

——在顾客提供的无形产品（如为准备税款申报书所需的收益表）上所完成的活动；

——无形产品的交付（如知识传授方面的信息提供）；

为顾客创造氛围（如在宾馆和饭店）。

软件由信息组成，通常是无形产品并可以方法、论文或程序的形式存在。

硬件通常是有形产品，其量具有计数的特性。流程性材料通常是有形产品，其量具有连续的特性。

3.3

设计和开发　design and development

将要求转换为产品、过程或系统的规定的特性或规范的一组过程。

[GB/T 19000—2008,定义 3.4.4]

注 1：术语“设计”和“开发”有时是同义的,有时用于规定整个设计和开发过程的不同阶段。

注 2：产品的开发是实施产品设想从策划、市场开发到评审的过程,该过程运用商业战略、营销考虑、研究方法以及设计因素等使产品达到实际使用点,包括对现有产品或过程的改进或修正。

注 3：将环境因素引入产品的设计和开发也可被定义为环境设计、生态设计、产品的环境监护部分等。

3.4

环境　environment

组织运行活动的外部存在,包括空气、水、土地、自然资源、植物、动物、人,以及它们之间的相互关系。

注：从这一意义上讲,外部存在从组织内延伸到全球系统。

[GB/T 24001—2004,定义 3.5]

3.5

环境因素　environmental aspect

一个组织的活动、产品和服务中能与环境发生相互作用的要素。

注：重要环境因素是指具有或可能产生重大环境影响的环境因素。

[GB/T 24001—2004,定义 3.6]

3.6

环境影响　environmental impact

全部或部分地由组织的环境因素给环境造成的任何有害或有益的变化。

[GB/T 24001—2004,定义 3.7]

3.7

生命周期　life cycle

产品系统中前后衔接的一系列阶段,从自然界或从自然资源中获取原材料,直至最终处置。

[GB/T 24040—2008,定义 3.1]

3.8

产品系统　product system

拥有基本流和产品流,同时具有一种或多种特定功能,并能模拟产品生命周期的单元过程的集合。

[GB/T 24040—2008,定义 3.28]

3.9

供应链　supply chain

通过上游和下游的联接,以产品的形式传递价值给使用者的过程和活动。

注 1：实际应用中,用“连结链”表述产品从供应端到生命终止的所有过程。

注 2：实际应用中,也常使用“产品链”、“价值链”的表述。

4　目的和潜在利益

将环境因素引入产品的设计和开发旨在减少产品整个生命周期中产生的不利环境影响。在努力达到这个目的的过程中,组织及其竞争力、顾客和其他利益相关方都可以获得多方面的利益。

潜在利益可包括：

——通过优化材料和能源的使用而降低成本，使过程更高效，减少废物处置；

——促进创新和创造力；

——发现新产品，例如，从丢弃的材料中；

——满足或超越顾客的期望；

——提升组织和(或)品牌的形象；

——提高顾客的忠诚度；

——吸引资金和投资，特别是来自具有环境意识的投资者；

——增强员工的动力；

——提高对产品的认知；

——通过减小环境影响来减少责任；

——降低风险；

——改善与监管者之间的关系；

——改善内部和外部信息交流。

5 战略方面的考量

5.1 总则

本条款阐述了组织将环境因素引入产品的设计和开发时的一般性的战略考量。在组织的现行方针、战略和组织结构中考虑第4章所阐述的目的是很有用的。这些现行的方针或战略可为将环境因素引入产品的设计和开发提供有价值的方向。

5.2 组织方面的问题

考虑以下所述的战略性问题尤为重要，这些问题可能关系到组织的经济和环境问题。组织的总体目标会影响到下列相关的战略问题：

——竞争者的活动；

——顾客的需求；

——供方的活动；

——与投资方、出资方、保险方和其他利益相关方的关系；

——组织的环境因素和环境影响；

——立法者和监管者的活动；

——产业和商业协会的活动。

5.3 产品相关的问题

组织将环境因素引入产品的设计和开发通常须考虑下列与产品相关的问题：

——早期引入，即在设计和开发过程初期确定环境因素；

——产品生命周期，即从原材料获取到产品的生命终止的分析(见图1)；

——功能性，即产品旨在多大程度上符合其可用性、使用寿命、外观以及其他方面；

——多准则概念，即考虑所有相关的环境影响和环境因素；

——权衡取舍，即寻找最佳解决方案。

这些问题在7.3中进行了更详细的讨论。

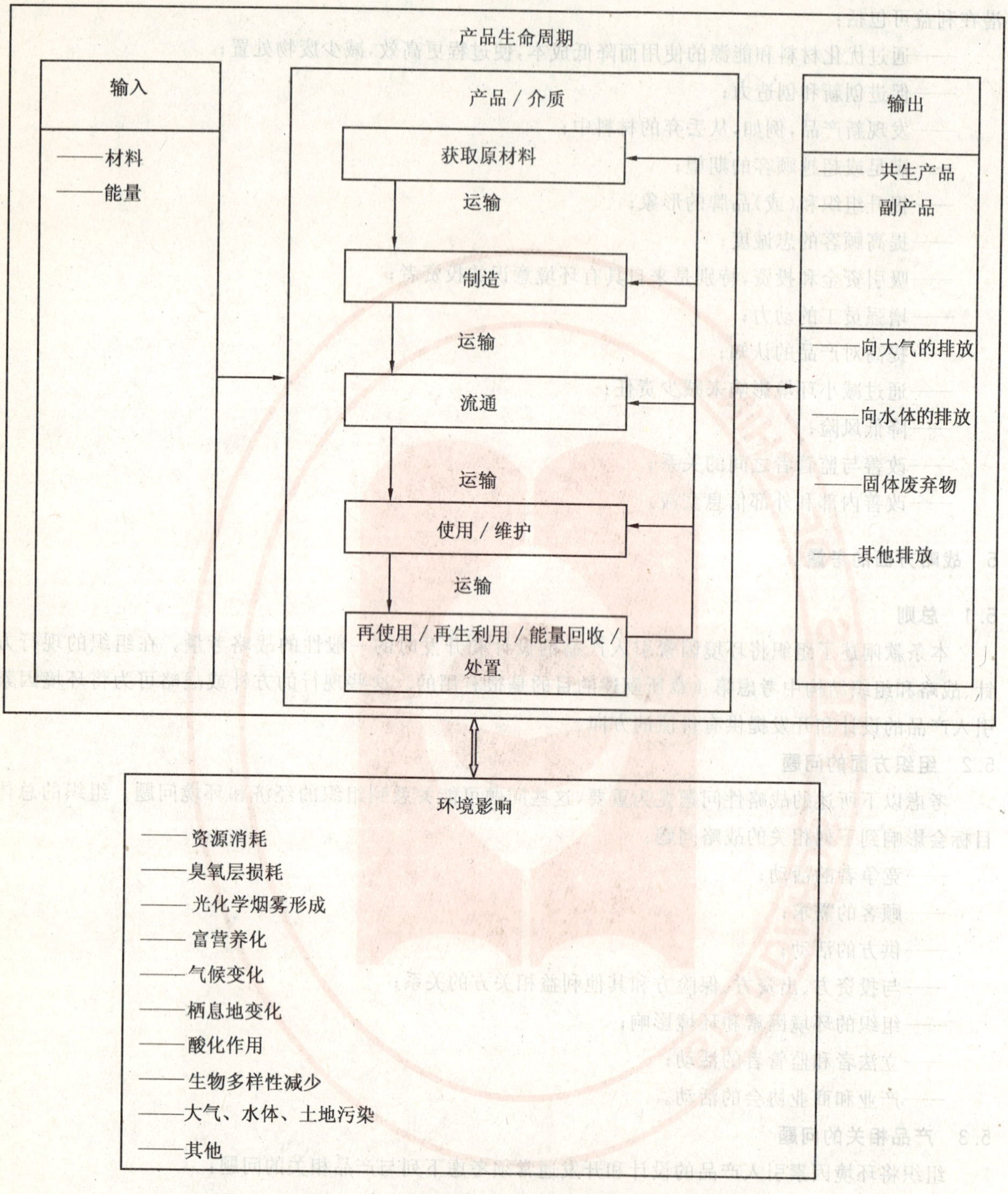

图 1　与产品生命周期相关环境影响的输入、输出及示例

5.4　信息交流

信息交流战略是将环境因素融入产品的设计和开发过程中的一个必要的部分。有效的战略有助于内部和外部信息交流。

内部信息交流可包括为员工提供下列信息：

——组织的方针；

——与产品相关的环境影响；

——有关环境问题、方案和工具的培训课程；

——成功的项目或产品；

——特定现场的环境影响。

这方面的信息交流也包括建立从员工获得有关产品设计和开发问题信息反馈的机制。

外部信息交流有助于提升环境因素引入产品的设计和开发的价值和利益。外部信息交流可与利益相关方，如顾客和供应方进行，包括下列有关信息：

——产品特性（绩效、环境因素等）；

——产品的正确使用和生命终止后的处理。

有关各种国际和国家标准都涉及外部信息交流。例如，GB/T 24020 系列标准为环境标志提供了原则、示例和要求。

6 管理方面的考量

6.1 总则

本章阐述了在实施将环境因素引入产品的设计和开发方案时，最高管理者的作用及其承诺的重要性。方案的框架和目标、对工作的支持力度，以及方案所达到的优化程度都将取决于管理者的决策。

6.2 管理者的作用

管理者（自上而下）、产品设计者和开发者（自下而上）都可以启动将环境因素引入产品的设计和开发的过程。实际操作中，这两种情况可同时存在。无论是哪一种经营职能启动该过程，最高管理层的支持都是必需的，以便对组织的产品设计和开发活动产生重要影响。

程序和方案的有效实施需要最高管理者的行动，包括将环境因素引入产品的设计和开发所需的充分的财力、人力资源和时间的分配。一个有效的引入方案可使参与者从事产品的设计和开发过程，如产品的开发者和设计者，来自市场、生产、环境、采购方面的专家、服务人员和顾客及其代表。

通常，管理者可通过在下列过程中建立特定的目标正式对方案做出承诺：

——产品的持续环境改进；

——供应链管理；

——使从事产品设计和开发的员工积极参与本方案；

——培育新思路和创造力。

管理者建立并保持组织运行的基本框架。当将环境因素引入产品的设计和开发时，该框架的要素可包括：

——确定环境愿景和方针。

——确定目标和指标，以便

- 确保符合法律；
- 减少产品的不利环境影响。

——分配资源。

——指定职责、任务和义务。

——确定、支持并监视产品的设计和开发方案。

——确定并制定用于产品设计和开发过程评审的方案。

——为产品的设计和开发组织构建环境功能和过程。

——识别实施方案的招聘和培训需求。

——确定测量和绩效参数。

——跟踪并提供环境绩效方面的反馈信息。

6.3 预先行动的方法

将环境因素引入产品的设计和开发以预防不利环境影响的发生，它提供了一个在产品全生命周期中预见问题和提出解决方案的系统的机会。采取预先行动的组织可增加其获益于此的机会。

6.4 从现行管理体系获得支持

现行管理体系(如质量和环境管理体系,或产品监护计划)可支持将环境因素引入产品的设计和开发工作。另一方面,现行管理体系也可通过这种引入活动而更具活力。例如,GB/T 24001—2004 和 GB/T 24004—2004阐述并给出了建立环境管理体系的指南,该体系可用于与产品的设计和开发相联结。

> 帮助 1
>
> **与环境管理体系的联结**
>
> 对于许多组织而言,产品的环境影响往往与其某一重要环境因素有关。因此他们需经常在其环境管理体系(例如 GB/T 24001)的环境方针、目标和指标中考虑到产品。

组织要识别与其产品有关的重要环境因素,建立程序,以识别和跟踪适用其产品的环境法律法规及其他要求的发展。组织也可确定、设计、启动和保持适当的培训方案,以确保员工遵守已制定的和正在发展中的环境标准或惯例。

此外,产品的设计和开发过程通常是现行管理体系,如质量管理体系的一部分,可依据过程的各个阶段使环境因素和与产品相关的活动相协调。

6.5 多学科方法

通过相关学科和组织运行职能的引入,如设计、工程、市场、环境、质量、采购、交付服务等的运行,组织可提高将环境因素引入产品的设计和开发的成功性。这些能力通常涉及若干人,依据组织的规模而定。

多学科方法的目标在于确保所有相关的经营职能都对环境改善有所贡献,包括在设计和开发过程的最早阶段和贯穿全过程,直至并且包括市场开发和产品评审。将环境因素引入产品的设计和开发所包含的经营职能中的主要任务和参与者(在下面的括号中表示)可包括:

——在产品的设计和开发中研究和实施创造性的解决方案(产品策划者、开发和设计者);

——调查环境因素和环境影响并将其形成文件,为现有的和计划的技术提供选择,例如:原材料、零部件和材料的获取和使用,以及废物管理(环境人员);

——与供方、零售商、消费者、再生利用方和处置方进行交流(环境人员);

——收集有关材料和零部件的数据并形成文件,向供方通告组织的环境要求(采购管理人员);

——调查和提供有关选择设计、加工、材料或过程的技术可行性的信息;

——检查供方产品生产或生命终止后处理的技术可行性(管理者、工程人员和技术人员);

——基于前几代产品、竞争者的产品等建立环境测量系统的基准(管理者);

——通过培训和教育提高环境意识(环境和培训人员);

——考虑和跟踪环境法律法规、竞争者活动和顾客需求的新发展,提供有关产品开发方向的战略信息,并为最终产品定价提供支持(法规事务、市场或商标管理人员)。

6.6 供应链管理

供应链管理涉及供方、运输方、顾客、零售商、废物管理方和最终处置方之间的相互作用。这些相互作用可随着组织对供应链的影响使上游和下游产生变化。有效的信息交流可促进合作,减少误解,并影响组织在供应链中所采取的行动。与供应链管理有关的其他任务可包括:

——在供方和顾客中增加环境信息,提高环境意识;

——在供应链中为组织规定和讨论环境要求(如使用供方标准或环境测量系统);

——评价供方的环境绩效;

——基于顾客的环境偏好重新设计产品;

——制定有关包装、材料、零部件、配件或整个产品的再使用和再生利用计划;

——供方参与环境计划。

7 产品方面的考量

7.1 总则

本章对与产品有关的环境因素和环境影响、基本问题和环境战略目标进行总体评述，并给出了设计方法的示例。

7.2 与产品有关的环境因素和环境影响

产品可能包含一系列环境因素（如产生排放、资源消耗），进而造成环境影响（如大气、水体和土地污染，气候变化）。

产品的环境影响很大程度上是由产品生命周期各个阶段材料和能源的输入和输出而产生的。如果产品是服务，这些影响通常与用来交付服务的有形产品有关。使用产品的组织和个体的行为在很大程度上决定了环境影响的大小。图1显示了一些与产品生命周期有关的环境影响。

一般而言，输入分为两个大类：材料和能源。

材料输入关系到多种环境因素。例如：资源的使用，人类和生态系统受到污染，向大气、水体和土壤排放，产生废弃材料及其堆积物。

产品生命周期的多数阶段都需要能源输入。能源包括化石燃料和生物燃料，废弃材料、核能、水电、地热、太阳能和风能。每种能源都有其可识别的环境因素。

产品生命周期的输出分为几大类：产品本身、中间产品、共生产品、副产品和下列其他输出：

——向大气的排放包括释放到大气中的气体、蒸汽和颗粒物质。这些释放对生态系统、人体和材料等可产生不利影响，或产生其他诸如酸雨、臭氧层损耗和气候变化等不利的环境影响。这些释放可以是点源性的或弥散性释放，并可以是在正常或意外状态下发生的。

——向水体的排放包括向地表水和地下水排放各种物质。这些排放可以是点源的或非点源的。非点源污染的示例如农业径流。如同向大气的排放一样，这些排放可改变性质并对环境产生不利影响。例如，通过富营养化。

——产品生命周期的每个阶段均产生废物。废弃产品可转化为其他过程的输入或被处理、再生利用、用作能源、焚烧或填埋。

——其他释放包括噪声、辐射、电磁场等。

——物质可通过材料或材料层迁移到大气、水体、土壤或其他材料。

用可测量、可比较的方式来描述输入和输出将有助于产品的设计和开发。

7.3 基本问题

7.3.1 总则

组织将环境因素引入产品的设计和开发通常应考虑以下基本问题。

7.3.2 早期引入

尽早将环境因素引入产品的设计和开发过程有助于灵活地改变或改进产品。反之，等到过程晚期再引入则可能将合适的环境选项排除在外，因为所有主要技术决策都已经确定了。

7.3.3 产品生命周期

生命周期方法用于确定产品整个生命周期内相关的环境因素和环境影响，以此帮助制定设计方法。如图1所示，考虑产品生命周期的所有阶段，并考虑产品在不同阶段如何影响环境是很重要的。

组织应认识到进行减少产品环境影响的设计的局限性和主观性。考虑产品的全生命周期可确保：

——材料不被武断地排除；

——将一个产品的所有环境特性都考虑在内；

——产品生命周期中最相关的环境影响被确定；

——与制造有关的中间产品或辅助材料所产生的，而未在最终产品中出现的环境影响被关注；

——对那些主观上认为环境影响很小，而可能具有重大影响的零部件或元件加以关注；

——不仅仅关注产品本身的环境影响，还要关注产品在功能系统中的环境影响；

——环境影响不从一个生命周期阶段转移到另一个生命周期阶段，或从生命周期的某一中间阶段转移到另一个阶段。

> **帮助 2**
>
> **与产品设计有关的生命周期环境影响示例**
>
> 家用器具"使用阶段"中水和能源的消耗可能是产品生命周期中的重要环境影响。改进水或能量的使用效率，作为产品设计和开发的一部分内容，可减少这些产品的环境影响。
>
> 在玻璃或窗户中使用金属，通过更好地绝热可改善建筑物的能效，但也会减少玻璃使用后再生利用的可能性。

改变任意单一输入(如改变使用的材料)或影响单一输出(如减少某些特定的排放或制定减少有害废物的规定)都可能影响到其他的输入或输出。因此，应确保产品生命周期中的任意单一阶段都不会无意改变其他阶段的环境影响，或对当地、区域或全球环境的其他要素造成附加影响。

生命周期方法也可用于服务，但不仅限于有形产品的服务交付。服务通常由以下三个要素组成：有形产品的使用、知识和技能的运用以及人力的使用或活动。服务也可通过影响交付服务的人和组织的行为产生环境影响。

7.3.4 功能性

开发产品时，产品的功能性(产品在多大程度上满足其可用性、使用寿命、外观等)要比具体的技术方案更值得考虑。因此，在寻求新方案时，应使用广泛的方法并强调满足消费者或用户需求的功能性。

> **帮助 3**
>
> **延长产品的寿命**
>
> 作为产品功能的一部分，在规定产品的寿命时，增强其耐用性并延长与其相关的服务可以减少不利环境影响。权衡产品的技术寿命和可用寿命(如产品在淘汰之前或不再为用户需要之前，在多长时间内可用)也是有益的。如果产品可用寿命相对短而却被设计了一个长的技术寿命，则会导致过大的环境影响。设计一个持久的、美学的产品可帮助改进产品的可用寿命。一些产品在它们自身用旧或技术替代之前就被丢弃是因为它们的设计相对于变化的状况过时或不适合了。延长产品寿命和使用最新技术之间也需要权衡，产品开发时通过考虑可能的升级来改进产品使用时的环境性能。

如此强调功能性考虑最终可引导产生总体上减少环境影响的实用解决方案，如：从提供有形商品转换到提供服务。

> **帮助 4**
>
> **从产品销售转至提供服务**
>
> 如果用户的需求是复印，其可能不需要拥有一台复印机(须负责维护、修理该机器等)。服务提供者可提供满足消费者高可靠性和尽可能低成本需求的出租复印机或提供复印服务方案。这一方法与产品的设计和开发有关(如设计耐用零件)，并能改进产品生命终止后的最终处置(如零件再使用)；该方案使控制设备的再使用和再生利用更加容易，使用户关注复印的数量(这可能使纸张和墨粉得到最少的使用)。

7.3.5 多准则概念

除了传统的设计准则(如性能、质量和成本等)外，还应考虑多种环境准则。通常是指通过多准则概念考虑一系列不同的潜在环境影响(见图 1)。

考虑广泛的潜在影响和环境准则，并慎重取舍这些准则，这有助于确保在减少一种环境影响的同时不会导致其他环境影响的增加。

组织应认识到各相关方(科学组织、政府、环境组织和顾客等)对环境问题重要性的看法不同，这些不同的看法可能会关系到产品的设计和开发。

> **帮助 5**
>
> **多准则概念的运用**
>
> 使用7.3.3中的生命周期考量，可运用不同的方法，如：
>
> ——减少产品的重量或体积；
>
> ——改进能效；
>
> ——延长产品寿命；
>
> ——选择所使用的材料和工艺。
>
> 综合使用这些准则可减少产品的环境影响。例如：
>
> ——减少产品的重量或体积可优化材料使用，从而减少与资源消耗有关的环境影响。减少了重量或体积的产品可减少运输的重量或体积，从而减少与运输有关的排放。
>
> ——改进产品使用和待机状态时的能效是很重要的，尤其是家用电器。
>
> ——长久的产品寿命可减少资源的需求，但这会延缓实施有关环境性能的技术改进。
>
> ——设计易于拆解的产品，通过对产品零件的再使用，可延长产品的寿命并鼓励再生利用。

7.3.6 权衡

将性能要求整合到产品生命周期的不同阶段和环境因素控制中有助于确保在权衡大多数设计决策后找到适当的解决方案。有三种权衡如下所示：

——在不同环境因素之间进行权衡。例如：为减少产品重量所进行的优化，可能会对其回收利用性产生消极影响。比较每项方案的潜在环境影响可以帮助决策者找出最佳解决方案。

——在环境、经济和社会利益之间进行权衡。这种权衡可能是有形的（如低成本、减少废物）、无形的（如方便性）、情感的（如形象）。例如，提高产品的耐用性，延长了产品的寿命，通过减少长期资源使用和废物有益于环境，但也可能增加初次成本。这也会产生社会影响和经济影响。

——在环境因素、技术因素和/或质量因素之间进行权衡。例如：设计决定的某种材料，可能会对产品的可靠性和耐用性产生消极影响，尽管该产品本身是对环境有益的。

经验表明最佳解决方案与产品和组织的特性密切相关。产品的复杂性和多样性，知识和技术的快速更新，新的经验提高了应用创新方案的能力。因此，找出将环境因素引入产品的设计和开发过程的适当战略是很重要的。

7.4 与产品有关的战略性环境目标

7.4.1 总则

将环境因素引入产品的设计和开发包括制定与产品有关的战略性的环境目标。如7.3.4所述，该目标是在保持或改进产品功能性的同时减少其环境影响。以下表述了两种主要的与产品有关的环境目标。

7.4.2 资源节约、再生利用和能量回收利用

该目标是在不对产品性能、耐用性等产生不利影响的前提下优化其所需资源（材料和能源）的使用，减少所用材料的数量和有害性也可使制造和处置过程中废物的产生最小化。产品的设计和开发可综合考虑使其更适合再使用、再生利用或作为能源使用的特性。

7.4.3 污染、废物和其他影响的预防

采用末端治理措施如污水处理、特殊过滤装置、焚烧炉等，可减少产品生命周期中产生的污染和其他影响。此类方法并不是消除污染、废物和其他影响的最终方法，因为它们将可能产生其他污染源或废物，如污泥、灰渣、炉渣等。通过使用预防污染、废物或其他影响的方法可实现环境的较大改善。这些方法是从源头解决问题，能够显著减少环境影响的起因和末端治理的成本。

> **帮助 6**
>
> **污染预防**
>
> 当使用溶剂漆对产品进行表面处理时，分析如何防止挥发性有机化合物的释放可产生不同的解决方案，如使用无须表面处理的材料，使用其他的喷涂系统等。

7.5 设计方法

考虑组织的目标、经济和社会因素以及产品类型，组织可根据综合的设计方法作出满足其战略性环境目标(见 7.4)的决策。可能的设计方法示例如下：

——提高材料效率：通过材料使用最小化、使用低影响材料、使用可更新材料，和(或)使用回收材料检查能否减少环境影响。

——提高能效：考虑产品生命周期使用的总能源(包括使用阶段)消耗，通过减少能源使用、使用低影响能源、使用可再生能源，检查能否减少环境影响。

——节约使用土地：当产品系统采用占地的基础设施或消耗材料时尤其更应考虑。

——进行清洁生产和清洁使用的设计：运用清洁生产技术，避免有害材料和辅助材料的使用，运用系统的观念避免基于单一环境准则的决策。

——耐用性设计：考虑产品的寿命、可维修性和可维护性，考虑新技术显现出的环境改善。

——优化功能性的设计：考虑多功能、模块性、自动化控制和最优化的设计；比较为特殊用途而定制的产品的环境性能。

——再使用、回收和再生利用设计：考虑易拆解的机会，在未来的产品中减少材料的复杂性，使用可再循环材料、组件、零部件和材料。

——避免产品中潜在的有害物质和材料：检查人类健康、安全和环境因素，材料和运输的较低影响。

这些设计方法是产生设计方案的基础，这些设计方案可依据其可行性以及对消费者、组织和利益相关方带来的潜在利益加以验证。当采用单一的或综合的设计方法时，其方案可依据 7.3 论述的基本概念加以验证。

8 产品的设计和开发过程

8.1 总则

本章旨在更详尽地阐述如何将环境因素普遍引入产品设计和开发过程的各个阶段。

8.2 共性问题

在产品的设计和开发过程中，无论产品的性质，整个产品还是其部分，都存在一些共性问题。这些问题也与将环境因素引入产品的设计和开发过程相关，包括：

——产品设计和开发过程的反复性：应对产品设计和开发过程中每一阶段的结果和信息进行评估，并不断反馈给设计者和开发者，以便使产品更优化。过程的反复性旨在明确重要环境因素、可选设计方案和评审考量，从而验证环境及其他改进机会。

——研究：组织内的研究职能常用于支持产品的设计和开发过程。研究特别能有助于为早期设计阶段所确定的有关环境和可行性问题提供细节。研究的结果可应用于开发阶段的产品或新一代的产品。

——信息和数据管理：信息和数据管理是将环境因素引入产品设计和开发的基本要素。通过从内部(如加工过程和服务交付)和外部(如消费者)收集、交换和管理信息及数据，可支持并改进决策。数据质量对于评价产品和决策尤为重要。组织的测量系统和项目的性质决定了所要收集的数据。数据范围可从产品的材料清单到全生命周期评价。通过有效的信息管理、数据管理软件、公开的和认可的数据格式，以及可追溯的基础数据，可提升产品环境影响评价结果的可信性。

——评估：产品开发包括定期评估产品及过程自身，通过对产品环境因素和环境影响的评估，则可依据基准评估开发过程的进展。这一评价可在产品投放市场前的适当阶段进行。对产品环境特性或绩效的有效评价可通过运用各种参数的测量来进行。可针对评价的目的或设计过程来选择参数。

——信息交流：有关环境的产品设计和开发涉及的信息交流，应考虑供应链上的不同参与方（设计者、产品和环境工程师、消费者、供方、服务提供方等）的观点。内部和外部信息的交换、对话和协作对于设计和开发背后的决策完善是十分重要的。产品开发组可根据精确的和详细的信息建立和进行信息交流。

——供应链管理：随着全球采购和外购趋势的发展，供应链管理变得越来越重要。如同参与环境计划一样，供方也应一直加入产品的设计和开发过程。组织可将其内部环境要求转化为购买材料、零部件、组件和服务的准则。

8.3 产品的设计和开发过程及环境因素的引入

8.3.1 总则

产品的设计和开发过程因不同的产品和组织而异。图2显示了产品设计和开发模型，包括将环境因素引入该过程的典型的阶段和可能的活动。

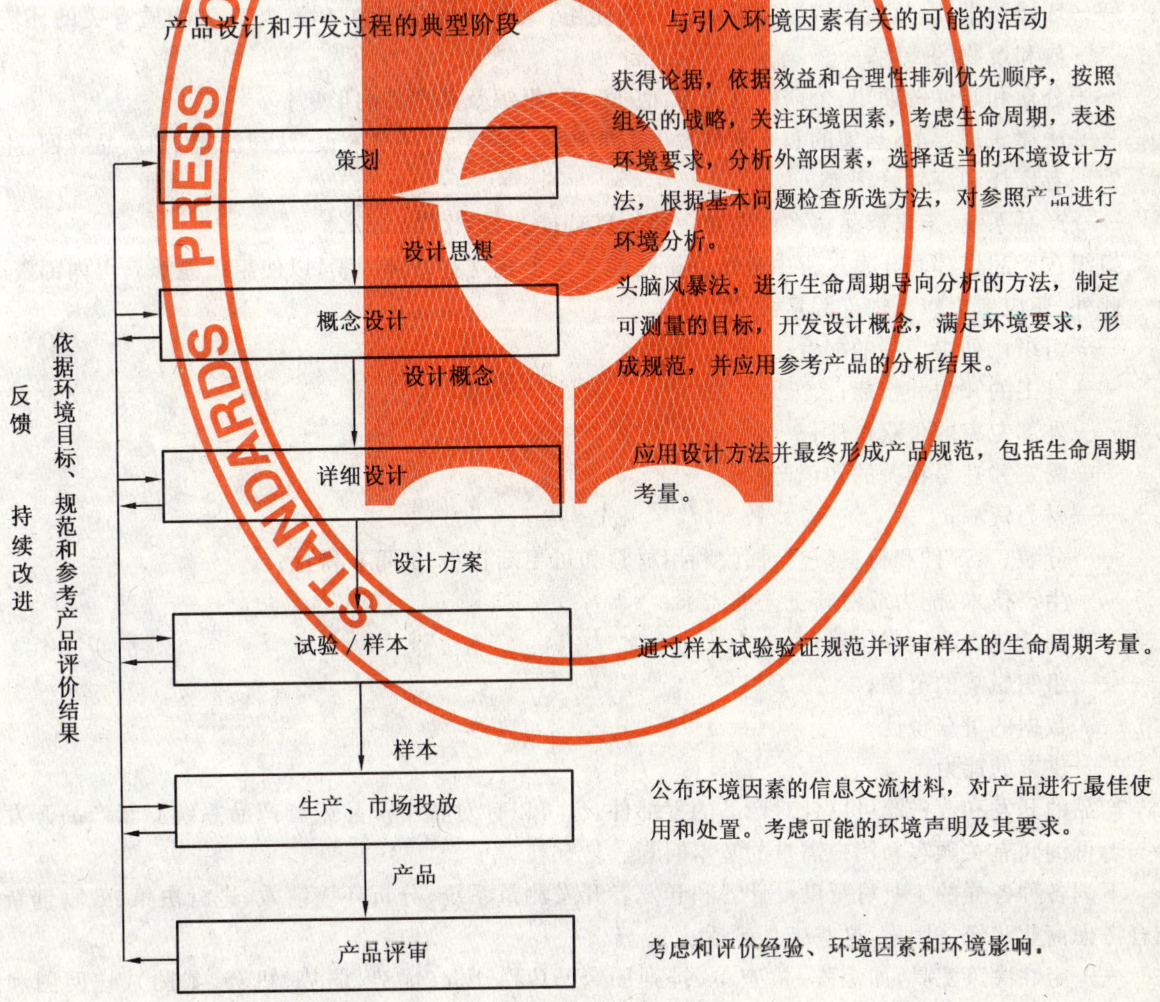

图2 将环境因素引入产品的设计和开发过程通用模型的示例

8.3.2 产品设计和开发模型

实际上，组织是运用综合的方法和工具来设计和开发他们的产品，因此仅使用一个标准将环境因素引入产品的设计和开发是不合理的。大公司的产品设计和开发过程可能采用一个路径管理式的格式化方法，而小公司的一个或几个人，往往以非正式的和更直接的方式便可进行开发。很多不同的参与者（如设计者、工程师、科学家、供方、市场和服务提供方）可能参与其中。软件或服务的设计和开发过程由图2所示的步骤构成。

越早将环境因素引入产品的设计和开发过程，就越能为设计者和开发者提供考虑环境要求并与其他要求进行权衡。

以下条款阐述了与环境因素引入产品设计和开发过程的每一阶段有关的活动，以及每个阶段的输入、输出和可能使用的相关方法。

8.3.3 策划

产品设计和开发过程的策划阶段包含在考虑时间框架和可用预算下策划和提出产品要求。该过程可从分析外部因素对计划的产品的影响入手，例如：

——顾客的需求和期望：对产品功能的基本分析，包括：技术性能、功能性、方便性、质量、价格、消费者行为和环境意识的变化等；

——市场状况：收益性、组织及其产品的形象；

——竞争者：涉及环境准则的竞争产品的概况；

——环境要求：有效使用资源和资源的节约使用，保护人类健康和环境，与有害物质有关的环境排放和废物的产生；

——公众和媒体的期望：公众对有关方面的意识，组织及其产品的形象；

——法律法规要求：当前的和未来的发展，如：国家和国际的环境政策、法律法规，如产品召回、生产者责任和废物管理等；

——产品系统：未来产品将在此系统中执行其功能。

组织在产品设计和开发过程中进行决策时应考虑上述这些外部因素，以使组织能够获得内部资源。此外，还应考虑以下内部因素：

——组织系列中产品的配置；

——员工的知识和技能；

——外部专家的可获得性；

——需要并获得相关的知识产权；

——财力资源；

——分装、零部件和材料（包括回收利用材料和可更新材料）的可获得性；

——生产技术、能力或对新工艺的需求；

——制造能力和地理位置；

——组织影响的范围；

——数据的可获得性；

——供方的能力。

产品的开发和改进既可以针对产品的零部件，也可以针对整个产品或者产品系统。新产品开发的参与者可询问有关顾客和用户需求的基本问题。

下列各种各样的工具可帮助设计者和开发者开发测量系统、分析环境绩效、进行决策、鼓励创新并结合考虑商业和经济因素，这些工具包括：

——定性决策工具，如矩阵、检查单、排列图、SWOT分析（优势、弱势、机会、威胁）、蛛网图和组合图；

——物理基准量（如千克、秒、瓦）；

——源于质量管理的QFD（质量功能展开）和FMEA（失效模式和影响分析）技术和工具，如将环境因素转移到产品性能中；

——现行产品的环境分析，如 GB/T 24040 系列标准所阐述的 LCA（生命周期评价）；
——生命周期成本核算；
——危害和风险评价；
——利益相关方的收益和可行性分析。

选择使用工具时，考虑 7.3 所阐述的基本的、与产品有关的概念有助于将环境因素引入产品的设计和开发。

> **帮助 7**
>
> **环境基准**
>
> 环境基准是测量与产品生命周期环境影响有关的特性的方法。该测量可将具有相似功能的、早先的产品或竞争者的产品作为基准进行比较。可测量的特性包括：
>
> ——能耗：运行和待机方式；
> ——材料使用：所使用的主要材料和零部件种类的重量；
> ——包装：包装重量相对于产品重量的比率以及包装体积相对于产品体积的比率；
> ——运输：运输距离；
> ——物质：潜在有害物质的数量；
> ——拆解：螺杆和其他紧固件的数量。
>
> 为了基准的先进性，应依据更详细的分析结果对特性选择进行定期验证。

策划阶段在很大程度上将确定：
——产品的功能性；
——与产品功能有关的主要环境因素；
——预期的主要环境影响。

策划阶段的输出是一系列证实可行的设计思想和为下阶段奠定基础的清单要求。

8.3.4 概念设计

本阶段旨在基于策划阶段获得的信息和选择的方法实现产品的要求。策划阶段形成的设计思想和要求，可为产品提出有关的环境要求并关注其环境因素。

可使用以下通用技术来支持概念化过程，例如：
——创新技术（头脑风暴、发散型思考）；
——革新方法（系统性探索）；
——系统分析（情景模拟分析）。

本阶段支持环境因素引入的特定工具包括：
——关于材料、总装、拆解和循环利用的环境影响的指南和检查清单；
——设计手册，阐述设计概念的强项和弱项的兼容性清单和通用设计原则；
——材料数据库。

这些工具可以是通用的，也可专门为组织或其产品进行开发。

最好在本阶段对产品全生命周期的重要环境因素有一个总体了解，考虑以下内容并做出决定：
——使用分析工具获得必要的信息（如：LCA、LCA 定向分析、决策理论工具、风险评价、依据最佳可行技术制定基准）；
——获得相关数据（内部和外部的）；
——将环境管理与产品的设计和开发过程相结合。

概念化设计阶段的一项重要任务是在各个设计概念之间进行反复评价，并与市场现有的解决方案进行比较。概念化设计阶段的结果是选择一个或多个可能的概念以最好地满足所有要求。通常，应制定阐述目标和要求的产品设计规范，从而为详细的设计阶段作好准备。

8.3.5 详细设计

本阶段将进一步开发概念，以符合产品设计规范并在生产和引入服务之前对产品进行详细说明。根据设计和开发过程的复杂程度，参与者的数量及其专业领域可有所不同。通常，设计者、工程师、生产策划者、服务提供者和营销人员一同工作使设计概念更理想以满足设计规范。

符合组织商业战略的项目特有的排优序可用于优化设计方案和产品细节。这些优先序也可类似地纳入组织的环境目标和要求中。本阶段可使用多种设计方法(见7.5)。

进一步开发所选择的设计概念可能需要有关产品全生命周期和可能的环境影响的详细信息和数据。可系统地收集来自内部和外部的数据。在产品的设计和开发过程中可建立并保持数据库以提供详细的环境数据。此外，对于设计和产品开发人员，可引进其他相关专家和外部合作者参与从而获得数据。外部合作者可包括：

——提取和生产(原)材料的组织；

——生产零部件的组织；

——生产资本品和消费品的组织；

——再循环利用方和废物处置的分包方；

——出售或提供用作其他产品零部件或提供维修服务的组织。

确保所收集的数据有效、相关和充分是很重要的(见GB/T 24000系列标准)。

本阶段所使用的典型工具可包括：

——软件和建模工具，例如用于评估使用期间的有效性；

——材料数据库；

——总装/拆解所使用的设计工具；

——生产和过程优化的工具；

——物质清单。

8.3.6 测试/原始模型

原始模型评价和测试为依据环境目标和其他规范检查详细设计提供了机会。本阶段包含了产品开发过程中的重要标志，它与生产策划和详细加工工序相互影响。优先或并列进行原始模型评估，可进行多级测试，包括材料性能、抗磨损、功能性、质量、使用寿命，对不同元素也应如此，如工艺和零部件。

对于服务而言，测试和评估可根据服务规范所阐述的期望的结果来进行。测试可包括校验工具/产品，物理性能测试以及次序和相应的培训。

可以同样的方式对产品的环境要求进行检查。本阶段可评价产品的环境因素并根据其重要性做出决策。包括以下两个思路：

——检查是否已实现了现实的环境要求；

——允许设计的适应性，必要时进行调整变化。

可评价产品的使用、重量、生产废料、材料和能源效率、拆解特性、可再循环利用性等环境绩效。此外，测试和原始模型通常是首要的机会，可依据给定准则评估主要分装、材料和生产过程的经济性和环境绩效(如果从供方那里购买了服务、零件和分装，则尤其重要)。

本阶段可评审生命周期评价结果。该评审也可用于：

——改进详细的设计；

——改进生产工艺；

——提示需要改变供方。

可利用本阶段所收集的信息，在销售前和销售过程中就产品的环境因素进行交流。

8.3.7 市场投放

市场投放包括将产品投入到市场。本阶段包括提供和交流有关产品特点和鼓励消费者购买或获得产品的收益方面的信息。

市场投放时，产品相关的环境因素将成为营销方法的基础。在营销方法中，环境信息交流可运用各种手段和媒介。可制定与产品组或品牌系列情况保持一致的、与产品相关的环境信息交流计划，依照国际和国家的指南（如 GB/T 24020 系列标准）将有助于开发清晰的环境信息。

对市场信息交流进行分类有助于使用者在使用和处置阶段减少产品的环境影响。可在销售时或在产品的说明书中提供这样的信息。

8.3.8 产品评审

产品投放市场以后，组织可进行评审以确定组织和顾客等的期望是否予以满足。

顾客和其他利益相关方的反馈和批评对于组织改进其现行或未来产品、设计和开发过程都是很重要的信息来源。因此，对组织市场上产品和服务中的环境因素进行评审是有帮助的。从实际经验和新的环境知识中获得的认识可反馈于产品修正和新产品开发的策划过程（见图 2）。

8.4 产品设计和开发过程的一般性评审

组织应定期评审其产品的设计和开发过程及其结果，以求评价绩效并确定改进的机会。对产品开发过程及其结果进行评审可包括：

——产品的功能性；

——环境效益（预防/减少不利影响）；

——成本效率和效益；

——所选工具的适当性；

——数据来源、数据收集方法和数据质量。

评审参与者通常包括那些参与产品设计和开发工作的个人。应记录评审结果及后续活动以改进管理绩效和产品的环境绩效。

这一反复的过程提出产品设计和开发过程的相关因素，包括：

——对与产品有关的环境问题进行评价和交换信息；

——设计专门的措施以减少不利的环境影响；

——测试可选的解决方案；

——应用成果经验促进开发。

对从上述过程中获得的结果进行测量将为以下方面奠定基础：

——产生新理念；

——改进活动；

——测试可选的解决方案；

——开发减少不利环境影响的产品。

可通过以下方法实现产品设计和开发过程的改进：

——评价与环境要求有关的绩效；

——认清问题所在并建议后续活动；

——信息管理，改进工具和技术，培训员工。

也可用 PDCA（策划、实施、检查、改进）的方法（见 GB/T 19001、GB/T 19004、GB/T 24001、GB/T 24004和 GB/T 24031）来阐述产品设计和开发中持续改进的反复过程。这一方法也为处理变化的法律、组织、经济和环境要求提供了一种手段。

参 考 文 献

[1] GB/T 19000—2008 质量管理体系 基础和术语
[2] GB/T 19001—2000 质量管理体系 要求
[3] GB/T 19004—2000 质量管理体系 绩效改进指南
[4] GB/T 24001—2004 环境管理体系 要求及使用指南
[5] GB/T 24004—2004 环境管理体系 原则、体系和支持技术通用指南
[6] GB/T 24020—2000 环境标志和声明 通用原则
[7] GB/T 24021—2001 环境标志和声明 自我环境声明(Ⅱ型环境标志)
[8] GB/T 24024—2001 环境标志和声明 Ⅰ型环境声明 原则和程序
[9] GB/T 24025—2008 环境标志和声明 Ⅲ型环境声明
[10] GB/T 24031—2001 环境管理 环境绩效评价 指南
[11] GB/T 24040—2008 环境管理 生命周期评价 原则与框架
[12] GB/T 24044—2008 环境管理 生命周期评价 要求与指南
[13] ISO/TS 14048:2002 环境管理 生命周期评价 LCA 数据文件格式